Additive Fertigung von Bauteilen und Strukturen

Hans Albert Richard · Britta Schramm ·
Thomas Zipsner
(Hrsg.)

Additive Fertigung von Bauteilen und Strukturen

Herausgeber
Hans Albert Richard
Universität Paderborn
Paderborn, Deutschland

Thomas Zipsner
Essenheim, Deutschland

Britta Schramm
Universität Paderborn
Paderborn, Deutschland

Die Herausgeber und die Autoren haben alle Texte, Formeln und Abbildungen mit größter Sorgfalt erarbeitet. Dennoch können Fehler nicht ausgeschlossen werden. Deshalb übernehmen weder die Herausgeber noch die Autoren und der Verlag irgendwelche Garantien für die in diesem Buch abgedruckten Informationen. In keinem Fall haften die Herausgeber, die Autoren und der Verlag für irgendwelche direkten oder indirekten Schäden, die aus der Anwendung dieser Informationen folgen.

ISBN 978-3-658-17779-9
DOI 10.1007/978-3-658-17780-5

ISBN 978-3-658-17780-5 (eBook)

Die Deutsche Nationalbibliothek verzeichnet diese Publikation in der Deutschen Nationalbibliografie; detaillierte bibliografische Daten sind im Internet über http://dnb.d-nb.de abrufbar.

Springer Vieweg
© Springer Fachmedien Wiesbaden GmbH 2017
Das Werk einschließlich aller seiner Teile ist urheberrechtlich geschützt. Jede Verwertung, die nicht ausdrücklich vom Urheberrechtsgesetz zugelassen ist, bedarf der vorherigen Zustimmung des Verlags. Das gilt insbesondere für Vervielfältigungen, Bearbeitungen, Übersetzungen, Mikroverfilmungen und die Einspeicherung und Verarbeitung in elektronischen Systemen.
Die Wiedergabe von Gebrauchsnamen, Handelsnamen, Warenbezeichnungen usw. in diesem Werk berechtigt auch ohne besondere Kennzeichnung nicht zu der Annahme, dass solche Namen im Sinne der Warenzeichen- und Markenschutz-Gesetzgebung als frei zu betrachten wären und daher von jedermann benutzt werden dürften.
Der Verlag, die Autoren und die Herausgeber gehen davon aus, dass die Angaben und Informationen in diesem Werk zum Zeitpunkt der Veröffentlichung vollständig und korrekt sind. Weder der Verlag noch die Autoren oder die Herausgeber übernehmen, ausdrücklich oder implizit, Gewähr für den Inhalt des Werkes, etwaige Fehler oder Äußerungen. Der Verlag bleibt im Hinblick auf geografische Zuordnungen und Gebietsbezeichnungen in veröffentlichten Karten und Institutionsadressen neutral.

Gedruckt auf säurefreiem und chlorfrei gebleichtem Papier.

Springer Vieweg ist Teil von Springer Nature
Die eingetragene Gesellschaft ist Springer Fachmedien Wiesbaden GmbH
Die Anschrift der Gesellschaft ist: Abraham-Lincoln-Strasse 46, 65189 Wiesbaden, Germany

Vorwort

Additive Fertigungsverfahren gelten als zukunftsweisend und erfreuen sich daher großer Aufmerksamkeit. Der Fertigungsprozess erfolgt schichtweise, was die Herstellung von Bauteilen hoher Komplexität sowie von filigranen und dennoch steifen und hochfesten Strukturen erlaubt. Einzelfertigung und Kleinserienfertigung ist somit möglich, bei nahezu unbegrenzter gestalterischer Freiheit. Dabei werden umfangreiche Anforderungen, wie z.B. Reproduzierbarkeit, Vorhersagbarkeit, Betriebsfestigkeit und Bruchsicherheit, an reale additiv gefertigte Bauteile und Strukturen gestellt.

Das vorliegende Fachbuch ist entstanden im Anschluss an die erste Tagung „Additiv gefertigte Bauteile und Strukturen" des Deutschen Verbands für Materialforschung und -prüfung (DVM), die am 02. und 03. November 2016 in Berlin stattfand. Zahlreiche Referenten der Tagung konnten als Autoren für dieses Buchprojekt „Additive Fertigung von Bauteilen und Strukturen" gewonnen werden. Die Autoren sind Experten aus verschiedenen Fachgebieten von Hochschulen, Forschungseinrichtungen und Unternehmen.

Die Inhalte der in diesem Buch berücksichtigten Beiträge gehen dabei z. T. deutlich über die Vortragsinhalte der Tagung hinaus und beschäftigen sich u. a. mit folgenden Schwerpunktthemen:

- Anwendungsgebiete der additiven Fertigung,
- Praxisbeispiele,
- Werkstoffkennwerte für Kunststoff- und Metallbauteile,
- Einfluss der Fertigungsverfahren und der Nachbehandlungsverfahren auf die Material- und Struktureigenschaften,
- Modellierung der Werkstoffeigenschaften und Bemessungskonzepte,
- Lebensdauerbeeinflussung mittels additiver Fertigung,
- Filigrane Leichtbaustrukturen,
- Schadenstoleranzkonzepte.

In den einzelnen Beiträgen findet i. Allg. eine übergreifende Betrachtung der gesamten Schwerpunktthemen statt.

Das Buch bietet demzufolge viele aktuelle Beiträge zu anwendungsnahen Themen, die unter anderem für Ingenieure und Naturwissenschaftler in der Praxis und für Nachwuchswissenschaftler an den Forschungsinstituten von großem Interesse sind. Auch Ärzte und Medizintechniker aus den Bereichen Radiologie, Chirurgie und Orthopädie können hier Anregungen finden. Geeignet ist dieses Buch auch für Studierende der Ingenieur- und Naturwissenschaften sowie der Medizin und Medizintechnik und verwandter Gebiete an Universitäten und Fachhochschulen.

Die Herausgeber bedanken sich herzlich bei den Autoren, die durch ihre wissenschaftlichen und praktischen Beiträge zum Gelingen dieses Buches beigetragen haben. Dank geht auch an den Deutschen Verband für Materialforschung und -prüfung (DVM) und den Springer Vieweg Verlag für die Unterstützung dieses Buchprojekts.

Das Buch bietet dem Leser die Möglichkeit, sich der Thematik der Additiven Fertigung aus verschiedenen Perspektiven zu nähern. Es beinhaltet zahlreiche Ansätze und Anregungen für weitere erfolgreiche Forschungs- und Entwicklungsarbeiten.

Berlin, Paderborn, Wiesbaden im Februar 2017

Hans Albert Richard, Britta Schramm, Thomas Zipsner

Inhaltsverzeichnis

Rapid Prototyping im Maschinen- und Automobilbau – Ermüdungseigenschaften additiv gefertigter Bauteile   Seite 1-20

Einleitung, Aktueller Kenntnisstand zur additiven Fertigung, Werkstoffcharakterisierung, Mechanische Eigenschaften, Örtliches Konzept, Ermüdungseigenschaften additiv gefertigter Bauteile, Fazit

Sascha Wörner, Udo Jung, Heinrich Friederich, Heinz Thomas Beier, Michael Vormwald

Medizintechnische Anwendungen der additiven Fertigung   Seite 21-40

Additive Fertigung in der Medizintechnik, Additive Fertigungsverfahren und Werkstoffe, Vorgehensweise bei der Entwicklung additiv gefertigter Medizinprodukte, Individuelle Bewegungs- und Belastungsrandbedingungen, Auswahl des Werkstoffs und des Fertigungsprozesses, Generierung des CAD-Modells & Produktoptimierung, Prototypen-/Bauteilfertigung & Testphase, Additive Fertigung von individuellen Esshilfen, Lebensdaueruntersuchungen an einer Hüftendoprothese, Strukturoptimierung von Hüftendoprothesen, Additive Fertigung einer Fußorthese, Ausblick

Britta Schramm, Nicola Rupp, Lena Risse, Jan-Peter Brüggemann, Andre Riemer, Hans Albert Richard, Gunter Kullmer

Entwicklung von Fahrradtretkurbelsystemen mittels additiver Fertigung   Seite 41-60

Einleitung, Laserstrahlschmelzprozess, Strukturoptimierung einer überlangen Tretkurbel, Strukturoptimierung einer Tretkurbel mit Standardlänge, Strukturoptimierung einer Fünfstern-Tretkurbel, Zusammenfassung und Ausblick

Jan-Peter Brüggemann, Lena Risse, Andre Riemer, Wadim Reschetnik, Gunter Kullmer, Hans Albert Richard

Funktionsintegration additiv gefertigter Dämpfungsstrukturen bei Biegeschwingungen
Seite 61-74

Einleitung, Stand der Technik, Experimentelle Untersuchungen, Einfluss des Hohlraumvolumens, Einfluss der Hohlraumlänge, Einfluss der Hohlraumhöhe, Einfluss von Hohlraumunterteilungen, Einfluss von Gitterstrukturen, Anwendungsbeispiel: Funktionsintegration von Dämpfungsstrukturen in die Ankerscheibe einer Federkraftbremse

Thomas Künneke, Detmar Zimmer

Berstdruckbestimmung an additiv gefertigten Bauteilen
Seite 75-86

Zusammenfassung, Einleitung, Die Idee: „Rapid-Bursting-Test", Fertigung der Prüfkörper, Ermittlung der Werkstoffeigenschaften, Skalierung und Zielwerte, Berstversuche mit Dehnungsmessung, Ergebnisdarstellung, Fazit und Ausblick

Christian Schrandt, Axel Schulz, Martin Beckert, Peter Koppa

Stabilität von additiv gefertigten Prothesen
Seite 87-104

Grundlagen additiv gefertigter Prothesen, Ausgangssituation in der Prothetik, Bionisch inspirierte Konstruktion für den 3D-Druck, Energierückgabe von Prothesen, Konzepte und Ergebnisse bionisch optimierter Prothesen, Durchgehend digitale Prozesskette für die Orthopädietechnik, FE-Simulation als virtueller Belastungstest, Mechanische Belastungstests nach DIN EN ISO 10328:2016, Energierückgabemessung an additiv gefertigten Prothesenfüßen, Auswirkung der Ergebnisse auf die Orthopädietechnik, Verbesserung des Versuchsaufbaus, Fazit und Ausblick

Manuel Opitz, Carolin Taubmann, Felix Grundlack, Jannis Breuninger

Herstellbarkeit und mechanische Charakterisierung von lasergesinterten Gitterstrukturen
Seite 105-120

Einleitung, Stand der Technik, Herstellbarkeit, Mechanische Charakterisierung, Mechanische Untersuchung mittels Biegeprüfung, Mechanische Untersuchung mittels Druckprüfung, Zusammenfassung und Ausblick

Dennis Menge, Stefan Josupeit, Patrick Delfs, Hans-Joachim Schmid

Physikalische Modellbildung für das Additive Sintern von Kunststoffmaterialien
Seite 121-136

Zusammenfassung, Einleitung, Physikalische Modellbildung in der Literatur, Frenkels Modell, Frühe und späte Phase des Sinterns, Viskoelastische Modellierung, Berücksichtigung von Gasdiffusionseffekten, Fazit und Ausblick

Florian Wohlgemuth, Ingo Alig

Prüfverfahren und numerische Simulation von mechanischen Eigenschaften 3D-gedruckter thermoplastischer Kunststoffe
Seite 137-158

Stand der Technik, Prüfnormen für additiv gefertigte Materialien, Prüfverfahren für additiv gefertigte Bauteile und Materialien, Material und experimentelle Bedingungen, Material und Drucktechnologie, Probenform und -herstellung, Experimentelle Bedingungen, Untersuchungsergebnisse, Experimentelle und numerische Simulation, Zugversuche, Relaxationsversuche, Wöhler-Versuche, Mikroskopische Analyse, Zusammenfassung und Diskussion, Ausblick

Rainer Franke, Daniela Schob, Matthias Ziegenhorn

Thermische Alterung und Eigenschaften von Polymermaterialien für das Selektive Lasersintern
Seite 159-172

Einleitung, Experimentelles, Materialien, Gelpermeationschromatographie, Dynamische Differenzkalorimetrie, Lichtmikroskopie, Dynamisch-mechanische Analyse, Schmelzerheologie, ATR-FTIR-Spektroskopie, Thermogravimetrie, Kerbschlagversuch, Ergebnisse und Diskussion, Einfluss der Alterungszeit auf die Molmasse, Veränderung der rheologischen Eigenschaften durch thermische Alterung, Zusammenfassung

Konrad Schubert, Johannes Kolb, Florian Wohlgemuth, Dirk Lellinger, Ingo Alig

Optimierung der Werkstoffperformance lasergeschmolzener metallischer Werkstoffe
Seite 173-188

Einleitung, Titanlegierung TiAl6V4, Allgemeine Informationen, Werkstoffverhalten bei monotoner Lastaufbringung, Werkstoffverhalten bei zyklischer Lastaufbringung, Rissfortschrittsverhalten, Austenitischer Stahl X2CrNiMo17-12-2, Allgemeine Informationen, Werkstoffverhalten bei monotoner Lastaufbringung, Werkstoffverhalten bei zyklischer Lastaufbringung, Rissfortschrittsverhalten, Fazit

Andre Riemer, Stefan Leuders, Hans Albert Richard, Gunter Kullmer

Beeinflussung des Risswachstums durch Kerben in additiv gefertigten Strukturen
Seite 189-200

Einleitung, Beeinflussung des Risswachstums, Additive Fertigung, Finite-Elemente-Analysen von Kerbgeometrien, Experimentelle Untersuchungen, Fahrradvorbau, Zusammenfassung und Ausblick

Wadim Reschetnik, Jan-Peter Brüggemann, Hans Albert Richard, Gunter Kullmer, Lena Risse

Numerische und mechanische Untersuchung additiv gefertigter TiAl6V4 Gitterstrukturen
Seite 201-214

Einleitung, Stand der Technik Offen-zelluläre Leichtbaugitterstrukturen, Finite-Elemente-Methode, Digitale Bildkorrelation, Experimentelle Untersuchungen, Zusammenfassung

Alexander Taube, Wadim Reschetnik, Lorenz Pauli, Kay-Peter Hoyer, Gunter Kullmer, Mirko Schaper

Einfluss prozessinduzierter Defekte auf das Ermüdungsverhalten additiv-gefertigter AlSi12-Strukturen bei hohen und sehr hohen Lastspielzahlen
Seite 215-226

Einleitung, Experimentelles Vorgehen, Ergebnisse und Diskussion, Mikrostruktur, Quasistatisches Verformungsverhalten, Zyklisches Verformungsverhalten, Bruchflächenanalyse, Zusammenfassung

Shafaqat Siddique, Jochen Tenkamp, Frank Walther

Anforderungen an ein Bemessungskonzept für zyklisch beanspruchte additiv gefertigte Bauteile
Seite 227-240

Einleitung, Bemessungskonzepte, Einflüsse auf das Werkstoffverhalten, Konstante vs. variable Beanspruchungsamplituden, Werkstoffbasierte Lebensdauerabschätzung, Zusammenfassung

Rainer Wagener, Matthias Hell, Tobias Melz

Schadensentwicklung und Schadenstoleranz von SLM-gefertigten Strukturen
Seite 241-270

Einleitung, Werkstoff-/Bauteileigenschaften, Steifigkeit, Festigkeit / Duktilität, Risswiderstand bei monotoner Belastung, Hochlage, Tieflage, Duktil-spröder Übergangsbereich, Rissausbreitung bei zyklischer Belastung, da/dN-ΔK-Kurve und Einflussfaktoren in den verschiedenen Bereichen, Einfluss der Eigenspannungen, Schwingfestigkeit, Umlagerung von Eigenspannungen bei Schwingbelastung, Zusammenfassung

Uwe Zerbst, Kai Hilgenberg

Gezielte Bauteilkonditionierung durch Festwalzen und Hämmern
Seite 271-280

Einleitung, Individuell konditionierte Bauteile, Festwalzen, Hämmern, Prozesskombinationen, Druckeigenspannungen, Schlussfolgerungen und Ausblick

Stefan Zenk

Zukunftsaspekte der additiven Fertigung für Produktinnovation sowie Besonderheiten von Schraubenverbindungen bei additiv gefertigten metallischen Bauteilen
Seite 281-292

Technologiebewertung für Produktinnovation, Hintergrund für Untersuchung der Besonderheiten bei Verschraubung, Montageversuche – Wiederhol- und Bruchmontage, Rauheits- und Konturmessung, Relaxationsversuche, Tastschnittmessungen, Schlussfolgerungen

Christoph Friedrich, Dino Guggolz, Jens Peth

Sachwortverzeichnis
Seite 293-297

DVM – Bauteil verstehen.
Seite 299

Rapid Prototyping im Maschinen- und Automobilbau – Ermüdungseigenschaften additiv gefertigter Bauteile

Sascha Wörner[a], Udo Jung[a], Heinrich Friederich[a],
Heinz Thomas Beier[b], Michael Vormwald[b]

a) Fachbereich Maschinenbau, Mechatronik, Materialtechnologie, Technische Hochschule Mittelhessen

b) Fachgebiet Werkstoffmechanik, Technische Universität Darmstadt

Zusammenfassung

Nach einem Überblick über den aktuellen Kenntnisstand zur additiven Fertigung erfolgt zunächst eine Werkstoffcharakterisierung sowie die Darstellung physikalischer und mechanischer Eigenschaften von Proben und Bauteilen aus einer ausscheidungshärtbaren Aluminiumlegierung (AlSi10Mg), additiv gefertigt durch Metall-Laserstrahlschmelzen (englisch: Selective Laser Melting, SLM). Anschließend wird insbesondere auf das Ermüdungsverhalten additiv hergestellter Bauteile sowie auf die Einsatzmöglichkeit von SLM zur Substitution der gießtechnischen und zerspanenden Fertigungsverfahren eingegangen.

An einem konkreten Anwendungsfall wird gezeigt, dass Funktionsprototypen bereits heute durch Rapid Prototyping (SLM) hergestellt werden können. Mittels Metall-Laserstrahlschmelzen gefertigte Bauteile haben vergleichbare Ermüdungseigenschaften wie Druckguss-Komponenten. Die Lebensdauer wurde nach dem Örtlichen Konzept numerisch simuliert und experimentell in verschiedenen Schwingfestigkeitsversuchen analysiert. Zusätzlich ist eine deutliche Zeitersparnis im Entwicklungs- und Fertigungsprozess möglich. Die Anforderung im Prototypenbau, gegenüber dem späteren Serienteil äquivalente Bauteileigenschaften zu erreichen, wird erfüllt. Eine sichere Bauteilauslegung im Entwicklungsprozess ist gegeben.

Im Vergleich der Lebensdauer von additiv gefertigten Bauteilen mit jener von Guss-Bauteilen kann eine hohe Übereinstimmung erzielt werden. Eine Substitution konventioneller Fertigungsverfahren ist somit möglich. Damit ist belegt, dass sich Funktionsprototypen auch additiv, durch Rapid Prototyping, herstellen lassen.

Stichwörter: Metall-Laserstrahlschmelzen, Rapid Prototyping, Werkstoffeigenschaften, Bauteileigenschaften, Schwingfestigkeit

1 Einleitung

Die Nutzung additiver Fertigungsverfahren, wie das Metall-Laserstrahlschmelzen (englisch: Selective Laser Melting, SLM), zur Herstellung von Bauteilen eröffnet Entwicklern eine einzigartige Gestaltungsfreiheit. Durch das schichtweise Aufbauen und lokale Aufschmelzen des Metallpulvers entsteht die Struktur, siehe Abbildung 1. Das Bauteil kann vollständig funktionsorientiert gestaltet werden. Auf eine fertigungsgerechte Konstruktion mit Berücksichtigung prozessbedingter Restriktionen wie z.B. bei Guss-Bauteilen, das Vermeiden von Hinterschnitten, Überhängen, Hohlräumen usw. kann verzichtet werden. Der Formenbau ist nicht mehr notwendig. Im Gegensatz zur zerspanenden Fertigung (subtraktiv) wird werkzeuglos, mit maximaler Materialeffizienz gefertigt. Ausschließlich Material für das tatsächliche Bauteilvolumen wird genutzt und somit entstehen (fast) keine Abfälle. Eine individuelle Fertigung mit variablen Losgrößen ist möglich. Jedes Bauteil kann auf Basis von Konstruktionsdaten (CAD) individuell angepasst werden. Dies macht SLM zu einem idealen Fertigungsprozess für die Industrie 4.0, siehe Schürmann [1]. Der Erfolg des „3D-Drucks" zeigt sich auch auf dem Markt. Hier wird sich im Zeitraum von 2014 bis 2019 laut Wohlers Associates [2] mehr als eine Verdopplung des Umsatzes einstellen.

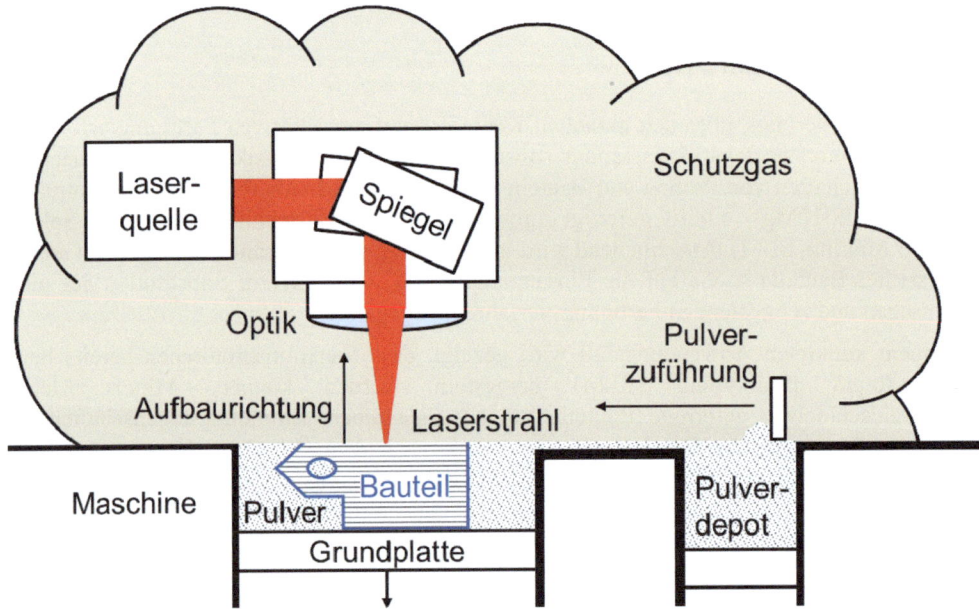

Abbildung 1: Schematische Darstellung des Metall-Laserstrahlschmelzens (SLM)

Noch sind die Anlagenkosten sehr hoch und der Fertigungsprozess hat eine niedrige Aufbaugeschwindigkeit. Prozessgüte und Reproduzierbarkeit der additiven Fertigung sind im Allgemeinen noch nicht ausreichend gesichert. Eine anschließende oder im Prozess integrierte Qualitätsprüfung ist damit unerlässlich, um eine zuverlässige und reproduzierbare Bauteilqualität zu garantieren. Einsatz findet das Metall-Laserstrahlschmelzen deshalb vorwiegend in der Luft- und Raumfahrt. Dort ist der Leichtbau noch wichtiger und die spezifischen Entwicklungs- und Fertigungsausgaben höher als im Maschinen- und Automobilbau. Dadurch sind bereits Bauteile in der Serienanwendung, die nicht mehr durch Gießen und/oder Zerspanen, sondern im „3D-Druck" hergestellt werden, siehe Sander et al. [3].

In der Luft- und Raumfahrt wird die additive Fertigung meist mit dem Ziel bester Werkstoffeigenschaften für Sonderlegierungen angewendet. Der Aufwand ist sehr hoch und dementsprechend kostentreibend. Im Maschinen- und Automobilbau sind die Produktionszahlen in der Regel sehr viel höher. Hier lohnt der Einsatz von additiven Verfahren zur Fertigung von Serienbauteilen *bislang* nur für einzelne Anwendungsfälle, siehe Spiegel et al. [4]. Jahrzehntelange Erfahrungen, vor allem in der Gießerei-, Umform- und Zerspanungstechnik, sorgen für sichere Prozessbeherrschung und ausgereifte Produkte in der Serienfertigung.

In der Maschinen- und Automobilindustrie kommt die additive Fertigung jedoch schon heute für die Entwicklung neuer Produkte in Frage, siehe Grienitz et al., Ohlsen et al. und Barckmann et al. [5, 6, 7]. Im Prototypenbau werden nur geringe Stückzahlen hergestellt. Hier wird traditionell auf subtraktive Fertigungsverfahren wie Fräsen und Drehen zurückgegriffen. Nicht selten folgt darauf eine weitere Prototypengeneration im Sandguss, sofern das Serienbauteil z. B. im Druckguss hergestellt wird. Dies stellt einen hohen Arbeitsaufwand dar. Gleichzeitig stellt sich die Frage, ob die mechanischen Eigenschaften der „aus dem Vollen" zerspanten bzw. sandgegossenen Prototypen mit denen der späteren Serienbauteile vergleichbar sind. Diese Annahme ist Voraussetzung, um im Entwicklungsprozess die richtigen Rückschlüsse und Anpassungen aus den Prototypenversuchen abzuleiten.

Im Folgenden soll gezeigt werden, in wie weit sich die additive Fertigung in Form von SLM eignet, um Funktionsprototypen mit äquivalenten Eigenschaften zu den späteren Serienbauteilen herzustellen. Als Werkstoff wurde eine im Maschinen- und Automobilbau verbreitete ausscheidungshärtbare Aluminiumlegierung (AlSi10Mg) ausgewählt. Insbesondere die Ermüdungseigenschaften additiv gefertigter Bauteile sollen dargestellt werden. Ziel ist eine Substitution der Fertigungsverfahren Zerspanen und Sand- bzw. Druckguss durch Metall-Laserstrahlschmelzen, siehe Abbildung 2.

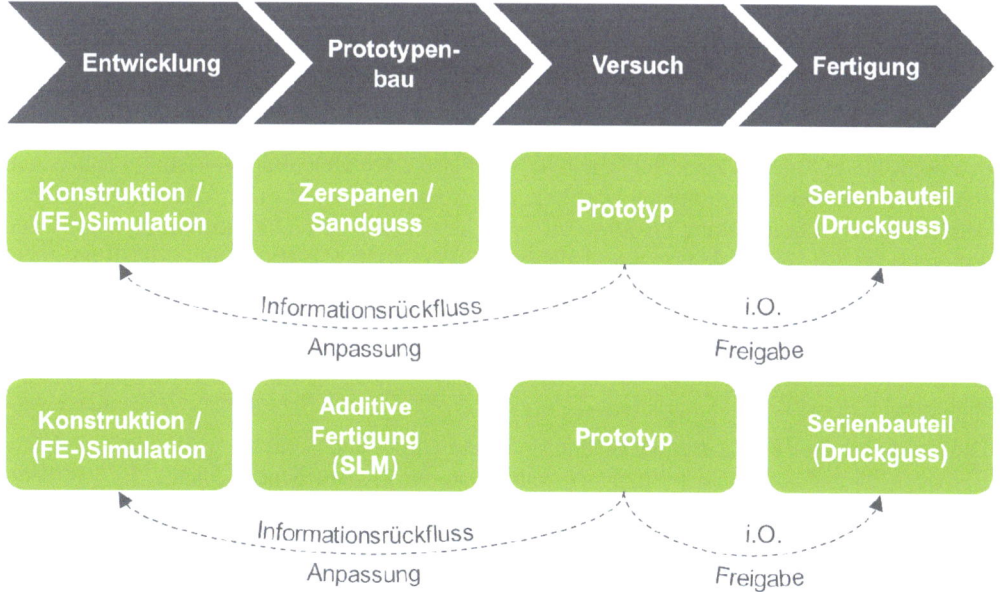

Abbildung 2: Einsatz verschiedener Fertigungsverfahren im Prototypenbau

2 Aktueller Kenntnisstand zur additiven Fertigung

In additiven Fertigungsprozessen spielen verschiedenste Parameter eine Rolle. Tabelle 1 soll in Anlehnung an Aboulkhair et al. [8] eine Übersicht geben.

Tabelle 1: Prozessparameter beim Metall-Laserstrahlschmelzen (SLM)

SLM-Prozessparameter				
Laser	Belichtung	Pulver	Temperatur	weitere
Laserleistung	Scangeschwindigkeit	Partikelgröße	Pulvertemperatur	Schutzgasatmosphäre
Laserstrahldurchmesser	Spurabstand	Partikelform	Pulverzuführtemperatur	Oxidationsprodukte
Pulsdauer	Belichtungsstrategie	Pulverbettdichte	Temperaturschwankungen	Blaseffekt
Pulsfrequenz		Schichtdicke		Pulverkreislauf
		Materialeigenschaften		Verunreinigung
				Verzug

Der Einfluss der genannten Parameter auf die Werkstoffeigenschaften wird intensiv diskutiert. Dabei werden neben mikrostrukturellen Analysen insbesondere die maximal erreichbare relative Dichte und Festigkeitskennwerte untersucht. Folgend sollen wesentliche Erkenntnisse dargestellt werden. Dabei gilt es zu beachten, dass mögliche Wechselwirkungen und Korrelationen der Einzelparameter nur schwer überblickt werden können. Dies ist zum einen der Vielzahl an SLM-Prozessparametern geschuldet, des Weiteren variieren die Parameter zwischen den betrachteten Quellen zum Teil sehr stark. Hier sind noch viele Fragen offen. So haben zum Beispiel aktuell verfügbare Serien-Maschinen im Vergleich zu bekannten Literaturwerten eine deutlich höhere Laserleistung P_L. Dies gilt es zu berücksichtigen. Die Einführung der Größen Volumenrate VR und Volumenenergiedichte E_V, Vergleich VDI-Richtlinie 3405 Blatt 2 [9], vereinheitlicht die Parameter Laserleistung P_L, Scangeschwindigkeit v_S, Spurabstand h_S und Schichtdicke l_S zur einfacheren Vergleichbarkeit:

$$VR = v_S \cdot h_S \cdot l_S \tag{1}$$
$$E_V = P_L \div VR \tag{2}$$

Die Volumenrate VR ist ein Maß für die Menge an aufgeschmolzenem Pulver pro Zeit. Unter Berücksichtigung der Laserleistung P_L kann mit der Volumenenergiedichte E_V ein Vergleichswert bezüglich der eingebrachten Energie je Volumen berechnet werden. Beide Werte stehen in einem direkten Zusammenhang. Eine Erhöhung der Volumenrate VR hat eine Verringerung der Volumenenergiedichte E_V zur Folge und umgekehrt.

Basierend auf diesen Zusammenhängen und den aus aktuellen Anwendungen als maßgeblich erkannten Parametern wurde für eigene Untersuchungen im Rahmen des Forschungsprojekts „AddiFeE – Innovation additive Fertigung" der Technischen Hochschule Mittelhessen* ein

Versuchsplan mit vier Parametersätzen (AddiFeE 1 – 4, siehe Abbildung 3) aufgestellt und umgesetzt, um systematisch den Einfluss auf die Werkstoffeigenschaften Dichte, Härte, Zugfestigkeit, Dehngrenze, Bruchdehnung und Kerbschlagzähigkeit zu analysieren. Zusätzlich wurde das zyklische Materialverhalten untersucht und dabei zyklische Spannungs-Dehnungskurven sowie Wöhlerlinien aufgenommen. Die Fertigung der Proben und Bauteile erfolgte auf einer Maschine vom Typ Concept Laser M2 Cusing. Weitere Details sind bei Wörner et al. [10, 11] dokumentiert.

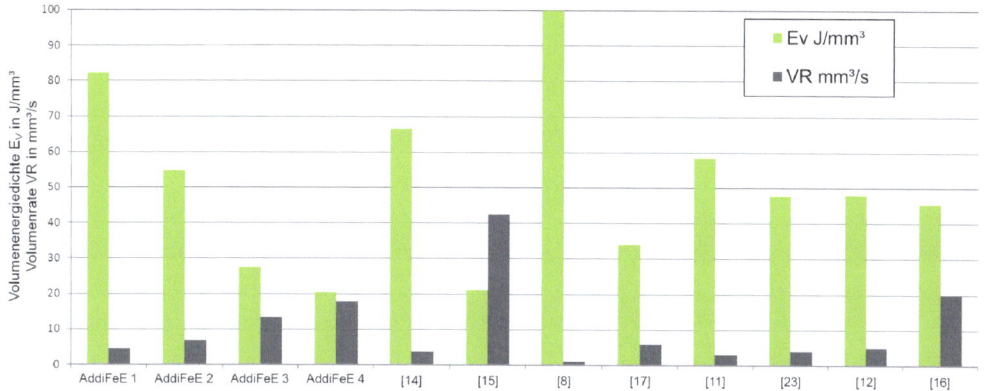

Abbildung 3: Volumenenergiedichte und Volumenrate aktueller Untersuchungen

Die Volumenrate der im Projekt „AddiFeE" untersuchten Parametersätze lag zwischen 4,5 mm³/s und 18,0 mm³/s, die Volumenenergiedichte bei 20,6 J/mm³ bis 82,2 J/mm³. Read et al. [12] haben passend dazu eine Volumenenergiedichte von 60 J/mm³ für AlSi10Mg empfohlen. Für AlSi12 empfehlen Olakanmi et al. [13] 67 J/mm³.

Bedingt durch den schichtweisen Aufbauprozess bei SLM ergeben sich anisotrope Werkstoffeigenschaften. Von Buchbinder und Meiners [14] wurde dies am Beispiel gängiger Aluminiumlegierungen eindeutig durch Versuche nachgewiesen. Brandl et al. [15] zeigten, dass sich durch Einsatz einer Basisplattenheizung auf 300° C und anschließender T6-Wärmebehandlung die Anisotropie umgehen lässt.

Die Eigenschaften des Lasers lassen sich über die erzeugte Leistung, den Strahldurchmesser auf dem Pulverbett und die Taktung der Pulsdauer und -frequenz beschreiben. Allerdings können sowohl mit einer Laserleistung von 100 Watt, wie von Aboulkhair et al. [8] gezeigt, bis hin zu 900 Watt, nach Buchbinder et al. [16], Strukturen mit einer relativen Dichte nahe 100 % erzeugt werden. Weingarten et al. [17] zeigten Wege zur Reduzierung der durch Gaseinschlüsse bedingten Porosität auf und unterschieden damit von jener Porosität verursacht durch unaufgeschmolzenes Pulver. Gas-Poren unterscheiden sich von unaufgeschmolzenem Pulver durch ihre kreis- bzw. kugelrunden gegenüber einer spratzigen Morphologie. Dies deckt sich mit eigenen Untersuchungen. Abbildung 4 zeigt die Porenform, -größe und –verteilung der Parametersätze AddiFeE 1 – 4 an jeweils einem gedruckten Würfel mit der Kantenlänge zehn Millimeter. Die Darstellung gibt einen Überblick über die Porengröße und -verteilung anhand des jeweils ungünstigsten berechneten Porositätswertes je Parametersatz. Die gemessene bzw. berechnete relative Dichte ρ_{rel} liegt bei den Parametersätzen AddiFeE 1 – 3 zwischen 99,4 % und 99,7 %, auf einem nahezu gleich hohen Niveau. Lediglich Parametersatz AddiFeE 4 fällt um fünf Prozent ab, was sich bereits optisch deutlich in der Porengröße und –verteilung zeigt.

Weingarten et al. [17] konnten die Porosität durch Pulvertrocknung reduzieren. Für unterschiedlichen Pulverchargen wurde von Kempen et al. [18] eine Streuung der relativen Dichte von 1 – 2 % bei ansonsten gleichen Maschinenparametern beobachtet. Dies lässt sich auf Partikelgröße und -form sowie mögliche Verunreinigungen und Passivierungszustände des Pulvers zurückführen. Olakanmi et al. [13] belegten eine sinkende Dichte um 15 % bei steigender Schichtdicke des Pulverbettes von 0,25 mm bis 1 mm.

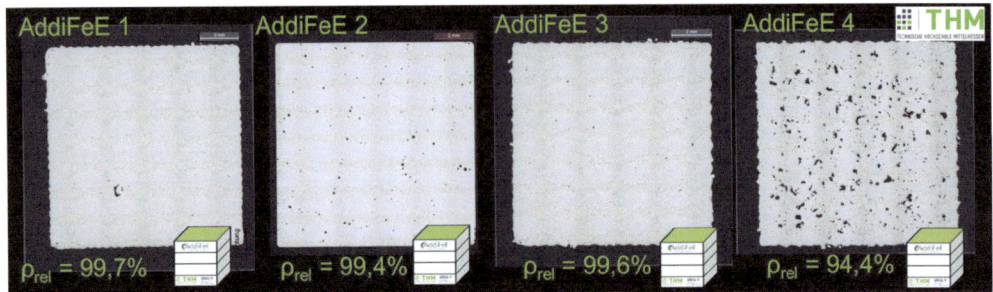

Abbildung 4: Porenform, -größe und -verteilung sowie relative Dichte der Parametersätze AddiFeE 1 – 4 quer zur Aufbaurichtung

Am Karlsruher Institut für Technologie [19] wurde ein Blaseffekt beobachtet. Bei zu geringer Scangeschwindigkeit führt die schnell steigende Gastemperatur und damit verbundene Gasexpansion im und um den Belichtungspunkt zum Wegblasen von nicht aufgeschmolzenem Pulver. Auswirkungen auf die Oberflächeneigenschaften und Geometrie wurden von Buchbinder et al. [20] untersucht. Es zeigte sich, dass durch Vorwärmen der Grundplatte Bauteile ohne Verzug und spannungsbedingte Risse hergestellt werden können.

Weitere Einzeleffekte im Prozess, die mutmaßlich Einfluss auf die Werkstoffeigenschaften haben, konnten in der Anwendung beobachtet werden. Zu nennen sind hier die Art und Menge der Schutzgasatmosphäre, wie von Wang et al. [21] gezeigt. Zudem nimmt die Strömungsrichtung Einfluss auf die Verteilung von sogenanntem Schmauch (Verbrennungsprodukt), der beim Aufschmelzen entsteht und dann auf noch unbelichtetes Pulver rieselt. Dies wurde durch Anwar et al. [22] belegt. Eventuelle Verunreinigungen von Maschine und Pulver sowie das Durchmischen des Ausgangspulvers mit ungenutztem Pulver aus vorherigen Druckprozessen im Pulverkreislauf sorgen für Ungewissheit bezüglich der Pulverqualität.

Die Art der Belichtung lässt sich über die Scangeschwindigkeit, den Abstand zwischen zwei Schmelzspurbahnen und die Reihenfolge bzw. Orientierung dieser variieren. Ein Prozessfenster für geeignete Scangeschwindigkeiten zur Erzeugung von kontinuierlich auftragenden Schmelzbahnen wurde von Kempen et al. [18] mit 700 – 1400 mm/s bei 200 Watt Laserleistung aufgezeigt. Olakanmi et al. [13] zeigten den Zusammenhang zwischen steigendem Spurabstand und dadurch fallender Dichte auf. Mit unterschiedlichen Belichtungsstrategien, ob parallel, entgegenlaufend, kreuzend, feldweise oder feldweise bei gleichzeitiger Drehung der nachfolgenden Schicht um 90° lässt sich nach Erkenntnissen von Thijs et al. [23] die Anisotropie reduzieren. Aboulkhair et al. [8] untersuchte die Auswirkung der Belichtung in Kombination mit verschiedenen Scangeschwindigkeiten auf die relative Dichte und empfiehlt eine doppelte Belichtungsstrategie, mit einem ersten Belichtungsvorgang bei halber Laserleistung und einer anschließenden zweiten Belichtung mit voller Leistung. Unterschiedliche Parametereinstellungen für Boden, Flanke, Deckel und Kern des Bauteils wurden von Manfredi et al. [24] verfolgt und erfolgreich gezeigt, dass sich damit ebenfalls relative Dichten von über 99 % realisieren lassen. Weitere Details zur Belichtungsstrategie lassen sich in Abbildung 5 erkennen. Die stochastische Ansteuerung feldweiser Rechteck-Segmente (die sogenannte Schachbrett- bzw. Island-Strategie) [25], wird in (A) deutlich im Werkstoff sichtbar, nachdem der Schliff quer zur Aufbaurichtung mit 15%-iger Natronlauge geätzt wurde. Vor dem Ätzen (B) war dies noch nicht zu erkennen. Überlagert man beide Darstellungen (C) so zeigt sich, dass Poren vorwiegend entlang der Segmentränder angeordnet sind. Das Wiederaufschmelzen des Werkstoffs bzw. die Mehrfachbelichtung an den Segmenträndern und Schmelzbadgrenzen scheint die Porenbildung zu verstärken, siehe auch Tang et al. [26]. Die einzelnen Aufbauschichten können aus Abbildung 5 (D) identifiziert werden. Hierbei wurde längs zur Aufbaurichtung präpariert.

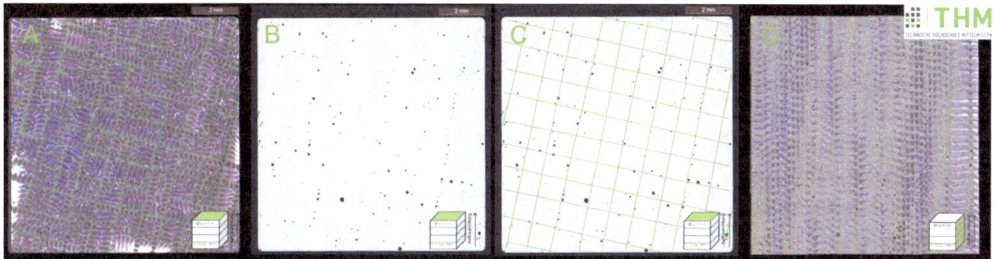

Abbildung 5: Feldweise Belichtungsstrategie in Schliffebenen quer zur Aufbaurichtung (A), (B), (C); Schichtaufbau längs zur Aufbaurichtung (D), alle für Parametersatz AddiFeE 2

Ein Absinken der quasi-statischen Festigkeitskennwerte und Ansteigen der Zähigkeit bei Nutzung der zusätzlichen Option einer beheizten Grundplatte zur Erwärmung des Metallpulvers und der darin entstehenden Struktur wurde von Siddique et al. [27] beobachtet. Zusätzlich zeigte sich, dass die Vorheizung zu einer deutlichen Reduzierung der Schwingfestigkeitsstreuung führt, ein Spannungsarmglühen aber nur geringfügige Auswirkungen auf diese Werkstoffeigenschaften hat. Read et al. [12] führten Untersuchungen zum Kriechverhalten durch und stellten fest, dass die Aufbaurichtung nur geringe Auswirkungen darauf hat.

3 Werkstoffcharakterisierung

Zunächst wurde im Projekt „AddiFeE" das Ausgangsmaterial, Pulver der Legierung AlSi10Mg, analysiert. Dazu wurde eine kleine Menge Pulver per Laserbeugungs-Partikelgrößenanalyse untersucht und eine Kugelform der Partikel angenommen.

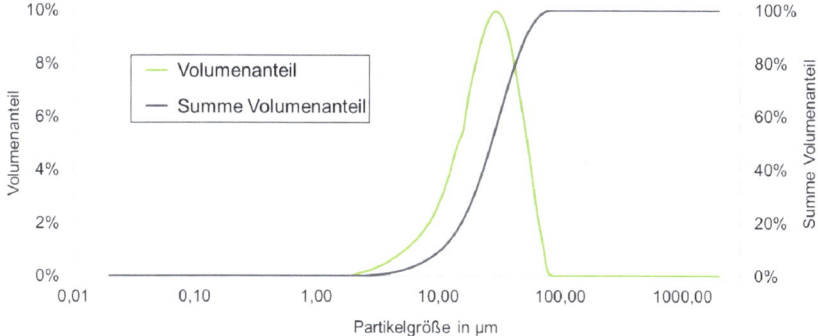

Abbildung 6: Partikelgrößenverteilung des Ausgangspulvers AlSi10Mg

Die gemittelte Partikelgröße des Ausgangspulvers beträgt im Durchmesser 19,8 µm, die mittlere Körnung beträgt im Durchmesser 29,7 µm. Die Partikelgrößenverteilung kann aus Abbildung 6 entnommen werden. Die chemische Zusammensetzung des per Metall-Laserstrahlschmelzen gefertigten Werkstoffs AlSi10Mg entspricht den Vorgaben der Norm (DIN EN 1706). Dies wurde mittels optischem Emissionsspektrometer bestätigt, Tabelle 2.

Tabelle 2: Chemische Zusammensetzung

Legierungs-bezeichnung	Konzentration in % Massenanteil												
	Si	Fe	Cu	Mn	Mg	Cr	Ni	Zn	Pb	Sn	Ti	Andere	Al
SLM AddiFeE 2 AlSi10Mg	10,46	0,15	0,11	0,003	0,36	0,004	0,002	0,001	0,004	0,01	0,005	0,021	88,87
Druckguss DIN EN 1706 AlSi10Mg	9,0 - 11,0	0,55	0,1	0,45	0,20 - 0,45	-	0,05	0,1	0,05	0,05	0,15	0,15	Rest

Abbildung 7 soll das Gefüge näher charakterisieren. (A) zeigt die Aluminium-Legierung AlSi10Mg unter Verwendung des Fertigungsparametersatzes AddiFeE 2, ohne eine Nachbehandlung des SLM-Prozesses. Die Schliffe (A), (B) und (C) wurden quer zur SLM-Aufbaurichtung der Proben angefertigt und wie auch (D) zur Entwicklung des Gefüges mit 15%-iger Natronlauge geätzt. Deutlich zu erkennen sind in (A) die Schmelzbäder, die bei der punktuellen Belichtung des Pulvers durch den Laser entstehen und eine makroskopisch, charakteristische Struktur unbehandelter SLM-Werkstoffe bilden, wie auch von Rosenthal et al. [28] aufgezeigt, denn die Schmelzbadgrenzen zeichnen sich aufgrund der hell erscheinenden siliziumreichen Phasen, nachgewiesen durch Yan et al. [29], im Gefüge ab. Der lösungsgeglühte SLM-Zustand (B) zeigt eine homogene Verteilung des Eutektikums und der intermetallischen Phasen im Gefüge. Nach einer T6-Wärmebehandlung lassen sich in (C) die Korngrenzen und die korngrenznahe Verteilung dieser Phasen erkennen. Im Gegensatz dazu ist das Gefüge von D-AlSi11Cu2(Fe)–T5 des Aluminium-Druckguss-Bauteils vergleichsweise grobkörnig und eine Konzentration des Eutektikums und der intermetallischen Phasen in den korngrenznahen Bereichen wird deutlich, siehe (D).

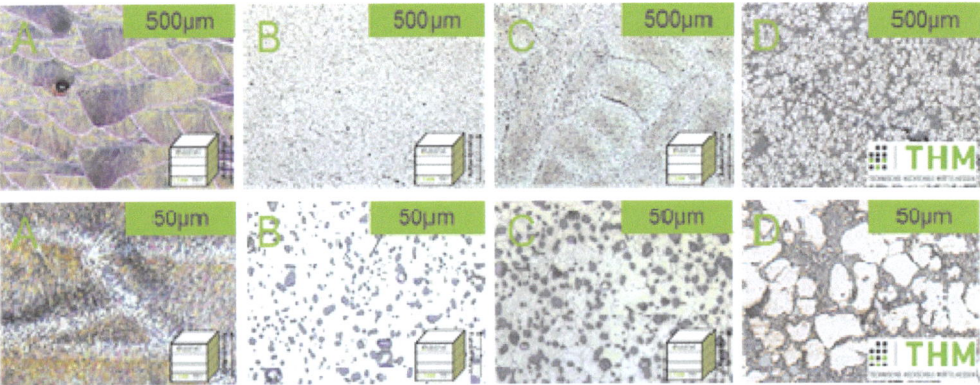

Abbildung 7: Gefügeaufnahmen für SLM (A); SLM-lösungsgeglüht (B); SLM-T6 (C); Druckguss-T5 (D)

Um schnell und kostengünstig eine Prognose bezüglich der Werkstoffeigenschaften treffen zu können, wurde zunächst die Dichte (nach DIN EN ISO 3369) und die Härte (nach DIN EN 6507) gemessen. So konnte ein erster Vergleich der Werkstoffkennwerte mithilfe kleiner Würfelproben und geringem Versuchsaufwand erstellt werden. Für die Dichtebestimmung wurden jeweils zehn Einzelproben, für die Härtebestimmung jeweils 24 Einzelmessungen je Parametersatz genutzt.

In Abbildung 8 sind die Dichte ρ und Härte HV1 für die Fertigungsparametersätze AddiFeE 1 – 4 veranschaulicht. Wie schon in der optischen Analyse der relativen Dichte ρ_{rel} erkannt, fällt auch die Massendichte ρ von Parametersatz AddiFeE 4 gegenüber den andern ab. Beide Messverfahren führen zu qualitativ übereinstimmenden Messergebnissen. Gegenüber der Dichte eines Werkstoffwürfels entnommen aus dem Gussbauteil liegt die Dichte für die Parametersätze AddiFeE 1 – 3 sogar auf einem höheren Niveau.

Die Härtewerte liegen im Rahmen der Messgenauigkeit auf einem vergleichbaren Niveau. Die Härte eines Werkstoffwürfels entnommen aus dem Gussbauteil liegt ebenfalls in diesem Streubereich.

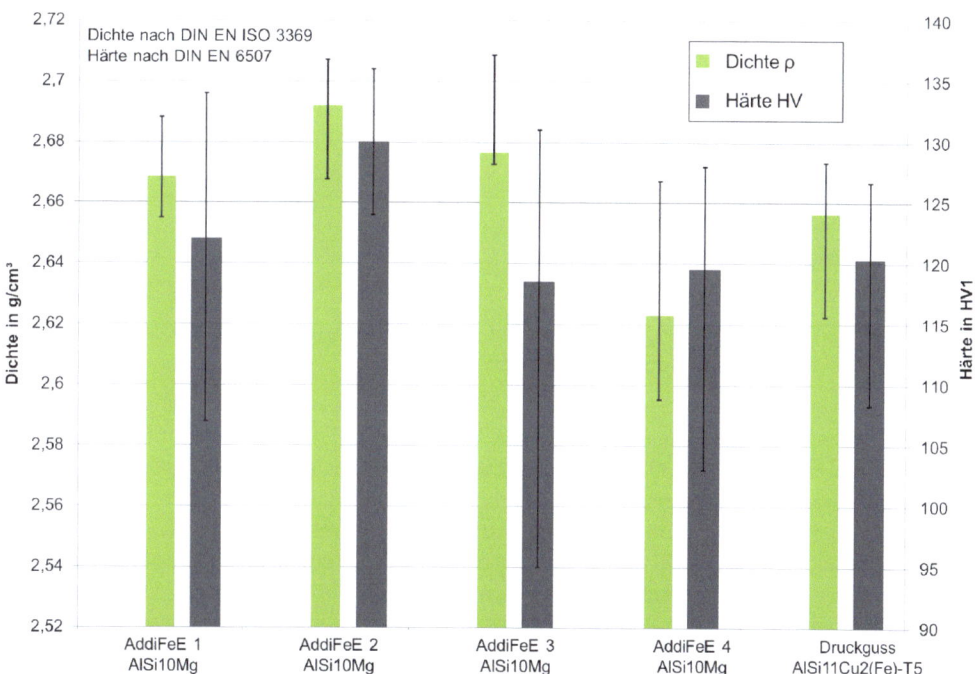

Abbildung 8: Dichte ρ und Härte HV1 für die Fertigungsparametersätze AddiFeE 1 – 4 sowie der Druckgusslegierung D-AlSi11Cu2(Fe)-T5

4 Mechanische Eigenschaften

Zunächst soll die im Kerbschlagbiegeversuch nach Charpy (DIN EN 148) bei Raumtemperatur verbrauchte Schlagenergie KV_2 von additiv gefertigtem Werkstoff analysiert werden, siehe Abbildung 9. Erneut zeigen sich für Fertigungsparametersatz AddiFeE 4 die niedrigsten Werte, wobei anzumerken ist, dass mit einer Gesamtbandbreite zwischen zwei und sechs Joule die

Schlagenergie bei allen Fertigungsparametern auf nur geringem Niveau gegenüber anderen Konstruktionswerkstoffen liegt. Zur Durchführung der Versuche wurden für jeden Parametersatz jeweils drei Charpyproben längs und drei Charpyproben quer zur Aufbaurichtung gedruckt. Erneut zeigt sich anisotropes Werkstoffverhalten. Die verbrauchte Kerbschlagenergie stehend gedruckter Proben ist stets geringer. Die Ergebnisse decken sich mit denen von Kempen et al. [30] und Fulcher [31].

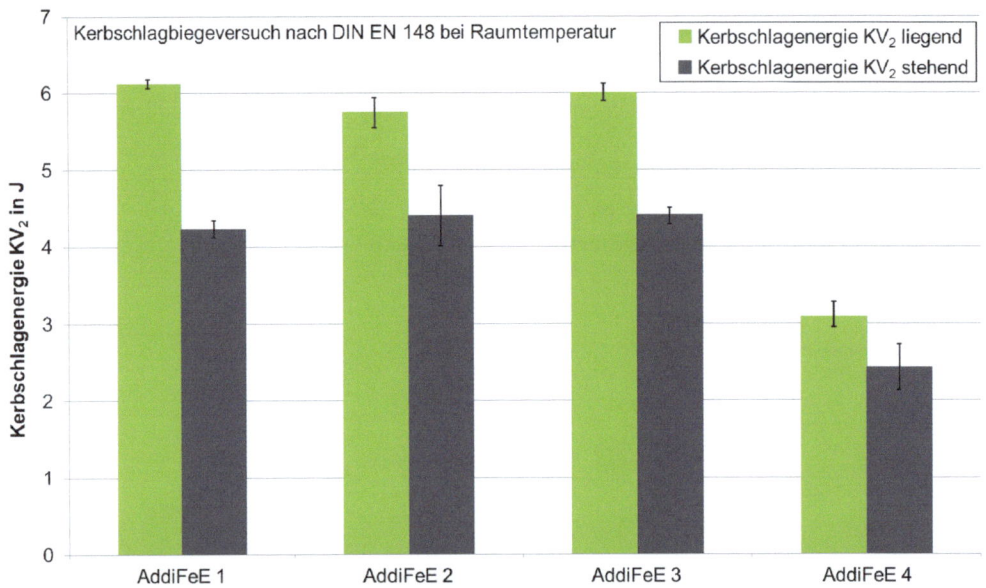

Abbildung 9: Kerbschlagenergie KV_2 liegend und stehend aufgebauter Proben der Fertigungsparametersätze AddiFeE 1 – 4

In Abbildung 10 werden die quasistatischen Materialkennwerte für Fertigungsparametersatz AddiFeE 2 sowie der Druckgusslegierung mit Werten der VDI Richtlinie 3405 Blatt 2.1 und der Norm DIN EN 1706 [32, 33] verglichen. Zugversuche (nach DIN EN ISO 6892-1 – A224) wurden mit jeweils sieben stehend (Polarwinkel von 0°) aufgebauten Proben A 5 x 25 nach DIN 50125 je Parametersatz durchgeführt. Aufgrund der Anisotropie des Werkstoffs haben stehend gedruckte Proben eine tendenziell niedrigere Festigkeit, womit die ermittelten Kennwerte als konservativ anzusehen sind. Für den Einsatz in der Konstruktion wird empfohlen sich an diesen Werten zu orientieren. Es zeigt sich, dass mit Fertigungsparametersatz AddiFeE 2 Anschluss an die VDI-Richtlinie gefunden wurde. Die Dehngrenze $R_{p0,2}$ der aus dem Druckgussbauteil entnommenen Proben, liegt nur geringfügig niedriger. Deshalb wurde der Parametersatz AddiFeE 2 zur Substitution der Druckguss-Legierung gewählt. Zugfestigkeit R_m und Bruchdehnung A_5 von Druckguss liegen auf dem Niveau der Normangaben, werden aber von den SLM-Kennwerten deutlich übertroffen! Die zu erwartende Auswirkung einer T6-Wärmebehandlung auf Zugfestigkeit, Dehngrenze und Bruchdehnung zeigt die VDI-Richtlinie 3405 Blatt 2.1 [32]. Da die T6-Wärmebehandlung die Zugfestigkeit verringert – bei gleichbleibender Dehngrenze – und Bruchdehnung und Streuung bereits gute Werte aufweisen, wurde in Anbetracht des zu substituierenden Werkstoffs D-AlSi11Cu2(Fe)–T5 auf eine Wärmebehandlung der SLM-Bauteile gefertigt mit Parametersatz AddiFeE 2 vorerst verzichtet. Dadurch werden die Eigenschaftsänderungen in Folge einer Wärmebehandlung ausgeklammert und ausschließlich Eigenschaften resultierend aus dem SLM-Prozess analysiert. Gleichzeitig werden dadurch Fertigungszeit und -kosten minimiert. Die Bauteile lassen sich somit sofort nach dem 3D-Druck einsetzen bzw. weiterverarbeiten.

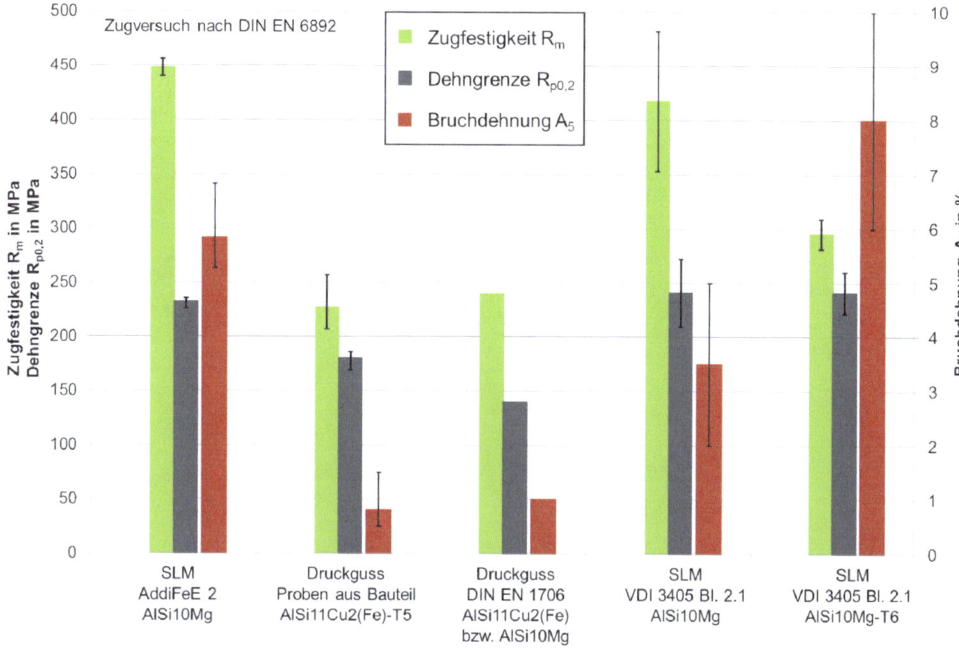

Abbildung 10: Quasistatische Materialkennwerte von AlSi10Mg und AlSi11Cu2(Fe)

5 Örtliches Konzept

Mit dem Konzept der örtlich elastisch-plastischen Beanspruchungen, kurz Örtliches Konzept genannt, können für schwingbeanspruchte Bauteile Anrisslebensdauern berechnet werden. Dabei werden für die hochbeanspruchten Stellen des Bauteils die elastisch-plastischen Spannungs-Dehnungs-Pfade ermittelt und anschließend auf Versagen bewertet. Hierzu sind der Übertragungsfaktor c zwischen Laststöße L und der örtlichen elastischen Spannung σ_e bezüglich des Anrissortes, die stabilisierte zyklische Spannungs-Dehnungs-Kurve sowie die zugehörige Dehnungs-Wöhlerlinie des eingesetzten Werkstoffs und die entsprechende Last-Zeit-Reihe oder ggf. das Einstufenkollektiv erforderlich. Der Übertragungsfaktor c kann aus Handbüchern, elastischen Finite-Elemente-Rechnungen oder experimentell bestimmt werden. Die zyklischen Werkstoffdaten werden experimentell über einachsige dehnungsgeregelte Dauerschwingversuche ermittelt. Last-Zeit-Reihen werden über Sensoren am Bauteil oder per Mehrkörpersimulation (MKS) erfasst. Um Größen- und Fertigungseinflüsse zu erfassen sind zum Beispiel Spannungsgradient, Oberflächenrauigkeit, Randschichthärte oder Eigenspannung in das Konzept zu integrieren. Die Beanspruchungs- und Schädigungsrechnung führt zur Anrisslebensdauer. Die hierbei gängige Definition des sogenannten technischen Anrisses, in Form eines Oberflächenrisses, beträgt einen Millimeter. Für konstante Amplituden können Anrisswöhlerlinien berechnet werden. Abbildung 11 fasst das Örtliche Konzept zusammen.

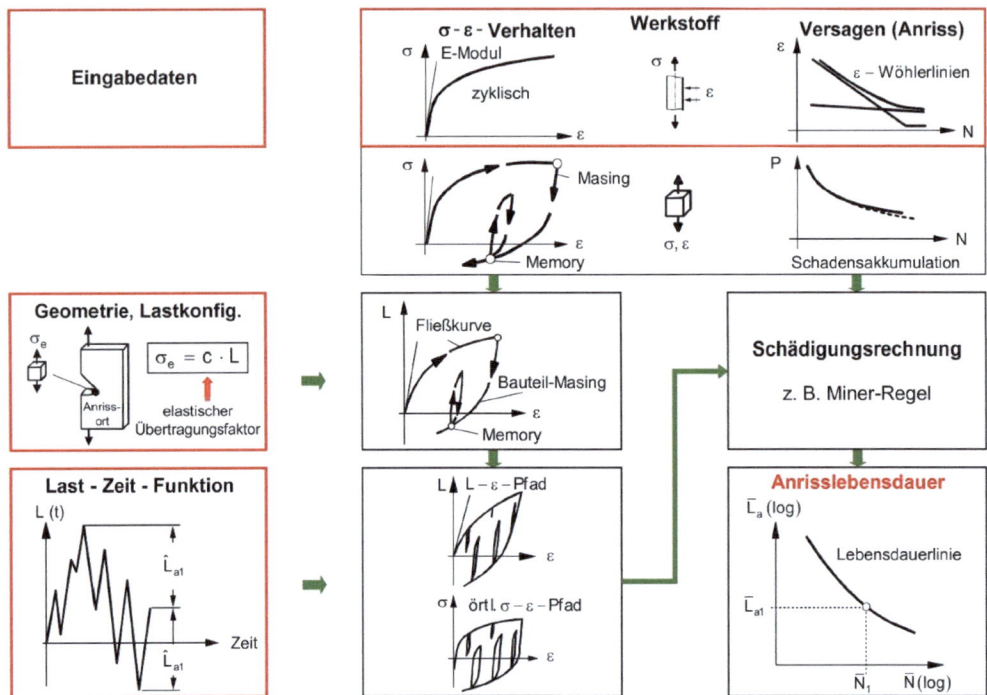

Abbildung 11: Örtliches Konzept

Das Örtliche Konzept ist für Konstruktionen mit hoher Formenvielfalt nahezu die einzige Möglichkeit einen Betriebsfestigkeitsnachweis zu führen. Es ist in konventionellen Softwarelösungen umgesetzt und kann hier in Verbindung mit Finite-Elemente-Programmen angewendet werden. Diese wiederum können direkt zur FE-Simulation der CAD-Daten von SLM-Bauteilen genutzt werden, sowie mittels Optimierungsalgorithmen die virtuelle Prozesskette der additiven Fertigungsverfahren vervollständigen.

Fiedler und Vormwald berichten in [34, 35] über den Stand einer Initiative bei der Formulierung einer regelwerksähnlichen Empfehlung zur Anwendung des Örtlichen Konzepts.

6 Ermüdungseigenschaften additiv gefertigter Bauteile

Mit Ergebnissen aus Schwingfestigkeitsversuchen lässt sich, für AlSi10Mg, 3D-gedruckt, das zyklische Verformungsverhalten des Werkstoffs beschreiben. Hierbei konnte eine zyklische Verfestigung festgestellt werden. Eine zyklische Verfestigung weist das SLM-Aluminium ebenso auf, wie geglühte oder ausgehärtete Gusslegierungen, siehe Ostermann [36]. Die aufgenommenen Dehnungs-Wöhlerlinien bzw. zyklisch stabilisierten Spannungs-Dehnungs-Kurven dienen als Eingabewerte in der anschließend durchgeführten Lebensdauersimulation nach dem Örtlichen Konzept [34, 35], siehe Tabelle 3. Angegeben sind Kennwerte, ermittelt an Proben mit mechanisch bearbeiteter Oberfläche, für eine Überlebenswahrscheinlichkeit von 50%. Für den SLM-Werkstoff AlSi10Mg wurden die Versuche nach ASTM E606 mit 30 Proben durchgeführt und die zyklischen Werkstoffdaten sind im Fachgebiet Werkstoffmechanik

[37] veröffentlicht. Für die Werkstoffgruppe Aluminiumguss ist nur eine sehr kleine Basis an zyklischen Werkstoffkennwerten verfügbar, Vergleich Wächter [38]. Die Kennwerte für D-AlSi11Cu2(Fe) wurden über das Uniform-Material-Law [39] berechnet.

Tabelle 3: Zyklische Werkstoffkennwerte für die Gleichungen nach

Ramberg-Osgood [40]: $\varepsilon_a = \sigma_a \cdot E^{-1} + (\sigma_a \cdot K'^{-1})^{1/n'}$ (3)

Manson-Coffin-Morrow [40, 41, 42, 43]: $\varepsilon_A = \sigma'_f \cdot E^{-1} \cdot (2 \cdot N)^b + \varepsilon'_f \cdot (2 \cdot N)^c$ (4)

Werkstoff	SLM AlSi10Mg	D-AlSi11Cu2(Fe)–T5
K' – Verfestigungskoeffizient	705,947	366,275
n' – zykl. Verfestigungsexponent	0,117	0,11
σ'_f - Schwingfestigkeitskoeffizient	651,200	379,925
ε'_f – zykl. Duktilitätskoeffizient	0,502	0,35
b - Schwingfestigkeitsexponent	-0,107	-0,095
c – zyklischer Duktilitätsexponent	-0,913	-0,69

Die numerische Simulation der Bauteillebensdauer basiert auf nichtlinearen Finite-Elemente-Analysen mit Kontakt. Es ist anzumerken, dass für die rechnerischen und experimentellen Untersuchungen die äußeren Lasten gegenüber den tatsächlichen Betriebslasten deutlich erhöht und die Flanschdicke der Seriengeometrie auf weniger als 50% reduziert wurde. Nur so ließ sich ein Anriss im Zeitfestigkeitsbereich erzielen. Im Kundeneinsatz ist die Lebensdauer des Original-Serienbauteils klar als unkritisch einzustufen. Das Aluminium-Bauteil ist entlang seines Umfangs gelagert und exzentrisch belastet. Daraus resultiert eine Biegebeanspruchung der Struktur. Am Übergangsradius einer Versteifungsrippe zum umlaufenden Flansch ergibt sich, aufgrund des gesenkten Widerstandsmoments, ein Steifigkeitssprung. Die linear-elastische Dehnungsverteilung dieser hochbeanspruchten Stelle ist in Abbildung 12 dargestellt.

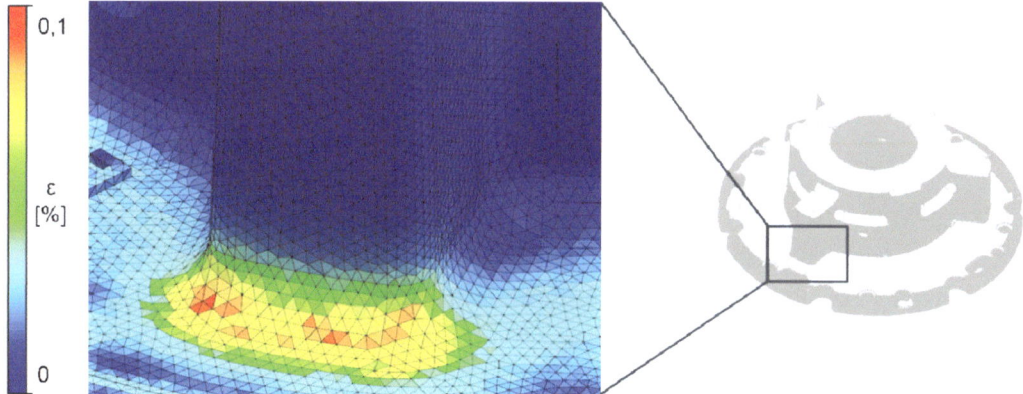

Abbildung 12: Berechnete Dehnung im hochbeanspruchten Bereich des Bauteils

In die Lebensdauersimulation fließt nun die im Rahmen des Projekts „AddiFeE" aufgenommene Dehnungs-Wöhlerlinie und die zyklisch stabilisierte Spannungs-Dehnungs-Kurve ein. Das Belastungskollektiv ist zunächst einstufig im Druckschwellbereich. Der Einfluss der dabei anliegenden Mittelspannung wird nach Morrow [44] korrigiert.

Die numerische Simulation liefert für das Druckguss-Bauteil eine Lebensdauer von ca. 230.000 Schwingspielen dagegen für das SLM-Bauteil 1.590.000 Schwingspiele bis zum technischen Anriss (1 mm). Dies soll nun in Schwingversuchen an beiden Bauteiltypen verifiziert werden.

Nach dem 3D-Druck müssen die Bauteile an Funktionsflächen mechanisch bearbeitet werden. Diese Nachbearbeitung erfolgt in gleicher Weise bei den gegossenen Serienbauteilen, um die geforderten Maße, Toleranzen sowie Oberflächenanforderungen und damit die Funktion erfüllen zu können. Soweit zeigten die SLM-Bauteile keinen erkennbaren Unterschied zu den Guss-Bauteilen auf. Die Herstellzeit eines SLM-Prototypen, gemessen im Zeitraum vom fertigen CAD-Entwurf bis zum einsatzbereiten Funktionsprototyp, ist allerdings zehnfach kürzer. Der Aufbau des Prüfstands für die Schwingfestigkeitsversuche konnte aus der Serien-Baugruppe übernommen werden. Damit konnte die Prüfkonfiguration gleichwertig gegenüber dem Betriebszustand umgesetzt werden. Sowohl die Guss- als auch SLM-Bauteile konnten unter den gleichen Randbedingungen wie in der Simulation geprüft werden.

Bei beiden Bauteiltypen bestätigte sich die zuvor berechnete hochbeanspruchte Stelle als Ausgangsort des Risses. Abbildung 13 zeigt jeweils links die Biegezugseite mit dem Riss zu einem Status, bei dem er wie jeweils in der Mitte zu sehen, bereits durch den Flansch auf die Biegedruckseite gewachsen ist (Durchriss). Die optische Rissdetektion erwies sich bei der raueren SLM-Oberfläche grundsätzlich als schwierig.

Abbildung 13 zeigt rechts die Bruchflächen beider Risse. Im Gegensatz zu einem Anrissort bei Guss, oben links zu erkennen, haben sich beim SLM-Bauteil mehrere Anrisse entlang der Versteifungsrippe gebildet. Die SLM-Bruchfläche erscheint deutlich glatter als die samtige Guss-Bruchfläche.

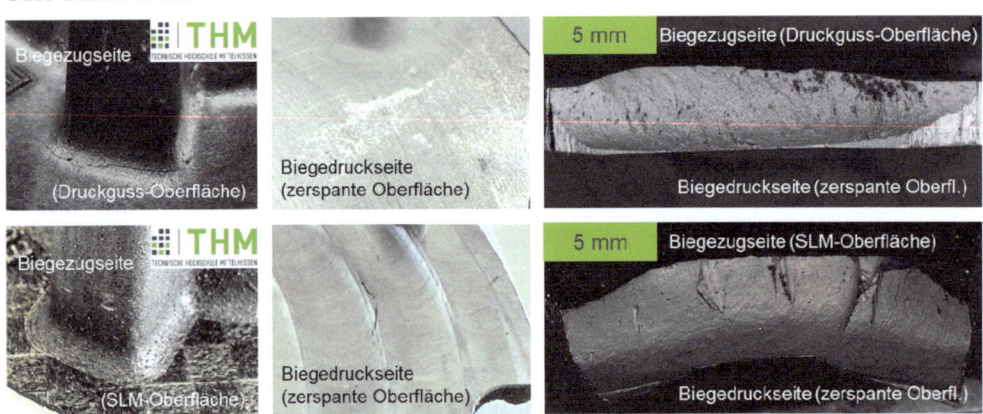

Abbildung 13: Risse und Bruchflächen von Druckguss-Bauteil (oben), SLM-Bauteil (unten)

Eine Präparation senkrecht zur jeweiligen Bruchfläche der Bauteile zeigt eine gleiche Lage und Orientierung der Bruchflächen, Abbildung 14. Der Riss neigt sich während des Wachstums (entsprechend der eingetragenen Pfeilrichtung) immer flacher bis zum Durchriss auf der Biegedruckseite. Der Verlauf der Bruchflächen kann, entsprechend der Balkentheorie, vereinfacht als jeweils normal zur Hauptspannungstrajektorie im ungerissenen Zustand beschrieben werden. Anhand des Druckguss-Bauteils (links), wo ein weiterer Riss zu sehen ist, zeigt sich nochmals der Ort der Rissinitiierung auf der Biegezugseite. Beim Druckguss-Bauteil fallen größere Lunker auf. Die daraus resultierende Porosität ist allerdings von der hochbeanspruchten Biegezugseite ausreichend entfernt, wodurch kein Einfluss auf das

Bauteilversagen zu erwarten ist. Beim SLM-Bauteil erweist sich die Porosität relativ homogen verteilt und insgesamt geringer als beim Druckguss-Bauteil.

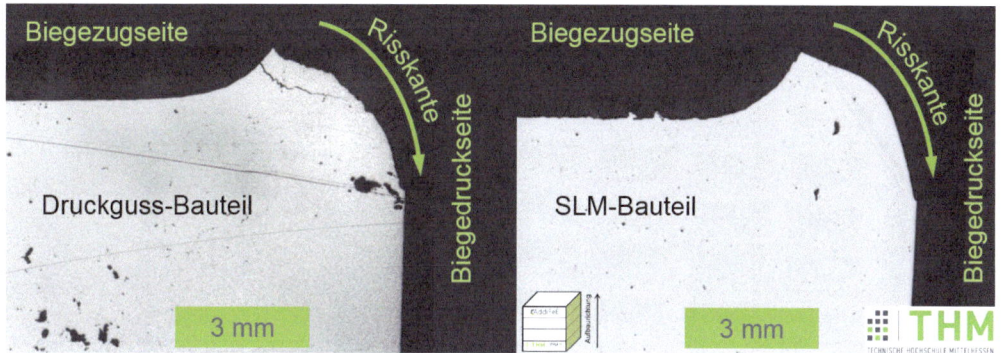

Abbildung 14: Hochbeanspruchter Bauteilbereich senkrecht zu Bruchfläche präpariert

Der im Schliff präparierte Bereich des Rissausgangs, Abbildung 15 geätzt mit 15%-iger Natronlauge, lässt einen überwiegend interkristallinen Rissverlauf erkennen (A). Im Gegensatz dazu erscheint die Bruchkante des SLM-Bauteils vergleichsweise glatt (B). Dies ist mit dem sehr feinkörnigen SLM-Gefüge zu begründen. Die Beobachtung deckt sich mit der zuvor detektierten Bruchflächenoptik beider Bauteile. Zusätzlich soll die SLM-Bruchkante mit einer jeweils längs zur Aufbaurichtung präparierten SLM-Zugprobe (C) und einer SLM-Charpyprobe (D) verglichen werden. Bei der Zugprobe ist der Bruchverlauf entlang der Schmelzbadgrenzen sehr deutlich zu erkennen. Bei den Charpyproben haben die Schmelzbadgrenzen auch noch einen erkennbaren Einfluss auf den Bruchverlauf. Beim Schwingbruch des SLM-Bauteils ist dies allerdings nicht mehr der Fall. Der Riss wächst hier unabhängig von den Schmelzbadgrenzen durch den Werkstoff.

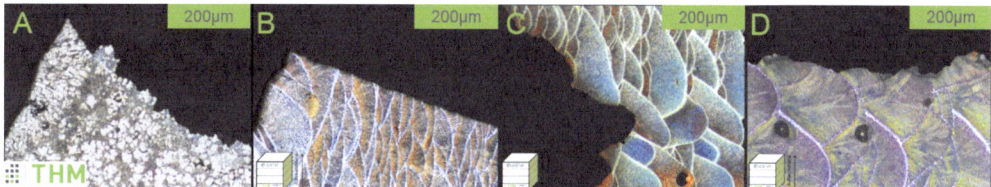

Abbildung 15: Gefügeaufnahmen mit Ermüdungsriss für Druckguss-Bauteil (A) und SLM-Bauteil (B); Gewaltbruch für SLM-Zugprobe (C) und SLM-Charpyprobe (D)

Die Ergebnisse aller im Projekt „AddiFeE" durchgeführten Schwingversuche für Druckguss-Bauteile und SLM-Bauteile gefertigt mit Parametersatz AddiFeE 2 sowie die berechneten Schwingspielzahlen bis zum technischen Anriss sind in Abbildung 16 zusammengefasst. Im Versuch zeigt sich eine hohe Übereinstimmung der Lebensdauer von Guss- und SLM-Bauteilen. Im Gegensatz zu Aboulkhair et al. [45] wird gezeigt, dass auf eine anschließende Wärmebahandlung der SLM-Bauteile verzichtet werden kann. Die Simulation für das Guss-Bauteil ist konservativ, wohingegen die simulierte Lebensdauer der SLM-Bauteile nicht erreicht wird; die im Versuch festgestellte Lebensdauer liegt bei einem Drittel bis der Hälfte.

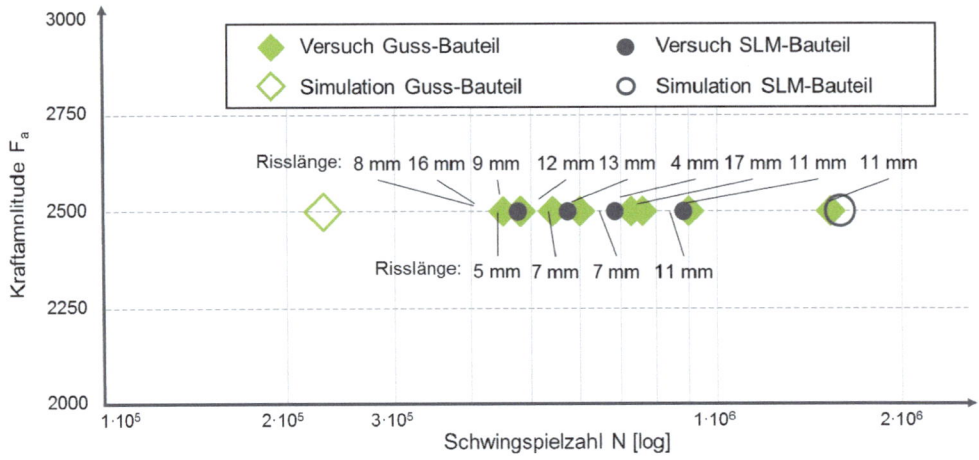

Abbildung 16: Versuchs- und Simulationsergebnisse zur Bauteillebensdauer

Eine Prognose der Ermüdungseigenschaften ist somit bedingt möglich. Der Ort des Anrisses kann prognostiziert werden und ist stets im Versuch bestätigt worden. Die Simulation prognostiziert eine längere Lebensdauer der SLM-Bauteile. Dies liegt unter anderem an der stark von der Oberfläche bzw. Werkstofffehlern abhängigen Streuung der Schwingfestigkeit. Da zunächst bewusst ohne Konturparameter für die SLM-Oberfläche gearbeitet wurde, ist hier eine vermeintliche Fehlerquelle zu sehen. Die gemittelte Rauheit Rz liegt bei den Gussoberflächen bei ca. 12 µm und bei der SLM-Oberfläche bei ca. 58 µm. Ein validierter Parameter für den Oberflächeneinfluss additiv gefertigter Bauteile ist nicht bekannt. Zur Steigerung der Schwingfestigkeit bzw. Minimierung der Streuung wird eine möglichst glatte Oberfläche bzw. porenfreie Randschicht empfohlen. Gleiches wurde für AlSi12 von Siddique et al. [46] berichtet. Dies erleichtert gleichzeitig die Rissdetektion, die in Radien und Kerben von SLM-Bauteilen nur bedingt möglich ist.

7 Fazit

Bauteilschwingversuche zeigen, dass mit dem gewählten Fertigungsparametersatz AddiFeE 2 für SLM-Bauteile annähernd identische Lebensdauern wie für Druckguss-Bauteile erreicht werden. Eine Aushärtung der Bauteil aus AlSi10Mg im Anschluss an den SLM-Prozess ist nicht erforderlich, das Festigkeitsniveau von wärmebehandeltem D-AlSi11Cu2(Fe)-T5 ist bereits erreicht. Damit kann die additive Fertigung in Form von Rapid Prototyping in Hinblick auf die Bauteil-Schwingfestigkeit zur Substitution von zerspanender Fertigung und Sand- bzw. Druckguss für Funktions-Prototypen eingesetzt werden. Gleichzeitig kann die Herstellzeit der Prototypen von mehreren Wochen auf wenige Tage verkürzt und damit eine Beschleunigung der Entwicklungszeit erzielt werden.

Danksagung

Die Autoren danken an dieser Stelle dem projektbegleitenden Arbeitskreis für die fachliche Unterstützung: Herr Matthias Henkel und Herr Dennis Barke, FKM Sintertechnik, Biedenkopf; Herr Thomas Brandt und Herr Manuel Wagner, Sanden International (Europe), Bad Nauheim; Herr Christoph Henkel, Henkel Modellbau, Breidenstein. Ein besonderer Dank geht an die Kollegen des Fachgebiets Werkstoffprüftechnik WPT, Herr Prof. Dr. habil. Frank Walther und Herr Shafaqat Siddique, TU Dortmund. Des Weiteren ein herzlicher Dank für die tatkräftige Unterstützung an Herrn Kim Kevin Winkler und Herrn Sascha Roth, Technische Hochschule Mittelhessen, Friedberg.

* Das Forschungsprojekt "AddiFeE – Inovation additive Fertigung – Metalllaserstrahlgeschmolzene Bauteile für den Maschinen- und Automobilbau" wurde am Fachbereich Maschinenbau, Mechatronik und Materialtechnologie sowie am Kompetenzzentrum für Automotive, Mobilität und Materialforschung (AutoM) der Technische Hochschule Mittelhessen mit finanzieller Förderung des Landes Hessen (HessenAgentur) durchgeführt. Dieses Projekt (HA-Projekt-Nr.: 464/15-06) wurde im Rahmen von Hessen ModellProjekte aus Mitteln der LOEWE – Landes-Offensive zur Entwicklung Wissenschaftlich-ökonomischer Exzellenz, Förderlinie 3: KMU-Verbundvorhaben gefördert.

Literatur

[1] Schürmann, S.: 3-D-Druck in der gesamten Prozesskette., VDI nachrichten Nr. 17/18 (2015)

[2] Wohlers Associates: Wohlers Report 2015: 3D Printing and Additive Manufacturing State of the Industry Annual Worldwide Progress Report (2015)

[3] Sander, P.; Emmelmann, C.; Herzog, F.: Nominierung Deutscher Zukunftspreis 2015: 3-D-Druck im zivilen Flugzeugbau - eine Fertigungsrevolution hebt ab (2015)

[4] Spiegel, A.; Hillebrecht, M.; Emmelmann, C.; Beckmann, F.: Wege zum wirtschaftlichen Einsatz der laseradditiven Fertigung, lightweightdesign 5/2015 (2015)

[5] Grienitz, V.; Tröster, T.; Meiners, S.: Technikevaluation für die generative Fertigung eines Serien-Radträgers, ATZ - Automobiltechnische Zeitschrift 09/16 (2016)

[6] Ohlsen, J.; Herzog, F.; Raso, S.; Emmelmann, C.: Funktionsintegrierte, bionisch optimierte Fahrzeugleichtbaustruktur in flexibler Fertigung, ATZ - Automobiltechnische Zeitschrift 10/15 (2015)

[7] Barckmann, J.; Herchet, H.; Pollner, M.: EDAG LIGHT COCOON, EDAG INSIGHTS 1/15 (2015)

[8] Aboulkhair, N. T.; Everitt, N. M.; Ashcroft I.; Tuck C.: Reducing porosity in AlSi10Mg parts processed by selective laser melting Additive Manufacturing 1-4, S. 77-86 (2014)

[9] Verein Deutscher Ingenieure: VDI-Handbuch Produktionstechnik und Fertigungsverfahren, Band 2: Fertigungsverfahren: VDI Richtlinie 3405 Blatt 2 (2013)

[10] Wörner, S.; Friederich, H.; Jung, U.: Additive Manufacturing durch Metall-Laserstrahlschmelzen – Einfluss der Fertigung auf die Werkstoffeigenschaften von AlSi10Mg; Berichtsband des 37. Werkstoffmechanikseminars. S. 161-172. Institut für Stahlbau und Werkstoffmechanik (2016)

[11] Wörner, S.; Friederich, H.; Jung, U.: Additiv gefertigte Bauteile für den Maschinen- und Automobilbau; DVM-Bericht 401, S. 1-10, Deutscher Verband für Materialforschung und –prüfung e.V. (2016)

[12] Read, N.; Wang, W.; Essa, K.; Attallah, M. M.: Selective laser melting of AlSi10Mg alloy: Process optimisation and mechanical properties development Materials & Design 65, S. 417-424 (2015)

[13] Olakanmi, E. O.; Cochrane, R. F.; Dalgarno, K. W.: Densification mechanism and microstructural evolution in selective laser sintering of Al–12Si; Journal of Materials Processing Technology 211 (1), S. 113-121, (2011)

[14] Buchbinder, D.; Meiners, W.: Generative Fertigung von Aluminiumbauteilen für die Serienproduktion; Abschlussbericht AluGenerativ, Fkz.: 01RIO639A-D BMBF (2010)

[15] Brandl, E.; Heckenberger, U.; Holzinger, V.; Buchbinder, D.: Additive manufactured AlSi10Mg samples using Selective Laser Melting (SLM): Microstructure, high cycle fatigue, and fracture behavior; Materials & Design 34, S. 159-169 (2012)

[16] Buchbinder, D.; Schleifenbaum, H.; Heidrich, S.; Meiners, W.; Bültmann, J.: High Power Selective Laser Melting (HP SLM) of Aluminum Parts; Physics Procedia 12, S. 271-278 (2011)

[17] Weingarten, C.; Buchbinder, D.; Pirch, N.; Meiners, W.; Wissenbach, K.; Poprawe, R.; Formation and reduction of hydrogen porosity during selective laser melting of AlSi10Mg; Journal of Materials Processing Technology 221 (2015)

[18] Kempen, K.; Thijs, L.; Yasa, E.; Badrossamay, M.; Verheecke, W.; Kruth, J. P.: Process optimization and microstructural analysis for selective laser melting of AlSi10Mg, Solid Freeform Fabrication Symposium. Vol. 22 (2011)

[19] Karlsruher Institut für Technologie - IMVT: SLM-Schmelzvorgang
http://www.imvt.kit.edu/746.php (abgerufen am 22.04.2014)

[20] Buchbinder, D.; Schilling, G.; Meiners, W.; Pirch, N.; Wissenbach, K.: Untersuchung zur Reduzierung des Verzugs durch Vorwärmung bei der Herstellung von Aluminiumbauteilen mittels SLM ; RTejournal (2011)

[21] Wang, X. J.; Zhang, L. C.; Fang, M. H.; Sercombe, T. B.: The effect of atmosphere on the structure and properties of a selective laser melted Al–12Si alloy; Materials Science and Engineering (2014)

[22] Anwar, A. B.; Pham, Q.: Selective laser melting of AlSi10Mg. Effects of scan direction, part placement and inert gas flow velocity on tensile strength; Journal of Materials Processing Technology 240 (2017)

[23] Thijs, L.; Kempen, K.; Kruth, J.-P.; van Humbeeck, J.: Fine-structured aluminium products with controllable texture by selective laser melting of pre-alloyed; Acta Materialia 61 (5), S. 1809-1819 (2013)

[24] Manfredi, D.; Calignano, F.; Krishnan, M.; Canali, R.; Ambrosio, E.; Atzeni, E.: From Powders to Dense Metal Parts: Characterization of a Commercial AlSiMg Alloy Processed through Direct Metal Laser Sintering ; Materials 6 (3), S. 856-869 (2013)

[25] Concept Laser GmbH: Automotive – Schnell! Direktteile im Fahrzeugbau (2016)

[26] Tang, M.; Pistorius, P. C.: Oxides, porosity and fatigue performance of AlSi10Mg parts produced by selective laser melting, International Journal of Fatigue 94, S. 192-201 (2017)

[27] Siddique, S.; Imran, M.; Wycisk, E.; Emmelmann, C.; Walther, F: Influence of process-induced microstructure and imperfections on mechanical properties of AlSi12 processed by selective laser melting; Journal of Materials Testing Processing Technology 221, S. 205-213 (2015)

[28] Rosenthal, I.; Stern, A.; Frage, N.: Microstructure and Mechanical Properties of AlSi10Mg Parts Produced by the Laser Beam Additive Manufacturing (AM) Technology, Metallogr. Microstruct. Anal. (Metallography, Microstructure, and Analysis) 3 (2014)

[29] Yan, C.; Hao, L.; Hussein, A.; Young, P.; Huang, J.; Zhu, W.: Microstructure and mechanical properties of aluminium alloy. Materials Science and Engineering: A 628. S. 238-246 (2015)

[30] Kempen, K.; Thijs, L.; van Humbeeck, J.; Kruth, J.-P.: Mechanical Properties of AlSi10Mg Produced by Selective Laser Melting, Physics Procedia 39, S. 439-446 (2012)

[31] Fulcher, B.: Comparison of AlSi10Mg and Al 6061 processed through DMLS (2015)

[32] Verein Deutscher Ingenieure: VDI-Handbuch Produktionstechnik und Fertigungsverfahren, Band 2: Fertigungsverfahren: VDI Richtlinie 3405 Blatt 2.1 (2014)

[33] Deutsche Norm: Aluminium und Aluminiumlegierungen – Gussstücke – Chemische Zusammensetzung und mechanische Eigenschaften. DIN EN 1706: Deutsches Institut für Normung (2013)

[34] Fiedler, M.; Vormwald, M.: Considering fatigue load sequence effects by applying the Local Strain Approach and a fracture mechanics based damage parameter. Theoretical and Applied Fracture Mechanics, 83 pp. 31-41. (2016)

[35] Fiedler, M.; Vormwald, M.: Berechnung von Anrisslebensdauern auf Basis des Örtlichen Konzepts. Materialwissenschaft und Werkstofftechnik, 47 (10) pp. 887-896. (2016)

[36] Ostermann, F.: Anwendungstechnologie Aluminium, Kapitel 6.2.2 Schwingfestigkeit von Proben und Bauteilen, Springer Verlag (2014)

[37] Boller, C.; Seeger, T.; Vormwald, M.: Materials Database for Cyclic Loading. Fachgebiet Werkstoffmechanik, TU Darmstadt (2008)

[38] Wächter, M.: Zur Ermittlung von zyklischen Werkstoffkennwerten und Schädigungsparameterwöhlerlinien, Dissertation, TU Clausthal (2016)

[39] Bäumel, A. jr.; Seeger, T.: Materials data for cyclic loading, Supplement 1. Elsevier, Amsterdam (1990)

[40] Ramberg, W.; Osgood, W.R.: Description of stress-strain curves by three parameters. NACA Technical Note No. 902 (1943)

[41] Manson, S. S.: Fatigue: a complex subject – some simple approximations. Experimental Mechanics 5 (1965)

[42] Coffin, L. F. jr.: A study of the Effects of cyclic thermal stresses on a ductile metal. Trans. ASME 76 (1954)

[43] Morrow, J.D.: Cyclic plastic strain energy and fatigue of metals. American Society for Testing and Materials: ASTM STP 378 (1965)

[44] Morrow, J.D.: Fatigue Properties of Metals. Fatigue Design Handbook. Pub. No. AE-4. Society of Automotive Engineers (1968)

[45] Aboulkhair, Nesma T.; Maskery, Ian; Tuck, Chris; Ashcroft, Ian; Everitt, Nicola M.: Improving the fatigue behaviour of a selectively laser melted aluminium alloy, Materials & Design 104, S. 174-182 (2016)

[46] Siddique, S.; Imran M.; Wycisk, E.; Emmelmann, C.; Walther F.: Fatigue Assessment of Laser Additive Manufactured AlSi12 Eutectic Alloy in the Very High Cycle Fatigue (VHCF) Range up to 109 cycles, 5th International Advances in Applied Physics and Materials Science Congress & Exhibition (APMAS2015) (2015)

Medizintechnische Anwendungen der additiven Fertigung

**Britta Schramm[a], Nicola Rupp[b], Lena Risse[a], Jan-Peter Brüggemann[a),c],
Andre Riemer[d], Hans Albert Richard[a),c),e], Gunter Kullmer[a),c]**

a) Fachgruppe Angewandte Mechanik, Universität Paderborn (UPB)
b) Computeranwendung und Integration in Konstruktion und Planung, UPB
c) Direct Manufacturing Research Center, Paderborn
d) CLAAS Industrietechnik GmbH, Paderborn
e) Westfälisches Umwelt Zentrum, Paderborn

Zusammenfassung

Aufgrund des hohen erreichbaren Individualisierungsgrads ist die additive Fertigung, d. h. die materialzuführende, schichtweise auf 3D-CAD-Daten basierende Herstellung von Bauteilen, geradezu prädestiniert für medizintechnische Anwendungen. Auf diese Weise lassen sich patientenspezifische, geometrisch komplexe und an die gegebene Beanspruchungssituation angepasste Medizinprodukte (wie z. B. Orthesen, Prothesen und Implantate sowie medizinische Hilfsmittel) fertigen. Der vorliegende Beitrag gibt einen Überblick über aktuelle Anwendungen der additiven Fertigung in der Medizintechnik und diskutiert die mit diesem innovativen Fertigungsverfahren für den medizintechnischen Bereich verbundenen Potenziale. Um Medizinprodukte lebensdauerorientiert, beanspruchungsgerecht und patientenspezifisch unter Berücksichtigung werkstoff- und prozessseitiger Einflussfaktoren sowie der identifizierten Potenziale der additiven Fertigung zu gestalten, müssen verschiedene ingenieurwissenschaftliche und medizinische Fachbereiche interdisziplinär zusammenwirken. Daher werden auch die Vorgehensweise zur Entwicklung und Herstellung additiv gefertigter Medizinprodukte sowie die dafür erforderlichen Fachdisziplinen betrachtet. Die grundlegende Vorgehensweise wird darüber hinaus für verschiedene medizinische Anwendungsbeispiele verdeutlicht. Im Fokus steht dabei die Gestaltung individueller Esshilfen für körperbehinderte Personen, um ihnen ein selbstständiges und selbstbestimmtes Essen zu ermöglichen. Darüber hinaus werden numerische Rissausbreitungssimulationen einer Hüftendoprothese vorgestellt, um den Einfluss thermischer Nachbehandlungsverfahren auf das bruchmechanische Materialverhalten zu diskutieren. Des Weiteren werden verschiedene Maßnahmen zur Strukturoptimierung einer Kurzschaft-Hüftendoprothese und einer patientenspezifischen Fußorthese erläutert.

Stichwörter: Medizintechnik, individuelle Esshilfen, Hüftprothese, Fußorthese

1 Einleitung

Die additive Fertigung zeichnet sich insbesondere dadurch aus, dass die gewünschte Bauteilgeometrie erzeugt wird, indem diese direkt, basierend auf 3D-CAD-Daten, Schicht für Schicht aufgebaut wird. Diese materialzuführende Herstellung, ohne Verwendung von produkt- und herstellungsspezifischen Werkzeugen, ermöglicht einen sehr hohen Individualitätsgrad, weshalb diese neuartigen Fertigungsverfahren auch insbesondere für den medizinischen Bereich sehr interessant sind. So können beispielsweise patientenspezifische und geometrisch komplexe Medizinprodukte (wie z. B. Orthesen, Prothesen und Implantate sowie medizinische Hilfsmittel) hergestellt werden. Während der zeitliche Aufwand bei der konventionellen Herstellung dieser Produkte aufgrund einer immens hohen Nachbearbeitung sehr hoch ist, wird bei der additiven Fertigung hingegen bereits das digitale Modell für bestimmte Belastungsszenarien sowie unter Berücksichtigung biomechanischer Anforderungen des menschlichen Bewegungsapparates patientenspezifisch konstruiert. Bei der anschließenden additiven Fertigung bestehen nur wenige Restriktionen hinsichtlich der Komplexität des Produktes.

2 Additive Fertigung in der Medizintechnik

Während bei subtraktiven Fertigungsverfahren definierte Bereiche abgetragen und bei formativen Fertigungsverfahren Werkstücke umgeformt werden, erfolgt die additive Fertigung materialzuführend. Basierend auf digitalen 3D-CAD-Daten werden die Bauteile aus formlosem Ausgangsmaterial durch das Auf- und Aneinanderfügen von Schichten aufgebaut, wobei produktspezifische formgebende Werkzeuge nicht benötigt werden [1-6]. Alle heute kommerzialisierten additiven Herstellungsverfahren nutzen die gleiche Prozesskette. Zunächst wird der digitale CAD-Datensatz, der das 3D-Volumen des Medizinprodukts vollständig und fehlerfrei beschreibt, erstellt. Im Anschluss werden die CAD-Daten in das systemneutrale STL (Standard Triangulation Language)-Datenformat umgewandelt. Die darauffolgende Vorbereitung des Baujobs umfasst u. a. das Einlesen dieser STL-Daten, die Zerlegung des Bauteils in Schichten und die Festlegung wesentlicher Bauparameter [1, 2, 7]. Anschließend wird das Bauteil gefertigt, wobei die Schritte *Beschichten* (Generierung einer Schicht), *Belichten* (Verbindung der Schicht mit der vorhergehenden bereits erstarrten Materialschicht) und *Absenken* (der Bauplatte mit dem Werkstück um eine Schichtdicke) bis zur Beendigung des Bauvorgangs wiederholt werden [1-4]. Im Rahmen der Nachbearbeitung werden abschließend ggf. erforderliche Stützstrukturen entfernt sowie weitere Maßnahmen zur Bauteilveredelung sowie zur Verbesserung der Oberflächenqualität und der mechanischen und bruchmechanischen Materialeigenschaften durchgeführt [2, 4].

2.1 Additive Fertigungsverfahren und Werkstoffe

Für den medizintechnischen Bereich interessante additive Fertigungsverfahren sind u. a. die Stereolithographie, das Selektive Lasersintern, das Selektive Laser- bzw. Elektronenstrahlschmelzen sowie das Extrusionsverfahren [1]. Flüssige bis pastöse Monomere (UV-aktivierbare Kunststoffe und Kunstharze) werden bei der Stereolithographie (SL) zonenweise mit ultraviolettem Licht belichtet und infolge der dadurch einsetzenden Polymerisation schichtweise zu einem Polymer verfestigt [3, 6, 7]. Um das „Wegschwimmen" des Bauteils im flüssigen Bad zu verhindern, sind Stützkonstruktionen notwendig.

Das Selektive Lasersintern (SLS) ist ebenfalls ein thermisches Verfahren. Durch die selektive Belichtung der aufgetragenen Schichten mit einem Laserstrahl werden die lose nebeneinander im Pulverbett liegenden Pulverkörnchen kurzzeitig thermisch aktiviert, so dass diese Partikel miteinander verschmelzen und das gewünschte Objekt darstellen [1, 5-7]. Verarbeitet werden u. a. thermoplastische kristalline Kunststoffe (z. B. Nylon, Polyamide PA11 und PA12) sowie thermoplastische amorphe Kunststoffe (z. B. Polycarbon PC, Polystyrol PS).

Eine Weiterentwicklung des SLS-Verfahrens mit pulverförmigem, metallischem Ausgangsmaterial, das in einem einstufigen Prozess vollständig, lokal aufgeschmolzen wird und ein 99,5 - 100% dichtes Gefüge ermöglicht, ist das Selektive Laserstrahlschmelzen (SLM) [1, 2, 6]. Bauplatte und Pulver werden hierbei kontrolliert temperiert, um den Energieeintrag des Lasers klein und genau zu halten sowie große Temperaturgradienten und demzufolge thermischen Verzug und Eigenspannungen zu minimieren [2, 7]. Während der Fertigung stützt das ungebundene Pulver das Bauteil ab, während zudem solide Stützstrukturen eingesetzt werden, um Wärmeenergie abzuführen und Eigenspannungen zu reduzieren. Ausgangswerkstoffe für Pulver sind u.a. Werkzeug- und Edelstahl, Kobaltbasislegierungen, Aluminiumlegierungen, Titan sowie spezielle Keramiken [1, 7]. Beim Elektronenstrahlenschmelzen werden anstelle eines Lasers Elektronenstrahlen eingesetzt.

Beim Extrusionsverfahren werden vorgefestigte Materialien, die in der Regel in Draht- oder Tablettenform vorliegen, mittels einer beheizten Düse aufgeschmolzen und schichtweise in teigiger Form in Gestalt von Strängen geometrisch definiert auf das teilfertige Bauteil aufgebracht [1]. Technische Kunststoffe (z. B. PC, ULTEM), der Hochleistungskunststoff PPSF2003 sowie Varianten mit Pasten oder Schäumen kommen hierbei zum Einsatz [7].

2.2 Potenziale der additiven Fertigung für die Medizintechnik

Da jeder Mensch einzigartig ist, sind patientenspezifische und beanspruchungsgerechte Medizinprodukte erforderlich [1]. Gerade die additive Fertigung ist für die Entwicklung derartiger hochpräziser Produkte prädestiniert. Bereits bei der Erstellung und Optimierung der digitalen Modelle können Ergebnisse von individuellen Bewegungs- und Belastungsstudien berücksichtigt werden, um so das Medizinprodukt für das jeweilige Individuum passgenau und beanspruchungsgerecht zu konstruieren. Zudem erlaubt die additive Fertigung eine sehr hohe geometrische Komplexität mit zahlreichen konstruktiven Freiheiten [1, 5, 8, 9]. So lassen sich beispielsweise Hohlräume, überhängende Bauteile, integrierte Gitterstrukturen, Freiformflächen sowie komplexe und filigrane Strukturen in einem einzigen Herstellungsschritt fertigen. Gleichzeitig können konstruktive Details integriert werden, die mit der konventionellen Fertigung nicht oder nur stark eingeschränkt umsetzbar sind [1, 2, 5, 8, 9]. Die große Geometrie- und Designfreiheit ermöglicht zudem die Fertigung von bionischen Strukturen, die z. B. die menschliche Knochenstruktur nachahmen, eine Gewichtsreduktion und die Berücksichtigung individueller Patientenwünsche. Ein weiterer Vorteil der additiven Fertigung ist die Möglichkeit der Funktionsintegration, wobei durch Vorgabe von Spaltmaßen ein Bauteil nach nur einem Herstellungsprozess eine große Anzahl verschiedener Funktionen (z. B. Gewinde, Gelenke, Formschlussverbindungen) abdecken kann [2, 4, 9]. Abbildung 1 zeigt links das digitale CAD-Modell eines Kreuzgelenks und rechts das in nur einem Herstellungsschritt additiv gefertigte Produkt.

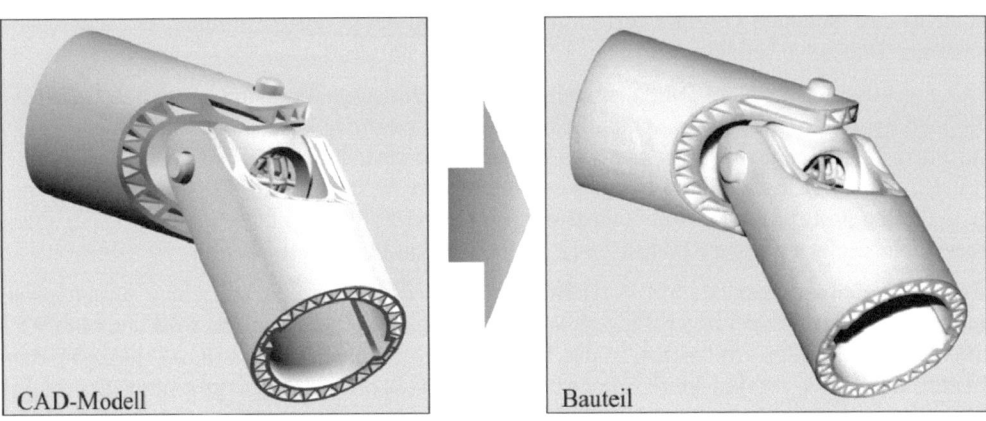

Abbildung 1: CAD-Modell und additiv gefertigtes Kreuzgelenk [2]

Eine geringe Produktionsmenge ist charakteristisch für additive Fertigungsverfahren, so dass sich jedes Medizinprodukt maximal an die Bedürfnisse des Individuums und dessen Lebensqualität anpassen lässt. Dies verspricht allgemein einen besseren und angenehmeren Sitz der Medizinprodukte, weniger Abstoßungsreaktionen bei Implantaten und grundsätzlich einen beschleunigten Heilungsprozess und weniger Folgetherapien [1]. Da die Bauteile werkzeuglos, ohne formgebende und produktspezifische Werkzeuge gefertigt werden, bestehen keine werkzeugbedingten Restriktionen. Dies reduziert zum einen die Produktentstehungskosten und -zeit und zum anderen werden so eine flexiblere und individuellere Produktion und insbesondere eine Entkopplung der Stückkosten von der Bauteilkomplexität erzielt [1, 2, 4, 10]. Außerdem können Lagerbestände sowie der logistische Aufwand durch den Einsatz additiver Herstellungsverfahren reduziert werden, da Ersatzteile nach Bedarf und direkt vor Ort gefertigt werden können [2].

2.3 Überblick über die additive Fertigung in der Medizintechnik

Dreidimensionale Druckverfahren wurden zunächst – insbesondere im allgemeinen Maschinenbau und in der Flugzeug- und Automobilindustrie – innerhalb des Prototypenbaus eingesetzt [1, 2, 6, 7]. Technische Fortschritte hinsichtlich der Materialentwicklung, gesunkene Anlagen- und Materialkosten sowie ein größerer Erfahrungshorizont sind verantwortlich dafür, dass diese innovativen Verfahren mittlerweile auch zur Herstellung von Einzel- und Kleinserien individuell angepasster Produkte eingesetzt werden [1]. Aufgrund der Möglichkeit, individuelle hochpräzise und geometrisch komplexe Produkte zu fertigen, ist die additive Fertigung geradezu prädestiniert für die Medizintechnik [1, 2, 11, 12] und wird in diesem Bereich vermehrt genutzt, um patientenspezifische Hilfsmittel herzustellen. Bereits etabliert haben sich die innovativen additiven Fertigungsverfahren im Bereich der Dentaltechnik und in der Hörakustik [7, 12]. Gebissmodelle, Knochenersatz bei Kieferverletzungen sowie Ohreinpasselemente, Hörgerätekapseln und Gehörschutzelemente werden bereits auf diesem Wege gefertigt [7, 13]. Auch chirurgische Modelle, wie beispielsweise Hüftpfannenmodelle mit Knochenersatz und Gelenk aus PA12 und Titan, können mittels additiver Fertigung erstellt werden und unterstützen so die präoperative Planung [13]. Patientenangepasste Instrumente, Bohr- und Sägeschablonen sowie chirurgische Schrauben und Klemmen unterstützen den Chirurgen, verkürzen die Operationszeit und stellen damit ein weiteres effektives Einsatzgebiet der additiven Fertigung dar.

Zu den lasttragenden Medizinprodukten zählen u. a. Implantate, Prothesen und Orthesen. Implantate sind künstliche Materialien bzw. Produkte, die zum langfristigen oder dauerhaften Verbleib in den menschlichen Körper eingebracht werden [1]. Hilfsmittel, die ein fehlendes oder geschädigtes Körperteil, Organ oder Organteil vollständig oder teilweise ersetzen und somit einen funktionalen Ausgleich schaffen, werden als Prothesen bezeichnet. Orthesen sind medizinische Hilfsmittel, deren Aufgabe darin besteht, Körperteile zu entlasten, zu stabilisieren, zu fixieren, zu führen oder zu korrigieren. Der Einsatz der additiven Fertigung zur Herstellung u. a. von Schädel- und Fingerimplantaten, von Hüftpfannen und -gelenken sowie von Wirbelsäulencages ist möglich. Additiv gefertigte Implantate können dabei Oberflächenstrukturierungen aufweisen, die das Einwachsverhalten von Knochen in das Implantat (Osseointegration) unterstützen. Zudem können patientenspezifische Orbitaimplantate hergestellt werden, die nach einer Fraktur der Augenhöhle in diese eingesetzt werden, um das Einsinken des Augeninhaltes zu verhindern. Die bei konventionellen Orbitaimplantaten sehr aufwendige und zeitintensive Bearbeitung der Implantate während der Operation entfällt somit. Weitere mögliche Anwendungsgebiete der additiven Fertigung in der Medizintechnik sind u. a. Knieprothesen sowie Bein- und Armorthesen

Insbesondere bei diesen lasttragenden Produkten besteht die große Herausforderung darin, die Produkte langfristig und zuverlässig unter Berücksichtigung u. a. der statischen Festigkeit, der Dauerfestigkeit und der Bruchsicherheit auszulegen. In diesem Kontext muss die derzeit noch stark begrenzte Materialpalette weiter ausgebaut und insbesondere hinsichtlich der genannten Materialeigenschaften verbessert werden [2]. Zudem sind noch lange nicht alle Potenziale dieser Fertigungsart ausgeschöpft bzw. ihre werkstoff- und prozessseitigen Einflussfaktoren und deren Auswirkungen bekannt [1].

3 Vorgehensweise bei der Entwicklung additiv gefertigter Medizinprodukte

Um Medizinprodukte lebensdauerorientiert, beanspruchungsgerecht und patientenspezifisch unter Berücksichtigung werkstoff- und prozessseitiger Einflussfaktoren und der identifizierten Potenziale der additiven Fertigung zu gestalten und zu optimieren, müssen verschiedene ingenieurwissenschaftliche und medizinische Fachgebiete interdisziplinär zusammenwirken [1]. So sind beispielsweise bei der Produktgestaltung und der anschließenden Produktoptimierung individuelle biomechanische Anforderungen des menschlichen Bewegungsapparates zu berücksichtigen, die u. a. aus Bewegungsanalysen ermittelt werden können. Gleichzeitig ist die Kenntnis von festigkeits-, ermüdungsrelevanten und bruchmechanischen Materialeigenschaften sowie der sie beeinflussenden prozessseitigen Einflussfaktoren notwendig. Die Vorgehensweise zur Entwicklung und Herstellung additiv gefertigter Medizinprodukte ist in Abbildung 2 schematisch dokumentiert.

Die wesentlichen Schritte zur Produktentstehung additiv gefertigter, patientenspezifischer Medizinprodukte sind

- Biomechanik – Identifizierung der biomechanischen und individuellen Randbedingungen
- Werkstoff & Prozess – Auswahl des Werkstoffs und des Fertigungsprozesses

- CAD-Modell – Generierung des 3D-Volumenmodells
- Produktgestaltung und -optimierung – Festigkeitsoptimiertes und bruchsicheres Gestalten
- Produktfertigung – Additive Fertigung des Medizinprodukts
- Testphase – Experimentelle und praktische Erprobung
- Produkteinführung – Einführung des Medizinprodukts in die medizinische Praxis

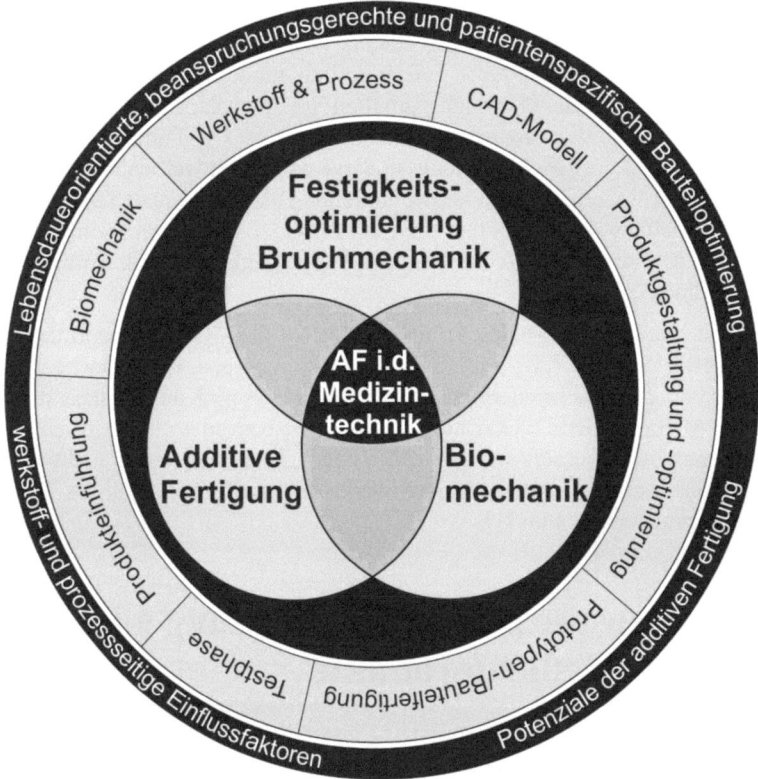

Abbildung 2: Entwicklung additiv gefertigter individueller Medizinprodukte (nach [1])

3.1 Individuelle Bewegungs- und Belastungsrandbedingungen

Die Kenntnis der bei verschiedenen Bewegungsszenarien (z. B. Gehen, Laufen, Treppensteigen) auf diverse Körperteile übertragenen Kräfte und die Berücksichtigung der spezifischen Anforderungen des individuellen Bewegungsapparates sind essentiell, um die Medizinprodukte beanspruchungsgerecht und patientenspezifisch zu konstruieren. Numerische sowie experimentelle Bewegungs- und Belastungsstudien und die Anwendung mechanischer Prinzipien auf den menschlichen Bewegungsapparat [14] ermöglichen die Ermittlung relevanter Kenngrößen, die somit die patientenspezifischen Randbedingungen für die anschließende numerische Analyse zur festigkeitsoptimierten und bruchsicheren Gestaltung und Optimierung des Medizinprodukts definieren. So können beispielsweise mit einem instrumentierten Implantat die Kontaktkraft im Hüftgelenk für unterschiedliche Bewegungsszenarien (Abbildung 3a) gemessen und die Druckverteilung unter der Fußsohle (Abbildung 3b) mit Druckmessplatten ermittelt werden.

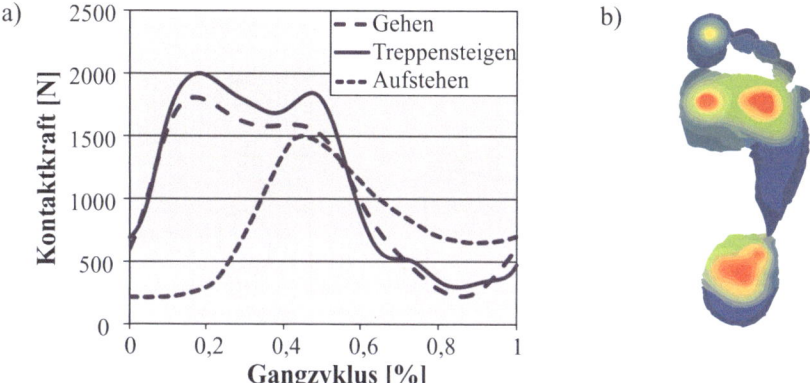

Abbildung 3: a) Verlauf der Kontaktkraft im Hüftgelenk für unterschiedliche Bewegungsszenarien nach [15]
b) Druckverteilung unter der Fußsohle

3.2 Auswahl des Werkstoffs und des Fertigungsprozesses

Jeder Werkstoff ist durch bestimmte festigkeits- und ermüdungsrelevante sowie bruchmechanische Materialkennwerte charakterisiert. Um die additiv zu fertigenden Medizinprodukte zuverlässig, festigkeitsoptimiert und bruchsicher auszulegen, sind daher festigkeits- und ermüdungsrelevante Materialeigenschaften (u. a. Elastizitätsmodul E, Zugfestigkeit R_m, Dauerfestigkeit σ_D) sowie bruchmechanische Materialeigenschaften (u. a. Thresholdwert $\Delta K_{I,th}$, Risszähigkeit K_{IC}) experimentell zu ermitteln. Dabei sollten die ermittelten Materialeigenschaften mindestens vergleichbar zu den Eigenschaften konventionell hergestellter Erzeugnisse sein [2]. Bei den einzusetzenden Werkstoffen liegt der Fokus aufgrund des medizintechnischen Anwendungsbereichs insbesondere auf biokompatiblen Materialien, die also biologisch verträglich sind und vollständig und dauerhaft vom Körper aufgenommen werden. Zudem ist im Kontext der Biofunktionalität, d.h. der Substitution einer oder mehrerer Funktionen im biologischen System durch ein technisches System, insbesondere bei den Implantaten darauf zu achten, dass die verwendeten Werkstoffe eine für die jeweilige Anwendung ausreichende Festigkeit und Dauerfestigkeit sowie eine genügend hohe Zähigkeit aufweisen. Des Weiteren sollten sie insbesondere eine dem Knochen ähnliche Steifigkeit besitzen, um so die Knochenfunktion, die in der Regel durch die Lastübertragung definiert ist, zu unterstützen [16]. Je nach Anwendungsfall ist zudem die Sterilisierbarkeit der Medizinprodukte gefordert, wobei Auswirkungen auf die Materialeigenschaften unerwünscht sind.

Zusätzlich müssen die prozess- und werkstoffseitigen Einflussfaktoren sowie ihre jeweiligen Auswirkungen auf die Materialkennwerte bekannt sein. In diesem Zusammenhang ist beispielsweise die Aufbaurichtung zu nennen. In [2, 17] wird ihr Einfluss auf das bruchmechanische Materialverhalten betrachtet, wobei Proben mit senkrecht (Abbildung 4a) bzw. parallel (Abbildung 4b) zur Aufbaurichtung liegendem Ausgangsriss experimentell untersucht werden.

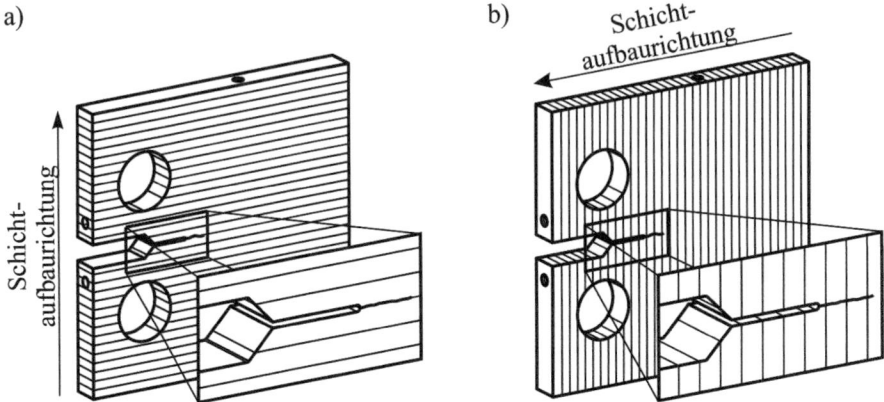

Abbildung 4: a) CT-Proben mit Ausgangsriss senkrecht zur Aufbaurichtung [17],
b) CT-Proben mit Ausgangsriss parallel zur Aufbaurichtung [17]

Untersuchungen [2, 3, 9, 18, 19] haben gezeigt, dass die häufig im medizinischen Bereich eingesetzte Titan-Aluminium-Legierung TiAl6V4 im as-built-Zustand durch ein ungenügendes bruchmechanisches Materialverhalten gekennzeichnet ist. Um dieses zu verbessern, werden die additiv gefertigten Bauteile im Anschluss an die Herstellung verschiedenen thermischen Nachbehandlungsverfahren unterzogen. Um eine Aussage über die Güte der jeweiligen Optimierungsvarianten treffen zu können, muss der Einfluss dieser Wärmebehandlungen auf das Materialverhalten bekannt sein und ist daher grundlegend zu untersuchen. Auch die Prozessführung kann Auswirkungen auf das festigkeits- und ermüdungsrelevante sowie bruchmechanische Werkstoffverhalten haben. Daher sind die Einflüsse der einstellbaren Prozessparameter, wie z. B. der Aufbaurate, der Laserleistung und der Schichtdicke, systematisch zu untersuchen.

3.3 Generierung des CAD-Modells & Produktoptimierung

Um das Medizinprodukt digital gestalten und optimieren zu können, werden bildgebende medizinische Daten erstellt und anschließend in ein CAD-Modell überführt. Zur Aufnahme der bildgebenden Daten werden beispielsweise die Computertomographie, die Magnetresonanztomographie sowie 3D-Scanner eingesetzt. Anschließend wird das CAD-Modell mit den vorab definierten biomechanischen und patientenspezifischen Randbedingungen beaufschlagt, so dass, unter Anwendung der numerischen Finite-Elemente-Methode FEM, Spannungs- und Verformungsverteilungen berechnet werden können. Die Durchführung des statischen Festigkeitsnachweises, des Dauerfestigkeitsnachweises, des bruchmechanischen Nachweises sowie die Umsetzung grundlegender Maßnahmen zur Strukturoptimierung tragen u. a. dazu bei, das Medizinprodukt leichtbau- und festigkeitsoptimiert sowie bruchsicher zu gestalten. Bei Implantaten liegt dabei der Fokus insbesondere auf der Umsetzung der Strukturkompatibilität, so dass die Implantatstruktur an das mechanische Verhalten des Empfängergewebes (Knochen) angepasst und ein optimaler Kraftfluss innerhalb des Implantats sowie eine gute Krafteinleitung realisiert werden [16]. Ergebnis dieses Prozessschrittes ist ein festigkeitsoptimiertes, bruchsicheres und patientenspezifisches 3D-CAD-Modell, das dann für den anschließenden additiven Bauprozess vorbereitet werden kann.

3.4 Prototypen-/Bauteilfertigung & Testphase

Nach der Vorbereitung des Baujobs erfolgt die additive Fertigung des Medizinprodukts. In Abhängigkeit des ausgewählten Fertigungsverfahrens sind ggf. weitere Bearbeitungsmaßnahmen erforderlich. So müssen möglicherweise erforderliche Stützstrukturen entfernt sowie weitere Maßnahmen zur Bauteilveredelung, zur Verbesserung der Oberflächenqualität und der festigkeits- und ermüdungsrelevanten sowie bruchmechanischen Materialeigenschaften durchgeführt werden. Im Anschluss sind die additiv gefertigten medizinischen Hilfsmittel u. a. hinsichtlich ihrer statischen Festigkeit, ihrer Dauerfestigkeit und ihrer Bruchsicherheit bei statischer und zyklischer Belastung mittels experimenteller Untersuchungen zu bewerten. Patiententests geben zudem Auskunft über die Praxistauglichkeit und den Tragekomfort der Medizinprodukte (z. B. von Fußorthesen) und lassen so weiteres Optimierungspotential erkennen.

4 Beispiele für die Entwicklung additiv gefertigter Medizinprodukte

Im Folgenden wird die grundlegende Vorgehensweise bei der Entwicklung und Herstellung additiv gefertigter Medizinprodukte anhand verschiedener medizinischer Anwendungsbeispiele verdeutlicht. Im Fokus steht dabei die Gestaltung individueller Esshilfen für körperbehinderte Personen, um ihnen ein selbstständiges und selbstbestimmtes Essen zu ermöglichen. Im Anschluss werden numerische Rissausbreitungssimulationen einer Hüftendoprothese vorgestellt, um den Einfluss thermischer Nachbehandlungsverfahren auf das bruchmechanische Materialverhalten zu diskutieren. Des Weiteren werden verschiedene Maßnahmen zur Strukturoptimierung einer Kurzschaft-Hüftendoprothese und einer patientenspezifischen Fußorthese vorgestellt.

4.1 Additive Fertigung von individuellen Esshilfen

Unterschiedliche Krankheitsbilder können die körperliche Beweglichkeit und damit ein Grundbedürfnis des Menschen einschränken. Ist der Konsum von Nahrung erschwert bzw. abhängig davon, dass die Nahrung dargereicht wird, so ist damit ein direkter Eingriff in die Selbstbestimmung und Selbstständigkeit des Menschen verbunden [20]. Vor diesem Hintergrund werden individuelle Esshilfen entwickelt und additiv gefertigt, die körperbehinderten Menschen eine selbstständige und selbstbestimmte Nahrungszunahme ermöglichen sollen. Zu Beginn des Produktentstehungsprozesses stehen die Untersuchung der individuellen kinematischen Bewegungsabläufe und die Auswahl des Werkstoffs und des Fertigungsverfahrens. Zur Gestaltung der Esshilfen werden der Griffbereich, der Stiel und das Mundstück (Schöpfbereich) zunächst separat betrachtet und anschließend zu einem Gesamtmodell zusammengesetzt. Die Durchführung kinematischer Bewegungsanalysen und eines iterativen trial-and-error-Prozesses sowie der direkte Austausch mit den Probanden und dem Pflegepersonal lassen weitere Optimierungsmöglichkeiten erkennen.

Im Folgenden werden die wesentlichen Schritte zur Entwicklung einer individuellen Esshilfe für eine Person, bei der u. a. eine linksbetonte spastische Tetraparese mit Rumpfhypotonie, eine Unterform der infantilen Cerebralparese, sowie eine linkskonvexe Skoliose, d. h. eine einseitige Verbiegung der Wirbelsäule, diagnostiziert wurde [21, 22], beschrieben. Insbesondere die Spastik und die Fehlstellung der Hand beeinträchtigen den Bewegungsvorgang während des Essens und werden daher als relevante Symptomatik für die Entwicklung der Esshilfe betrachtet. Diese Problematik ist auch bei der mit dem Programm SimMechanics durchgeführten kinematischen Simulation des Bewegungsablaufs beim Essen berücksichtigt. Abbildung 5 zeigt die Anfangs-, Zwischen- und Endposition beim Essvorgang mit konventionellem Besteck. Beim Essvorgang ist der rechte Ellenbogen der Person auf dem Tisch abgestützt, ihr linker Arm liegt ebenfalls – allerdings spastisch verkrampft – auf dem Tisch auf und wird in der Simulation nicht betrachtet. Die rechte Handfläche befindet sich beim Bewegungsablauf stets senkrecht zum Unterarm. Der Faustgriff und die Tatsache, dass nur eine leichte Bewegung des Handgelenks ausgeführt werden kann, resultieren darin, dass das Mundstück nicht orthogonal zum Mund ausgerichtet wird. Auf dem Weg zum Mund verdreht die Person den Löffel so nach außen von sich weg (Supination), dass beim selbstständigen Essen keine Nahrung auf dem Löffel verbleiben würde, so dass stets Nahrung dargereicht werden muss. Die Endposition lässt darüber hinaus eine große Differenz zwischen Mund und Mundstück erkennen.

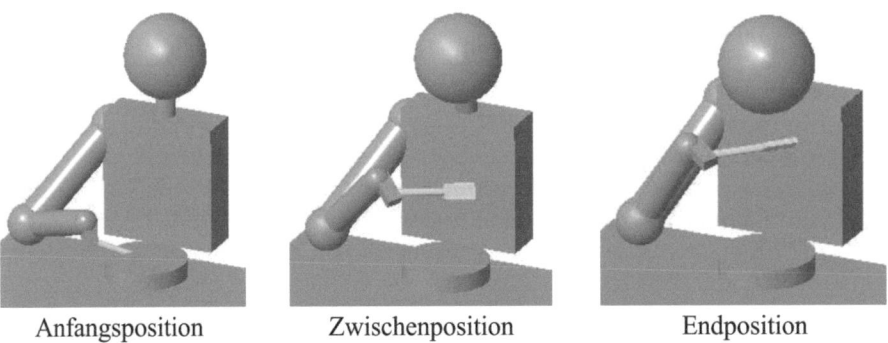

Anfangsposition   Zwischenposition   Endposition

Abbildung 5: Bewegungsablauf des Essvorgangs mit konventionellem Besteck

Der beim SLM-Verfahren häufig eingesetzte Werkstoff Titan, der u.a. auch für Implantate und Prothesen verwendet wird, ist biokompatibel und korrosionsbeständig, so dass das Endprodukt mit dem SLM-Verfahren aus der Titan-Aluminium-Legierung TiAl6V4 gefertigt werden soll [23, 24]. Da die Entwicklung der Esshilfe in einem iterativen trial-and-error-Prozess erfolgen soll und der Materialpreis von Titan sehr hoch ist, werden zunächst Prototypen entwickelt. Für die Fertigung der Prototypen werden die im StudentLab3D des Direct Manufacturing Research Center DMRC (Universität Paderborn) zur Verfügung stehenden MakerBots Replicator 5th Generation von Stratasys verwendet, die nach dem Prinzip des Extrusionsverfahrens arbeiten. Als Material wird Polyactidsäure PLA, auch als Polymilchsäure bezeichnet, verarbeitet. Da die Esshilfe auch mit heißer Suppe bzw. heißem Wasser beim Spülen in Berührung kommt, weist dieses Material aufgrund seiner Erweichungstemperatur von etwa 50°C keine ausreichende Formbeständigkeit bei hohen Temperaturen auf [25]. Daher ist dieser thermoplastische Kunststoff für die Herstellung der finalen Produkte nicht geeignet, sondern lediglich für die Fertigung der Prototypen.

Aufgrund der Spastik und der damit einhergehenden eingeschränkten Beweglichkeit der Finger, soll der ergonomische Griffbereich individuell angepasst werden. Dazu wird zu Beginn die Negativform des Griffbereichs (Abbildung 6a) durch Abdrucknahme mit Knete bzw. Modelliermasse erstellt. Herausforderung hierbei ist die durch die Tetraparese beeinträchtigte Muskelspannung und die Fehlstellung der Finger, die sich insbesondere durch eine starke Krümmung des Daumens und in einer nicht klassischen Anordnung der Finger bemerkbar macht. Anschließend wird unter Anwendung eines optischen Verfahrens, hier der 3D-Scan, der Abdruck digitalisiert und additiv gefertigt. Den additiv gefertigten Prototyp des Griffbereichs zeigt Abbildung 6b.

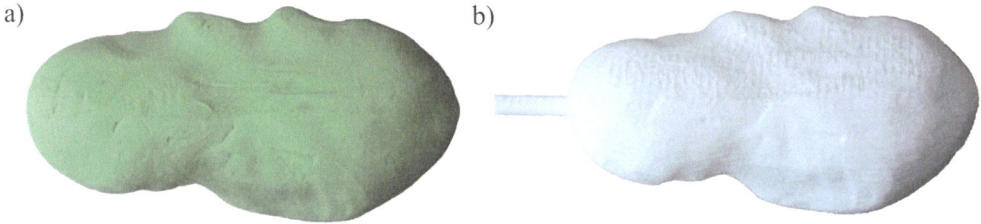

Abbildung 6: a) Negativmodell aus Modelliermasse des individualisierten Griffbereichs
b) Additiv gefertigter Prototyp des individualisierten Griffbereichs

Da die längere Seite des Schöpfteils im Idealfall orthogonal zu den Lippen stehen sollte und die Fehlstellung der Hand sowie die Spastik diese Ausrichtung bei der Person erschwert, besteht eine weitere Herausforderung in der Entwicklung eines individualisierten Stiels. Hierzu werden Prototypenmodelle erstellt, Videoanalysen durchgeführt und die Kinematik der Bewegung mit dem Programm SimMechanics analysiert, um so die richtigen Winkel und Längen des Stiels zu ermitteln. Abbildung 7a zeigt das so entstandene CAD-Modell.

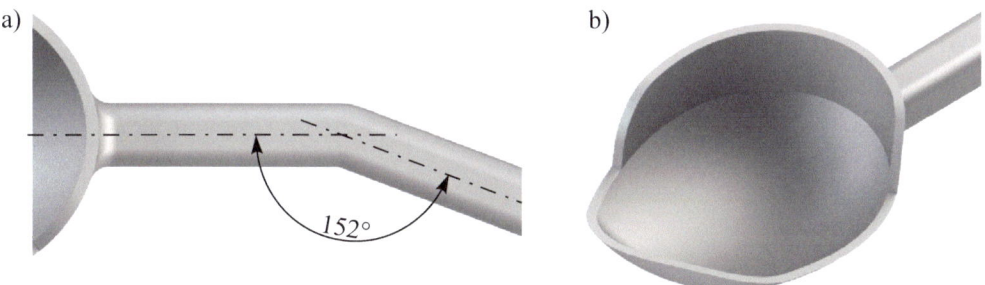

Abbildung 7: a) Individualisiertes CAD-Modell des Stiels,
b) Individualisiertes CAD-Modell des Schöpfbereichs

Des Weiteren ist auch der Schöpfbereich (Mundstück), welcher der Auf- und Abnahme der Nahrung dient, individuell anzupassen. Dabei muss er zum einen flach genug sein, um Suppe aus dem Teller aufzunehmen und zum anderen eine Vertiefung besitzen, damit die Suppe auf dem Weg zum Mund auf dem Löffel verbleibt. Da die Person beim Bewegungsvorgang zwischen Teller und Mund eine Supination durchführt, verbleibt die Nahrung aufgrund der Verdrehung des Löffels nicht auf der Esshilfe. Daher weist die in Abbildung 7b dargestellte Esshilfe eine entsprechende Wandung im seitlichen Bereich auf. Zudem hat sich herausgestellt, dass die klassische Eiform des Löffels den Essvorgang erschwert, so dass dies durch eine Abschrägung parallel zum Mund der Person verändert wird. Nach der individuellen Entwicklung der drei Bereiche der Esshilfe (Griffbereich, Stiel, Schöpfbereich) werden diese mit der Software Meshmixer der Firma Autodesk zu einem Gesamtmodell zusammengefügt, das im Anschluss mittels kinematischer Studien durch Betrachtung der Anfangs-, Zwischen- und Endpositionen (Abbildung 8) verifiziert wird. Es ist ersichtlich, dass aufgrund der Form der individualisierten Esshilfe und der ausgeprägten Wandung die Nahrung nicht mehr von der Esshilfe fällt und die Esshilfe zum Mund geführt werden kann.

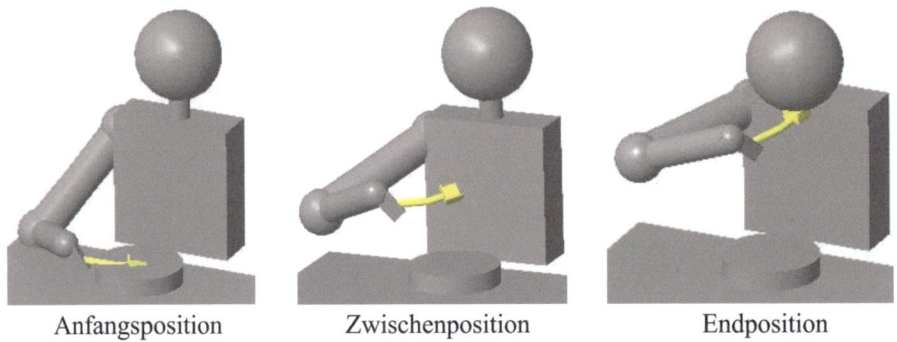

Abbildung 8: Bewegungsablauf des Essvorgangs mit individuell angepasster Esshilfe

Im Anschluss wird der Prototyp der Esshilfe additiv gefertigt. Hierzu werden von der Software automatisch zunächst die Stützstrukturen definiert, um flache Überhänge zu stützen und die eingetragene Verfahrenswärme abzuführen. Im Rahmen der Nachbehandlung sind darüber hinaus zum einen das Bauteil von der Bauplatte und zum anderen die Stützstrukturen von dem Bauteil zu entfernen. Abbildung 9a zeigt den so hergestellten individualisierten Prototyp, dessen Griffbereich, Stiel und Schöpfbereich an die biomechanischen Anforderungen der Person angepasst sind. Weitere an individuelle Bewegungseinschränkungen angepasste Esshilfen sind in Abbildung 9b und in Abbildung 9c dargestellt.

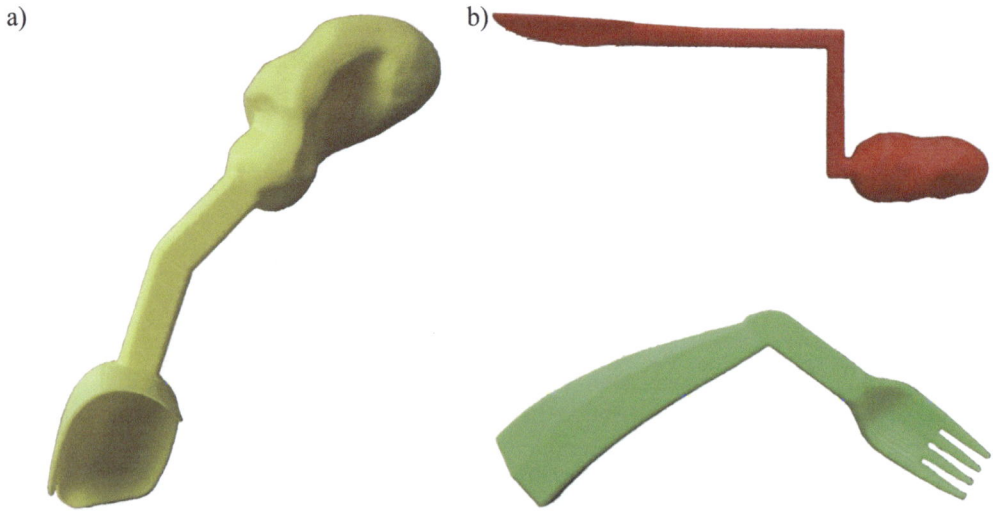

Abbildung 9: a) Additiv gefertigter Prototyp der beschriebenen Esshilfe,
b) Weitere individualisierte additiv gefertigte Esshilfen

4.2 Lebensdaueruntersuchungen an einer Hüftendoprothese

Individuelle Hüftprothesen sind durch eine komplexe Struktur gekennzeichnet, bei denen ein Bruch auszuschließen ist. Bei der konventionellen Herstellung von Hüftendoprothesen wird häufig als Werkstoff die Titan-Aluminium-Legierung TiAl6V4 verwendet, die auch mit dem Selektiven Laserstrahlschmelzen SLM additiv verarbeitet werden kann. Untersuchungen haben gezeigt, dass unterschiedliche thermische Nachbehandlungsverfahren die Materialeigenschaften und insbesondere das Ermüdungsrissausbreitungsverhalten beeinflussen. In [1, 2, 9] wird daher unter Durchführung von Risswachstumssimulationen mit dem dreidimensionalen Programm ADAPCRACK3D [26, 27] analysiert, wie sich der Materialzustand – betrachtet werden hier der Bauzustand und der Zustand nach einer nachträglichen 800°C-Wärmebehandlung – auf die Restlebensdauer einer laserstrahlgeschmolzenen Hüftprothese auswirken. Die hierfür erforderlichen Rissfortschrittsdaten wurden an Proben ermittelt, deren Aufbaurichtung und Rissrichtung orthogonal zueinanderstehen (siehe auch Abbildung 4a und [2]) und sind mit der FORMAN/METTU-Gleichung [26, 27] gemäß Abbildung 10 für beide Materialzustände angepasst und im Programm hinterlegt.

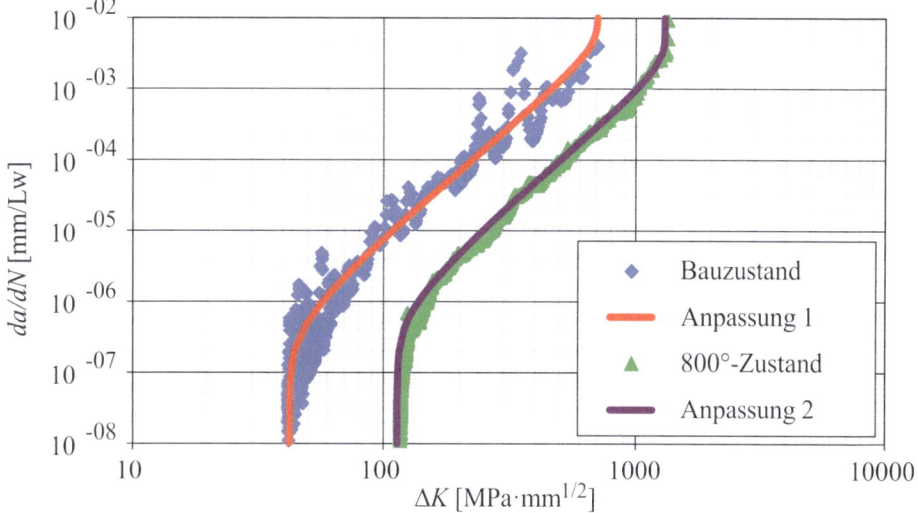

Abbildung 10: Rissfortschrittskurven für den Bau- und den Wärmebehandlungszustand [2]

Der betrachtete Lastfall „Gehen" resultiert infolge der schrittweisen Fortbewegung des menschlichen Bewegungsapparates in einer zyklischen Belastung der Hüftprothese mit einem Spannungsverhältnis von etwa $R = 0{,}1$ [29]. Gemäß [30] beträgt die Hüftreaktionskraft F_R bei Betrachtung des Gehvorgangs 2150 N, ihr Angriffspunkt befindet sich entsprechend Abbildung 11a zentral im konisch abgesetzten Bereich des Schafthalses. Der Winkel α_{fH} zwischen Hüftreaktionskraft F_R und der Schaftachse des Femurs wird hier mit 10° in Anlehnung an [28, 31] angenommen. Eine mit der Software ABAQUS vorab durchgeführte Finite-Elemente-Simulation mit einem Prothesenschaft ohne Riss liefert an der Bauteiloberfläche im Halsbereich des Prothesenschafts Stellen maximaler Hauptnormalspannung und demzufolge den kritischen Bereich des Bauteils. In diesem Bereich wird gemäß Abbildung 11b ein Initialriss mit einer Tiefe von 1 mm eingebracht. Die Vernetzung des Prothesenschafts erfolgt entsprechend der Anforderungen des Programms ADAPCRACK3D mit Tetraederelementen mit quadratischem Verschiebungsansatz.

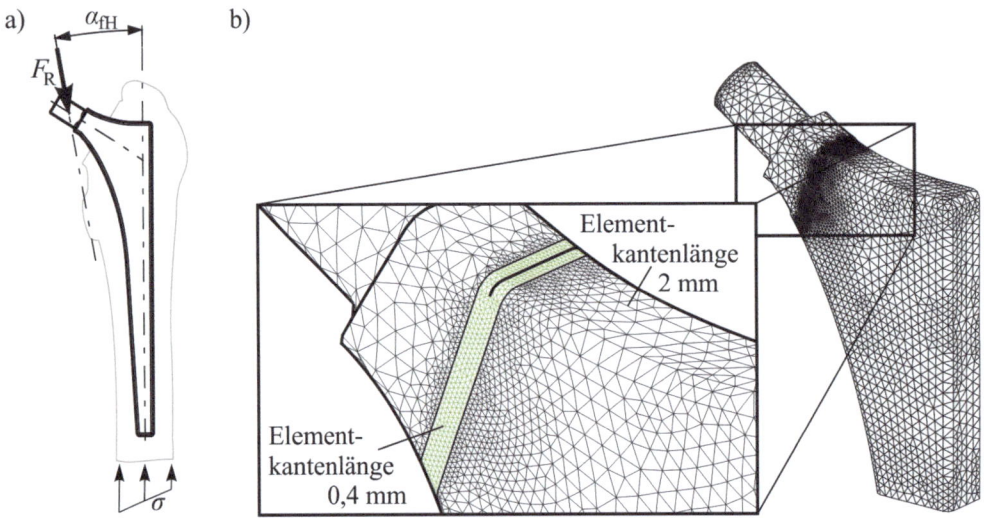

Abbildung 11: a) Angriffspunkt der Hüftreaktionskraft F_R
b) FE-Modell mit Randbedingungen und Vernetzungsdetails [1, 2, 9]

Die Ergebnisse der durchgeführten dreidimensionalen Rissausbreitungssimulationen für die beiden betrachteten Materialzustände – Bauzustand und Zustand nach 800°C-Wärmebehandlung – dokumentiert Abbildung 12. Für beide untersuchten Materialzustände ist der Initialriss der Tiefe 1 mm grundsätzlich wachstumsfähig, da die an der Rissfront vorliegenden zyklischen Spannungsintensitätsfaktoren ΔK größer sind als der Schwellenwert gegen Ermüdungsrissausbreitung $\Delta K_{I,th}$ der beiden betrachteten Materialzustände. Beim Bauzustand setzt die instabile Rissausbreitung bei einer Risslänge von 9,7 mm nach 10^5 Lastwechseln ein, beim 800°C-Zustand ist dies erst bei einer Risslänge von 12,7 mm und nach $2,5*10^6$ Lastwechseln der Fall. Diese Lebensdauerverlängerung um den Faktor 25 bestätigt die hohe Relevanz einer Wärmebehandlung laserstrahlgeschmolzener Bauteile aus TiAl6V4.

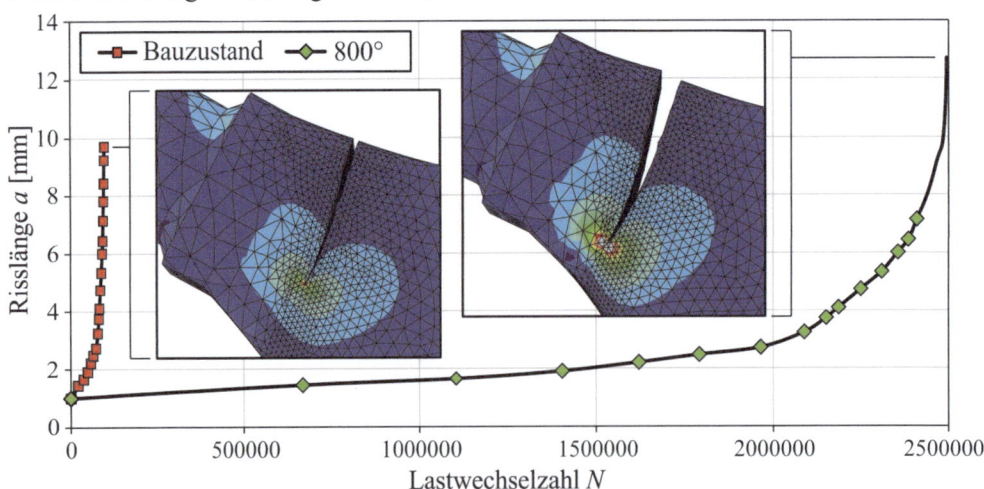

Abbildung 12: Einfluss des Materialzustands auf die Rissausbreitung [1, 2, 9]

4.3 Strukturoptimierung von Hüftendoprothesen

Da Prothesenschäfte in der Regel durch eine Haltbarkeit von ungefähr 15 Jahren gekennzeichnet sind, ist gerade bei Patienten mittleren Alters häufig eine Revisionsoperation erforderlich. Daher soll eine kleine, kompakte und knochensparende metaphysäre Kurzschaft-Hüftendoprothese entwickelt werden [1]. Zur Berechnung der Größe und Richtung der Kontaktkraft F_R zwischen Hüftkopf und Hüftgelenkpfanne wird die Belastung des Hüftgelenks beim Einbeinstand betrachtet. Nach [32] beträgt der Winkel α_{fH} (vgl. Abbildung 11a) beim Einbeinstand 16°. Bei der Konstruktion dieses Medizinprodukts ist darauf zu achten, dass die vom Kugelkopf aufgenommene Reaktionskraft F_R über die Mantelfläche des Konus in den Steg des Prothesenschafts geleitet wird. Auf diese Weise werden die Kraftwirkungslinien anhand der Trabekelausrichtung nahezu direkt in den Femur geführt und eine direkte Kraftleitung realisiert. In Abbildung 13a ist der proximale Femur mit eingebautem Prothesenschaft und Kugelkopf zu sehen. Wesentliche Konstruktionsmaßnahmen, die zur Optimierung dieses Medizinproduktes beitragen, sind nachfolgend beschrieben.

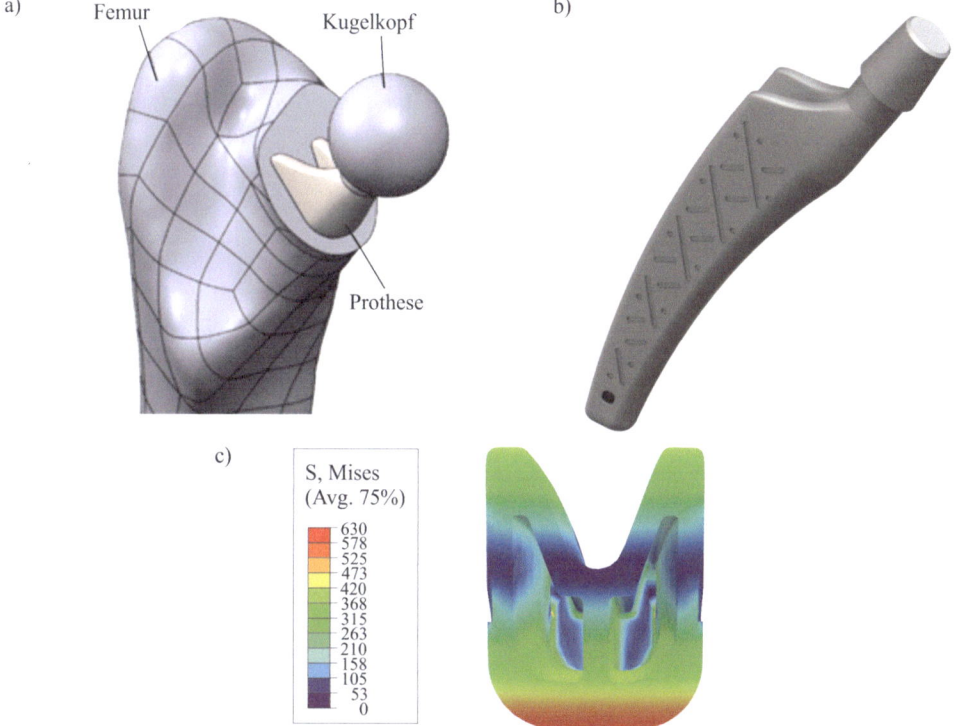

Abbildung 13: a) Einbau der Prothese mit Kugelkopf in den Femur [1],
b) Prothesenschaft mit oberflächennahen Aussparungen [1],
c) Spannungsverteilung in der Schnittansicht des Prothesenschafts [1]

Um ein Verdrehen des Schafts zu verhindern und demzufolge einen festeren Sitz zu gewährleisten, wird als Form ein U-Profil (Abbildung 13) verwendet. Ein zusätzlicher Mehrwert dieses Profils besteht in der sich dadurch vergrößernden Schaftoberfläche, die so der Osseointegration, d.h. dem Anwachsen des Knochens, mehr Fläche bietet und folglich die Festigkeit der Verbindung erhöht. Aussparungen an der Implantatoberfläche (Abbildung 13b), in die das

Knochenmaterial wachsen kann, führen zusätzlich zu einem festeren Halt der Prothese im Femur. Da solche Kerben häufig mit Kraftflussumlenkungen und lokalen Spannungsüberhöhungen einhergehen, werden diese Aussparungen zum einen mit abgerundeten Kanten versehen und zum anderen in den weniger hoch beanspruchten Gebieten eingebracht. Im Sinne des Leichtbaus und zur Steigerung des Wohlbefindens des Patienten soll der Prothesenschaft zudem durch eine geringe Masse und einen geringen Werkstoffeinsatz charakterisiert sein. Daher wird die Prothese gemäß Abbildung 13c mit Hohlkammern ausgeführt, ohne dass hierbei aufgrund der additiven Fertigung ein nachträglicher Arbeitsschritt erforderlich ist. Zum Abfluss von nicht aufgeschmolzenem, losem Pulver sind im Prothesenschaft zudem Öffnungen vorgesehen.

Der statische Festigkeitsnachweis gegen plastische Verformung wird für die konstruierte Hüftendoprothese für den kritischen Lastfall „Stolpern" durchgeführt. Gemäß [32] ergeben sich hierbei Kontaktkräfte von 870% der Körpergewichtskraft, was bei einer durchschnittlichen männlichen Person von 79 kg (vgl. [33]) eine Hüftreaktionskraft F_R von 6742 N bedeutet. Die sich hierbei ergebende Spannungsverteilung ist in Abbildung 13c zu sehen. In keinem Gebiet liegen Spannungen oberhalb der Dehngrenze $R_{p0,2}$ von 912 MPa der verwendeten Titan-Aluminium-Legierung TiAl6V4 vor. Der untere Teil des Steges weist mit $\sigma_{max} = 630$ MPa die maximale Spannung auf, was einem Sicherheitsfaktor gegen Fließen von $S_F = 1,45$ entspricht. Auch an den Aussparungen, die zur Unterstützung der Osseointegration eingebracht sind, liegen keine Spannungsspitzen vor.

4.4 Additive Fertigung einer Fußorthese

Für eine junge Patientin wird unter Berücksichtigung der Vorteile der additiven Fertigung eine Fußorthese patientenspezifisch entwickelt und festigkeits- und leichtbauoptimiert für den Lastfall „Gehen" ausgelegt. Ausgangssituation ist das Positivmodell des Patientenfußes, das bereits als STL-Datensatz digital vorliegt, und auf welchem durch Definition eines Offsets ein erstes Modell der Fußorthese gelegt wird (Abbildung 14a). In Anlehnung an den realen Aufbau eines Unterschenkels mit Fuß weist das Fußmodell einen knöchernen Bereich mit linearelastischem Materialverhalten und einen als hyperelastisch definierten Gewebebereich auf [34]. Für die Orthese wird der Werkstoff PA2200 verwendet, während die Sohle aus einem Schaumaterial (hyperfoam) [34] besteht, um beim Gehen verbesserte Dämpfungseigenschaften zu realisieren.

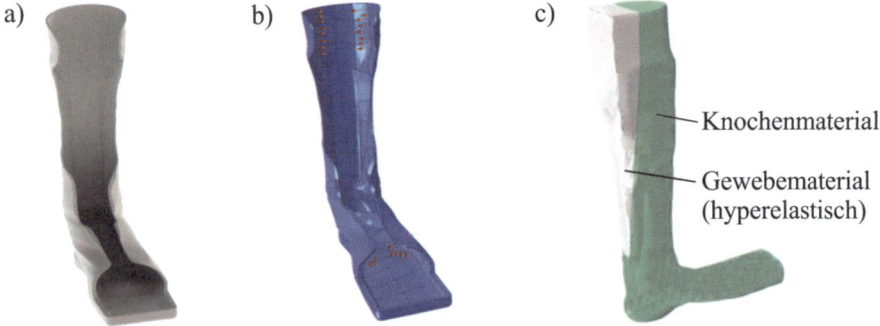

Abbildung 14: Randbedingungen für die FE-Analyse
a) Modell der Orthese, b) Vorspannung, c) Materialdefinition im Fußmodell

Im ersten Berechnungsschritt wird eine Vorspannung zwischen Orthese und Fuß (Abbildung 14b) nachgebildet, die die Situation der am Fuß fixierten Orthese ohne weitere Belastung durch das Gehen nachbilden soll. Dies betrifft die Bereiche, in denen u. a. Verschlüsse vorgesehen sind. Bei der FE-Analyse wird der Abrollvorgang des Fußes simuliert, indem das Fußmodell am oberen Ende fest eingespannt ist, während eine starre Platte entlang der Fußunterseite zwischen verschiedenen Winkeln (-20° und 40°) rotiert.

Die Ergebnisse der Finite-Elemente-Simulation für die Fußorthese mit Fuß sind für einen Fuß-Boden-Winkel von 12° und unterschiedliche Wandstärken in Abbildung 15 dargestellt. Die Simulation bei einer konstanten Wandstärke von t = 2 mm (Abbildung 15a) lässt erkennen, dass die Spannungen im Bauteil die zulässige Materialgrenze noch lange nicht erreichen, so dass aufgrund dieses Optimierungspotentials die Wandstärke auf t = 1 mm (Abbildung 15b) reduziert wird. Hierbei ergeben sich im Unterschenkelbereich keine höheren Spannungen, allerdings werden starke Spannungsüberhöhungen an den Außenkanten und im Fußbereich identifiziert, die größer als die zulässige Spannung sind und damit zum Versagen des Bauteils führen würden. Daher wird für die Fußorthese eine mittels additiver Fertigung realisierbare Wandstärkenvariation angestrebt.

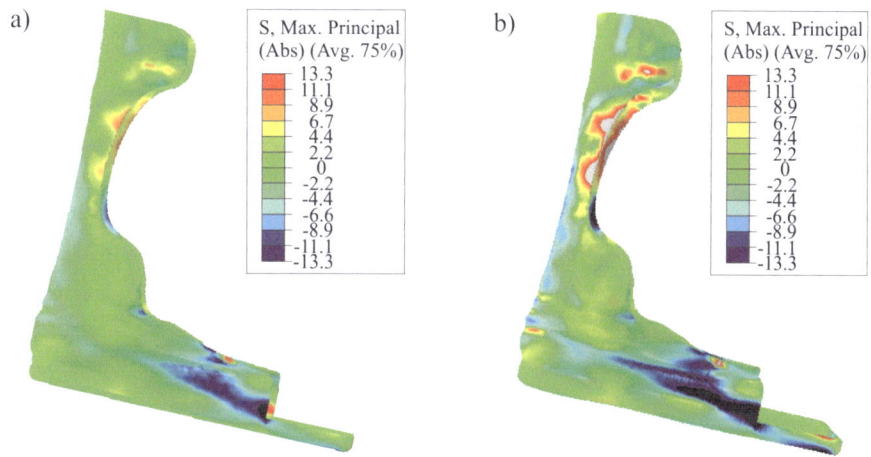

Abbildung 15: Spannungsverteilungen für einen Fuß-Boden-Winkel von 12°
a) Wandstärke t = 2 mm, b) Wandstärke t = 1 mm

Eine Zusammenfassung der umgesetzten Optimierungsmaßnahmen ist in Abbildung 16 dokumentiert und wird nachfolgend beschrieben. Unter Berücksichtigung der FE-Ergebnisse zur Ermittlung der optimalen Wandstärkenvariation werden in weiteren iterativen Berechnungen im Knöchelbereich filigrane Gitterstrukturen zur lokalen Anpassung der Steifigkeit bei gleichzeitiger Gewichtsreduktion eingebracht. Zudem ermöglicht dies eine Belüftung des Fußes. Ein Verstärkungssteg (Biegebalken) wird entlang der Achillessehne konstruiert, um die durch die Biegung verursachte Verformung in diesem Bereich gering zu halten und die geforderte Stützwirkung zu realisieren. Darüber hinaus sind in der gesamten Orthese variierende, der Beanspruchung angepasste Wandstärken vorzusehen, um lokal veränderte Steifigkeiten zu realisieren. Außerdem werden weiche Querschnittsübergänge berücksichtigt, um Spannungskonzentrationen zu vermeiden. Der Vorteil der additiven Fertigung hinsichtlich Funktionsintegration wird bei der Fußorthese dadurch berücksichtigt, dass ein alternativer Verschlussmechanismus entwickelt wird, dessen Befestigung direkt während der Fertigung mit der Orthese realisiert wird. Nachfolgende zeitaufwendige und kostspielige Montageschritte entfallen somit. Als Verschluss wird ein Ratschenband verwendet, dessen Funktionsweise einer Kunststoffschlauchschelle ähnelt sowie in abgewandelter Form mit zusätzlichen Federn und Tastern häufig bei Inlineskates verwendet wird. Das Ratschenband wird durch die Öffnung geführt und über eine Verzahnung verspannt und bei der Orthese in zwei verschiedenen Bereichen eingesetzt: ein schmaler, langer Verschluss fixiert den Unterschenkel, während ein breiter Verschluss den Fußbereich stabilisiert.

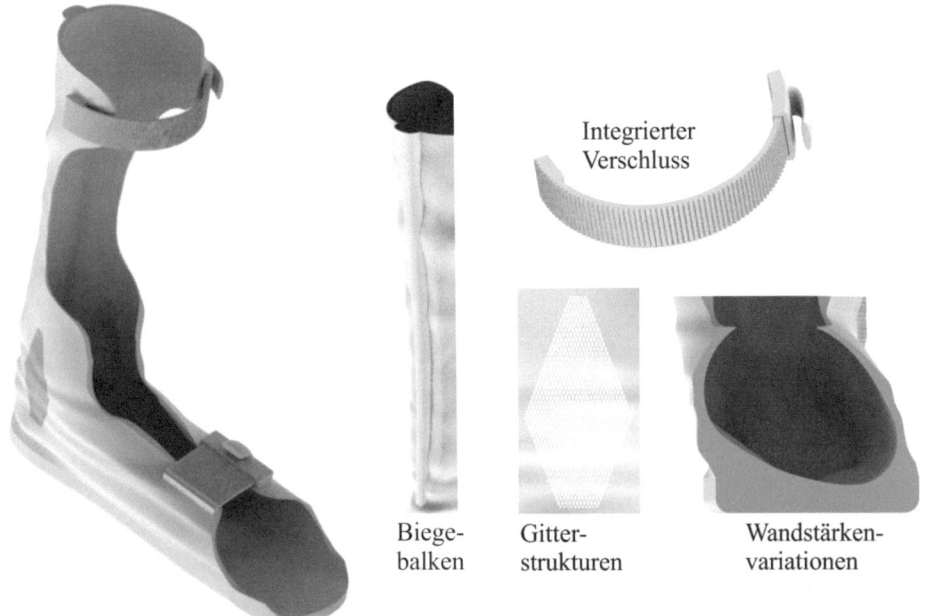

Abbildung 16: Optimierungsmaßnahmen für die additiv gefertigte Fußorthese

5 Zusammenfassung und Ausblick

Additive Fertigungsverfahren eigenen sich in besonderer Weise zur Herstellung von komplexen Strukturen geringer Stückzahlen und sind demzufolge für die Fertigung medizintechnischer Produkte, wie z. B. Implantaten, Prothesen und Orthesen, prädestiniert, insbesondere dann, wenn die Komplexität der Erzeugnisse im Vordergrund steht. Neben der Werkstoffcharakterisierung und der Ermittlung prozessseitiger Einflussfaktoren müssen bei der Generierung des digitalen Modells und der anschließenden Strukturoptimierung auch biomechanische, individuelle Aspekte berücksichtigt werden. Aus diesem Grund ist die Kooperation von Ingenieuren, Sportmedizinern, Chirurgen, Orthopäden und Patienten zwingend erforderlich, um die verschiedenen Anforderungen und Sichtweisen bestmöglich bei der Entwicklung und additiven Herstellung von individualisierten Medizinprodukten (u. a. Fußorthesen, Hüftimplantaten) berücksichtigen zu können.

Literatur

[1] Schramm, B.; Brüggemann, J.-P.; Riemer, A.; Richard, H.A.: Additive Fertigung in der Medizintechnik – Überblick und Beispiele. In: DVM-Bericht 401, Additiv gefertigte Bauteile und Strukturen, Deutscher Verband für Materialforschung und -prüfung e.V., Berlin, 2016, S. 21-30.

[2] Riemer, A.: Einfluss von Werkstoff, Prozessführung und Wärmebehandlung auf das bruchmechanische Verhalten von Laserstrahlschmelzbauteilen. Shaker Verlag, Aachen, 2015.

[3] VDI-Richtlinie 3404: Additive Fertigung – Grundlagen, Begriffe, Verfahrensbeschreibung. Beuth Verlag, Berlin, 2014.

[4] Riemer, A.; Leuders, S.; Richard, H.A.; Tröster, T.: Verhalten von lasergeschmolzenen Bauteilen aus der Titan-Aluminium-Legierung TiAl6V4 unter zyklischer Beanspruchung. Materials Testing 55 (2013) 537-543.

[5] Adam, G.A.O.: Systematische Erarbeitung von Konstruktionsregeln für die additive Fertigungsverfahren Lasersintern, Laserschmelzen und Fused Deposition Modeling. Shaker Verlag, Aachen 2015.

[6] Gebhardt, A.: 3D-Drucken – Grundlagen und Anwendungen des Additive Manufacturing (AM). Carl Hanser Verlag, München, 2014.

[7] Berger, U.; Hartmann, A.; Schmid, D.: Additive Fertigungsverfahren – Rapid Prototyping, Rapid Tooling, Rapid Manufacturing. Verlag Europa Lehrmittel, Haan-Gruiten, 2013.

[8] VDI Statusreport: Additive Fertigungsverfahren, September 2014.

[9] Riemer, A.; Richard, H. A.; Schramm, B.: Ermüdungseigenschaften von additiv gefertigten Titanstrukturen im Hinblick auf den Einsatz im menschlichen Körper. RTejournal – Forum für Rapid Technologie, 2016.

[10] Lim, S.; Buswell, R.A.; Le, T.T.; Austin, S.A.; Gibb, A.G.F.; Thorpe, T.: Developments in construction-scale additive manufacturing processes. Automation in construction journal 21 (2012) 262-268.

[11] Conner, B.P.; Manogharan, G.P.; Martof, A.N.; Rodomsky, L.M.; Rodomsky, C.M.; Jordan, D.C.; Limperos, J.W.: Making sense of 3-D printing: Creating a map of additive manufacturing products and services. Additive Manufacturing, 1-4 (2014) 64-76.

[12] Jakob, F.; Stoffregen, H.A.: Additive Fertigung in der Medizintechnik – Eine Branche im Wandel. Trendbericht Rapid Technologien, Carl Hanser Verlag, München, 2012, 88-95.

[13] Polzin, C.; Seitz, H.: 3D-Druck von Kunststoff-Medizinprodukten. Rtejournal – Forum für Rapid Technologie, Vol. 2012.

[14] Richard, H.A.; Kullmer, G.: Biomechanik – Grundlagen und Anwendung auf den menschlichen Bewegungsapparat. Springer Vieweg, Berlin 2013.

[15] Bergmann, G.; Graichen, F.; Rohlmann, A.; Bender, A.; Heinlein, B.; Duda, G.N.; Heller, M.O.; Morlock, M.M.: Realistic loads for testing hip implants. Biomed. Mater Eng. 20 (2010) 65-75.

[16] Wintermantel, E.; Ha, W.-W.: Biokompatible Werkstoffe und Bauweisen: Implantate für Medizin und Umwelt. Springer Verlag Berlin Heidelberg, 2008.

[17] Riemer, A.; Richard, H.A.: Bruchmechanische Charakterisierung zyklisch belasteter SLM-Bauteile. In: DVM-Bericht 245, Bruchmechanische Werkstoff- und Bauteilbewertung, Deutscher Verband für Materialforschung und -prüfung e.V., Berlin, 2013.

[18] Seyda, V.; Kaufmann, N.; Emmelmann, C.: Investigation of aging processes of Ti-6Al-4V powder material in laser melting. Physics Procedia 39 (2012) 425-431.

[19] Spierings, A.B.; Starr, T.L.; Wegener, K.: Fatigue performance of additve manufactured metallic parts. Rapid Prototyping Journal 19 (2013) 88-94.

[20] Immenschuh, U.; Scheele-Schäfer, J.; Spahn, C.: Ambulante Pflege – die Pflege gesunder und kranker Menschen. Hannover, Schlütersche Verlagsgesellschaft mbH & Co.KG, 2005.

[21] Schmidt, D.: Epilepsie – Diagnostik und Therapie für Klinik und Praxis. Stuttgart, F.K. Schattauer Verlagsgesellschaft mbH, 1997.

[22] Krämer, J.; Krämer, R.; Wilcke, A.: Wirbelsäule und Sport. Köln, Deutscher Ärzte-Verlag GmbH, 2005.

[23] Nachtigall, W.: Bionik – Grundlagen und Beispiele für Ingenieure und Naturwissenschaftler. Berlin Heidelberg, Springer Verlag, 2002.

[24] Herberhold, C.[Hrsg.]: Teil I: Referate – Transplantation und Implantation in der Kopf-Hals-Chirurgie. Berlin Heidelberg, Springer Verlag, 1992.

[25] Lange-Schönbeck, C.-D.; Schlenker, A.; Sommer, W.: Faszination 3D-Druck – Alles zum Drucken, Scannen, Modellieren. Burgthann, Markt+Technik Verlag GmbH, 2016.

[26] Schöllmann, M.; Fulland, M.; Richard, H.A.: Development of a new software for adaptive crack growth simulations in 3D structures. Engineering Fracture Mechanics 70 (2003) 221- 230.

[27] Richard, H.A.; Sander, M.: Ermüdungsrisse. Springer Vieweg, Wiesbaden 2012.

[28] Möser, M; Hein, W: Bestimmung der Hüftkraftrichtung aus Bruchflächen von Hüftgelenkprothesen. Beiträge zur Orthopädie und Traumatologie 33 (1986) 286-295.

[29] Bergmann, G.; Graichen, F.; Rohlmann, A.: Hip joint loading during walking and running, measured in two patients. Journal of Biomechanics 26 (1993) 969-990.

[30] Pauwels, F.: Biomechanics of the Locomotor Apparatus. Contributions on the Functional Anatomy of the Locomotor Apparatus. Springer-Verlag, Berlin Heidelberg New York, 1980.

[31] Endler, F.: Einführung in die Biomechanik und Biotechnik des Bewegungsapparates. In: Orthopädie in Praxis und Klinik, Georg-Thieme Verlag, Stuttgart, 1980, S. 2.1-2.301.

[32] DIN 33402-2:2005-12: Ergonomics – Human body dimensions – Part 2: Values.

[33] Claes, L.; Kirschner, P.; Perka, C.; Rudert, M.: AE-Manual der Endoprothetik: Hüfte und Hüftrevision. Springer, Heidelberg Dordrecht London New York, 2012.

[34] Cheung, J. T.-M., Zhang, M.: Finite Element Modeling of the Human Foot and Footwear. Abaqus Users' Conference, 2006, S.151-159.

Entwicklung von Fahrradtretkurbelsystemen mittels additiver Fertigung

Jan-Peter Brüggemann[a),b)], Lena Risse[a)], Andre Riemer[c)],
Wadim Reschetnik[a),b)], Gunter Kullmer[a),b)], Hans Albert Richard[a),b)]

a) Fachgruppe Angewandte Mechanik, Universität Paderborn
b) Direct Manufacturing Research Center, Universität Paderborn
c) CLAAS Industrietechnik GmbH, Paderborn

Zusammenfassung

Im Rahmen dieses Beitrags werden eine überlange Tretkurbel und, zur besseren Vergleichbarkeit der Ausnutzung des Leichtbaupotentials, eine Tretkurbel mit Standardlänge festigkeits- und leichtbauoptimiert konstruiert und ausgelegt. Darüber hinaus wird, zur weiteren Reduktion der Fahrradgesamtmasse und um ein vollständiges Fahrradtretkurbelsystem zu erhalten, abschließend eine Fünfstern-Tretkurbel entwickelt. Die Konstruktion und Auslegung erfolgt für alle drei Bauteile nach der Norm DIN EN ISO 4210 unter Berücksichtigung der verfahrensspezifischen Vorteile des selektiven Laserstrahlschmelzens. Dabei werden verschiedene Querschnittsgeometrien für die überlange Tretkurbel entwickelt und im Nachgang mit Hilfe der Finite-Elemente-Methode numerisch simuliert und analysiert. Mittels der Analyse werden der Festigkeits- und Dauerfestigkeitsnachweis durchgeführt Als Werkstoff wird die hochfeste Titanaluminiumlegierung TiAl6V4 verwendet, die hohe mechanische Kennwerte bei gleichzeitig mittlerer Dichte aufweist.

Mit Hilfe des Topologie-Optimierungstools TOSCA, der Parametrisierung und der im Anschluss folgenden Detailoptimierung werden eine linke Tretkurbel und eine rechte Tretkurbel mit Fünfstern in einer Standardlänge von 175 mm zur Bewertung der Ausnutzung des Leichtbaupotentials und auf Basis der oben genannten Norm festigkeits- und leichtbauoptimiert entwickelt. Grundlage sind auch hier die mechanischen Überlegungen in Bezug auf die Belastungssituation und die entsprechende Beanspruchung, die durch die Darstellung von Kraftflusslinien visualisiert wird. Abschließend erfolgt ein Massenvergleich mit handelsüblichen Tretkurbelsystemen verschiedener Materialien zur Bewertung der Ausnutzung des Leichtbaupotentials.

Stichwörter: Fahrradtretkurbelsystem, Strukturoptimierung, Selektives Laserstrahlschmelzen, TiAl6V4

1 Einleitung

In der heutigen Zeit ist der Leichtbaugedanke nicht mehr nur allein auf wenige Branchen beschränkt, sondern erreicht vermehrt auch den Sport- und Freizeitsektor. Dabei zählt insbesondere der Radsport zu den beliebtesten und häufigsten Sportaktivitäten in Deutschland. Die Zielsetzung für den sportlichen Erfolg ist dabei das Leistungspotential des Fahrers vollständig auszunutzen [1, 2]. Dazu zählt die Reduktion des Gesamtgewichts des Systems „Fahrrad" bestehend aus Fahrer und Fahrrad. Durch den Einsatz additiver Fertigungsverfahren und die ständige Entwicklung und Weiterentwicklung geeigneter Leichtbauwerkstoffe können neue Potentiale genutzt und Bauteile im Hinblick auf ihre Leichtbaueigenschaften weiter optimiert werden. Im Gegensatz zu konventionellen Herstellungsverfahren kann mittels additiver Fertigung nahezu jede Geometrie, auch mit komplexen, innenliegenden Strukturen, ohne formgebende Werkzeuge direkt in einem Fertigungsschritt hergestellt werden.

Ein weiterer Aspekt im Radsport ist die Analyse der Interaktion von Mensch und Maschine. Dabei sind die Längenverhältnisse in der Viergelenkkette, bestehend aus Oberschenkel, Unterschenkel, Fuß und schließlich dem Sitzrohr, zu optimieren. Zu dieser Thematik wurden an der Fachgruppe Angewandte Mechanik, Universität Paderborn, Untersuchungen durchgeführt, welche ergaben, dass für einen überdurchschnittlich großen Fahrer (Körpergröße 1,97 m) eine Tretkurbel mit einem wirksamen Hebelarm von 200 mm das Übersetzungsverhältnis beim Tretzyklus verbessert. Auf dem Fahrradmarkt sind Kurbeln mit einer maximalen Länge von 180 mm erhältlich. Daher wird in dieser Studie eine Tretkurbel mit einem wirksamen Hebelarm von 200 mm nach erweiterten normativen Vorgaben entwickelt. Zur Bewertung der Ausnutzung des Leichtbaupotentials wird eine verkürzte Version der Tretkurbel mit einer Standardlänge von 175 mm nach den Vorgaben der Norm DIN EN ISO 4210 [3] festigkeits- und leichtbauoptimiert ausgelegt. Darüber hinaus wird, zur weiteren Reduktion der Fahrradgesamtmasse und um ein vollständiges Fahrradtretkurbelsystem zu erhalten, abschließend eine Fünfstern-Tretkurbel zur Aufnahme des Kettenblatts, ebenfalls in der Standardlänge von 175 mm, entwickelt. Bei den Konstruktionen und Auslegungen werden stets die verfahrensspezifischen Randbedingungen beziehungsweise Gestaltungsrichtlinien [4] sowie die Möglichkeiten des selektiven Laserstrahlschmelzens berücksichtigt und ausgenutzt.

Die Auslegung der Tretkurbeln erfolgt auf Grundlage der Technischen Mechanik. Dabei werden zunächst Belastungsuntersuchungen durchgeführt, um geeignete Profile auszuwählen. Auf Basis dieser Auswahl wird ein initiales CAD-Modell erstellt, anschließend mit Hilfe der Finite-Elemente-Methode (FEM) analysiert und iterativ optimiert. Ein weiterer Ansatz wird bei den Tretkurbeln mit Standardlänge verfolgt. Neben den mechanischen Betrachtungsweisen wird das ABAQUS Topologie-Optimierungstool TOSCA eingesetzt, um weitere Anregungen zur optimalen Struktur zu erhalten, die im Nachgang detailoptimiert werden können. Abschließend erfolgt ein Vergleich der entwickelten Tretkurbelvarianten mit handelsüblichen, auf dem Fahrradmarkt erhältlichen, Tretkurbeln verschiedener Materialien in Bezug auf das Gesamtgewicht.

2 Laserstrahlschmelzprozess

Der Laserstrahlschmelzprozess, auch Selective Laser Melting (SLM) genannt, gehört nach [5] zur Gruppe der additiven Fertigungsverfahren, welche die Generierung von Bauteilen aus der festen Phase umfasst. Die Herstellung von Bauteilen mittels SLM erfordert die Modellierung des Bauteils (3D-Datensatz) [6] und der zugehörigen Stützstruktur, die Definition der entsprechenden Prozessparameter, die Zerlegung des Bauteils sowie der Stützstruktur in einzelne Schichten. Im anschließenden Bauvorgang werden die Prozessschritte Beschichten, Belichten und Absenken wiederkehrend durchlaufen. Dadurch wird das Bauteil Schicht für Schicht bis zur Fertigstellung aufgebaut. Abbildung 1 veranschaulicht die Vorgehensweise bei der Herstellung von Bauteilen mittels SLM.

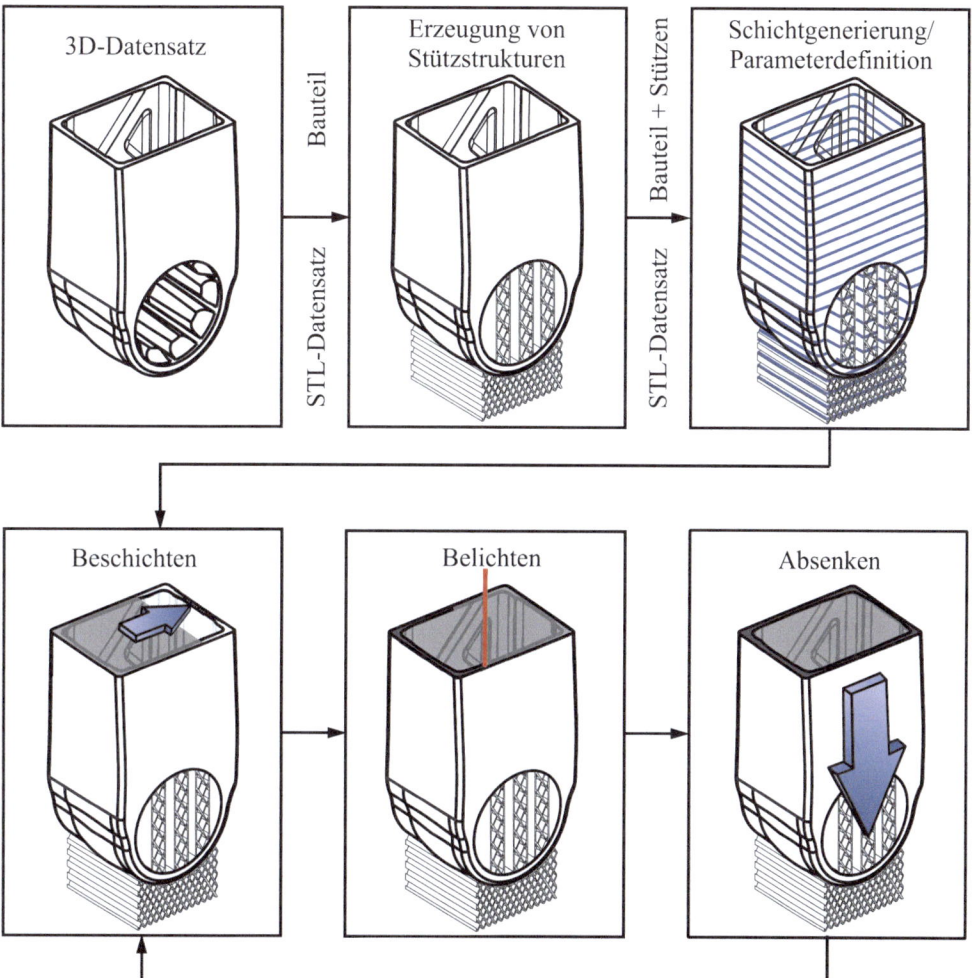

Abbildung 1: Prinzipielle Vorgehensweise bei dem SLM-Verfahren

Durch die gestalterische Freiheit dieses Verfahrens besteht bei der Konstruktion die Möglichkeit durch innenliegende Strukturen die Beanspruchungen gezielt zu leiten und somit Spannungsspitzen abzubauen. Durch die Homogenisierung der Werkstoffbeanspruchung können Material eingespart und bereits bestehende Strukturen, wie beispielsweise Fahrradtretkurbeln, leichtbaueffizienter gestaltet werden. Ein weiterer positiver Aspekt dieses Verfahrens ist die Ressourcenschonung aufgrund der Recyclebarkeit und der Wiederverwendbarkeit des nicht verwendeten pulverförmigen, metallischen Ausgangswerkstoffs [7].

3 Strukturoptimierung einer überlangen Tretkurbel

In diesem Abschnitt wird eine Tretkurbel mit einem wirksamen Hebelarm von 200 mm im Hinblick auf einen großgewachsenen Fahrer festigkeits- und leichtbauoptimiert ausgelegt. Darüber hinaus wird durch die Anwendung der Konstruktionsregeln [4] die Stützstruktur, die im Nachgang entfernt werden muss, auf ein Minimum reduziert. Die Gewährleistung der strukturmechanischen Funktionsfähigkeit – d.h. Ausschluss von plastischen Verformungen sowie Gewalt- und Dauerbrüchen eines Bauteils – erfordert verschiedene Nachweise. Dazu sind im Folgenden ein statischer Festigkeits- und ein Dauerfestigkeitsnachweis zu führen [8]. Die Grundlage für eine betriebssichere Auslegung von Fahrradbauteilen bildet die DIN EN ISO 4210, die entsprechende Prüfverfahren mit den jeweiligen Prüfkräften vorgibt. In Ergänzung zur Norm werden zwei weitere statische Lastfälle berücksichtigt, welche in Abbildung 2 dargestellt sind.

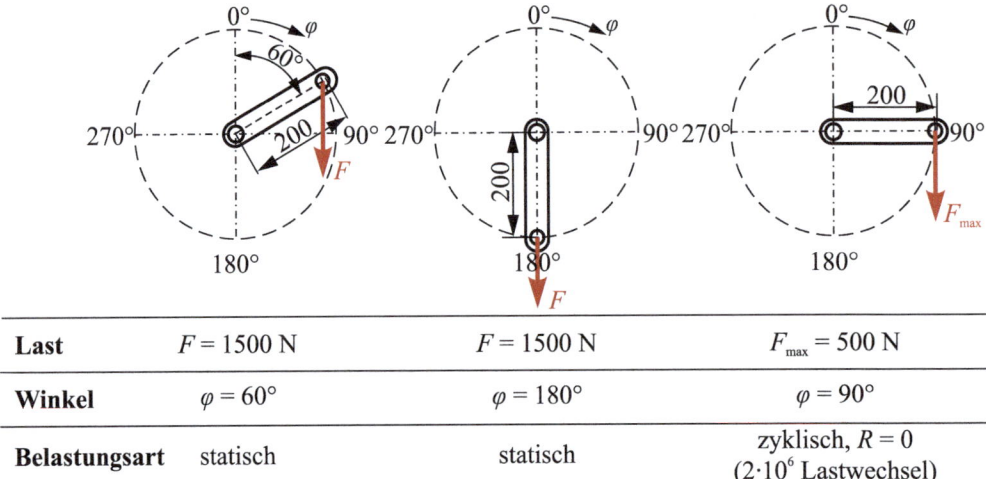

Last	$F = 1500$ N	$F = 1500$ N	$F_{max} = 500$ N
Winkel	$\varphi = 60°$	$\varphi = 180°$	$\varphi = 90°$
Belastungsart	statisch	statisch	zyklisch, $R = 0$ ($2 \cdot 10^6$ Lastwechsel)

Abbildung 2: Lastfälle zur Auslegung der überlangen Tretkurbel

Für eine möglichst realitätsnahe Prüfkraft für den Dauerfestigkeitsnachweis wird, anders als [3] vorsieht, eine Studie von HILLEBRECHT et al. [9] herangezogen. Dabei wird die Lastwechselzahl für eine dauerfeste Auslegung auf $2 \cdot 10^6$ Lastwechsel festgelegt. In der Studie erfolgt eine Ermittlung der vortriebswirksamen Tangentialkraft mittels Leistungsdiagnostik bei einer definierten Leistungsvorgabe. Die Resultate der Messung aus [9] ergeben, dass alle Probanden nahezu ähnliche Tangentialkräfte aufbringen und diese in erster Linie im Druckbereich (0° - 180°) mit einem maximalen Betrag von 500 N bei einem Kurbelwinkel von 90° vorliegen. Daraus folgt, dass die Tretkurbel einer schwellenden Belastung ($R = 0$) ausgesetzt ist. Zur Festlegung der zulässigen Ausschlagspannung $\sigma_{a,max}$ wird ein Dauerfestigkeitsnachweis gemäß der Vorgehensweise nach [10] durchgeführt. Zudem fließen der Größen- sowie der Oberflächenbeiwert in die Auslegung mit ein.

Eine Realisierung von Leichtbaustrukturen erfolgt i. Allg. durch eine Reduzierung des Eigengewichts der Konstruktion bei unveränderter lokaler Festigkeit und globaler Steifigkeit dieser Struktur [11]. Der Ansatz wird bei der Auslegung der Strukturkomponente „überlange Tretkurbel" verfolgt. Diese soll möglichst leicht und filigran bei gleichzeitiger Erfüllung der Anforderungen an die Festigkeit und Steifigkeit sein. Basierend auf der Geometrie einer konven-

Entwicklung von Fahrradtretkurbelsystemen mittels additiver Fertigung

tionell hergestellten Fahrradtretkurbel erfolgt eine Weiterentwicklung der mittels Laserstrahlschmelzen zu fertigenden Varianten bis ein zufriedenstellendes Ergebnis hinsichtlich der Reduzierung der Masse bei gleichzeitig verlängertem Hebelarm erzielt ist. Hierzu wird der Strukturleichtbau, d. h. möglichst die Verwendung von Grundstrukturen des Leichtbaus, wie Fachwerke, Rohre und Mehrfeldträger, herangezogen. Für die Herstellung der Struktur wird die Titanaluminiumlegierung TiAl6V4 ausgewählt, die hohe mechanische Kennwerte bei gleichzeitig mittlerer Dichte (4,42 g/cm^3 [12, 13]) aufweist. Dieses Material ist dementsprechend geeignet für festigkeits- und leichtbauoptimierte Bauteile. Tabelle 1 fasst die Materialkennwerte der TiAl6V4-Legierung nach der Wärmebehandlung (heißisostatisches Pressen) zusammen [12].

Tabelle 1: Mechanische Werkstoffkennwerte der TiAl6V4-Legierung [12]

Werkstoff	$R_{p0,2}$ [MPa]	R_m [MPa]	A [%]	E [GPa]
TiAl6V4	912	1005	8,3	115

Die Abmessungen für die überlange Tretkurbel mit einem wirksamen Hebelarm von 200 mm (Mittelpunktabstand des Pedalgewindes und des Innenvierkants) sind in Abbildung 3a dargestellt. Diese sind in Anlehnung an die auf dem Fahrradmarkt verfügbaren Tretkurbeln definiert.

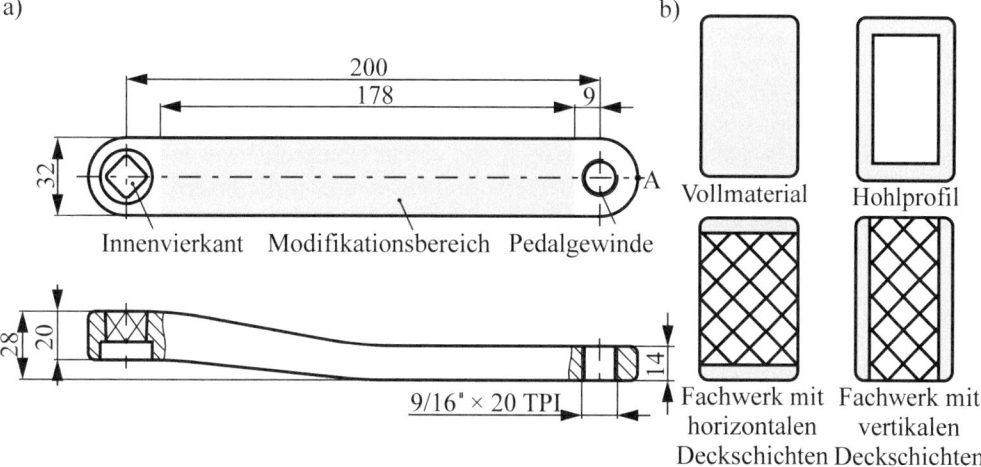

Abbildung 3: Grundmaße und Ausführungen der Tretkurbelgeometrie [13]
    a) Abmessungen der Tretkurbel und des Modifikationsbereiches
    b) Schematische Darstellung der untersuchten Tretkurbelvarianten

Die Kröpfung dieser Strukturkomponente, also der Versatz in der Geometrie der Fahrradtretkurbel, ist erforderlich, um eine Kollision dieser mit angrenzenden Rahmenkomponenten auszuschließen. Die Bereiche um den Vierkant und um die Pedalachse sind von der Optimierung ausgeschlossen, da diese von der Fahrradindustrie vorgegebene Mindestabmessungen sind. Zudem können somit Standardbauteile verwendet werden. Eine Geometrievariation findet dementsprechend im Modifikationsbereich statt. In Abbildung 3b sind vier verschiedene Profilausführungen dargestellt, die durch die FEM simuliert und bewertet werden. Bei dem Vergleich der unterschiedlichen Varianten soll die Vollmaterialvariante die kleinstmögliche Beanspruchung und Verformung verdeutlichen und dient daher als Referenz. Die maximale absolute Verformung (abgelesen in Punkt A, Abbildung 3a) der Geometrievariante „Fachwerk mit horizontalen Deckschichten" für den Lastfall 180° mit 8,2 mm ist als unzulässig zu bewerten, da eine Kollision mit Anbauteilen nicht ausgeschlossen werden kann. Um die auftretende Verformung zu reduzieren, wird die Variante „Fachwerk mit vertikalen Deckschichten" aufgebaut, um das Flächenträgheitsmoment gegen Biegung zu erhöhen. Durch diese Maßnahme ist die Verformung mit 2,8 mm als zulässig zu bewerten, wohingegen sich das Spannungsniveau für die drei Lastfälle deutlich unterscheidet. Dementsprechend wird eine Hohlprofilvariante mit einer Wandstärke von 2 mm entwickelt und bewertet. Das ausgewogene und niedrige Spannungsniveau in Bezug auf die drei Lastfälle bietet daher weiteres Optimierungspotential. Die geschlossene Form des Querschnitts erlaubt einen günstigen Schubfluss infolge der Torsion und weist bei gleicher Masse höhere Werte für Widerstandsmomente im Vergleich zu Vollprofilen auf. Diese Profileigenschaften resultieren schließlich in geringen Beträgen sowohl für die Schubspannung als auch für die Biegenormalspannung, was folgerichtig große Reserven für eine Festigkeitsoptimierung bietet. Die Optimierung dieser finalen Struktur erfolgt hinsichtlich der statischen Festigkeit, der Dauerfestigkeit und der vorliegenden Verformung.

Im Rahmen der Detailoptimierung erfolgt eine iterative Wandstärkenvariation. Diese beinhaltet nach jeder Wandstärkenänderung eine numerische Ermittlung der maximalen Vergleichsspannung nach der VON MISES Hypothese sowie der maximalen Verformung in Punkt A. Die darauffolgende Auswertung gibt Aufschluss darüber, ob die Wandstärke im nächsten Optimierungsschritt erhöht bzw. vermindert werden muss. Die daraus resultierende Tretkurbelmasse ist entscheidend für die als optimal anzunehmende, finale Geometrie der zu fertigenden Fahrradtretkurbel. Die Beanspruchungssituation im Falle der optimalen Wandstärke des Hohlprofils führt zu einer Plattenbiegung der Profilwände (Abbildung 4a). Zur Vermeidung dieser ungünstigen Verformungssituation und zur Reduktion der auftretenden Spannungen wird zusätzlich ein Mehrfeldprofil gestaltet. Dieses resultiert aus einem Hohlprofil, welches um horizontal sowie vertikal versteifende Stege erweitert ist. Abbildung 4 stellt die beiden im Rahmen der Detailoptimierung berücksichtigten Profilvarianten im Schnitt dar. Die Dicke t_S der Stege (Abbildung 4b) unterliegt keiner Variation.

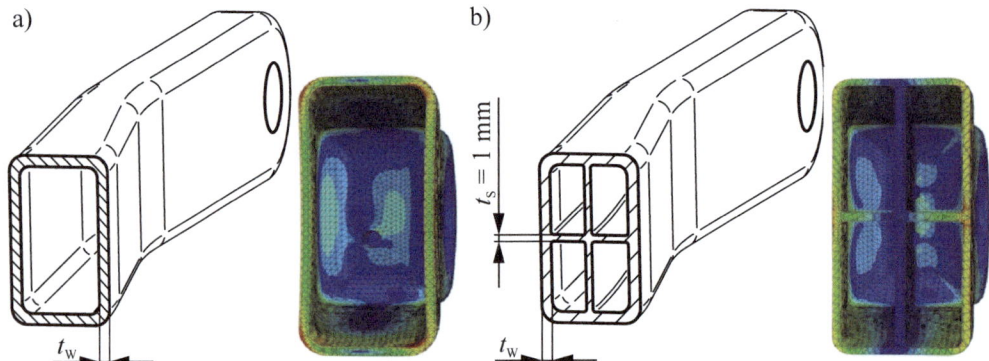

Abbildung 4: Simulationsergebnisse für die Last von 1500 N und dem Tretkurbelwinkel von 180°, jeweils visualisiert mit einem Deformationsfaktor von 1
a) Deutliche Verformung des Hohlprofils (für Wanddicke t_W von 1 mm)
b) Formstabilität des Mehrfeldträgers durch Versteifung

Die finale überlange Tretkurbel besitzt eine Masse von 177 g. Zur Bewertbarkeit der Ausnutzung des Leichtbaupotentials wird im folgenden Kapitel dieses Beitrags eine festigkeits- und leichtbauoptimierte Tretkurbelvariante mit einer Standardlänge von 175 mm entwickelt und mit anderen handelsüblichen Tretkurbeln bezüglich ihrer Masse verglichen.

4 Strukturoptimierung einer Tretkurbel mit Standardlänge

In diesem Abschnitt des Beitrags wird eine linke Tretkurbel mit einem wirksamen Hebelarm von 175 mm unter Zuhilfenahme des ABAQUS Topologie-Optimierungstools TOSCA festigkeits- und leichtbauoptimiert. Darüber hinaus können durch die Vorteile des Laserstrahlschmelzprozesses zahlreiche gestalterische Freiheiten genutzt werden. Die Grundlage für die betriebssichere Auslegung der Tretkurbel bildet die Norm [3], die die entsprechenden Prüfverfahren mit den jeweiligen Prüfkräften (Abbildung 5) vorgibt.

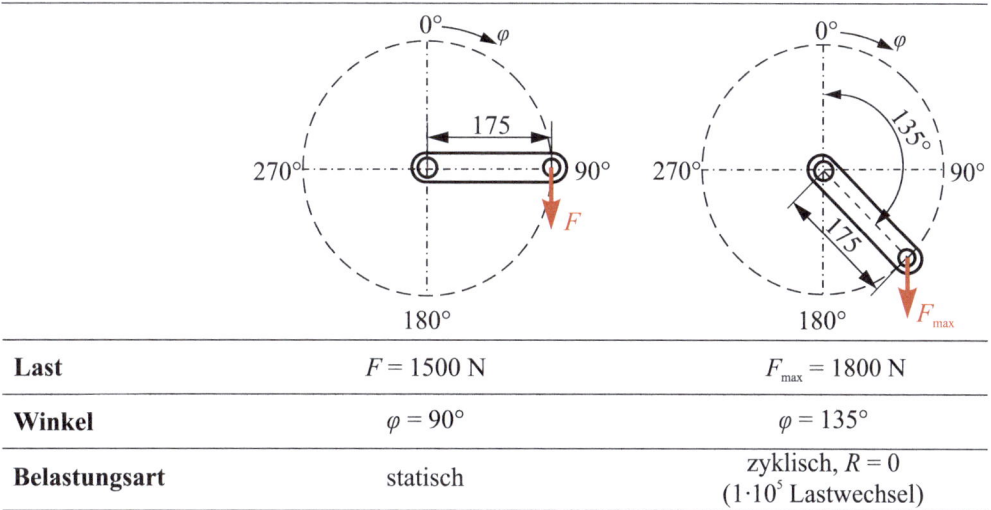

Last	$F = 1500$ N	$F_{max} = 1800$ N
Winkel	$\varphi = 90°$	$\varphi = 135°$
Belastungsart	statisch	zyklisch, $R = 0$ ($1 \cdot 10^5$ Lastwechsel)

Abbildung 5: Lastfälle nach [3]

In einem ersten Schritt wird, um Restriktionen in Bezug auf den Bauraum zu verhindern, die Tretkurbelgeometrie als Kreisscheibe mit einem Radius von 190 mm gewählt und mit den in Abbildung 5 aufgeführten Prüfkräften beaufschlagt. Dabei werden die spannungsfreien Bereiche für die nachfolgende Optimierung mittels TOSCA entfernt, um den Rechenaufwand für die Simulationsschritte zu reduzieren.

In Abbildung 6 ist das Ausgangsmodell für die Optimierung des Fahrradtretkurbelsystems mit der Standardlänge von 175 mm in der Explosionsansicht dargestellt. Bei der linken Tretkurbel ① wurden für das Ausgangsmodell auf Basis der vorangegangenen Untersuchungen spannungsfreie Bereiche entfernt, ohne jedoch eine vorzeitige Einschränkung für die Optimierung vorzunehmen. Die rechte Tretkurbel ② im Verbund mit dem Fünfstern ③ ist in dem dargestellten Ausgangsmodell ebenfalls in dem gesamten zur Verfügung stehenden Bauraum mit Material ausgefüllt, um vor Beginn des Optimierungsprozesses so wenig Einschränkungen wie möglich vorzugeben. Bei beiden Tretkurbeln werden die Bereiche um die Tretlagerwelle und um die Pedalachse wie zuvor bei der überlangen Variante von der Optimierung ausgeschlossen, so dass sich ein ähnlicher Modifikationsbereich ergibt.

Für eine realitätsnahe Simulation sind die Bauteile ④ bis ⑨ berücksichtigt, werden aber nicht optimiert. Beide Tretkurbeln besitzen eine eingeschraubte Pedalachse ④ zur Krafteinleitung. Die Kurbeln sind mit der Verschlussschraube ⑨ über die konische Verzahnung mit der Tretlagerwelle ⑦ form- und kraftschlüssig verbunden. Bei der rechten Tretkurbel ist das Kettenblatt ⑤ über fünf Bohrungen unter Verwendung von Kettenblattschrauben ⑥ mit dem Fünfstern verschraubt. Die einzelnen Positionen mit den jeweiligen Bezeichnungen sind in Abbildung 6 tabellarisch aufgeführt.

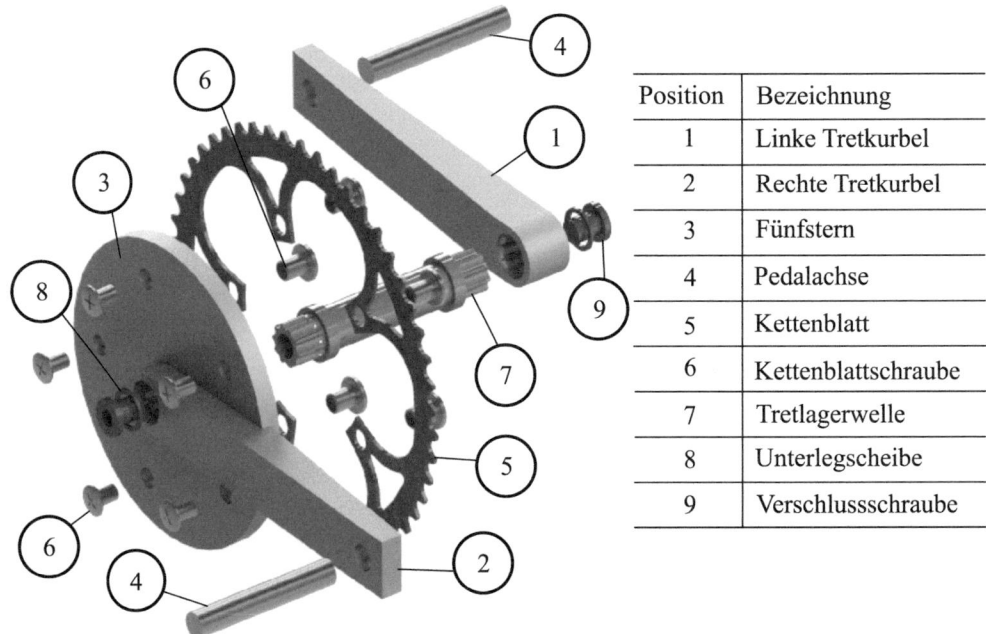

Position	Bezeichnung
1	Linke Tretkurbel
2	Rechte Tretkurbel
3	Fünfstern
4	Pedalachse
5	Kettenblatt
6	Kettenblattschraube
7	Tretlagerwelle
8	Unterlegscheibe
9	Verschlussschraube

Abbildung 6: Ausgangsmodell für die Optimierung des Fahrradtretkurbelsystems

In diesem Abschnitt wird zunächst die linke Tretkurbel ① mit Standardlänge festigkeits- und leichtbauoptimiert ausgelegt. Die für die Belastungen geeigneten Profilformen wurden bereits in dem Kapitel „Strukturoptimierung einer überlangen Tretkurbel" vorgestellt. Mit Hilfe des ABAQUS Topologie-Optimierungstools TOSCA werden nun weitere optimale Strukturvarianten für die Tretkurbel detektiert. Dabei ist die Vorgabe bei dem statischen Festigkeitsnachweis für das Optimierungstool eine maximal zulässige Vergleichsspannung nach VON MISES von 868 MPa bei gleichzeitig maximaler Volumenreduktion sowie die Homogenisierung der Dehnungsenergie. In Abbildung 7 ist die topologieoptimierte Tretkurbel für den statischen Lastfall nach [3] dargestellt.

Das Ergebnis ist eine über die gesamte Kurbellänge ausgebildete Fachwerkstruktur. Bei dem statischen Lastfall wird die Tretkurbel einer überlagerten Belastung bestehend aus Biegung und Torsion ausgesetzt. In dem Bereich der Pedalachse ist das Biegemoment klein, so dass hauptsächlich eine Schubbeanspruchung vorliegt. Die Hauptspannungsrichtung liegt somit unter 45°, worin sich die Ausrichtung der Stege unter 45° begründet. Mit steigendem Abstand von der Pedalachse nimmt das Biegemoment linear zu. Der Ober- und Untergurt prägt sich somit stärker aus, da für eine homogene Spannungsverteilung ein größeres Widerstandsmoment gegen Biegung benötigt wird. Auch auf den Seitenflächen der Tretkurbel ist der Einfluss des ansteigenden Biegemomentes hin zur Einspannung an der Tretlagerwelle sichtbar. Die ausgebildeten Stege verlaufen nicht mehr unter 45°, da sich der Hauptspannungswinkel durch die Überlagerung von Torsion und Biegung ändert. In den Knotenpunkten sind Spannungsspitzen erkennbar, so dass an diesen Stellen zur Homogenisierung der Beanspruchungen weiterer Optimierungsbedarf besteht.

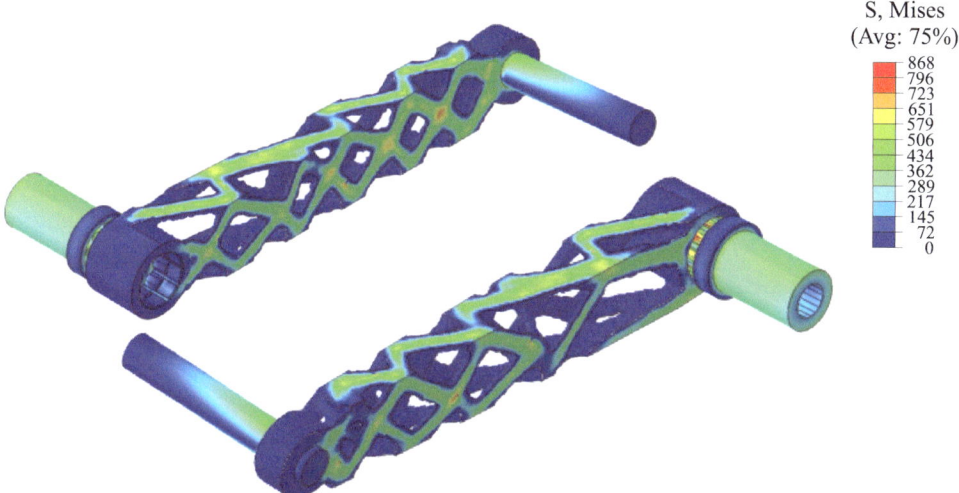

Abbildung 7: Topologieoptimierungsergebnis der Tretkurbel (175 mm) für statischen Lastfall

Die Belastungsrichtung, die Belastungsgröße und die zulässige Spannung sind von Lastfall zu Lastfall sehr unterschiedlich. Daher müssen bei einer Bauteilauslegung alle Randbedingungen Berücksichtigung finden, um ein strukturmechanisch funktionsfähiges Bauteil zu gestalten. In Abbildung 8 ist die für den statischen Lastfall topologieoptimierte Tretkurbel belastet mit der zyklischen Prüfkraft (Abbildung 5) dargestellt.

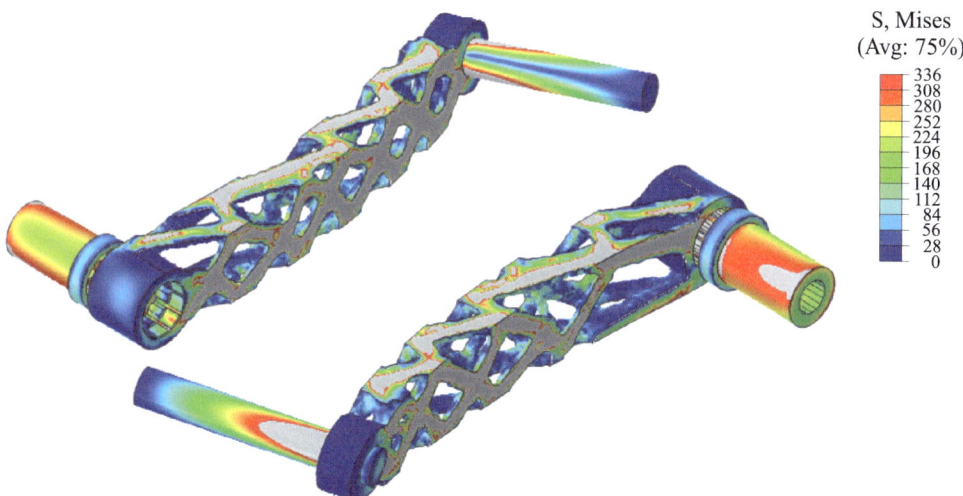

Abbildung 8: Validierung der strukturmechanischen Funktionsfähigkeit

Für den zyklischen Lastfall wird ein Dauerfestigkeitsnachweis gemäß der Vorgehensweise nach [10] durchgeführt, wobei die zulässige Ausschlagspannung 336 MPa beträgt. Dieser Wert wird bei dieser Prüfung des Bauteils größtenteils überschritten (vgl. graue Bereiche in Abbildung 8), so dass das Bauteil im Praxistest versagen würde. Darüber hinaus ist die Verformung im Vergleich zu der statischen Prüfung unzulässig hoch (identischer Verformungsüberhöhungsfaktor). Eine Kollision mit anderen Anbauteilen kann nicht ausgeschlossen werden. Dieser mögliche Kontakt könnte schwerwiegende Folgen für den Fahrer nach sich ziehen. Dementsprechend wird diese Variante nicht weiterverfolgt. Aus diesem Grund werden für die Optimierung mittels TOSCA alle Lastfälle berücksichtigt.

In Abbildung 9 ist die Entwicklung von der Topologieoptimierung mittels TOSCA bis zum finalen parametrisierten Modell dargestellt. In Abbildung 9a ist die vorgeschlagene Tretkurbelgeometrie des Optimierungstools für alle Lastfälle zu erkennen. Ein weitestgehend geschlossenes Profil wird empfohlen, welches aus mechanischer Sicht sinnvoll ist, da aufgrund der außermittigen Krafteinleitung die Tretkurbel neben dem Biegemoment auch einer Torsionsbelastung ausgesetzt ist. Dargestellt ist in Abbildung 9b der Schnitt der topologieoptimierten Struktur, welche innen hohl ist, so dass das Widerstandsmoment gegen Biegung groß und ein geschlossener Schubfluss infolge der Torsion gewährleistet ist, vergleichbar mit der „überlangen Tretkurbelgeometrie". Das topologieoptimierte Modell wird in einem weiteren Schritt parametrisiert, da die Oberfläche zum einen rau und zerklüftet ist, wodurch hohe Kerbwirkungen hervorgerufen werden. Zum anderen besteht keine Möglichkeit, Veränderungen an der Geometrie vorzunehmen, da das Modell lediglich als nicht parametrisiertes Volumenmodell ausgegeben wird.

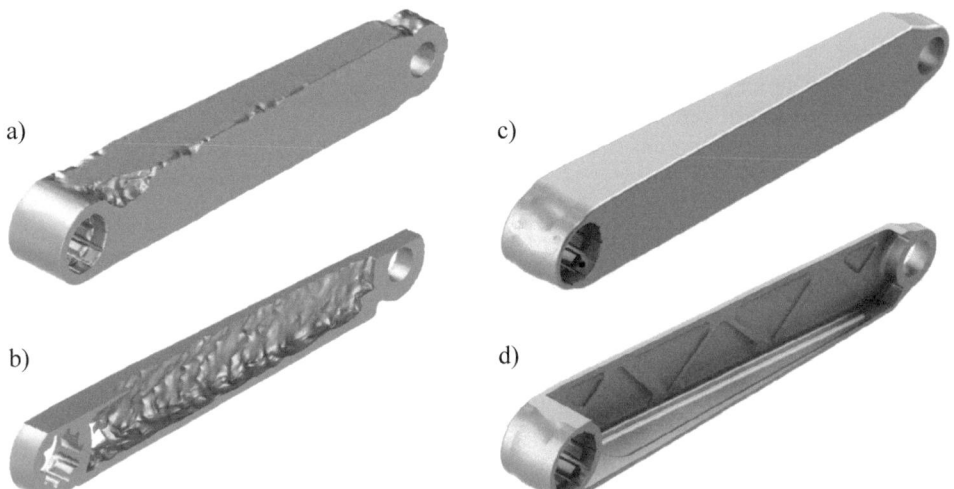

Abbildung 9: Von der Topologieoptimierung bis zum finalen parametrisierten Modell
a) Isometrische Ansicht der topologieoptimierten Struktur mittels TOSCA
b) Schnitt der topologieoptimierten Struktur
c) Isometrische Ansicht des parametrisierten Modells
d) Schnitt des parametrisierten Modells

Die isometrische Ansicht der finalen, parametrisierten Tretkurbelgeometrie mit Standardlänge ist in Abbildung 9c dargestellt und weist eine geschlossene Hohlprofilstruktur mit angepassten Querschnittsübergängen auf. Zur Erhöhung der Steifigkeit des Bauteils und zur Reduktion von Spannungsspitzen ist in Anlehnung an Abbildung 7 ein innenliegendes Fachwerk eingebracht

(Abbildung 9d). Zur weiteren Gewichtsreduktion sind die Wandstärken über die Länge der Kurbel zur homogenen Werkstoffausnutzung angepasst. Um das verfahrensbedingt im Hohlraum befindliche Pulver entfernen zu können, sind zwei Pulverablaufbohrungen vorgesehen. In Abbildung 10 ist die nach mehreren Iterationsschritten erreichte, mit Hilfe der FEM simulierte, finale Version dargestellt. Abbildung 10a repräsentiert die Spannungsverteilung für den statischen Lastfall. Eine homogene Werkstoffausnutzung mit geringen Spannungsspitzen lediglich im Bereich der Pedalachse ist zu erkennen. Das Spannungsniveau mit einer Vergleichsspannung von ca. 550 MPa ist als unkritisch zu bewerten und bietet hinsichtlich des statischen Lastfalls noch Optimierungspotential. Der kritischere zyklische Lastfall (Abbildung 10b) limitiert die weitere Optimierung.

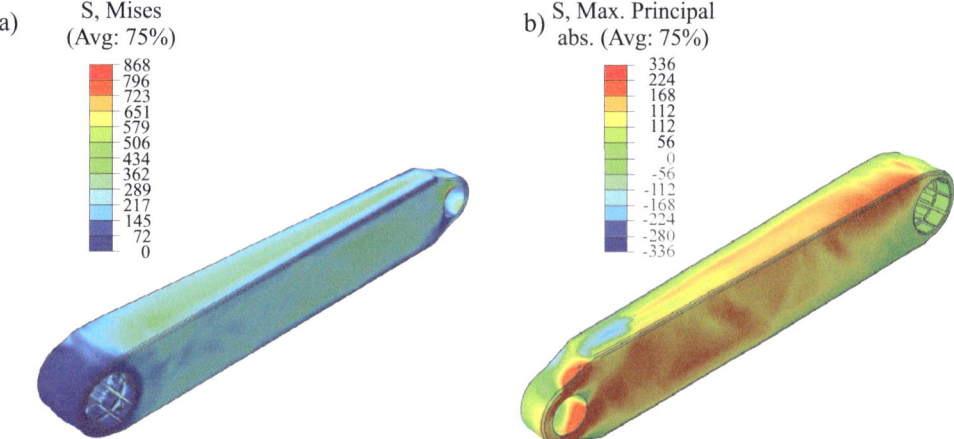

Abbildung 10: Numerische Analyse der finalen Tretkurbelgeometrie (175 mm)
a) Simulationsergebnis für den statischen Lastfall
b) Simulationsergebnis für den zyklischen Lastfall

Ein nahezu homogenes Spannungsniveau nahe der zulässigen Hauptnormalspannung lässt keine weitere Entfernung von Material zu. Da die jeweils zulässige Spannung in keinem der Lastfälle überschritten wird, ist sowohl der statische als auch der zyklische Festigkeitsnachweis erbracht.

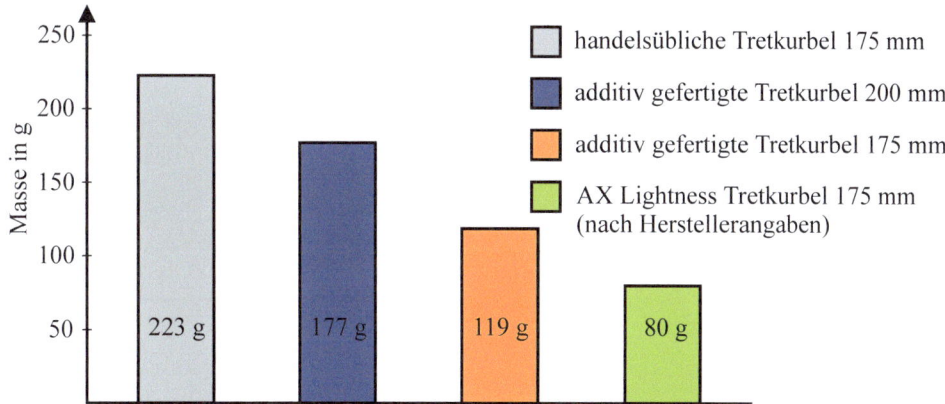

Abbildung 11: Massenvergleich verschiedener Tretkurbeln

Die durch das CAD-Programm kalkulierte Masse beträgt für die finale Geometrie der Tretkurbel mit Standardlänge $m = 119$ g. In Abbildung 11 erfolgt ein Massenvergleich mit drei weiteren Tretkurbeln aus unterschiedlichen Werkstoffen sowie Preissegmenten. Bei beiden additiv gefertigten Tretkurbelvarianten konnte eine deutliche Masseneinsparung realisiert werden. Die 175 mm lange Tretkurbel ist um 47 % leichter als die hier verglichene handelsübliche Tretkurbel. Dies gründet darin, dass die Möglichkeiten der Wandstärkenvariation und das Einbringen von innenliegenden Strukturen durch das SLM-Verfahren bestehen. Diese verfahrensbedingten Alleinstellungsmerkmale und die gestalterische Freiheit konnten bei der festigkeits- und leichtbauoptimierten Konstruktion und Auslegung beider Tretkurbeln genutzt werden. Allein die hier verglichene hochpreisige Tretkurbel AX Lightness aus dem Werkstoff Carbon ist leichter als die additiv hergestellten Kurbeln. Dabei sollte berücksichtigt werden, dass das maximal zulässige Fahrergewicht bei dieser Carbonkurbel auf 100 kg begrenzt ist. Das stellt eine normative Auslegung, die in diesem Projekt durchgeführt wurde, in Frage. Dadurch ist nur eine bedingte Vergleichbarkeit möglich.

5 Strukturoptimierung einer Fünfstern-Tretkurbel

Zur weiteren Gewichtsreduktion und Vervollständigung des Fahrradtretkurbelsystems wird in diesem Kapitel die Entwicklung der Fünfstern-Tretkurbel mit einem wirksamen Hebelarm von 175 mm vorgestellt. Dazu müssen zunächst die Rand- und Zwangsbedingungen bezüglich geometrischer Abmessungen, Belastung und Lagerung definiert sowie der zu verwendende Werkstoff ausgewählt werden [14]. Die Festlegung der zuvor genannten Einflussfaktoren für die Auslegung wird im Folgenden näher betrachtet. Grundlage der auf die Tretkurbel einwirkenden Kräfte bildet [3], in welcher die sicherheitstechnischen Anforderungen an Fahrräder festgehalten sind. Neben den Lastfällen aus [3] resultiert aufgrund der Belastungssituation des Tretlagersatzes ein weiterer Lastfall für die Tretkurbel, Abbildung 12. Bei Beanspruchung der linken Tretkurbel des Fahrrads wird das Antriebsmoment über die Tretlagerwelle durch den Kurbelstern über das Kettenblatt in die Kette zur Kraftübertragung eingeleitet. Damit entsteht eine Belastung für den Fünfstern durch ein rechtsdrehendes Moment, das aus dem tangentialen Anteil der angreifenden Kraft multipliziert mit der Kurbellänge zusammengesetzt ist.

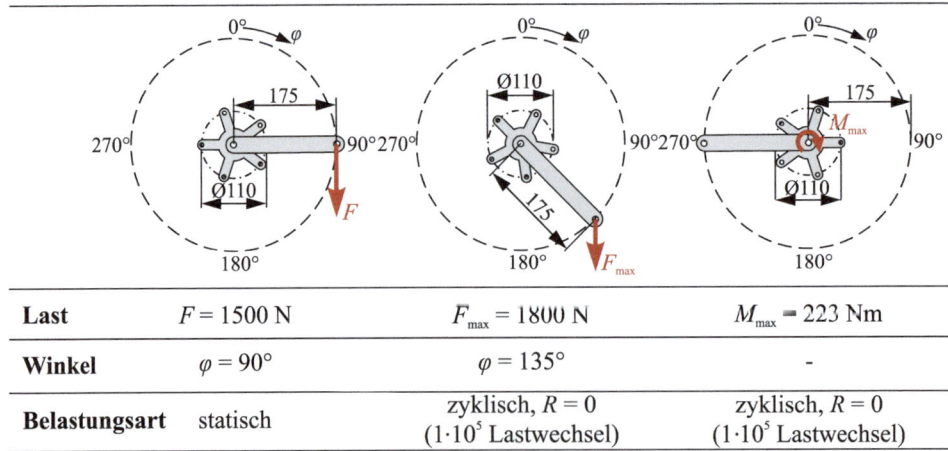

Last	$F = 1500$ N	$F_{max} = 1800$ N	$M_{max} = 223$ Nm
Winkel	$\varphi = 90°$	$\varphi = 135°$	-
Belastungsart	statisch	zyklisch, $R = 0$ ($1 \cdot 10^5$ Lastwechsel)	zyklisch, $R = 0$ ($1 \cdot 10^5$ Lastwechsel)

Abbildung 12: Lastfälle zur Prüfung der Fünfstern-Tretkurbel

Zur Verkürzung der Entwicklungszeit und Reduktion von aufwändigen experimentellen Untersuchungen erfolgt auch bei der Fünfstern-Tretkurbel die Auslegung mit Hilfe der FEM [15]. Dabei ist die geeignete Wahl der Randbedingungen für eine realitätsnahe Abbildung der Beanspruchungssituation erforderlich. Die für die numerische Analyse der Fünfstern-Tretkurbel gewählten Rand- und Zwangsbedingungen sind in Abbildung 13 dargestellt.

Abbildung 13: Rand- und Zwangsbedingungen für die FE-Analyse der Fünfsterntretkurbel

Die Lagerung der Tretlagerwelle im Rahmen des Fahrrades ist durch ein dreiwertiges und ein zweiwertiges Lager auf der Drehachse der Tretlagerwelle realisiert. Durch die so gewählte Nachbildung der Lagerung ist eine für das Pedalieren notwendige Rotationsbewegung um die z-Achse möglich. Die Kraftübertragung auf die Kette erfolgt über den ersten im Eingriff befindlichen Zahn des Kettenblatts. Diese Annahme stellt die kritischste Beanspruchungssituation dar. Sollte die Übertragung über die ersten zwei oder über mehrere Zähne stattfinden, so werden die Kraft auf einen größeren Bereich verteilt und die Beanspruchung reduziert. Dementsprechend wird bei jeder Lastsituation an der Kettenblattposition $\varphi = 0°$ (vgl. Abbildung 12) ein einwertiges Lager angebracht, das die Translation in x-Richtung sperrt und so ein statisch bestimmtes Modell gewährleistet. Auch für diese Strukturkomponente werden die Werkstoffkennwerte der hochfesten Titanaluminiumlegierung TiAl6V4 zu Grunde gelegt.

Neben den zuvor bereits durchgeführten Vorüberlegungen hinsichtlich geeigneter Profilformen ist die Untersuchung des Kraftflusses, also der Durchleitung der Kräfte durch das Bauteil, für den jeweiligen Lastfall ein weiterer Ansatz. Je dichter dabei die Kraftflusslinien beieinanderliegen, desto höher ist das dort befindliche Spannungsniveau [16]. Diese so zu detektierenden lokalen Spannungsspitzen durch die Kraftflussumlenkung sind im Sinne einer gleichmäßigen Materialbeanspruchung zu vermeiden.

Bei Belastung der Fünfstern-Tretkurbel mit den zuvor beschriebenen Prüfungen, resultiert ein Kraftfluss von dem Pedal durch die Tretkurbel in den Fünfstern. Dort wird die Kraft über den ersten im Eingriff befindlichen Zahn des Kettenblatts über die Kette auf das Hinterrad übertragen, um den Vortrieb zu gewährleisten. Bei Belastung der linken Kurbel entsteht eine andere Belastungssituation verbunden mit einem anderen Kraftflussverlauf (Abbildung 14a). Die über das Pedal und die Tretkurbel geleitete Kraft wird auf die Tretlagerwelle übertragen und fließt von dort in den Fünfstern der rechten Kurbel. Für den Optimierungsprozess wird die Problemstellung in zwei Teilaufgaben untergliedert. Dabei wird für die Belastung des Fünfsterns davon ausgegangen, dass dieser während des Pedalierens mit einem zeitlich veränderlichen Antriebsmoment M, das von der Tretlagerwelle aus eingeleitet wird, belastet ist. Dabei wird vernachlässigt, ob dieses durch Belastung der linken oder rechten Tretkurbel verursacht ist. Das Antriebsmoment kann nur durch eine der fünf Verbindungsbohrungen zum Kettenblatt auf dieses übertragen werden. Bei Betrachtung einer beliebigen Kurbelstellung stellt sich aufgrund der Tatsache, dass die Kraftübertragung auf die Kette bei der Position $\varphi = 0°$ des Kettenblattes erfolgt, eine Beanspruchung in dem grau dargestellten Sektor des Fünfsterns ein. In Abbildung 14a ist der Beanspruchungsbereich gezeigt. Da bei einer Kurbelumdrehung von 360° nacheinander alle Segmente des Fünfsterns eine Beanspruchung resultierend aus dem eingeleiteten Moment M und der Reaktionskraft F_L erfahren, wird nacheinander jeder Sektor des Fünfsterns beansprucht. Abgeleitet aus der Segmentierung in fünf gleiche Teile (a-e), siehe Abbildung 14b, ist aus mechanischer Sicht eine Struktur mit zyklischer Symmetrie für den Fünfstern sinnvoll.

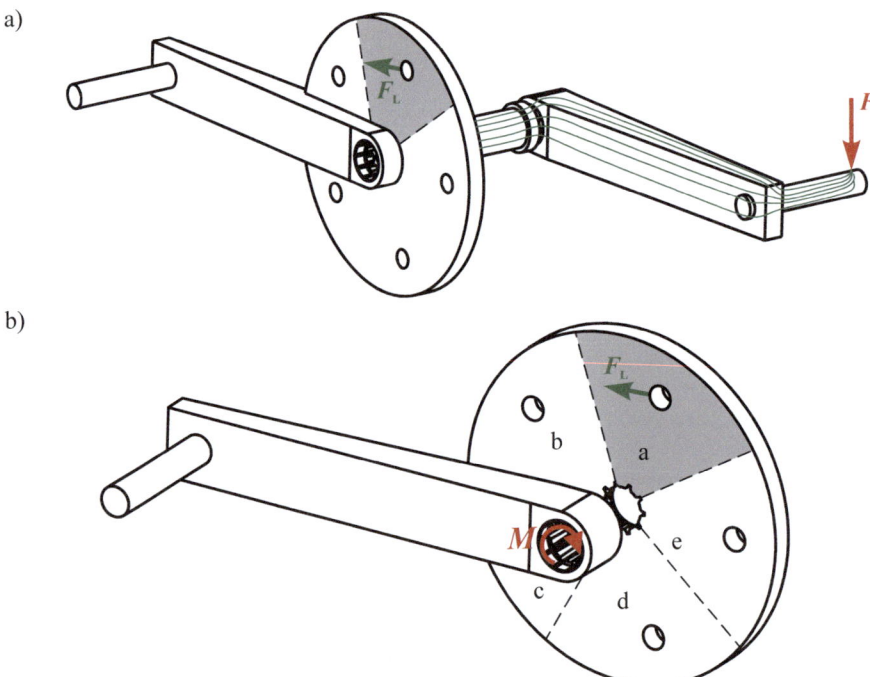

Abbildung 14: Darstellung der Beanspruchungssituation der Fünfstern-Tretkurbel
a) Beanspruchter Bereich bei Belastung der linken Tretkurbel
b) Segmentierung des Kurbelsterns resultierend aus allen Lastfällen

Aufbauend auf dem Initialmodell (vgl. Abbildung 6) und den durchgeführten mechanischen Betrachtungen wird für die Optimierung mit dem ABAQUS Optimierungstool TOSCA eine Zweiteilung des Optimierungsprozesses festgelegt. Die linke Tretkurbel wurde in dem Abschnitt 4 mit dem Optimierungstool TOSCA bereits festigkeits- und leichtbauoptimiert nach [3] ausgelegt. Eine komplexe Belastungssituation liegt auch bei der Fünfstern-Tretkurbel vor. Aufgrund der außermittigen Krafteinleitung ist die Tretkurbel einer Torsionsbelastung ausgesetzt. Dar-

Entwicklung von Fahrradtretkurbelsystemen mittels additiver Fertigung

über hinaus erfährt die Kurbel für den zyklischen Lastfall nach [3] zusätzlich eine zweiachsige Biegung, so dass eine überlagerte Beanspruchungssituation resultiert, für welche eine geschlossene Struktur die geeignetste Geometrie darstellt (Abbildung 15a).

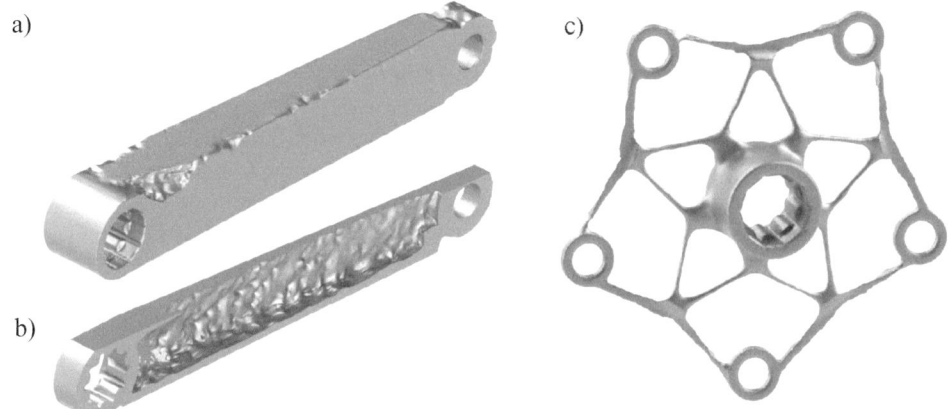

Abbildung 15: Ergebnisse der Optimierung mittels TOSCA
a) Optimierungsergebnis für die Tretkurbel
b) Schnittansicht der Tretkurbel
c) Optimierungsergebnis für den Fünfstern

Um weiteres Material einzusparen, kann sowohl für die Biege- als auch für die Torsionsbelastung das Profil als Hohlstruktur ausgeführt werden. Das ist auch das Ergebnis der Topologieoptimierung, welches in Abbildung 15b in der Schnittdarstellung gezeigt ist. Das Topologieoptimierungsergebnis für den Fünfstern ist in Abbildung 15c dargestellt.

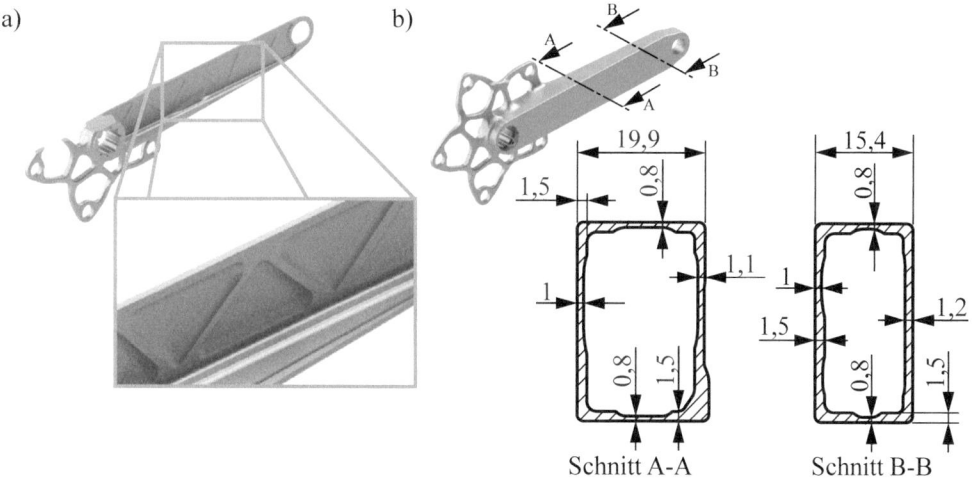

Abbildung 16: Optimierte finale Geometrie der Fünfstern-Tretkurbel
a) Detailansicht der innenliegenden Fachwerkstruktur
b) Darstellung der variablen Wandstärken in der Schnittdarstellung

Wie schon über den Kraftfluss mechanisch hergeleitet, ist auch das Ergebnis des Optimierungstools eine Struktur mit zyklischer Symmetrie zur Aufnahme der Belastung, hervorgerufen durch das mit den Tretkurbeln eingeleitete Antriebsmoment. Die Ergebnisse der beiden Optimierungsprozesse werden in ein parametrisiertes CAD-Modell überführt. Im Nachgang werden die beiden Bauteile superponiert und zu einer Struktur kombiniert.

Die parametrisierte finale Fünfstern-Tretkurbel weist ein geschlossenes Hohlprofil mit nach innen ausgeführtem Fachwerk zur weiteren Versteifung der Struktur auf (Abbildung 16a). Zudem sind die Wandstärken der auftretenden Beanspruchung entsprechend variabel über die Kurbellänge ausgeführt (Abbildung 16b), um eine homogene Werkstoffausnutzung zu erzielen. Die erste FE-Simulation der neu erstellten Struktur weist weiteres Optimierungspotential auf, da diverse Bereiche kaum beansprucht sind, andere aber eine Beanspruchung oberhalb der Tragfähigkeit erfahren. Dementsprechend werden im Sinne einer Leichtbaukonstruktion in weiteren Detailoptimierungen durch einen iterativen Prozess die Beanspruchung homogenisiert und dadurch weitere Masse eingespart. In Abbildung 17 ist die optimierte CAD-Geometrie mit dem Ergebnis der numerischen Analyse für den statischen Lastfall dargestellt.

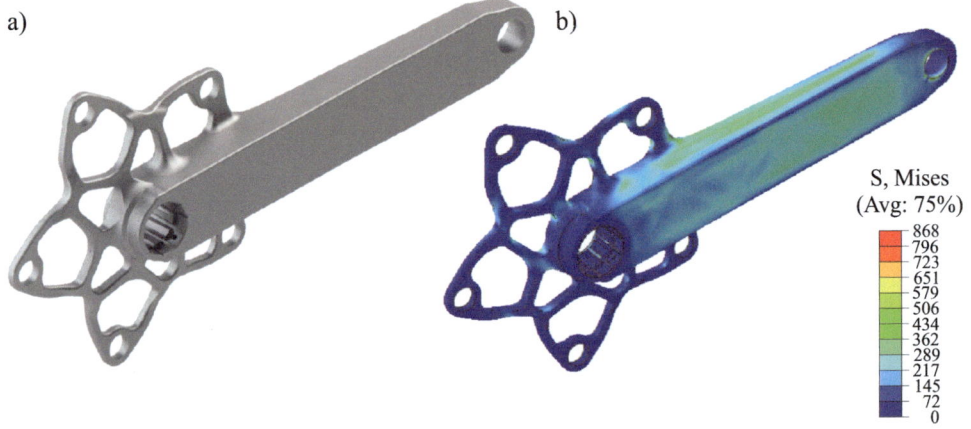

Abbildung 17: Optimierte Fünfstern-Tretkurbel mit FE-Analyse des statischen Lastfalls
a) Optimierte CAD-Geometrie
b) Numerische Analyse für den statischen Lastfall

Die zyklische Symmetrie des Kurbelsterns ist durch die Integration der rechten Kurbel in den Stern gestört, dadurch müssen die Stege, die die direkte Verbindung zum Kurbelarm darstellen, stärker ausgeführt werden. Zudem sind die gewählten Wandstärken sowie die Anordnung des innenliegenden Fachwerks der im Vergleich zur linken Tretkurbel veränderten Beanspruchungssituation angepasst, so dass sich die in Abbildung 17a dargestellte finale Geometrie ergibt. Die Ergebnisse der FE-Simulation des statischen Lastfalls (Abbildung 17b) zeigen eine homogene Spannungsverteilung entlang der gesamten Tretkurbel auf mittlerem Spannungsniveau, da die statische Belastung nicht den kritischsten Fall darstellt.

Die Ergebnisse der kritischeren zyklischen Belastung sind in Abbildung 18 gezeigt. Die Tretkurbel wird bei dem zweiten in der Norm definierten Lastfall auf der Vorderseite auf Zug und an der Rückseite auf Druck beansprucht. Die auftretenden Spannungen liegen nah an der zulässigen Maximalspannung. Der Fünfstern ist in den Bereichen der kraftübertragenden Verbindungsstelle zum Kettenblatt beansprucht (Abbildung 18a). Insgesamt liegt das Spannungsniveau des Fünfsterns im Bereich von 100 MPa, so dass noch Materialeinsparung möglich ist. Da aber neben der Beanspruchung auch eine genügende Steifigkeit des Bauteils gewährleistet sein muss, um Kollisionen mit anderen Komponenten zu vermeiden, wird das Werkstoffvolumen nicht weiter reduziert.

In Abbildung 18b ist die numerische Analyse für die Momentenbelastung resultierend aus der Belastung der linken Tretkurbel dargestellt. Aufgrund der geringen auftretenden Spannungen ist dieser Lastfall als unkritisch bezüglich der Beanspruchungen zu bewerten. Vielmehr steht die Steifigkeit im Vordergrund, die dem angreifenden Moment von 223 Nm entgegenwirkt. Auch aus diesem Grund wird auf eine weitere Materialeinsparung im Fünfstern verzichtet.

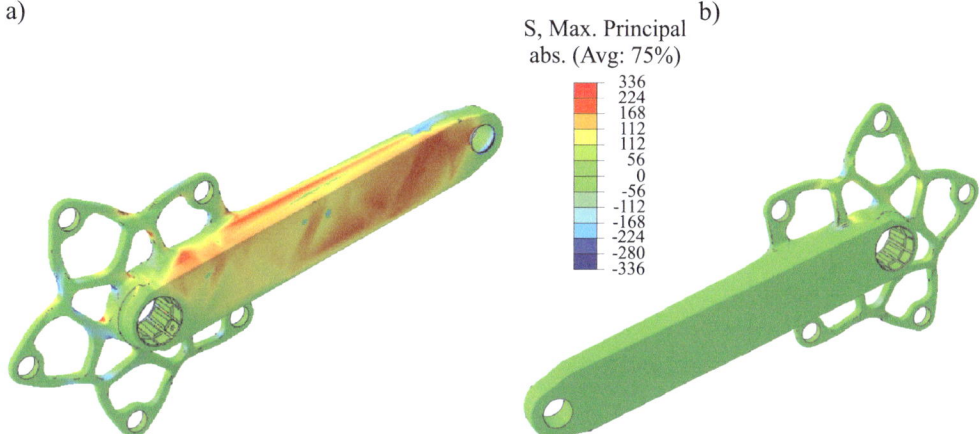

Abbildung 18: Numerische Analyse der Fünfstern-Tretkurbel für die zyklischen Lastfälle
a) FE-Simulation für den zyklischen Lastfall
b) FE-Simulation für das über die linke Tretkurbel eingeleitete Moment

Damit sind die erforderlichen Nachweise zur betriebsfesten Auslegung erbracht und somit ist die Konstruktion der Fünfstern-Tretkurbel abgeschlossen. In dem folgenden abschließenden Abschnitt wird ein finaler Massenvergleich des hier vorgestellten Fahrradtretkurbelsystems vorgenommen.

6 Zusammenfassung und Ausblick

Im Rahmen dieses Beitrags wurden eine überlange Tretkurbel und, zur besseren Vergleichbarkeit der Ausnutzung des Leichtbaupotentials, eine Tretkurbel mit Standardlänge festigkeits- und leichtbauoptimiert, konstruiert und ausgelegt. Darüber hinaus wurde, um ein vollständiges Fahrradtretkurbelsystem zu erhalten, abschließend eine Fünfstern-Tretkurbel entwickelt. Die Konstruktion und Auslegung erfolgte für alle drei Bauteile nach [3, 9] unter Berücksichtigung der verfahrensspezifischen Vorteile der additiven Fertigung. Dabei wurden verschiedene Querschnittsgeometrien für die überlange Tretkurbel entwickelt und im Nachgang mit Hilfe der FEM numerisch simuliert und analysiert. Zusätzliche Steifigkeiten konnten durch die Einbringung von Stegen zu einem Mehrfeldträger erzielt werden. Mittels der Analyse wurden der Festigkeits- und Dauerfestigkeitsnachweis durchgeführt. Beide Nachweise gelten als erbracht.

Mit Hilfe des Topologie-Optimierungstools TOSCA, der Parametrisierung und der im Anschluss folgenden Detailoptimierung konnte eine Tretkurbel mit einer Standardlänge von 175 mm nach [3] festigkeits- und leichtbauoptimiert werden. Abschließend wurde zur Vervollständigung des Antriebssystems eine Fünfstern-Tretkurbel ebenfalls unter Zuhilfenahme des Topologie-Optimierungstools entwickelt. Grundlage waren auch hier die mechanischen Überlegungen in Bezug auf die Belastungssituation und die entsprechende Beanspruchung, die durch die Darstellung von Kraftflusslinien visualisiert wurde. Der anschließende Massenvergleich mit anderen Tretkurbelsystemen bestehend aus linker Tretkurbel und rechter Tretkurbel mit Kurbelstern aus verschiedenen Materialien und Preissegmenten zeigt das enorme Potential der additiven Fertigung. Durch das Einbringen von innenliegenden Strukturen sowie einer gezielten Wandstärkenvariation wurde eine Massenersparnis von bis zu 35 % mit den hier verglichenen Kurbelsystemen erzielt.

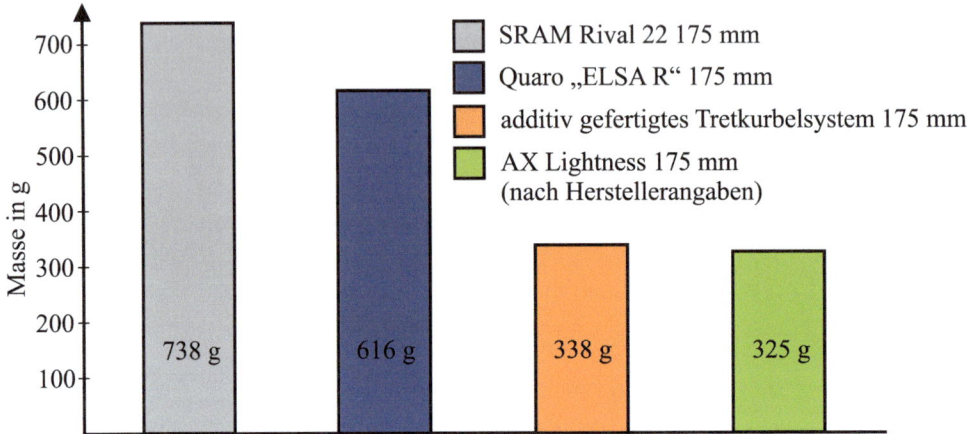

Abbildung 19: Massenvergleich verschiedener Fahrradtretkurbelsysteme

Lediglich das Kraftübertragungssystem AX Lightness aus dem Werkstoff Carbon ist leichter als das additiv hergestellte Fahrradtretkurbelsystem. Aufgrund der Fahrergewichtsbeschränkung auf 100 kg bei dem Carbon-Kurbelsystem ist nur eine bedingte Vergleichbarkeit möglich.

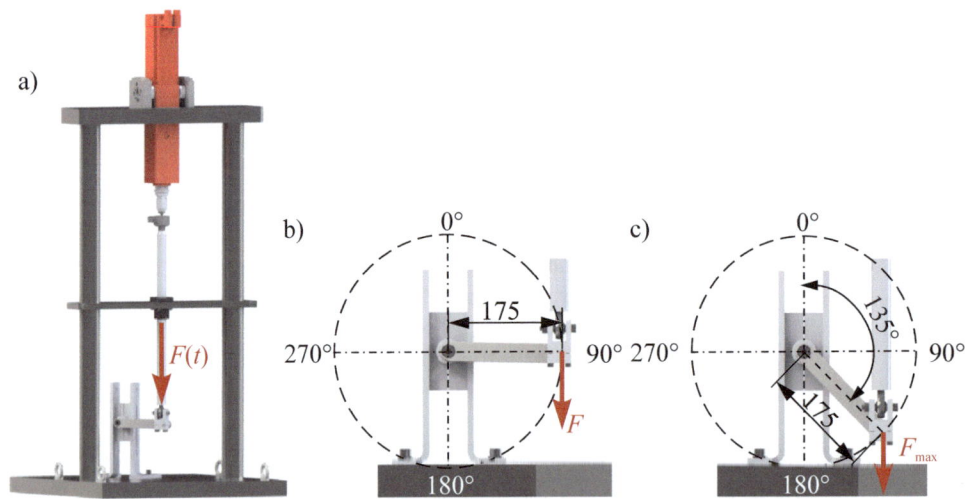

Abbildung 20: Prüfvorrichtung für die nach [3] erforderlichen Bauteiltests
a) Prüfgestell mit Linearmotor
b) Vorrichtung für den statischen Lastfall
c) Vorrichtung für den zyklischen Lastfall

Zur Validierung der Simulationsergebnisse sowie der betriebssicheren Auslegung müssen im Anschluss an diese Untersuchungen reale Bauteiltests erfolgen. Dafür ist an der Fachgruppe Angewandte Mechanik eine geeignete Prüfvorrichtung (Abbildung 20a) konzipiert und erstellt worden, mit der die nach [3, 9] vorgeschriebenen Prüfverfahren (Abbildung 20b und c) realisiert werden können. Ein Linearzylinder ermöglicht, die erforderlichen Prüfkräfte mit einer definierten Kraft gezielt auf die Bauteile aufzubringen.

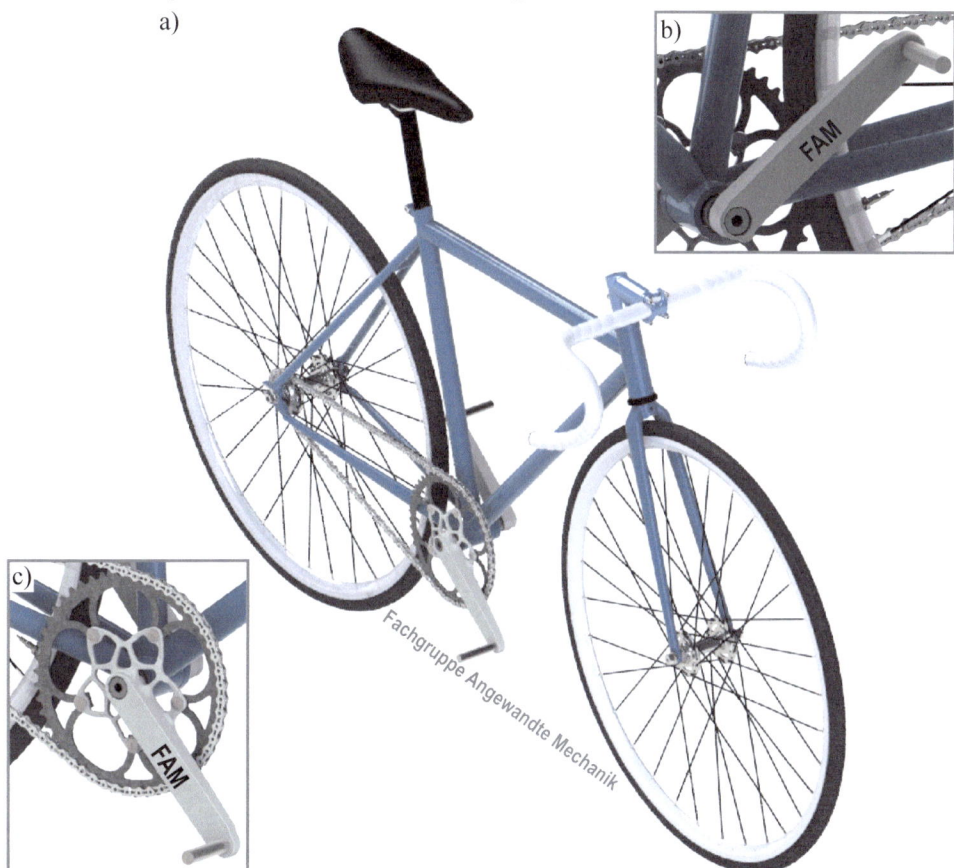

Abbildung 21: Einbausituation des Tretkurbelsystems in ein Rennrad
  a) Rennrad mit FAM-Tretkurbelsystem
  b) Detailansicht der linken Tretkurbel
  c) Detailansicht der Fünfstern-Tretkurbel

Nach der erfolgreichen Prüfung der hier vorgestellten Strukturkomponenten sollen diese gemäß dem Motto „Raus aus der Vitrine, rein in die Baugruppe" an einem Rennrad montiert werden. In Abbildung 21a ist das montierte Tretkurbelsystem schematisch in einen Rahmen eingebaut und dargestellt. Abbildung 21b veranschaulicht die eingebaute linke Tretkurbel. Die Fünf-stern-Tretkurbel mit Kettenblatt ist in Abbildung 21c visualisiert.

Literatur

[1] Gressmann, M.: Fachkunde Fahrradtechnik. 5. Auflage, Verlag Europa Lehrmittel, Haan-Gruiten, 2014.

[2] Laar, M.: Besser Rennrad fahren - Ausrüstung – Fahrtechnik – Training – Wettkampf. BVL Buchverlag GmbH & Co. KG, München, 2011.

[3] DIN EN ISO 4210-8:2015-01: Fahrräder – Sicherheitstechnische Anforderungen an Fahrräder – Teil 8: Prüfverfahren für Pedale und Antriebssystem (ISO 4210-8:2014). Deutsche Fassung EN ISO 4210-8:2014, 2015.

[4] Adam, G.A.O.: Systematische Erarbeitung von Konstruktionsregeln für die additiven Fertigungsverfahren Lasersintern, Laserschmelzen und Fused Deposition Modeling. Shaker Verlag, Aachen, 2015.

[5] VDI 3401: Additive Fertigungsverfahren – Grundlagen, Begriffe, Verfahrensbeschreibungen. Düsseldorf, 2014.

[6] Atzeni, E.; Salmi, A.: Economics of additive manufacturing for end-usable metal parts. In: The International Journal of Advanced Manufacturing Technology, Volume 62, 2012, pp. 1147-1155.

[7] Gebhardt, A.: Generative Fertigungsverfahren Additive Manufacturing und 3D Drucken für Prototyping – Tooling – Produktion. 4. Auflage, Carl Hanser Verlag, München, Wien, 2013.

[8] Läpple, V.: Einführung in die Festigkeitslehre. Vieweg+Teubner, Wiesbaden, 2011.

[9] Hillebrecht, M.; Schwirtz, A.; Stapelfeldt, B.; Stockhausen, W.; Bührle, M.: Tritttechnik im Radsport: Der „runde Tritt" – Mythos oder Realität? Untersuchung der Sportwissenschaftlichen Fakultät der Universität Freiburg, 1997.

[10] FKM, Richtlinie: Rechnerischer Festigkeitsnachweis für Maschinenbauteile. 6. Ausgabe, VDMA-Verlag, Frankfurt am Main, 2012.

[11] Henning, F.; Moeller, E.: Handbuch Leichtbau: Methoden, Werkstoffe, Fertigung. Carl Hanser Verlag, München, 2011.

[12] Leuders, S.; Thöne, M.; Riemer, A.; Niendorf, T.; Tröster, T.; Richard, H.A.; Maier, H.J.: On the mechanical behaviour of titanium alloy TiAl6V4 manufactured by selective laser melting: Fatigue resistance and crack growth performance. In: International Journal of Fatigue, Volume 48, 2013, pp. 300-307.

[13] Riemer, A.; Richard, H.A.; Brüggemann, J.-P.; Wesendahl, J.-N.: Fatigue crack growth in additive manufactured products. In: Frattura ed Integrità Strutturale, Volume 34, 2015, pp. 437-446.

[14] Richard, H.A.; Sander, M.: Technische Mechanik. Festigkeitslehre - Lehrbuch mit Praxisbeispielen, Klausuraufgaben und Lösungen. 4. Auflage, Springer Vieweg, Wiesbaden, 2013.

[15] Klein, B.: FEM – Grundlagen und Anwendungen der Finite-Element-Methode im Maschinen- und Fahrzeugbau. 9. Auflage, Springer Vieweg, Wiesbaden, 2012.

[16] Richard, H.A.; Sander, M.: Ermüdungsrisse. Erkennen Sicher beurteilen Vermeiden. 3. Auflage, Springer Vieweg, Wiesbaden, 2012.

Funktionsintegration additiv gefertigter Dämpfungsstrukturen bei Biegeschwingungen

Thomas Künneke[a),b)], Detmar Zimmer[a),b)]

a) Lehrstuhl für Konstruktions- und Antriebstechnik, Universität Paderborn
b) Direct Manufacturing Research Center, Universität Paderborn

Zusammenfassung

Schwingungen und Vibrationen sind in Technik und Alltag häufig anzutreffen. Meist sind sie unerwünscht und müssen durch Dämpfung reduziert werden. Hierzu werden aktuell häufig zusätzlich zu montierende Dämpfungselemente eingesetzt. Diese sind durch zusätzlichen Montageaufwand und erhöhte Kosten gekennzeichnet. Durch die zusätzliche Masse wird Leichtbauansätzen widersprochen.

Additive Fertigungsverfahren bieten große Freiheiten in der Bauteilgestaltung. Dies ermöglicht ein hohes Maß an Funktionsintegration. So ergeben sich auch im Bereich der Schwingungsdämpfung Möglichkeiten zur gezielten Integration von Dämpfungsfunktionen durch die Eigenschaften der additiven Fertigungsverfahren. Mittels der pulverbasierten Verfahren kann disperses Stützmaterial innerhalb von Hohlräumen in der Struktur belassen werden. Dieses Pulvermaterial kann als Partikeldämpfer fungieren. Durch die Freiheiten in der Bauteilgestalt kann die Dämpfungswirkung über die geometrischen Merkmale der Hohlräume gezielt eingestellt werden. Im Rahmen dieses Beitrags werden speziell Untersuchungen zur Dämpfungswirkung additiv gefertigter Bauteile bei freien Biegeschwingungen betrachtet.

Die praxisnahe Umsetzung zur Funktionsintegration von Dämpfungsstrukturen erfolgt am Beispiel der Ankerscheibe einer Federkraftbremse. Hier kann durch die additive Fertigung verbunden mit der Funktionsintegration von Partikeldämpfern eine Reduzierung der Schallabstrahlung für den Schaltvorgang der Bremse erreicht werden.

Stichwörter: Funktionsintegration, Dämpfung, Biegeschwingungen

1 Einleitung

In der Technik treten periodische Bewegungsvorgänge sehr häufig auf. Besonders mechanische Schwingungen im Verständnis von Vibrationen sind bei der Auslegung von Bauteilen von Interesse. Diese sind teils erwünscht, z. B. bei Vibrationsförderern, teils sind die Auswirkungen durch eine Überdimensionierung und die damit verbundenen Massen der Bauteile unerheblich. Angetrieben durch einen immer stärkeren Drang nach Leichtbau werden Bauteile jedoch stets schlanker und dadurch schwingungsanfälliger. Die Folge sind reduzierte Lebensdauern, höhere Schallabstrahlung und eine Verringerung der Funktionalität bzw. der Gebrauchsfähigkeit. Um diese Effekte zu vermindern, ist die Reduktion der Schwingungen notwendig.

Die Reduktion von Schwingungen durch Dämpfung erfordert aktuell den Einsatz von speziellen Dämpfungselementen. Diese müssen meist in einem zusätzlichen Montageschritt an das technische System montiert werden und ziehen damit zusätzlichen Bauraum sowie höhere Herstell- und Montagekosten nach sich. Aus diesem Grund ist eine Funktionsintegration der Dämpfungsstrukturen in die schwingungsbelasteten Bauteile anzustreben. Konventionelle Fertigungsverfahren stoßen hier allerdings an ihre Grenzen. Die steigende Komplexität der Bauteile führt bei den konventionellen Fertigungsverfahren zu höheren Fertigungskosten.

Durch den schichtweisen Aufbau der Bauteile und den Verzicht auf formgebende Werkzeuge ermöglichen additive Fertigungsverfahren große Freiheiten in der Gestaltung der zu fertigenden Bauteile. So können komplexe Bauteile mit Hohlräumen im Inneren der Struktur wirtschaftlich hergestellt werden. Die unterschiedlichen Fertigungsprozesse der additiven Fertigungsverfahren weisen unterschiedliche Eigenschaften auf. So wird bei den pulverbasierten Fertigungsverfahren, wie z. B. dem Lasersintern (LS) oder dem Laserstrahlschmelzen (LBM), pulverförmiger Ausgangswerkstoff verwendet. Dieser dient im Fertigungsprozess zugleich als disperses Stützmaterial, welches meist im Anschluss an den Fertigungsprozess vom Bauteil getrennt wird. [1]

Die Kombination der Gestaltungsfreiheit mit den Prozesseigenschaften der Fertigungsverfahren gibt die Möglichkeit zur Funktionsintegration von Dämpfungsstrukturen in Bauteilen. Hierzu kann der pulverförmige Ausgangswerkstoff in Hohlräumen innerhalb des Bauteils belassen werden und wirkt dort als Partikeldämpfer. [2]

Im Forschungsprojekt „Additive Manufactured Function Integrated Damping Structures" (AMFIDS) am Direct Manufacturing Research Center (DMRC) der Universität Paderborn wurden diese Möglichkeiten zur Funktionsintegration von Dämpfungsstrukturen unter verschiedenen Schwingungsbedingungen untersucht. In dem vorliegenden Beitrag wird das Dämpfungsverhalten additiv gefertigter Strukturen bei freien Biegeschwingungen fokussiert.

2 Stand der Technik

Maßnahmen zur Schwingungsreduktion werden nach [3] eingeteilt in Schwingungsisolierung, Schwingungstilgung und Schwingungsdämpfung. Bei der Schwingungsisolierung wird die Übertragung von mechanischen Schwingungen reduziert [4]. Unterschieden wird die Quellen- und die Empfängerisolation. Im Rahmen der Schwingungstilgung werden Erregerkräfte und -momente durch Massenkräfte und -momente kompensiert [5]. Unter Schwingungsdämpfung wird die Umwandlung von kinetischer Energie in andere Energieformen verstanden [3]. Die dissipierte Energie hat dabei keinen Einfluss mehr auf das Schwingungssystem und wird aus dem System herausgeführt. [7, 8]

Partikeldämpfer zählen zur Gruppe der Schwingungsdämpfer. Diese werden seit geraumer Zeit systematisch erforscht [6]. Sie bilden eine Untergruppe der Aufpralldämpfer und wurden aus Ein- und Mehrmassenaufpralldämpfern entwickelt [9-12]. Das schwingungsfähige System kann in Primär- und Sekundärsystem unterteilt werden. Hierbei ist das Primärsystem oder die Primärmasse die feste Bauteilmasse; das Sekundärsystem oder die Sekundärmasse wird aus der beweglichen Pulvermasse gebildet. Kennzeichen von Partikeldämpfern sind mit Pulver (Sekundärmasse) gefüllte Hohlräume, die am schwingungsfähigen Primärsystem angebracht [13, 14] oder durch Bohrungen in das Bauteil eingelassen werden (vgl. Abbildung 1) [15].

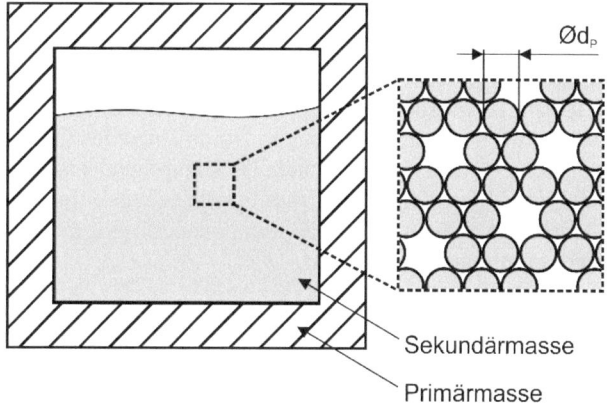

Abbildung 1: Schematischer Aufbau eines Partikeldämpfers

Im Gegensatz zu klassischen Dämpfungsansätzen, in denen die gespeicherte elastische Formänderungsenergie in Wärme umgewandelt wird, wird die kinetische Energie bei Partikeldämpfern direkt absorbiert [16]. Die Energiedissipation erfolgt durch Partikel-Partikel und Partikel-Wand Kollisionen sowie durch Reibung [14, 16]. Weiterhin erfolgt durch die Kollisionen ein Momentenaustausch zwischen dem Primär- und dem Sekundärsystem [11]. Es handelt sich um einen rein passiven Dämpfungsmechanismus [10, 11]. Mittels Partikeldämpfung werden hohe Dämpfungsraten in einem großen Frequenzbereich erzielt [13, 16]; betrachtet wurden in den bisherigen Untersuchungen unterschiedliche Einflussfaktoren auf das Dämpfungsvermögen [11-13,15-19]. Hierzu zählen sowohl die geometrischen Faktoren der Hohlräume, wie das Hohlraumvolumen, Eigenschaften der Partikel, wie die Partikelgröße und -dichte, Eigenschaften des Partikeldämpfers, wie das Massenverhältnis zwischen Primär- und Sekundärmasse und Eigenschaften des schwingenden Systems, wie die Federsteifigkeit oder die Position des Dämpfers zur Anregung [11-13,15-29]. Eine direkte Übertragbarkeit der Untersuchungen auf additiv gefertigte, funktionsintegrierte Partikeldämpfer ist jedoch nicht möglich, da durch die direkte Fertigung andere Füllstände der Partikel von ca. 100% des Volumens respektive der Schüttdichte erreicht werden.

Partikeldämpfer werden zurzeit als zusätzliches System an das Bauteil montiert [13] oder durch zusätzliche Fertigungsschritte in das Bauteil eingebracht [15]. Hierdurch ergeben sich die beschriebenen Nachteile bezüglich Bauraum, Gewicht und Kosten. Dadurch beschränkt sich der Einsatz von Partikeldämpfern als Dämpfungstechnologie auf wenige Beispielanwendungen [18].

Die Idee zur Anwendung der additiven Fertigungsverfahren zur Herstellung von Partikeldämpfern als funktionsintegrierter Dämpfungsstrukturen wurde durch die Siemens AG patentiert [30]. Die Umsetzung des Patents ist bisher jedoch noch nicht geschehen, da weiterführende systematische Untersuchungen fehlen.

3 Experimentelle Untersuchungen

Bedingt durch die Kollisions- und Reibungsphänomene besitzen Partikeldämpfer ein stark nichtlineares Verhalten [16]. Die Erstellung von Modellen war und ist derzeit Gegenstand der Forschung [10, 14, 31]. Die hohe Anzahl an Partikeln im Dämpfer und die große Zahl an Einflussfaktoren in Verbindung mit den sehr komplexen und detailliert darzustellenden physikalischen Hintergründen machen eine Simulation des Dämpfungsverhaltens jedoch schwierig. Existierende Modelle sind aufgrund von Vereinfachungen und getroffenen Annahmen lediglich in einem beschränkten Anwendungsbereich gültig. Um die Kenntnisse zu erweitern, wurden die im Folgenden näher beschriebenen Untersuchungen an Biegeschwingungen durchgeführt.

Die Prüfkörper sind modular gestaltet und bestehen aus einem Feder-, einem Dämpfungs- und einem Verbindungselement zur Anbindung an den Anregungsmechanismus (vgl. Abbildung 2). Die Verbindung erfolgt über Flanschverbindungen. Durch Anziehen der Schrauben mit einem definierten Anzugsmoment wird ein Einfluss auf das Dämpfungsverhalten minimiert, jedoch sind absolute Aussagen über die Dämpfungswirkung nicht möglich. In die Dämpfungsfunktionen werden die mit dispersem Stützmaterial gefüllten, quaderförmigen Hohlräume eingebracht und deren geometrische Abmessungen geändert.

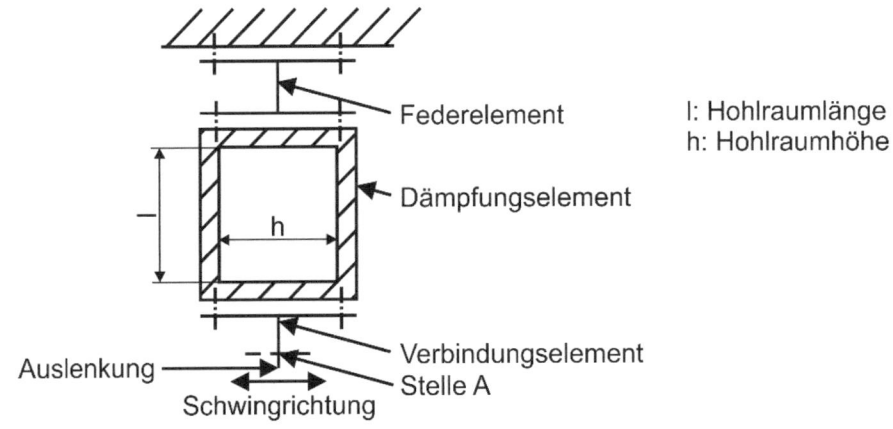

Abbildung 2: Modularer Aufbau der Prüfkörper (Prinzipskizze)

Die experimentellen Untersuchungen erfolgen anhand von Ausschwingversuchen mit definierter Anfangsauslenkung. Der Prüfkörper wird in den dargestellten Versuchen um einen definierten Weg von 5 mm ausgelenkt und dann zum Ausschwingungen freigegeben. Der Schwingweg über der Zeit wird an der Stelle A berührungslos mit einem optischen Mikrometer gemessen. Die Bewertung erfolgt ab der zweiten Halbschwingung, da die erste Schwingung stark durch den Auslenkungsmechanismus beeinflusst wird. Zur Bewertung des Ausschwingverhaltens wird ein modifiziertes logarithmisches Dekrement errechnet. Dabei wird der natürliche Logarithmus des Verhältnisses zweier aufeinanderfolgender Schwingungsmaxima gebildet und auf deren zeitlichen Mittelwert bezogen. Auf diese Weise wird das Abnahmeverhalten der Schwingungsamplitude über der Zeit charakterisiert. Es erfolgt eine Linearisierung über der Periodendauer. Die Dämpfung durch Partikeldämpfer ist durch eine unterschiedlich stark ausgeprägte Amplitudenabhängigkeit gekennzeichnet. Zur Bewertung der Dämpfungswirkung werden die logarithmischen Dekremente daher über der Amplitude betrachtet. In den Diagrammen wird die Abszisse gespiegelt, um dem zeitlichen Verlauf (Abnahme der Amplituden) Rechnung zu tragen.

Die Umrechnung des logarithmischen Dekrements in das lehrsche Dämpfungsmaß ist aufgrund des nichtlinearen Verhaltens jedoch nicht zulässig. Durch Vergleich der Verläufe der logarithmischen Dekremente kann das Dämpfungsverhalten der additiv gefertigten Prüfkörper bewertet werden.

3.1 Einfluss des Hohlraumvolumens (LS)

Um den Einfluss des Hohlraumvolumens auf das Dämpfungsverhalten zu untersuchen, werden bei gleichbleibenden Außenabmessungen Hohlräume mit unterschiedlicher Querschnittsfläche parallel zur Schwingrichtung und gleicher Hohlraumlänge hergestellt. Als Ausgangswerkstoff wird das Polyamidpulver PA2200 verwendet. Die Fertigung erfolgt mit der Lasersinteranlage EOS P395. Durch die unterschiedlichen Querschnittsflächen ergeben sich unterschiedliche Hohlraumvolumen von 5000, 45000 und 125000 mm³.

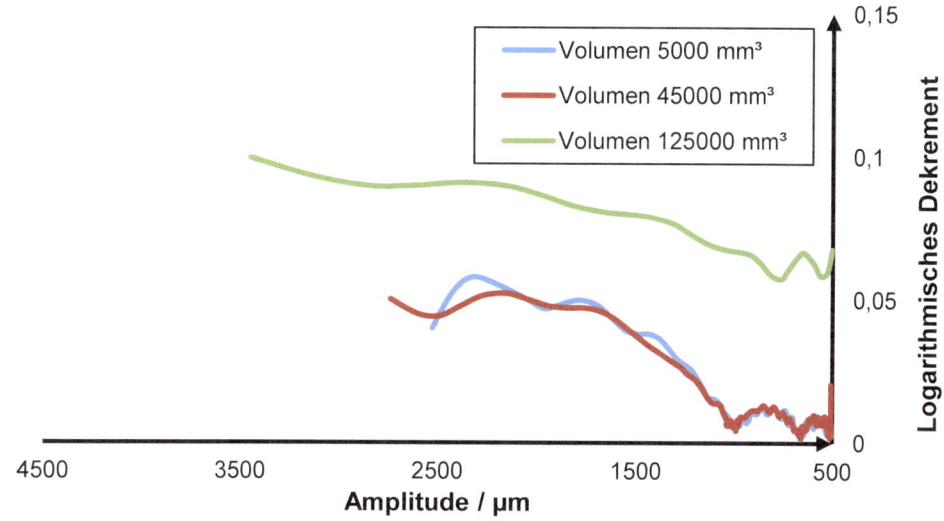

Abbildung 3: Dämpfungsverhalten unterschiedlicher Hohlraumvolumina (LS)

Die stärkste Dämpfung wird für das größte Hohlraumvolumen von 125000 mm³ erreicht (vgl. Abbildung 3). In diesem Fall sind die logarithmischen Dekremente um den Faktor zwei größer als bei den beiden kleineren Hohlraumvolumen. Das Dämpfungsverhalten bei den kleineren Hohlraumvolumen verhält sich annähernd gleich. Ähnliches Verhalten ist bei sämtlichen anderen Veränderungen der Hohlraumabmessungen zu beobachten. Dieses Verhalten geht einher mit dickeren Wandstärken, die durch die Veränderung der Hohlraumabmessungen entstehen. Im Fertigungsprozess kommt es durch die dickeren Wandstärken zu einem größeren Wärmeeintrag in die Bauteile. Zusätzlich werden im Bauprozess höhere Vorwärmtemperaturen bis knapp unter den Schmelzpunkt eingesetzt. Dies führt zu einer stärkeren Agglomeration des Pulvers im Inneren der Hohlräume. Dadurch ist die Fließfähigkeit der Pulverpartikel stark bis vollständig eingeschränkt und eine Dämpfungswirkung im Sinne eines Partikeldämpfers wird nicht erreicht. Eine Optimierung der Prozessparameter hinsichtlich der Vorwärmtemperaturen bietet Potential zur Verbesserung. Ebenso sind dünnwandigere Prüfkörper zu gestalten. An dieser Stelle ist jedoch auf die Steifigkeit zu achten, um die Belastungen des Bauteils weiterhin übertragen zu können.

3.2 Einfluss des Hohlraumvolumens (LBM)

Ebenso wie beim LS wird beim LBM der Einfluss des Volumens mit unterschiedlichen Hohlraumquerschnitten untersucht. Aufgrund der Restriktion durch das Fertigungsverfahren [32] werden beim LBM kleinere Hohlraumvolumen von 5000, 20000 und 45000 mm³ und einer Länge von 50 mm gefertigt. Die Fertigung der Dämpfungselemente mittels Laserschmelzverfahren erfolgt aus dem Edelstahl 316L (1.4404). Zur Bewertung wird das logarithmische Dekrement über der Amplitude betrachtet.

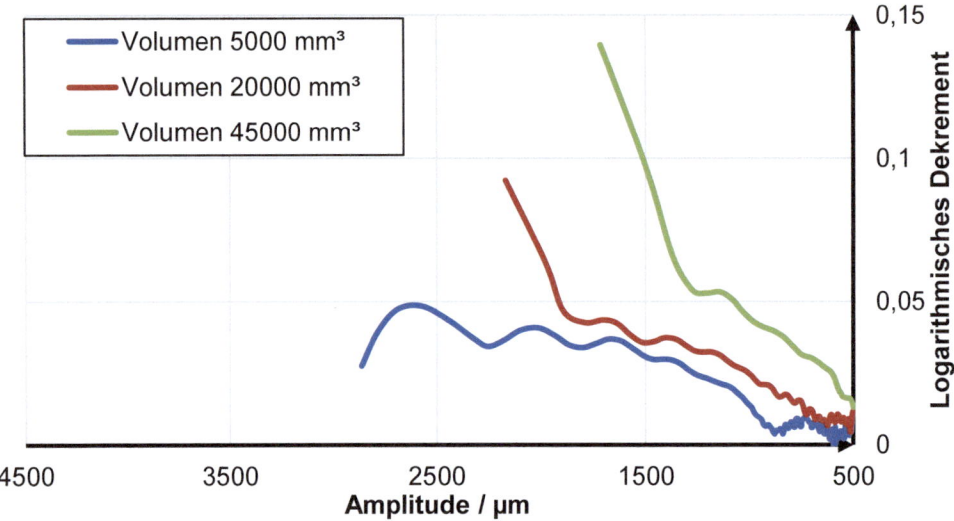

Abbildung 4: Dämpfungsverhalten unterschiedlicher Hohlraumvolumina (LBM)

Das Diagramm (Abbildung 4) zeigt die höchste Dämpfung für das größte Hohlraumvolumen (45000 mm³). Das kleinste Hohlraumvolumen (5000 mm³) liefert die geringste Dämpfung. Dies wird zusätzlich durch eine starke Dämpfung der ersten Ausschwingamplitude bestätigt. Diese wird durch den Maximalwert der Amplituden gekennzeichnet. Die erste Amplitude des Prüfkörpers mit dem größten Hohlraumvolumen wird so stark gedämpft, dass lediglich ca. 1700 µm erreicht werden. Die ersten Amplituden der weiteren Hohlraumvolumina werden nicht so stark gedämpft. Die höhere Dämpfung durch größere Hohlraumvolumina ergibt sich aus einer größeren Anzahl an Partikeln im Hohlraum und dadurch bedingt einer größeren Anzahl an Kontaktstellen.

Im Gegensatz zum LS bietet das LBM größere Potentiale zur direkten Fertigung von Partikeldämpfern. Das Metallpulver unterliegt im Bauprozess einer deutlich geringeren thermischen Belastung bedingt durch geringere Vorwärmtemperaturen, die lediglich durch die Bauplattform eingebracht werden. Bei der Herstellung der Prüfkörper sind Plattformtemperaturen von 200°C verwendet worden. In Relation zum Schmelzpunkt von Stahl ist die Temperatur im Bauraum sehr gering. Dadurch verliert das Pulver seine Fließ- bzw. Rieselfähigkeit im Bauprozess nicht. Die Dämpfung wird durch den Bauprozess selbst daher deutlich weniger beeinträchtigt.

3.3 Einfluss der Hohlraumlänge (LBM)

Die Hohlraumlänge ist ein weiterer Einflussfaktor auf das Dämpfungsverhalten. Untersucht werden Hohlräume mit gleicher Querschnittsgeometrie (30 x 30 mm). Die Hohlraumlängen l der einzelnen Prüfkörper betragen 15, 30 und 50 mm.

Auch in dieser Versuchsreihe ergibt sich für die größte Hohlraumlänge eine größere Dämpfung (vgl. Abbildung 5). Dies bestätigen die Untersuchungen des Hohlraumvolumens. Verglichen zur Untersuchung des Hohlraumvolumens ergibt sich für die mittlere Prüfkörperlänge eine stärkere Dämpfung. Dies kann durch einen höheren statischen Druck in der Partikelmasse im Prüfkörper der Untersuchungen zum Hohlraumvolumen erklärt werden. Durch den höheren Druck erfolgt die Fluidisierung der Partikel, d. h. das Überführen der Partikel in einen bewegungsfähigen Zustand, erst deutlich später als bei geringerem statischen Druck.

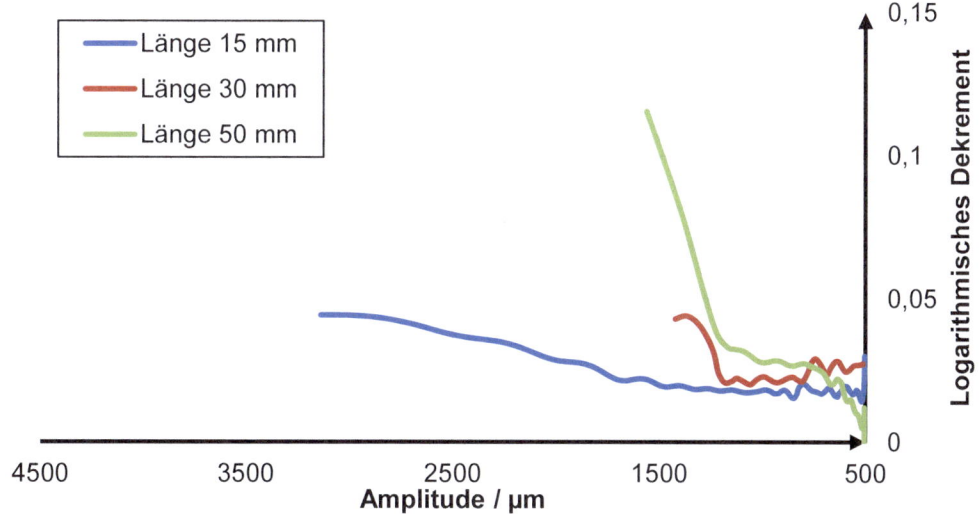

Abbildung 5: Dämpfungsverhalten unterschiedlicher Hohlraumlängen (LBM)

3.4 Einfluss der Hohlraumhöhe (LBM)

Die Hohlraumhöhe kennzeichnet die Ausdehnung des Hohlraums in Schwingrichtung. Untersucht werden Hohlräume mit einer Hohlraumhöhe von 10 und 30 mm. Die Hohlraumlänge beträgt für alle verglichenen Prüfkörper 50 mm, die Hohlraumbreite 30 mm.

Das logarithmische Dekrement zeigt über der Zeit eine deutlich größere Dämpfung für die größere Hohlraumhöhe von 30 mm (vgl. Abbildung 6). Ebenso wird die Ausschwingzeit durch die größere Hohlraumhöhe um ca. 83% reduziert. Durch die größere Hohlraumhöhe liegen in Schwingrichtung mehr Partikel übereinander, was zu einem größeren Impulsaustausch durch die Partikelstöße führt. Ebenso ist die Reibung innerhalb der Partikelmasse durch die Erhöhung der Anzahl an Kontaktstellen größer. Dies führt zu einer größeren Energiedissipation und somit zu einer stärkeren Dämpfung.

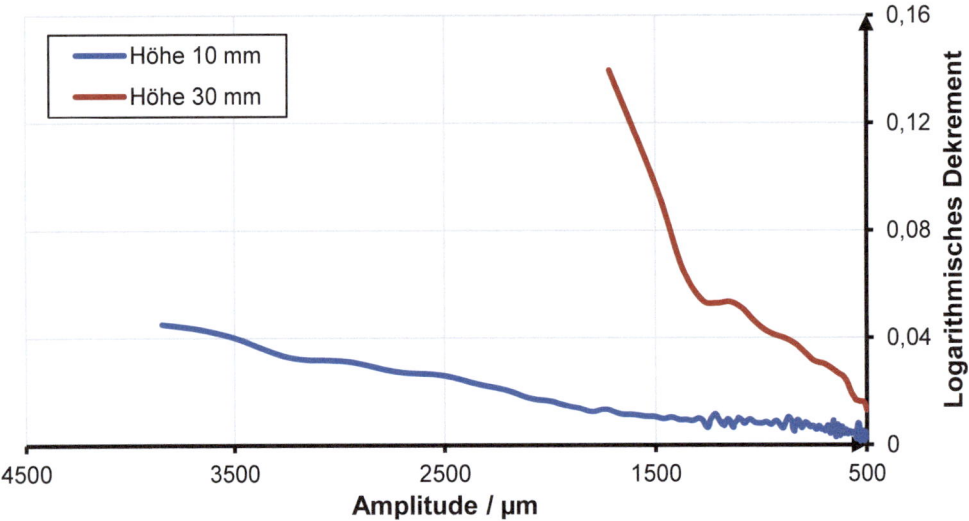

Abbildung 6: Dämpfungsverhalten unterschiedlicher Hohlraumhöhen (LBM)

3.5 Einfluss von Hohlraumunterteilungen (LBM)

Durch Einbringen von Unterteilungen wird das Verhältnis zwischen der Partikelaufprallfläche (senkrecht zur Schwingrichtung) und der Partikelreibfläche (parallel zur Schwingrichtung) verändert. Hierzu wird ein Prüfkörper mit drei Einzelkammern zu je 10x30x50 mm Hohlraumvolumen gefertigt (vgl. Abbildung 7). Dieser kann in zwei Einbaurichtungen (EL1 und EL2) getestet werden. Dabei entspricht EL1 einer Vergrößerung der Partikelaufprallfläche und EL2 einer Vergrößerung der Partikelreibfläche. Zum Vergleich wird der Versuch des größten Hohlraumvolumens (30x30x50 mm³) mit einem äquivalenten Partikelvolumen herangezogen.

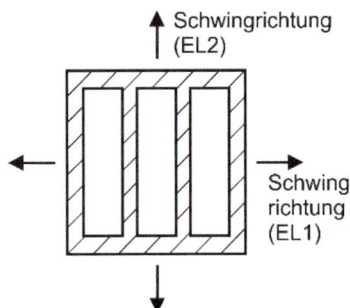

Abbildung 7: Einbaulagen des Prüfkörpers zur Untersuchung von Hohlraumunterteilungen (LBM)

Der Prüfkörper ohne Hohlraumunterteilungen zeigt das beste Dämpfungsverhalten. Sowohl das logarithmische Dekrement als auch die Dämpfung des ersten Ausschlags ist größer als bei den Prüfkörpern mit Hohlraumunterteilungen (vgl. Abbildung 8). Die beiden Einbaulagen der Hohlraumunterteilungen zeigen keine wesentlichen Unterschiede im Dämpfungsverhalten.

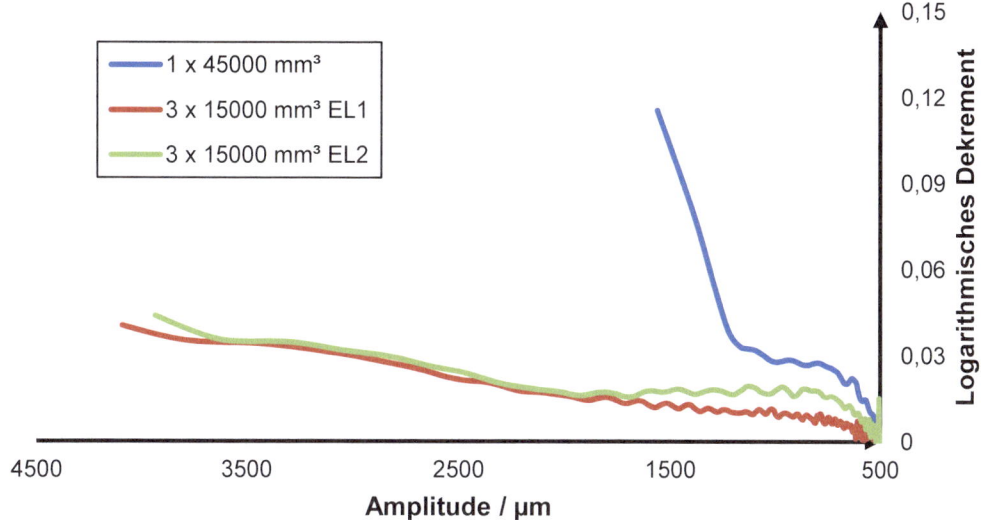

Abbildung 8: Einfluss von Hohlraumunterteilungen (LBM)

3.6 Einfluss von Gitterstrukturen (LBM)

Durch den Einsatz der additiven Fertigungsverfahren können die Hohlräume des Partikeldämpfers zusätzlich mit einer inneren Struktur versehen werden, die eine hohe Komplexität aufweisen kann. So können feine, dreidimensionale Gitterstrukturen in den Hohlraum eingebracht werden. Dies kann zu einer stärkeren Verwirbelung bei der Bewegung innerhalb der Partikelmasse führen.

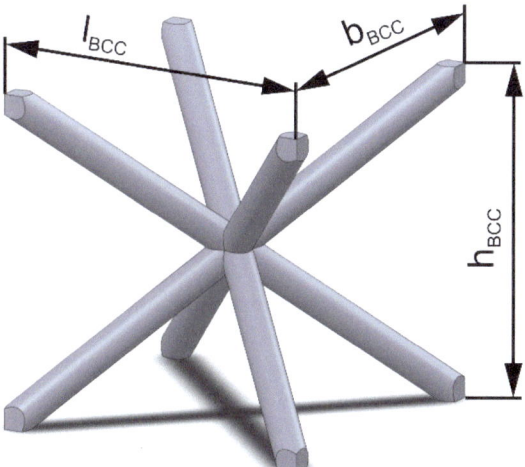

Abbildung 9: Quadratische Gitterbasiszelle

Anwendung findet eine quadratische Basisgitterzelle ähnlich zum kubisch flächenzentrierten Kristallgitter (BCC) (vgl. Abbildung 9). Die Grundabmessungen der Basisgitterzelle betragen 2 mm bei einer Stabstärke von 0,2 mm. Der Prüfkörper besitzt einen Hohlraum mit den gleichen Abmessungen wie der größte verwendete Prüfkörper der Volumentests von 30x30x50 mm. Dieses Volumen wird vollständig mit dem beschriebenen Gitter aus einer Vielzahl von Basisgitterzellen gefüllt. Der verbleibende Hohlraum wird im Bauprozess mit dem pulverförmigen Ausgangswerkstoff gefüllt, welcher nicht aufgeschmolzen wird.

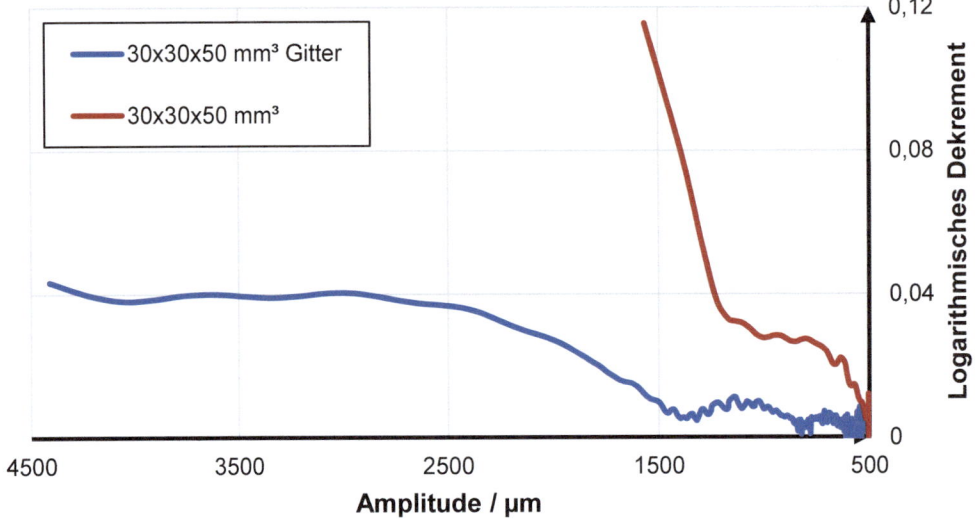

Abbildung 10: Einfluss von Gitterstrukturen im Partikeldämpfer (LBM)

Durch das Einbringen des Gitters wird die Dämpfung deutlich verschlechtert (vgl. Abbildung 10). Das logarithmische Dekrement verschlechtert sich und die erste Amplitude wird weniger gedämpft. Das Pulver wird durch das Gitter in seiner Bewegung eingeschränkt. Dies führt zu geringeren Beschleunigungen der Partikel und damit zu einer geringeren Energiedissipation.

4 Anwendungsbeispiel: Funktionsintegration von Dämpfungsstrukturen in die Ankerscheibe einer Federkraftbremse

Elektromagnetische Federkraftbremsen werden in vielen Antriebssystemen zur Verzögerung und zum Halten eingesetzt. Dazu wird beim Verknüpfen (Betätigen der Bremse) die Ankerscheibe über Druckfedern gegen den auf der Welle axial beweglichen Rotor mit den Bremsbelegen gedrückt (vgl. Abbildung 11). Dieser wird gegen das Motorgehäuse gedrückt und über den Reibschluss wird das Bremsmoment aufgebaut. Das Lüften der Bremse (Lösen der Bremse) geschieht über einen Elektromagnet, der die Ankerscheibe vom Rotor abzieht. Beim Verknüpfen prallt die Ankerscheibe impulsartig auf den Rotor. Hierdurch werden Schwingungen im Bremssystem angeregt, die zu einer unerwünschten Schallabstrahlung führen. Zur Verminderung dieser Schallabstrahlung ist das Einbringen von Dämpfungselementen zweckmäßig. Aktuell werden hierfür zusätzliche Dämpfungselemente eingesetzt. [33]

Diese zusätzlichen Dämpfungselemente sind durch einen erhöhten Fertigungs- und Montageaufwand gekennzeichnet. Im Sinne der Funktionsintegration und einhergehend mit einer Reduktion der Fertigungs- und Montageschritte eine direkte Integration der Dämpfungsstrukturen anzustreben. Die Nutzung der Potentiale der additiven Fertigungsverfahren zur Integration von Partikeldämpfern verspricht Verbesserungen.

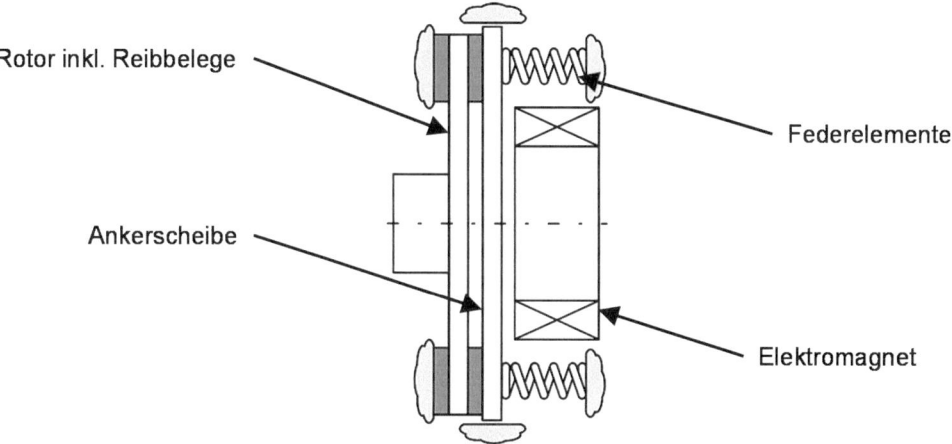

Abbildung 11: Prinzipskizze einer konventionellen Federkraftbremse

Betrachtet wird eine Federkraftbremse mit einem Nennmoment von 80 Nm und einem Ankerscheibendurchmesser von 190 mm und einer Ankerscheibendicke von 10 mm. Um die Dämpfungsfunktion in die Ankerscheibe zu integrieren, wurde ein segmentierter Hohlraum, bestehend aus acht Einzelkammern, eingefügt (vgl. Abbildung 12). Durch eine Versteifung in Bereichen der Verschraubungen wird die Aufnahme der Aufprallkräfte beim Verknüpfen der Bremse verbessert. Die Fertigung erfolgte mit einer Laserschmelzanlage vom Typ SLM280HL aus dem Edelstahl 316L (1.4404).

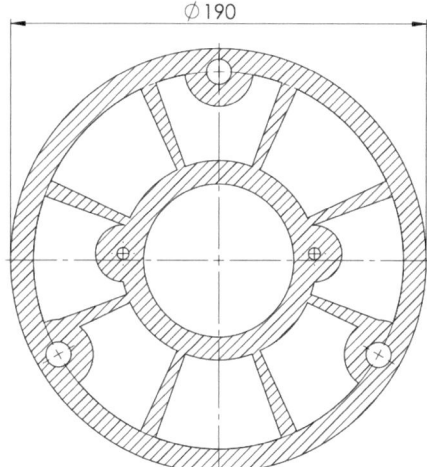

Abbildung 12: Schnittansicht der Hohlräume in der gedämpften Ankerscheibe

Die Verwendung des nicht magnetischen Edelstahlwerkstoffs macht eine Untersuchung an einer konventionellen, magnetisch arbeitenden Federkraftbremse unmöglich, da hier zum Lüften (Lösen der Bremse) die Ankerscheibe durch den Elektromagnet angezogen werden müsste. Verwendet wurde ein neu entwickeltes Funktionsmuster, das das Lüften der Bremse durch mechanische Prinzipien ausführt. Zur experimentellen Ermittlung des Dämpfungsverhaltens wurden Schalldruckpegelmessungen während des Schaltvorgangs der Federkraftbremse durchgeführt. Der Vergleich des Schalldruckpegels der Bremse mit konventionell gefertigter Ankerscheibe ohne Dämpfungsfunktion mit dem Schalldruckpegel der additiv gefertigten Ankerscheibe mit integrierter Dämpfungsfunktion liefert Aussagen über das Dämpfungsverhalten.

Die Messungen des Schalldrucks sind mit einem Schallpegelmessgerät VOLTCRAFT SL-451 im Abstand von 1 m zur Bremse durchgeführt worden. Zur Bewertung des tatsächlichen Schalldruckpegels wurde ein Frequenzfilter mit Kennlinie C verwendet [34]. Die statistische Absicherung erfolgt durch jeweils fünf Messungen pro Schaltvorgang.

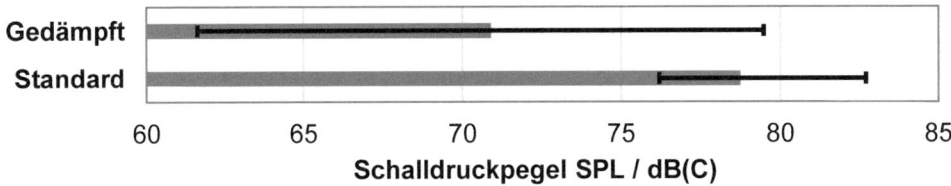

Abbildung 13: Vergleich der Schalldruckpegel beim Verknüpfen der Bremse

Die Schallabstrahlung beim Verknüpfen der Federkraftbremse konnte durch Einbringung von additiv gefertigten Partikeldämpfern in die Ankerscheibe im Mittel um 7,86 dB(C) reduziert werden (vgl. Abbildung 13). Dies unterstreicht die Anwendbarkeit additiv gefertigter Partikeldämpfer in der Praxis. Durch die Versuche konnte trotz der großen Streuung der Messwerte für die additiv gefertigte Ankerscheibe die subjektiv wahrnehmbare Reduzierung des Schaltgeräusches bestätigt werden. Die Streuung der Messwerte kann möglicherweise durch die Verfestigung des Pulvers durch die Vibrationen erklärt werden. Hierzu sind weitere Untersuchungen geplant.

Literatur

[1] Gebhardt, A. Generative Fertigungsverfahren: Additive Manufacturing und 3D Drucken für Prototyping; Tooling; Produktion, 1. Aufl. ed. Carl Hanser Fachbuchverlag, s.l., 2013, 672 pp.

[2] Künneke, T., Zimmer, D. Funktionsintegration additiv gefertigter Dämpfungsstrukturen bei Biegeschwingungen, in: Additiv gefertigte Bauteile und Strukturen. 1. Tagung des DVM-Arbeitskreises "Additiv gefertigte Bauteile und Strukturen", Berlin. 02.-03.11.2016, 2016, pp. 151–160.

[3] VDI 3833-1. Schwingungsdämpfer und Schwingungstilger: Schwingungsdämpfer - Grundlagen, Kenngrößen, Realisierung, Anwendung, vol. 17.160, Berlin, 2014.

[4] VDI 2062-1. Schwingungsisolierung - Begriffe und Methoden, 01.140, 17.160, Berlin, 2011.

[5]   VDI 3833-2. Schwingungsdämpfer und Schwingungstilger - Schwingungstilger und Schwingungstilgung, vol. 17.160, Berlin, 2006.

[6]   Papalou, A., Masri, S.F. An experimental investigation of particle dampers under harmonic excitation. Journal of Vibration and Control 1998 (4), 1998, 361–379.

[7]   Magnus, K., Popp, K., Sextro, W. Schwingungen: Physikalische Grundlagen und mathematische Behandlung von Schwingungen; mit … 68 Aufgaben mit Lösungen, 9., überarb. Aufl. ed. Springer Vieweg, Wiesbaden, 2013, XI, 298 S.

[8]   Jäger, H., Knaebel, M., Mastel, R. Technische Schwingungslehre, 8., überarb. Aufl. ed. Springer Vieweg, Wiesbaden, 2013, IX, 237 S.

[9]   Saeki, M. Impact damping with granular materials in a horizontally vibrating system. Journal of Sound and Vibration 251 (1), 2002, 153–161.

[10] Olson, S.E. An analytical particle damping model. Journal of Sound and Vibration 264 (5), 2003, 1155–1166.

[11] Lu, Z., Lu, X., Masri, S.F. Studies of the performance of particle dampers under dynamic loads. Journal of Sound and Vibration 329 (26), 2010, 5415–5433.

[12] Lu, Z., Lu, X., Lu, W., Masri, S.F. Experimental studies of the effects of buffered particle dampers attached to a multi-degree-of-freedom system under dynamic loads. Journal of Sound and Vibration 331 (9), 2012, 2007–2022.

[13] Marhadi, K.S., Kinra, V.K. Particle impact damping: Effect of mass ratio, material, and shape. Journal of Sound and Vibration 283 (1-2), 2005, 433–448.

[14] Sánchez, M., Pugnaloni, L.A. Effective mass overshoot in single degree of freedom mechanical systems with a particle damper. Journal of Sound and Vibration 330 (24), 2011, 5812–5819.

[15] Ben Romdhane, M., Bouhaddi, N., Trigui, M., Foltête, E., Haddar, M. The loss factor experimental characterisation of the non-obstructive particles damping approach. Mechanical Systems and Signal Processing 38 (2), 2013, 585–600.

[16] Friend, R.D., Kinra, V.K. Particle Impact Damping. Journal of Sound and Vibration 233 (1), 2000, 93–118.

[17] Chockalingam, S., Natarajan, U., George Cyril, A. Damping investigation in boring bar using hybrid copper-zinc particles. Journal of Vibration and Control, 2015.

[18] Heckel, M., Sack, A., Kollmer, J.E., Pöschel, T. Granular dampers for the reduction of vibrations of an oscillatory saw. Physica A: Statistical Mechanics and its Applications 391 (19), 2012, 4442–4447.

[19] Iwata, Y., Komatsuzaki, T., Kitayama, S., Takasaki, T. Study on optimal impact damper using collision of vibrators. Journal of Sound and Vibration 361, 2016, 66–77.

[20] Michon, G., Almajid, A., Aridon, G. Soft hollow particle damping identification in honeycomb structures. Journal of Sound and Vibration 332 (3), 2013, 536–544.

[21] Popplewell, N., Semercigil, S.E. Performance of the bean bag impact damper for a sinusoidal external force. Journal of Sound and Vibration 133 (2), 1989, 193–223.

[22] Remillat, C. Damping mechanism of polymers filled with elastic particles. Mechanics of Materials 39 (6), 2007, 525–537.

[23] Saeki, M. Analytical study of multi-particle damping. Journal of Sound and Vibration 281 (3-5), 2005, 1133–1144.

[24] Simonian, S.S. Particle beam damper, in: Smart Structures & Materials '95, San Diego, CA. Sunday 26 February 1995. SPIE, 1995, pp. 149–160.

[25] Veeramuthuvel, P., Shankar, K., Sairajan, K.K., Machavaram, R. Prediction of Particle Damping Parameters Using RBF Neural Network. Procedia Materials Science 5, 2014, 335–344.

[26] Wu, C.J., Liao, W.H., Wang, M.Y. Modeling of Granular Particle Damping Using Multiphase Flow Theory of Gas-Particle. J. Vib. Acoust. 126 (2), 2004, 196.

[27] Xiao, W., Li, J., Wang, S., Fang, X. Study on vibration suppression based on particle damping in centrifugal field of gear transmission. Journal of Sound and Vibration 366, 2016, 62–80.

[28] Xu, Z., Wang, M.Y., Chen, T. A particle damper for vibration and noise reduction. Journal of Sound and Vibration 270 (4-5), 2004, 1033–1040.

[29] Xu, Z., Wang, M.Y., Chen, T. Particle damping for passive vibration suppression: Numerical modelling and experimental investigation. Journal of Sound and Vibration 279 (3-5), 2005, 1097–1120.

[30] Avdovic, P., Graichen, A., Rehme, O., Schäfer, M. Bauteil mit einem gefüllten Hohlraum, Verwendung dieses Bauteils und Verfahren zu dessen Herstellung (DE 102010063725 A1), 2012.

[31] Sánchez, M., Manuel Carlevaro, C. Nonlinear dynamic analysis of an optimal particle damper. Journal of Sound and Vibration 332 (8), 2013, 2070–2080.

[32] Adam, G.A.O. Systematische Erarbeitung von Konstruktionsregeln für die additiven Fertigungsverfahren Lasersintern, Laserschmelzen und Fused Deposition Modeling. Shaker, Aachen, 2015, VII, 157 S.

[33] Wecker, M. Beitrag zur Geräuschminderung an Federkraftbremsen. Der Andere Verl., Uelvesbüll, 2013, x, 139 S.

[34] DIN EN 61672-1. Elektroakustik – Schallpegelmesser – Teil 1: Anforderungen, vol. 17.140.50, Berlin, 2014.

Berstdruckbestimmung an additiv gefertigten Bauteilen

Christian Schrandt[a], Axel Schulz[a], Martin Beckert[a], Peter Koppa[b]

a) TÜV NORD ENSYS GmbH & Co. KG, Hamburg
b) Direct Manufacturing Research Center, Universität Paderborn

Zusammenfassung

Es wurden erste Untersuchungen im Rahmen der Entwicklung eines experimentellen Bewertungsverfahrens „Rapid-Bursting-Test" unter Verwendung der additiven Fertigungstechnologie vorgenommen. Dieses Verfahren beruht auf der Verwendung von geometrisch und physikalisch skalierten Testkörpern, die als additiv gefertigte Druckbehälter ausgeführt werden.

In diesem Manuskript werden die verwendete Methodik sowie die ersten Erfahrungen bei der Herstellung der Druckbehälter mittels selektivem Laserschmelzverfahren beschrieben. Weiterhin werden die Ergebnisse der Berstversuche an den additiv gefertigten Druckbehältern vorgestellt und künftige Entwicklungsschwerpunkte aufgezeigt.

Es wird gezeigt, dass additive Fertigungstechnologien die Voraussetzung für neue und vielversprechende Produktideen schaffen. Mit dem „Rapid-Bursting-Test" (RBT) wird eine innovative experimentelle Nachweismethode auf Basis additiv gefertigter Druckkörper vorgestellt.

Stichwörter: Selektives Laserschmelzen (SLM), Druckbehälter, Berstversuch, Skalierung

1 Einleitung

Additive Fertigungstechnologien eröffnen neue und innovative Konzepte auf den unterschiedlichsten Anwendungsgebieten. Ein vielfach eingesetztes Verfahren ist das selektive Laserschmelzen bei dem die Bauteilkontur über einen Laser schichtweise in ein Pulverbett eingeschmolzen wird. Somit können beliebige dreidimensionale Geometrien erzeugt werden. Dieses Verfahren ermöglicht es, Geometrien zu fertigen, die sich in konventioneller mechanischer oder gießtechnischer Fertigung nicht herstellen lassen.

Die Entwicklung dieser Fertigungstechnologie ist die notwendige Voraussetzung für das neu entwickelte experimentelle Bewertungsverfahren „Rapid-Bursting-Test". Im Folgenden werden das Vorgehen und die ersten Ergebnisse der Experimente vorgestellt. Ein Ausblick auf notwendige und vielversprechende weitere Entwicklungen wird gegeben.

2 Die Idee: "Rapid-Bursting-Test"

Unter dem Begriff „Rapid-Bursting-Test" (RBT) wird im Folgenden eine experimentelle Nachweismethode, auf Basis digital skalierter und anschließend additiv gefertigter Druckkörper, bezeichnet. Der aktuell erschlossene Anwendungsbereich umfasst die Bewertung von Befunden an Pipelines sowie Rohrleitungen und Behälter des allgemeinen Anlagenbaues. Eine Ausweitung auf weitere Bauteile und Komponenten ist vorgesehen.

Mit dem RBT wird das Ziel verfolgt, den großtechnischen Test am Originalbauteil durch einen zeit- und kostengünstigen experimentellen Nachweis an einem skalierten Modell (downscaling) zu ersetzen. Die technische Umsetzung beruht dabei auf der Methode der Ähnlichkeitsmechanik. Die Anwendungen der Ähnlichkeitsmechanik sind heute vielfältig und insbesondere aus der Fluidmechanik (Modellversuche im Windkanal) bekannt. In der Strukturmechanik wird die Ähnlichkeitstheorie u. a. bei der Untersuchung von Umformprozessen genutzt. Dabei werden Experimente und Parameterstudien an verkleinerten Modellen zeit- und kostengünstig durchgeführt.

Mit dem „Rapid-Bursting-Test" soll eine Berstdruckermittlung nicht am „Original" der Pipeline mit Befundstelle erfolgen, sondern an skalierten (verkleinerten) Prüfmodellen. Die Prüfmodelle stellen eine realitätsnahe Kopie der originalen Befundstelle dar. Da es sich hier um Modelle mit komplexen Befundgeometrien (Korrosion, Erosion) handelt, kommen herkömmliche Fertigungsverfahren, wie die spanende Bearbeitung, an ihre Grenzen. Dies gilt insbesondere dann, wenn sich die Befunde auf der Innenoberfläche des Prüfkörpers befinden. Die einzige Möglichkeit die skalierten Prüfmodelle zu erzeugen, bieten daher generative Fertigungsverfahren wie das selektive Laserschmelzverfahren (SLM).

Die Abbildung 1 zeigt beispielhaft die einzelnen Schritte zur Durchführung eines „Rapid-Bursting-Tests". Zu Beginn (Schritt 1 und 2) steht die Erzeugung des 3D-CAD Modells der geschädigten Pipeline. Dies geschieht softwarebasiert auf Grundlage der gemessenen Wanddickenwerte, die beispielsweise von einem UT-Inspektionsverfahren generiert werden. In Schritt 3 erfolgt dann die Skalierung des Testkörpers und die digitale Erweiterung mittels Boden und Anschluss zu einem geschlossenen „Druckbehälter". Die Grenzen der Skalierung werden dabei von den möglichen Fertigungsräumen der derzeit vorhandenen Maschinen für das selektive Laserschmelzen sowie aus der Größe des Originalmodells (Durchmesser / Wanddicke) vorgegeben.

Berstdruckbestimmung an additive gefertigten Bauteilen

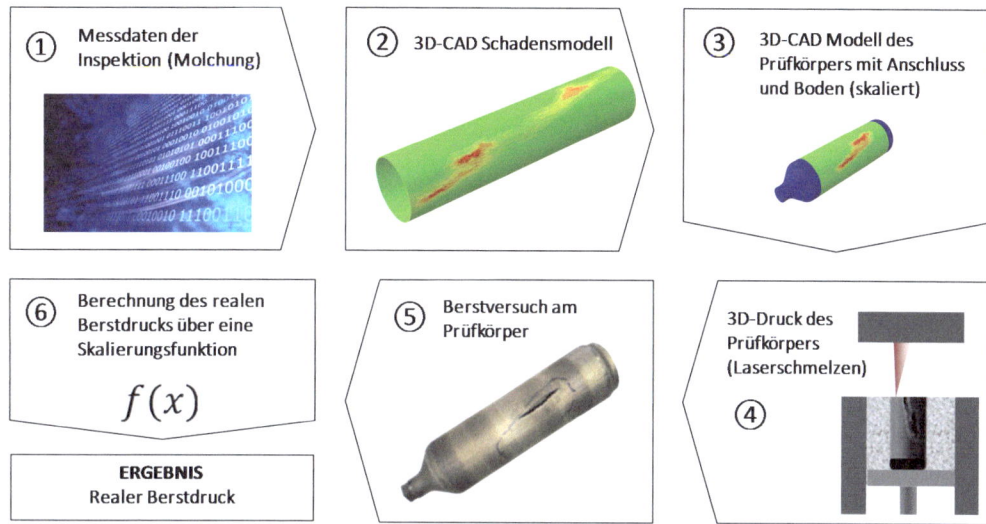

Abbildung 1: Schematische Darstellung des „Rapid-Bursting-Test"

Für den späteren Vergleich der Ergebnisse aus den Versuchen der Prüfkörper mit der Realität wurde ein Versuch an einer realen und geschädigten Pipeline durchgeführt, siehe Abbildung 2. Mit Schritt 4 wird das Modell entsprechend den Vorgaben des 3D-CAD-Modells gefertigt. Anschließend erfolgen der Berstversuch und die Berechnung des Berstdruckes der real geschädigten Pipeline unter Verwendung einer Skalierungsfunktion, Schritt 5 und 6.

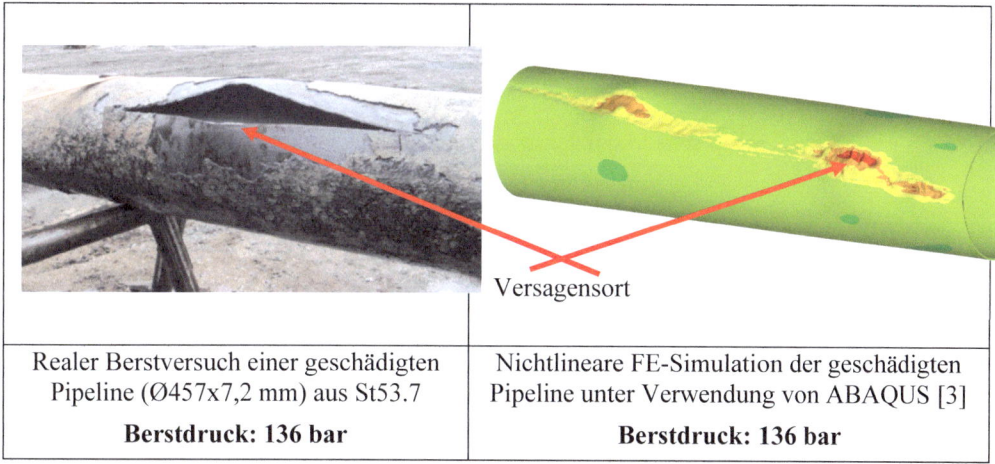

Abbildung 2: Vergleich realer Berstversuch mit FE-Simulation

In Abbildung 2 sind das Ergebnis des Versuches sowie der Vergleich mit einer nichtlinearen FE-Analyse dargestellt. In der Simulation wurden das reale Materialverhalten (Zugversuch) sowie die realitätsnahe Fehlstellengeometrie berücksichtigt. Die FE-Analyse ergab eine sehr gute Übereinstimmung mit dem Versuch. Dadurch konnte gezeigt werden, dass die Auflösung des digitalen Datensatzes aus der UT-Molchung hoch genug ist, um die Realität der Befundstelle mit ausreichender Genauigkeit abzubilden (Simulation und Experiment verwenden den gleichen Datensatz).

3 Fertigung der Prüfkörper

Für die Fertigung der Prüfkörper wurde das selektive Laserschmelzverfahren aufgrund seiner höheren Fertigungsgenauigkeit gegenüber anderen Verfahren eingesetzt. Die Fertigung der Prüfkörper wurde durch das DMRC Paderborn durchgeführt. Zur Herstellung wurde eine SLM280 HL Maschine der Fa. SLM Solutions GmbH eingesetzt. Um die maximale Fertigungshöhe von z=365 mm nicht zu überschreiten, wurde die Skalierung der Originalpipeline nach streng geometrischer Skalierung mit einem Faktor von 1:6 vorgenommen. Somit ergibt sich eine nominelle Wanddicke von 1,2 mm des Prüfkörpers und eine minimale Restwanddicke von 0,6 mm im Schadensbereich.

Tabelle 1: Angaben zu den additiv gefertigten Prüfkörpern / Druckbehältern

Prüfkörper-Nr.:	Material	Wärmenachbehandlung	Design	Fertigungsdauer
PK 1	AlSi10Mg	---	V1	ca. 20 h
PK 2	X2CrNiMo17-12-2 (1.4404)	---	V1	ca. 25 h
PK 3	X2CrNiMo17-12-2 (1.4404)	---	V2	ca. 22 h
PK 4	X2CrNiMo17-12-2 (1.4404)	2h bei 650 °C	V2	ca. 22 h

Für eine erste Versuchsreihe wurden vier Prüfkörper unter Variation des Materials, der Fertigungsgeometrie sowie mit und ohne Wärmenachbehandlung hergestellt, siehe dafür Tabelle 1. Für die Fertigung wurden die Standard 316L Parameter (siehe Tabelle 2) angesetzt.

Tabelle 2: 316L Parameter für die Fertigung der Prüfkörper 2-4

Beschreibung	Wert
Schichtdicke [Δz]	50 µm
Laserstärke [L]	275 W
Belichtungsstrategie	Stripes
Scangeschwindigkeit [v]	760 mm/s
Hatch distance [Δy]	0,12 mm
Energy Density [E]	60,3 J/mm^3
Build Rate [V]	13,5 cm^3/h

Die ersten Prüfkörper PK1 und PK2 wurden entsprechend der Abbildung 3 gefertigt. Die massive Konstruktion von Boden und Flaschenhals führte des Öfteren zu Problemen während des Baujobs. Die Bauzeit einer einzelnen Flasche betrug ca. 25 Stunden.

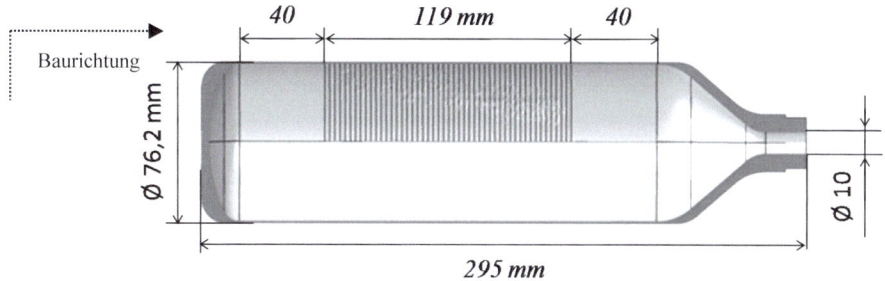

Abbildung 3: Darstellung des Prüfkörper Designs Version 1 (V1)

Um die Fertigung effizienter zu gestalten, wurde ein neues Design entworfen, welches für PK3 und 4 verwendet wurde. Die wesentlichen Vorteile sind der gleichmäßige Querschnitt sowie eine vergrößerte Kernlochbohrung zur Entfernung des Restpulvers. Durch das neue Design wurde die Fertigung wesentlich stabiler und die Fertigungsdauer bei Fertigung eines Prüfkörpers je Baujob konnte von 25 auf 22 Stunden deutlich reduziert werden.

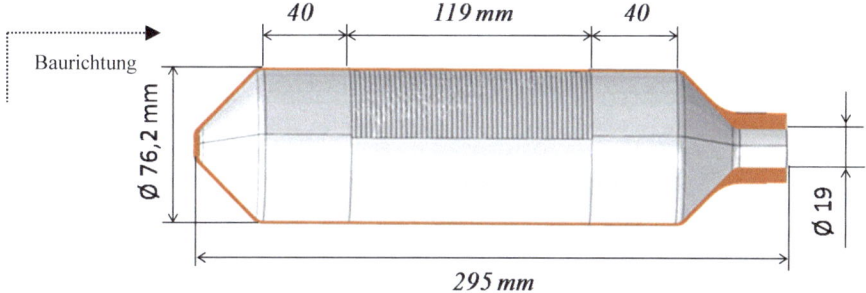

Abbildung 4: Darstellung des Prüfkörper Designs Version 2 (V2)

Der Prüfkörper 4 wurde zusätzlich einer Wärmebehandlung unterzogen. Die Wärmebehandlung erfolgte durch eine 2,5 stündige Aufheizphase bis 650 °C mit anschließender Haltezeit von 2 Stunden sowie einer kontrollierten Abkühlphase von 2,5 Stunden. Alle Prüfkörper wurden zudem im Nachgang zur Fertigung mit einem Innengewinde für den Druckanschluss versehen.

4 Ermittlung der Werkstoffeigenschaften

Zur Ermittlung der mechanisch technologischen Kennwerte der verwendeten Materialien wurden parallel zum Prüfkörper Zugversuchsproben gefertigt und erprobt. Die Orientierung der Proben im Bauraum erfolgte in enger Abstimmung mit dem DMRC sowie dem Institut für Materialprüfungen der TÜV NORD SysTec GmbH & Co. KG. Als Zugversuchsproben wurden Flachzugproben der Form E nach DIN 50125 gewählt, um annähernd gleiche Querschnitte zu erhalten wie die späteren Prüfkörper. Die 0° Proben wurden aufgrund ihrer seitlichen Supportstruktur zerspanend nachbearbeitet. Die 90° Proben wurden „as built" bei Raumtemperatur nach DIN EN ISO 6892 geprüft.

Wie erwartet zeigen die Ergebnisse, dass die Proben der 0°-Baurichtung höhere Festigkeiten als die der 90°-Baurichtung aufweisen. Weiterhin fällt auf, dass die Dehngrenze $R_{p0.2}$ bei fast allen Zugversuchen unterhalb des spezifizierten Mindestwertes von 494 MPa liegt. Der Mittelwert aller 0° Proben wird später für die Skalierung herangezogen. Dadurch gelingt es das Werkstoffverhalten so realitätsnah wie möglich zu berücksichtigen.

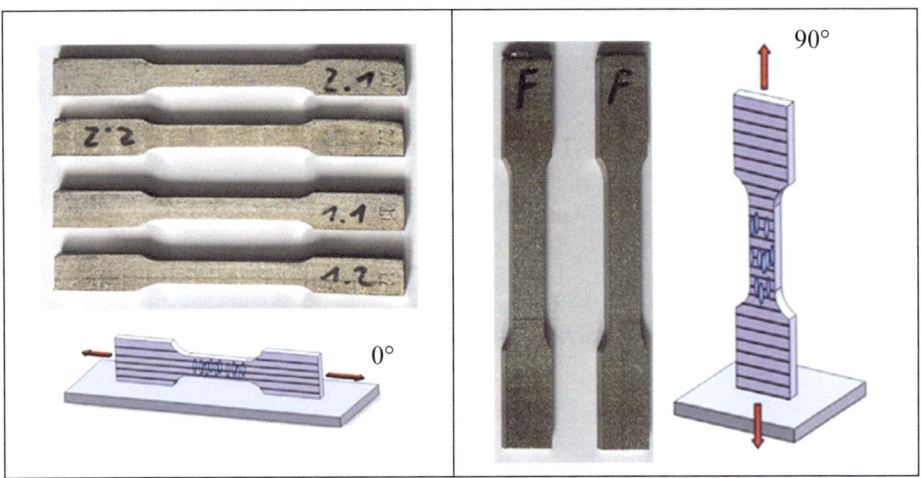

Abbildung 5: Parallel gefertigte Flachzugversuchsproben Form E

Weiterhin soll an dieser Stelle auf ein bisher unbekanntes Bruchbild eines Zugversuches eingegangen werden. Bei dem Zugversuch 2.2 - 0° zeigte sich auf der Bruchfläche, das in Abbildung 6 dargestellte Bild. Ca. 1/3 der gesamten Bruchfläche besteht aus einer Aneinanderreihung von Poren. Ein signifikanter Einfluss der Poren auf das Festigkeitsergebnis ist jedoch nicht erkennbar, vergl. Werte aus Tabelle 4. Ein Einfluss auf die späteren Bauteilversuche ist jedoch nicht auszuschließen und sollte bei der Interpretation der Ergebnisse berücksichtigt werden.

Tabelle 4: Ergebnisse der Zugversuche

Probe Nr.:	Querschnitt [mm]	0,2% Dehngrenze $R_{p0.2}$ [MPa]	Zugfestigkeit R_m [MPa]	Bruchdehnung A [%]
Hersteller	---	494 - 544	605 - 661	25 - 35
1.1 – 0°	2,9 x 7,1	486	650	34,5
1.2 – 0°	2,9 x 7,1	503	645	35,3
2.1 – 0°	3,0 x 7,1	·475	623	38,3
2.2 – 0°	2,9 x 7,1	489	632	34,2
F1 – 90°	2,9 x 7,9	441	602	40,9
F2 – 90°	2,9 x 7,9	445	602	42,8

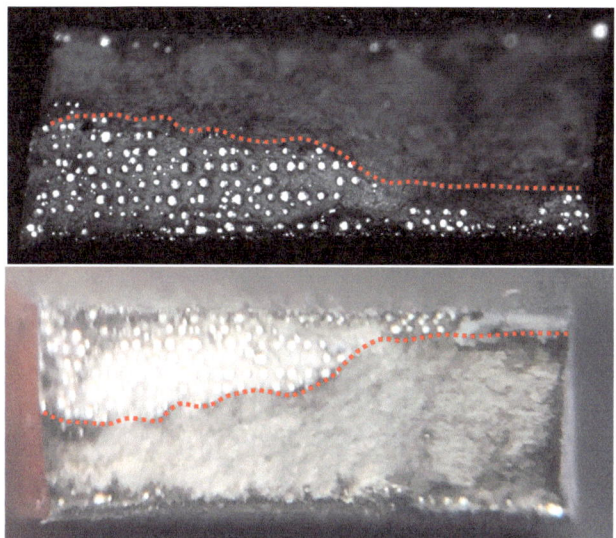

Abbildung 6: Bruchflächen des Zugversuches 2.2 – 0° unter Stereomikroskop

5 Skalierung und Zielwerte

Eigene Untersuchungen haben ergeben, dass der Berstdruck durch eine streng geometrische Skalierung nicht beeinflusst wird [2]. Damit reduziert sich die Skalierungsaufgabe auf die Ermittlung einer Umrechnungsfunktion, die die unterschiedlichen Werkstoffeigenschaften von Original und Modell (Drucktestkörper) berücksichtigt. Die Lösung dieser Aufgabe umfasst neben dem Vergleich der unterschiedlichen Zugfestigkeiten, zusätzlich die Berücksichtigung der Mikrostruktur eines additiv gefertigten Werkstoffes. Im Rahmen der hier vorgestellten ersten Testergebnisse wurde die Skalierung ausschließlich über einen Vergleich der Zugfestigkeiten vorgenommen. Der Einfluss der von der Mikrostruktur bestimmten Werkstoffeigenschaften wurde nicht berücksichtigt.

In Tabelle 5 sind die Skalierungsfaktoren der Werkstoffe für das selektive Laserschmelzen sowie die sich ergebenden Berstdrücke/Zielwerte dargestellt.

Tabelle 5: Skalierungsfaktoren und Zielwerte

Material	Original X12CrMo9	Edelstahl 1.4404	Aluminiumlegierung AlSi10Mg
Zugfestigkeit R_m [MPa]	560	638*⁾	397*⁾
Skalierungsfaktor $\sigma_{k,v}$	-	1,139	0,709
Berstdruck [bar]	136	154,9	96,4

*⁾ Aus Zugversuchen ermittelter Wert

6 Berstversuche mit Dehnungsmessung

Im Folgenden werden am Beispiel des PK2 die Durchführung des Berstversuches sowie die Ergebnisse der Messungen dargestellt. Zur Vorbereitung auf den Berstversuch wurden zwei Dehnungsmessstreifen (DMS) für Umfangs- und Axialrichtung im ungestörten Bereich des Prüfkörpers appliziert. Hierzu wurde der gegenüberliegende Bereich der Fehlstelle gewählt. Abbildung 7 zeigt schematisch den für die Versuchsdurchführung verwendeten Versuchsaufbau.

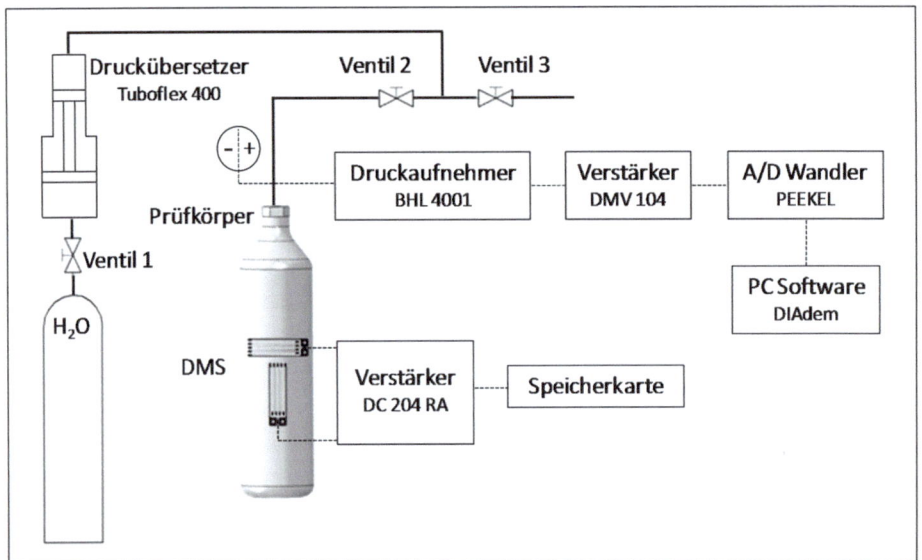

Abbildung 7: Versuchsaufbau der Berstversuche an den Prüfkörpern

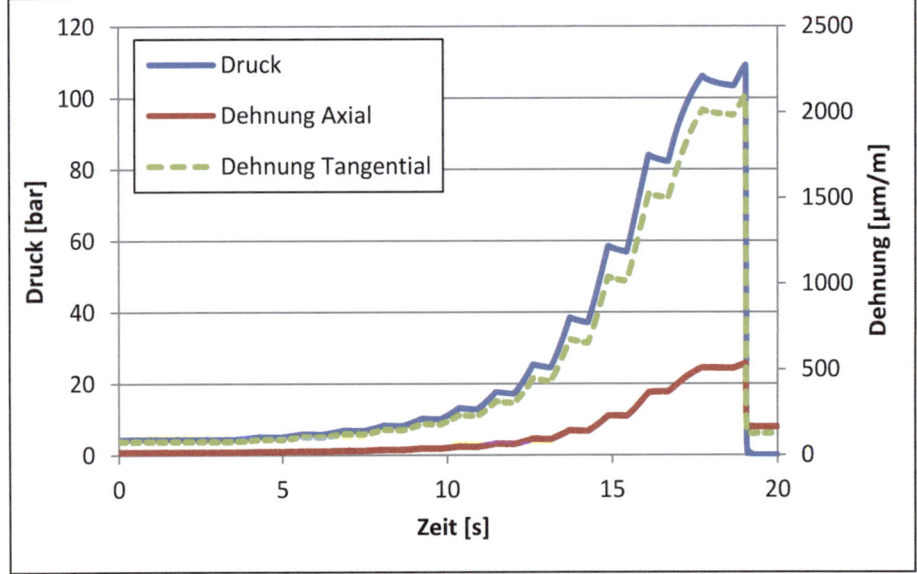

Abbildung 8: Messdaten des Berstversuches am Prüfkörper 2

In Abbildung 8 sind die Dehnungen und der Druck des Versuches über die Zeit aufgetragen. Die Dehnungen verhalten sich proportional zum Druck, was darauf hindeutet, dass sich das Material am Ort der Dehnungsmessung rein elastisch verformt. Das Versagen ist bei einem Innendruck von 110 bar eingetreten.

Zusätzlich wurde die Dehnungsmessung verwendet, um eine Berechnung der E-Module in axialer sowie in tangentialer Richtung durchzuführen.

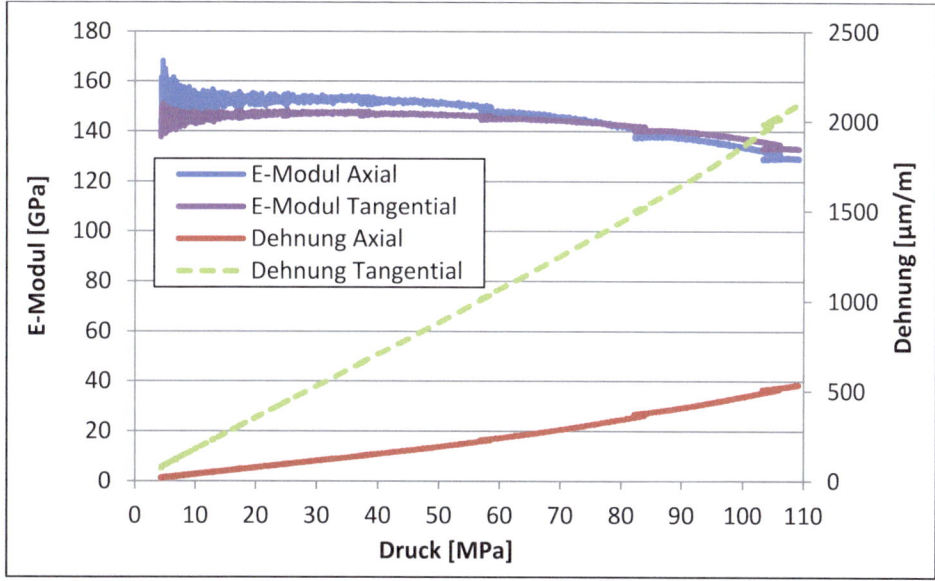

Abbildung 9: Dehnungsverlauf und Verlauf der E-Module des PK2 über Druck

Die Berechnung erfolgte unter der Annahme einer Querkontraktionszahl von 0,3. Abbildung 9 zeigt den Verlauf der beiden E-Module über dem steigenden Innendruck. Im Verhältnis dazu sind ebenfalls die Dehnungen in Längs- und Umfangsrichtung über den Druck aufgetragen. Die Verläufe der beiden E-Module zeigen keinen signifikanten Unterschied. Dadurch lässt sich bei diesem additiv gefertigten Druckbehälter auf ein annähernd isotropes Steifigkeitsverhalten schließen. Der Abfall der beiden E-Module mit steigendem Innendruck lässt sich mit der plastischen Verformung des Druckbehälters erklären. Die ermittelten E-Module liegen bei geringer Belastung bis 60 bar bei ca. 150 GPa und unterhalb der Herstellerangabe von 184 ± 20 GPa [1].

7 Ergebnisdarstellung

Zusammenfassend sind die Ergebnisse aller Versuche in Tabelle 6 dargestellt. Ein Vergleich der Berstdrücke der additiv gefertigten „Druckbehälter" mit dem skalierten Berstdruck zeigt, dass gravierende Abweichungen bestehen. Die Abweichungen reichen dabei von 44% beim PK1 (AlSi10Mg) bis hin zu 19% beim PK3 (1.4404). Weiterhin ist ersichtlich, dass durch die Wärmebehandlung des PK4 das Berstdruckergebnis nicht wesentlich beeinflusst wurde.

Tabelle 6: Gegenüberstellung der Ergebnisse

	PK1 – V1	PK2 – V1	PK3 – V2	PK4 – V2
Material	AlSi10Mg	1.4404	1.4404	1.4404
Materialzustand	As built	As built	As built	Wärmebehand. 2h bei 650°C
Berstdruck der realen Pipeline [bar]	136			
Berstdruck skaliert [bar]	96,4	154,9	154,9	154,9
Berstdruck des Prüfkörpers [bar]	54	110	125	123
Abweichung Versuch zu Skalierung [%]	44	29	19	21

Betrachtet man zu den Berstdruckergebnissen die Versagensbilder der Prüfkörper so sind sehr unterschiedliche Versagensformen zu verzeichnen, siehe Abbildung 10. Das Versagensbild reicht vom Sprödbruch bei PK1 über ein annähernd „duktiles" Versagen bei PK2 und 4 bis zum Versagen durch Leck bei PK3.

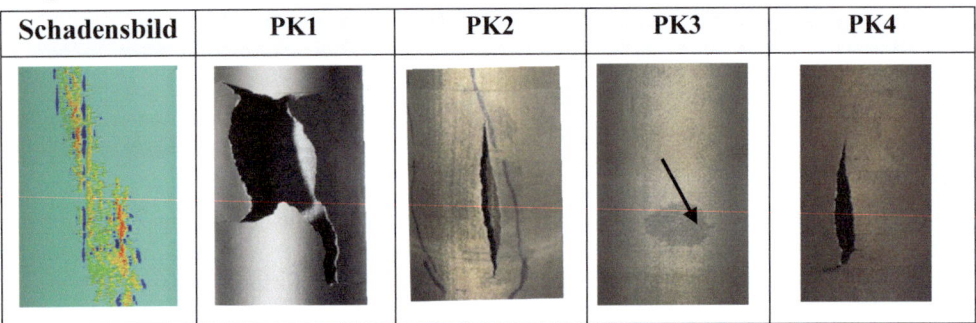

Abbildung 10: Versagensbilder aller Prüfkörper und Vergleich mit Schadensbild

8 Fazit und Ausblick

Es konnte gezeigt werden, dass additive Fertigungstechnologien die Voraussetzung für neue und vielversprechende Produktideen schaffen. Mit dem „Rapid-Bursting-Test" (RBT) wurde eine innovative experimentelle Nachweismethode auf Basis additiv gefertigter Druckkörper vorgestellt. Darüber hinaus wird es künftig möglich sein, kostengünstig und zeitnah experimentelle Nachweise als Ergänzung zu den stark wachsenden Simulationsmethoden durchzuführen.

Die ersten Untersuchungsergebnisse haben gezeigt, dass derzeit noch Differenzen zwischen Skalierung und Versuch bestehen. Zur erfolgreichen Umsetzung des hier vorgestellten Verfahrens ist ein tieferes Verständnis für eine Reihe von Zusammenhängen in Bezug auf die Skalierung und den additiven Fertigungsprozess erforderlich:

- Eine geometrische Skalierung ist für zylindrische Bauteile problemlos möglich [2], dennoch sollten bestimmte Mindestwanddicken nicht unterschritten werden. Andernfalls ist damit zu rechnen, dass verfahrensbedingte Fertigungsfehler (Poren) bzw. ein unzulässiges Oberfläche-Volumen-Verhältnis das Ergebnis des Berstversuches verfälschen. Diese Grenzen sind in weiteren Untersuchungen auszuloten.

- Weiter ist zu überlegen, ob in dem speziellen, hier vorgestellten Fall der Bewertung von zylindrischen Strukturen für Piplines, Rohrsysteme und Behälter besser auf einen zweiachsigen Zugversuch zurückgegriffen werden sollte. Dieses Vorgehen würde eine Reihe von Vorteilen bieten:

    - signifikant geringere Aufwendungen für Fertigung und Prüfung,
    - geringere Skalierung und damit größere Restwanddicken.

- Die Anwendung der dargestellten Skalierungsfunktion alleine über das Verhältnis der Zugfestigkeiten beeinflusst die Genauigkeit des Berechnungsergebnisses.
  Weitere Einflussgrößen wie bspw. Zähigkeit, Gefügezustand, Eigenspannungen, Porenverteilung und Oberflächenrauigkeit sind bei der Überarbeitung der Skalierungsfunktion zu berücksichtigen. Gegenstand künftiger Entwicklungsvorhaben muss es daher sein, die Korrelation von Prozessführung, Mikrostruktur und den daraus resultierenden Materialeigenschaften zu untersuchen. Ein besseres Verständnis des Zusammenhanges zwischen Mikrostruktur und Werkstoffeigenschaften ist dringend erforderlich.

9 Literatur

[1] Materialdatenblatt der SLM Solutions für 316L ; Release 12/14 vom15.12.2014

[2] M. Beckert, Numerische Ähnlichkeitsbetrachtung am Beispiel geschädigter Pipelines, Masterarbeit in Zusammenarbeit mit der TÜV NORD SysTec GmbH & Co. KG, 2/2015

[3] FE-Software ABAQUS von Dassault Systems, Release 6.14

Stabilität von additiv gefertigten Prothesen

Manuel Opitz, Carolin Taubmann, Felix Gundlack, Jannis Breuninger

Mecuris GmbH, München

Zusammenfassung

Additive Fertigungsverfahren (3D-Druck) werden heute nicht mehr nur für Prototypen eingesetzt. Der Wandel hin zum vollwertigen Herstellungsverfahren von Serienprodukten stellt dabei neue Anforderungen an den 3D-Druck. Exo-Prothesen der unteren Extremität (künstliche Beine und Füße) müssen im täglichen Einsatz enorme Kräfte aushalten. Hierbei hilft die geometrische Freiheit der Verfahren, neue Formen und neue Konstruktionen für die Strukturbauteile der Produkte zu entwerfen, welche die mechanische Stabilität der Produkte erhöhen. Dank der digitalen Konstruktion können neue Entwürfe mittels Simulation auf ihre Stabilität überprüft werden. Prothesen, die mittels industriellem 3D-Druck wie dem selektiven Lasersintern (SLS) hergestellt wurden, können daher bereits heute mit den Stabilitäten herkömmlich gefertigter orthopädischer Hilfsmittel konkurrieren und werden das Produktbild in der Medizintechnik nachhaltig verändern.

Stichwörter: Bionik, Medizintechnik, Prothetik

1 Einleitung

Der Wandel der Verfahren der additiven Fertigung vom Prototypenwerkzeug hin zu einem vollwertigen Fertigungsverfahren von Serienteilen ist in vollem Gange. Dieser Wandel stellt alle Beteiligten vor neue Herausforderungen. Den Konstrukteuren bieten sich neue Möglichkeiten, Freiformflächen und Formen zu gestalten. Komplexe Strukturen sind ohne Steigerung der Herstellungskosten produzierbar. Dadurch entstehen zunehmend komplexere Anforderungen an Maschinen, Maschinenhersteller und 3D-Druckdienstleister. Neben Oberflächengüte und Detailtreue werden auch mechanische Eigenschaften gefordert, die mit denen herkömmlich gefertigter Produkte vergleichbar sind. Zudem werden neue Materialien für spezielle Bereiche benötigt, die wiederum einen hohen Entwicklungsaufwand mit sich bringen, um diese auf den 3D-Druckern mit stabilen Prozessen anbieten zu können.

Eine weitere Chance – und zugleich eine weitere Herausforderung – für eine innovative Produktentwicklung bringen die Möglichkeiten im Bereich der individuellen Fertigung (Losgröße 1) mit sich. 3D-Druck ist ein werkzeugloses Verfahren. Es werden keine Formen oder Vorlagen für die Herstellung benötigt. Der Herstellungspreis bleibt dadurch unverändert, egal ob Serienteile oder individuelle Einzelstücke gefertigt werden. Dies bietet in der Medizintechnik und insbesondere im orthopädischen Bereich der Prothesen- und Orthesenfertigung eine Chance, der zunehmenden Standardisierung von orthopädischen Hilfsmitteln entgegenzuwirken und zum Patientennutzen wieder vermehrt individuell auf den Patienten angepasste Produkte anzubieten. Die Herausforderung liegt dabei in der Datenerstellung sowie der Qualitätssicherung der Einzelstücke. Die Patientendaten müssen automatisiert in die Konstruktion einfließen und ohne manuellen Aufwand muss das parametrische CAD-Modell in ein individuelles 3D-Design transformiert werden.

Experten sind sich einig, dass sich die stark handwerklich geprägte, orthopädische Industrie im Wandel befindet. Daher stellt sich die Frage, wie die technischen Neuerungen der digitalen Prozesskette nachhaltig und mitarbeiterfreundlich in die bestehenden Prozesse und Arbeitsumgebungen zu integrieren sind. Wie können orthopädietechnische Unternehmen und Kliniken die Fülle der Vorteile des 3D-Drucks ausschöpfen, ohne eine langwierige Einarbeitung ihrer Mitarbeiter in die Thematik auf sich zu nehmen?

Am Fraunhofer-Institut für Produktionstechnik und Automatisierung (IPA) wird seit Jahren an der Kombination von Bionik und 3D-Druck für den Einsatz in der Medizintechnik geforscht. Der Fokus liegt dabei auf der Entwicklung individueller Orthesen und Prothesen unter Einsatz kunststoffbasierten Verfahren. Dabei werden selektives Lasersintern (SLS), welches auf pulverförmigem Polyamid als Ausgangswerkstoff beruht, wie auch das Fused Deposition Modeling (FDM®) bzw. Fused Filament Fabrication (FFF) eingesetzt, um hochbelastbare und zugleich extrem leichte Produkte zu erforschen.

2 Grundlagen additiv gefertigter Prothesen

Wie einleitend beschrieben, stellen 3D-Druck-Verfahren heutzutage bereits Bauteile mit guten mechanischen Eigenschaften her. Gerade die thermoplastisch arbeitenden Verfahren wie SLS oder FDM sind für die direkte Herstellung von Produkten geeignet. Jedoch müssen iese Verfahren im Bereich der orthopädischen Hilfsmittel auch mit klassisch hergestellten Materialien wie beispielsweise faserverstärkten Kunststoffen oder auch Metallen konkurrieren (Kapitel 2.1). Diese Materialien halten weitaus höheren Belastungen stand. Im 3D-Druck gibt es mehrere Möglichkeiten, Strukturbauteile für hohe Belastungen zu entwerfen (Kapitel 2.2). Diese Konstruktionstechniken erlauben über die Stabilität hinaus eine Optimierung der Funktionalität (Kapital 2.3).

2.1 Ausgangssituation in der Prothetik

Die Orthopädietechnik blickt auf ein Jahrhundert an Erfahrung mit den unterschiedlichsten Materialien und damit auch verschiedenste Herstellungsverfahren zurück. Lange Zeit von Leder, Holz und Gips dominiert, gesellten sich später Metall, Kunststoffe und zuletzt auch Faserverbundwerkstoffe (v. a. carbonfaserverstärkte Kunststoffe, CFK) hinzu.

In den letzten 30 Jahren prägte vor allem der Trend zur Standardisierung von Produkten die Orthopädietechnik (sog. „Schachtelorthopädie"). Dies ermöglichte kürzere Lieferzeiten und Kostensenkungen. Jedoch ging diese Standardisierung in den meisten Fällen mit einem Verlust an Patientenkomfort und verlangsamten Therapieverlauf einher. Der Stand der Technik der Orthopädietechnik für permanente Versorgungen (insb. Beinprothesen) ist daher nach wie vor die manuelle Herstellung. Die Handarbeit fokussiert sich dabei vor allem auf den am Patienten anliegenden Schaft, während der Rest der Beinprothese (Rohr, Fuß) als Standardteil aus dem Katalog zugekauft wird.

Neue Fertigungsverfahren ermöglichen die Automatisierung manueller Herstellungsprozesse und dadurch die patientenspezifische Anpassung aller Komponenten einer Beinprothese, inklusive Rohr und Fuß. Vorteile für den Patienten ergeben sich durch eine bessere Passform im Vergleich zum Residualbein sowie durch die höhere Akzeptanz (Compliance) dank einer Versorgung mit personalisierter Ästhetik. Die individuelle Passform führt dank zweier gleich großer Füße zu einem saubereren Gangbild beim Barfußlaufen sowie - ganz praktisch - zu weniger Problemen beim Schuhkauf.

2.2 Bionisch inspirierte Konstruktion für den 3D-Druck

In der Bionik werden bewährte Prinzipien aus der Natur in die Technik übertragen. Gerade in der Strukturmechanik besteht eine Reihe an Vorbildern, die als Konstruktionshilfe genutzt werden können. Durch die geometrische Freiheit des 3D-Drucks lassen sich diese oft sehr komplexen Strukturen in die Produktwelt übertragen. Beispielsweise bieten die Kieselalgen oder Diatomeen im Bereich der Strukturbionik eine enorme Vielfalt an lastoptimierten Geometrien. Rund 6.000 Arten wurden bisher entdeckt. Allerdings wird angenommen, dass mehr als 100.000 Arten existieren. Jede Art ist durch eine Zellenhülle (Frustel) charakterisiert, die überwiegend aus Siliziumdioxid besteht. Die Vielfalt an verschiedenen Zellhüllen kann dem

Konstrukteur als Ideengeber und Inspiration dienen, um Leichtbau und Stabilität in den Produkten zu verbessern (vgl. Abbildung 1).

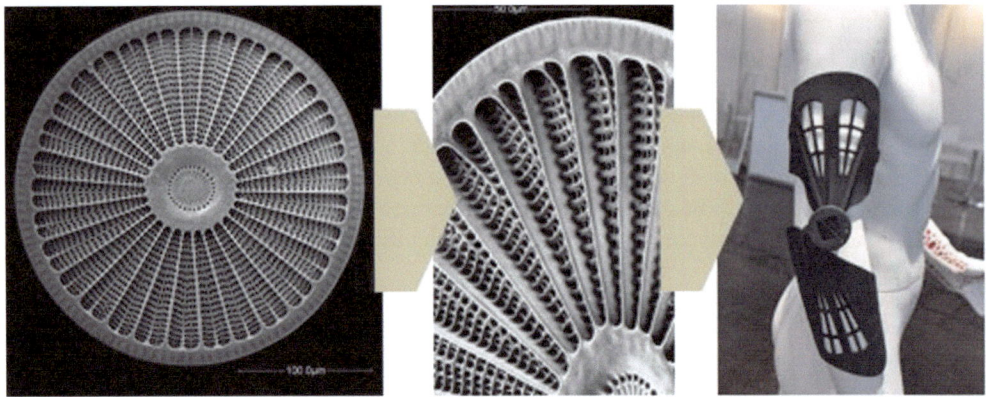

Abbildung 1: Struktur einer Kieselalge übertragen auf eine additiv gefertigte Orthese [2]

Nicht nur bei Diatomeen findet man stabilisierende Strukturen. In nahezu jedem hochbelasteten biologischen Gebilde helfen spezielle Konstruktionssystematiken die enormen Kräfte auf Körper oder Pflanze unbeschadet zu überstehen. Knochen sind hierfür ein weiteres Beispiel. Sie bestehen aus einer verdichteten Wandstärke, die nach innen zu einer schwammartigen Struktur übergeht. Am Beispiel eines Prothesenrohres wurde dieses Konstruktionsprinzip umgesetzt. Das in Abbildung 2 gezeigte Rohr wird als stabilisierendes Element in einer Prothese anstelle eines Aluminiumrohrs verbaut. Die Grundidee dieser Konstruktion entstand am Fraunhofer IPA in Stuttgart. Die Weiterentwicklung und Umsetzung des gezeigten Rohres wurde durch Mecuris realisiert (vgl. Abbildung 2).

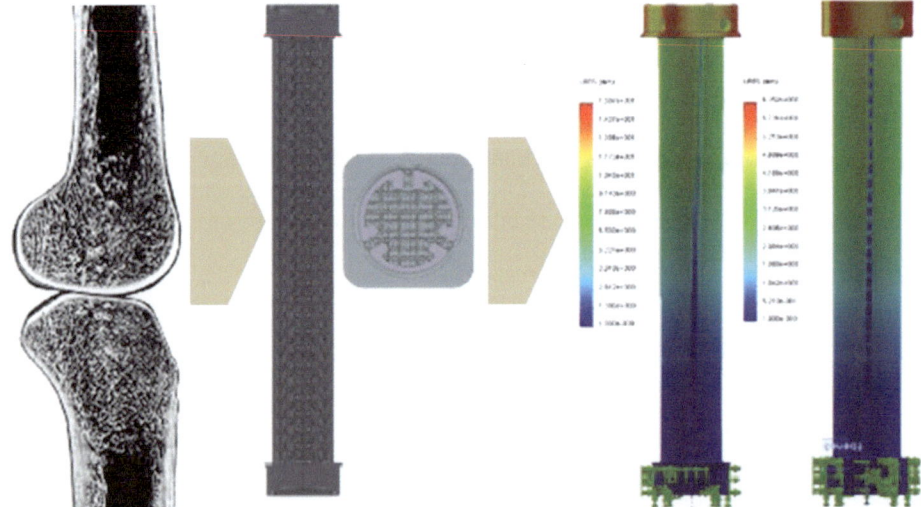

Abbildung 2: Spongiosa-Struktur übertragen auf ein Prothesenrohr:
massive Wandstärke in Kombination mit einer strukturierten Innengeometrie
(Fraunhofer IPA, Mecuris)

Die Struktur zeigt enorme Auswirkungen auf die Stabilität. Betrachtet man beispielsweise die Verformung des Rohres beim Anlegen eines Torsionsmoments, so zeigt sich eine Reduktion der Verformung um 60%.

In der Bionik werden neben der biologischen Strukturmechanik auch Prozesse anhand von Vorbildern aus der Natur konzipiert. Durch den bionischen Prozess der Topologieoptimierung werden Konstruktionen spannungsoptimiert erstellt.

Bei der Topologieoptimierung wird der Auf- und Abbau von menschlichem Knochen imitiert. Knochenzellen werden durch Knorpel- und Bindegewebe gebildet. Das Gewebe verdichtet sich in den hochbelasteten Randbereichen. Im Inneren passt sich die Knochenmatrix den vorherrschenden Spannungen an. Es entsteht eine schwammartige, spannungsoptimierte Knochenstruktur [2].

Die Umsetzung der Knochenbildung stellt in der Technik einen iterativen Prozess dar. Mit Hilfe einer Simulationssoftware wird ein Netz aus finiten Elementen (FE) über die Grundgeometrie gelegt. Die reale Belastungssituation der betrachteten Prothese bestimmt die Randbedingungen des Modells. Anhand dieser werden in der FE-Simulation Bereiche minimaler Spannungen ermittelt und dort Materialeinsparungen vorgenommen. Die entstandene Geometrie wird erneut simuliert und optimiert, bis ein Modell vorliegt, das den zuvor zu definierenden Anforderungen entspricht.

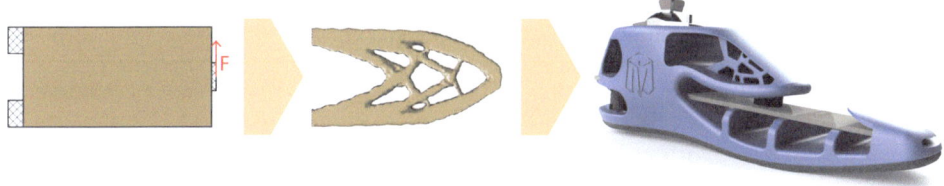

Abbildung 3: Lastoptimierte Struktur eines Prothesenfußes basierend auf FE-Simulation (Mecuris)

2.3 Energierückgabe von Prothesen

Dank der stabilen Leichtbauweise können weitere in der Orthopädie wünschenswerte Eigenschaften optimiert werden. Hierzu zählt insbesondere die sogenannte Energierückgabe von Prothesen und Orthesen der unteren Extremitäten. Für Patienten mit hohen Mobilitätsansprüchen ist eine energieeffiziente Fortbewegung mit orthopädischen Hilfsmittel wie Prothesenfüßen, Unterschenkelprothesen, Oberschenkelprothesen, Vorfußprothesen aber auch (dynamischen) Ankle-Foot-Orthesen (DAFO/AFO) und Knee-Ankle-Foot-Orthesen (KAFO) unerlässlich.

Ähnlich wie bei einem Sportwagen steht für mobile Patienten eine sportliche Gehweise mit geringem Dämpfungsverhalten und direktem Abdrücken vom Untergrund im Fokus, während wie bei einem weich gefederten Familienwagen Menschen mit geringerer Mobilität eher auf ein weiches Abrollverhalten Wert legen, welches Unebenheiten im Untergrund dämpft. Wie ein Formel-1-Wagen stellen die von den paralympischen Spielen bekannten Carbonfederprothesen das extrem sportliche Ende des Spektrums mit einer besonders hohen Energierückgabe dar.

Abbildung 4: Paralympische Athleten nutzen auf hohe Energierückgabe optimierte Prothesen

Für den Alltagsgebrauch sind diese Prothesen jedoch ungeeignet, da kein stabiles Gehen oder gar Stehen insbesondere auf unregelmäßigem Untergrund möglich ist. Diese Prothesen sind explizit für die Rennstrecke und eine fast perfekte Energierückgabe (>90%) optimiert.

3 Konzepte und Ergebnisse bionisch optimierter Prothesen

Die technischen Voraussetzungen der Etablierung des 3D-Drucks als direktes Herstellungsverfahren von orthopädischen Produkten sind gegeben. 3D-Scanner, 3D-Software und 3D-Drucker sind in ausreichender Qualität vorhanden und auch ohne große Investitionen über Dienstleister verfügbar. Dennoch werden diese Verfahren in der Orthopädie noch vergleichsweise wenig eingesetzt. Die Leitfrage lautet daher:

> *Warum werden additive Fertigungsverfahren bisher nur wenig in der Orthopädietechnik angewandt?*

Ein erstes Problem ist die Komplexität der eingesetzten Verfahren und Tools. Der Einstieg kann jedoch durch neue, intuitive Software vereinfacht werden (Kapitel 3.1).

Das Hauptproblem liegt in der Skepsis der Orthopädietechnikbranche gegenüber neuen Fertigungsverfahren wie dem 3D-Druck. Meinungsführer der Branchen stellen die Stabilität von additiv gefertigten Prothesen auch 2017 noch öffentlich in Frage. Ein Konzept zum Stabilitätsnachweis additiv gefertigter Prothesen muss daher neue Methoden wie Simulationen (Kapitel 3.2) mit klassischen Methoden wie mechanischen Realtests (Kapitel 3.3) verbinden.

3.1 Durchgehend digitale Prozesskette für die Orthopädietechnik

Bislang wird kein durchgängiger Prozess aus einer Hand angeboten, der den Einstieg in 3D-Design und 3D-Druck für orthopädische Anwendungen erleichtern würde. Das führt dazu, dass Ärzte und Orthopädietechniker sich in viele neue Wissensgebiete einarbeiten müssen und eine Reihe von unterschiedlichen Programmen (Softwaretools) kombinieren müssen, um den digitalen Prozess und die damit einhergehenden Vorteile voll ausschöpfen zu können.

Ein weiteres Problem ist die fehlende Automatisierung in den Softwarebausteinen. Es braucht je nach Anwendungsfall und Erfahrung eines CAD-Experten mehrere Stunden bis hin zu einigen Tagen, um eine druckbare Konstruktion zu erzeugen. Das macht die Verfahren unwirtschaftlich, selbst wenn die eigentlichen Herstellkosten bereits heute für viele Bereiche auf ein konkurrenzfähiges Niveau gesunken sind.

Abbildung 5: Beispiele für individuelle, additiv gefertigte Prothesen

Ein Lösungsansatz ist die Bereitstellung einer durchgängigen Prozesskette durch eine geeignete Softwarepattform. Dabei spielt die automatische Datenverarbeitung ebenso eine wichtige Rolle, wie die Erstellung und Optimierung von Produkten speziell auf das Herstellungsverfahren des 3D-Drucks. Ausgehend von einzelnen Applikationen kann eine Plattform durch weitere Entwicklungen von Kliniken und Orthopädietechnikunternehmen ausgebaut werden. Die 3D-Scandaten, CT- oder MRT-Bilder oder auch Messdaten werden online eingegeben bzw. hochgeladen. Die Softwareplattform verarbeitet diese Daten dann anhand von Grunddesigns zu dem jeweiligen individuellen Hilfsmittel.

Das Konzept einer solchen Plattform tritt in den folgenden Kapiteln zur digitalen Qualitätssicherung (Kapitel 3.2) und digitalen Anpassungen auf das Laufverhalten (Kapitel 3.4) erneut auf, soll aber nicht Fokus dieser wissenschaftlichen Erörterung sein.

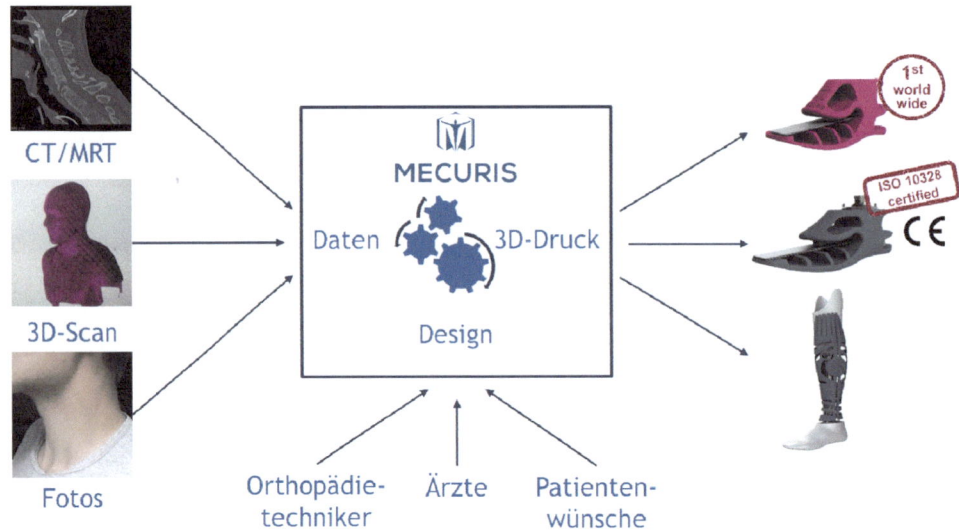

Abbildung 6: Digitale Prozesskette zur Erstellung individueller orthopädischer Versorgungen (Mecuris)

3.2 FE-Simulation als virtueller Belastungstest

Wie im Kapitel 2.2 beschrieben, unterstützen FE-Simulationen bei der bionischen Optimierung von Strukturbauteilen. Auch im Bereich der Qualitätssicherung ermöglichen digitale Verfahren neue Wege. Als Vorbild dient die Automobil- und Luftfahrtindustrie, welche Simulationen auf Basis der Finite-Elemente-Methode (FEM) einsetzt. Betrachtet man diese Branchen, so ist der „digitale Crashtest" als Sicherheitsüberprüfung von Strukturbauteilen nicht mehr wegzudenken. Die Simulation von Bauteilen führt zu schnelleren Entwicklungszyklen und sicheren Produkten und verspricht auch für die Orthopädietechnik eine Sicherstellung der notwendigen Qualitätsmerkmale für Medizinprodukte.

Die FE-Simulationen für Prothesen basieren dabei auf mechanischen Dauerfestigkeits- und Maximallasttests, wie sie für Beinprothesen und Prothesenfüße in den Normen ISO 10328 bzw. ISO 22675 definiert sind. Neben diesen Randbedingungen stellen die Modellierung von Materialdaten, Netzparametern und Kontakten eine entscheidende Grundlage für die Berechnung eines korrekten und realistischen Simulationsergebnisses dar. Zur Überprüfung dieses Ergebnisses ist die Simulation zu validieren. Subjektive Einschätzungen von berechneten Größen, wie Spannungen und Dehnungen, reichen nicht aus, um ein Ergebnis bewerten und somit in der Industrie verwenden zu können. Für eine Validierung ist die Simulation in Anlehnung an einen Realtest durchzuführen und iterativ an dessen Ergebnisgrößen anzupassen. Anschließend kann sie zur Untersuchung weiterer Modelle eingesetzt werden.

FE-Simulationen kommen nicht nur während der Produktentwicklung zum Einsatz, sondern können auch automatisiert für jede einzelne, individuelle Konstruktion angefragt und durchgeführt werden. Hierbei wird sichergestellt, dass keine Schwachstellen beim Integrieren der individuellen Patientendaten im Produkt auftreten.

Weiterhin besteht die Möglichkeit den Arzt oder den Orthopädietechniker die digitale Prozesskette einzubinden, um das Produkt vor der Fertigung noch einmal zu kontrollieren und letzte Änderungen vornehmen zu können. Auch diese Änderungen werden durch Simulationen überprüft. Als finaler Schritt der Qualitätssicherung vor dem Druck steht die Freigabe durch den medizinischen Anwender an.

Abbildung 7: Belastungssimulation eines Prothesenfußes

Die Qualitätssicherung endet nicht mit dem Druckauftrag. Auch der 3D-Druckprozess wird kontinuierlich begleitet. Heutige industrielle 3D-Drucker führen permanent Prozessüberwachungen durch. Dabei wird überprüft, ob Unregelmäßigkeiten im Bauprozess auftreten. Zudem werden stichprobenartig Prüfkörper mit gefertigt und getestet. Im Anschluss an den Druckprozess erfolgt zudem eine 100% Sichtprüfung des Produkts durch einen technischen Druckexperten.

Als Fazit wird festgehalten, dass der in diesem Abschnitt beschrieben Prozess zur reellen und virtuellen Qualitätssicherung weit über die momentan geforderten Richtlinien für Produkte aus dem Bereich der Prothetik und Orthetik hinausgeht. Gerade in der Anfangszeit, soll die umfangreiche Qualitätskontrolle das Vertrauen in die neue Anwendung von etablierten 3D-Druck-Verfahren in der Orthopädietechnik aufbauen.

3.3 Mechanische Belastungstests nach DIN EN ISO 10328:2016

Die Simulationsergebnisse dienen der Qualitätssicherung und auch der Optimierung der Stabilität der Prothesenfußkonstruktion. Der Prothesenfuß wurde nach den vorgegebenen Testverfahren der DIN EN ISO 10328:2016 auf Dauer- und Maximalbelastung geprüft. [4]

Um eine Bruchlast zu ermitteln, wurde ein Vorversuch mit einem Probekörper in Standardgröße durchgeführt. Diese wurden jedoch bei 6.000 N bzw. Lastlevel P8, dem höchsten erreichbaren Lastlevel, abgebrochen. Die Testmaschine konnte keine höhere Leistung liefern. In einer

Nachuntersuchung in einem Computertomographen (CT) konnten auch keine inneren Defekte gefunden werden.

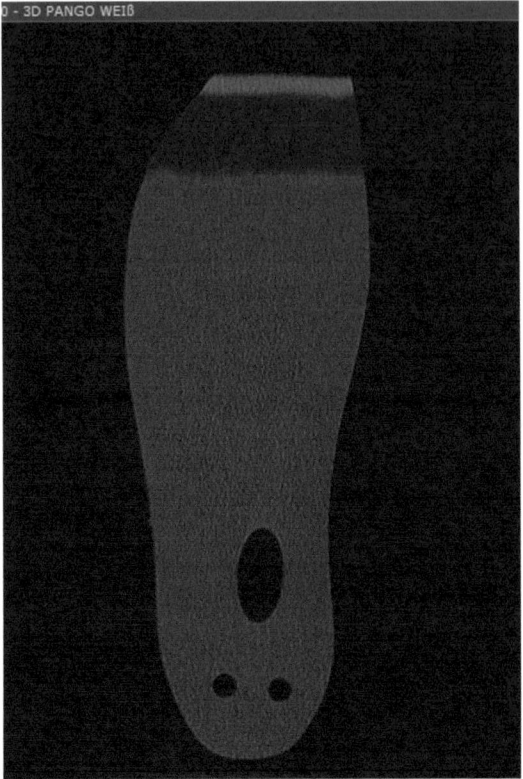

Abbildung 8: CT-Aufnahme des Probekörpers nach Durchführung des Vorversuchs

Der anschließende Hauptversuch wurde wie folgt an zwei Probekörpern parallel durchgeführt:
- Dauerlast von bis zu 1.580 N über 2 Millionen Lastzyklen bei 1,1 Hz
- Einmalige Maximallast von bis zu 4.880 N und kurzes Halten
- Dies entspricht dem Lastlevel P6 bzw. Patienten mit bis zu 125 kg Körpergewicht.

Stabilität von additiv gefertigten Prothesen

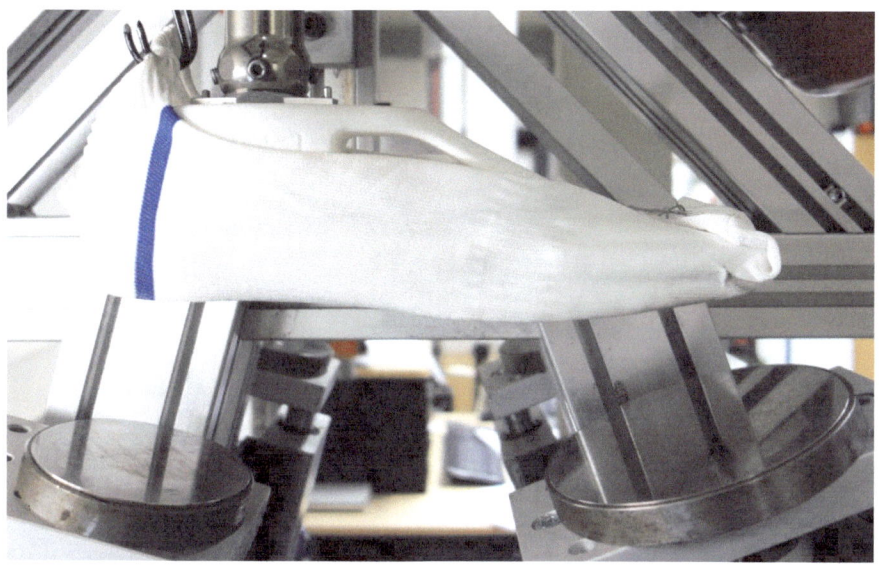

Abbildung 9: Einspannung des Probekörpers in die Testmaschine bei der Berlin Cert GmbH

Die Probekörper sind Prothesenfüße mit extremen Länge-Breite-Verhältnis von 3:1. Dieses Verhältnis ist anatomisch sehr selten, stellt jedoch gleichzeitig mechanisch betrachtet einen langen aber dünnen Kragbalken dar, auf den die Last aufgebracht wird. Nicht nur relativ, sondern auch absolut wurde eine große Länge für den Prothesenfuß gewählt. Dieser Extremfall soll somit mechanisch günstigere Lastfälle miteinschließen.

Die Probekörper wurden daher wie folgt dimensioniert:

- Möglichst große Länge von 300 mm
- Möglichst geringe Breite von 97 mm (relativ zur Länge).

Als Material für die Probekörper wurde Polyamid 12 (PA2200) verwendet, ein Standardmaterial für selektives Lasersintern.

Die Prüfnorm erlaubt eine irreversible Verformung der Probekörper nach Durchlaufen der beiden Tests, jedoch kein Versagen (Bruch). Nach Abschluss der Dauer- und Maximallast konnte bei den additiv gefertigten Probekörpern keine Verformung der Probekörper nachgewiesen werden.

In der folgenden Abbildung 10 werden die Ergebnisse der vorherigen FE-Simulation (Kapitel 3.2) der Verformung im realen Lastfall (hier der Vorversuch) gegenübergestellt.

Der Vergleich zwischen den realen und simulierten Verformungen zeigt eine prinzipielle Übereinstimmung der Grundform. Jedoch gibt es Abweichungen bei der exakten Verformung an der Ferse wie auch den Zehen im Millimeterbereich.

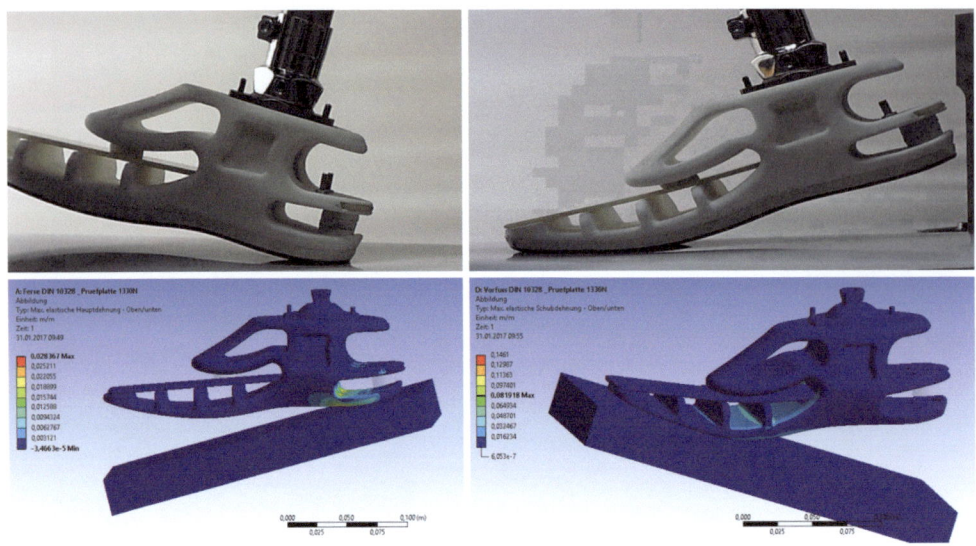

Abbildung 10: Vergleich der realen Verformung mit den simulierten Verformungen

3.4 Energierückgabemessung an additiv gefertigten Prothesenfüßen

Die bionisch inspirierten Strukturbauteile ermöglichen eine gute Abstimmung zwischen Dämpfungs- bzw. Federverhalten. Um die Funktionalität der Prothesenfüße zu quantifizieren, wurde daher die Energierückgabe an zwei Testfüßen gemessen. Dabei ist die Energierückgabe im Vorfußbereich wichtiger als im Fersenbereich, da man sich mit den „Zehen" des Prothesenfußes vom Boden abdrückt.

Die Energierückgabe lässt sich aus einem Kraft-Weg-Diagramm ablesen (vgl. Abbildung 11 und Abbildung 12). Die Fläche zwischen der Kennlinie beim Belastungsfall (rote Linie) und der Kennlinie im Entlastungsfall (blaue Linie) stellt den Energieverlust des Prothesenfußes dar. Im Falle einer perfekten Feder mit einer Energierückgabe von 100% würden die beiden Kennlinien übereinander liegen.

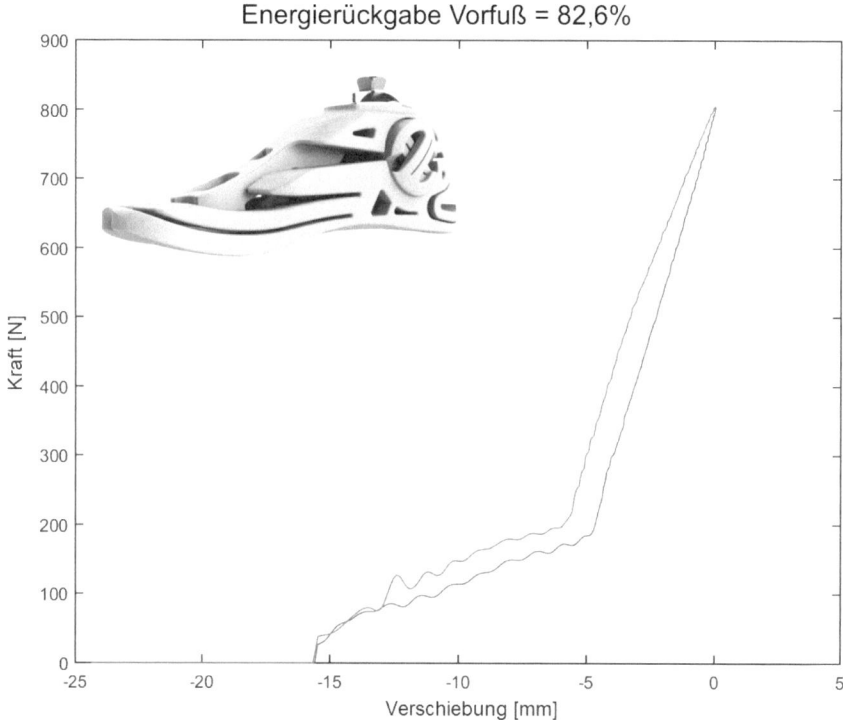

Abbildung 11: Energierückgabe gemessen am Vorfuß eines rein additiv gefertigten Prothesenfußes

Bei einem wasserfesten Badeprothesenfuß betrug die Energierückgabe bei Messungen auf einem Teststand des Fraunhofer IPA 82,6% im Vorfußbereich, was ein Kompromiss aus moderater Dämpfung und moderater Energieeffizienz für kürzere bis mittlere Laufstrecken darstellt. Im Gegensatz zu herkömmlichen Badeversorgung ermöglicht dieser Prothesenfuß damit die Fortbewegung über einige Kilometer z. B. zum Badestrand oder von der Umkleide zum Schwimmbeckenrand. Für einen dauerhaften Einsatz über mehrere Tage auf längeren Wegstrecken ist dieser Fuß jedoch nicht ausgelegt, da bei jedem Schritt 17,4% der Schrittenergie verloren gehen, was durch ein stärkeres Abdrücken des amputierten Beines aus Muskelenergie kompensiert werden muss.

Um die Energierückgabe weiter zu erhöhen, können additiv gefertigte Prothesen mit Federelementen aus Faserverbundwerkstoffen wie CFK oder glasfaserverstärktem Kunststoff (GFK) ausgerüstet werden. Bei Energierückgabemessungen lassen sich an der engeren Hystereseschleife die erhöhte Steifigkeit bzw. geringere Dämpfung direkt ablesen. So steigt die Energierückgabe im Vorfußbereich auf 84,8%, ein durchschnittlicher Wert im Vergleich zu am Markt verfügbaren, herkömmlich hergestellten Prothesenfüßen. Im Fersenbereich wurde eine vergleichsweise hohe Energieeffizienz von 88,0% gemessen.

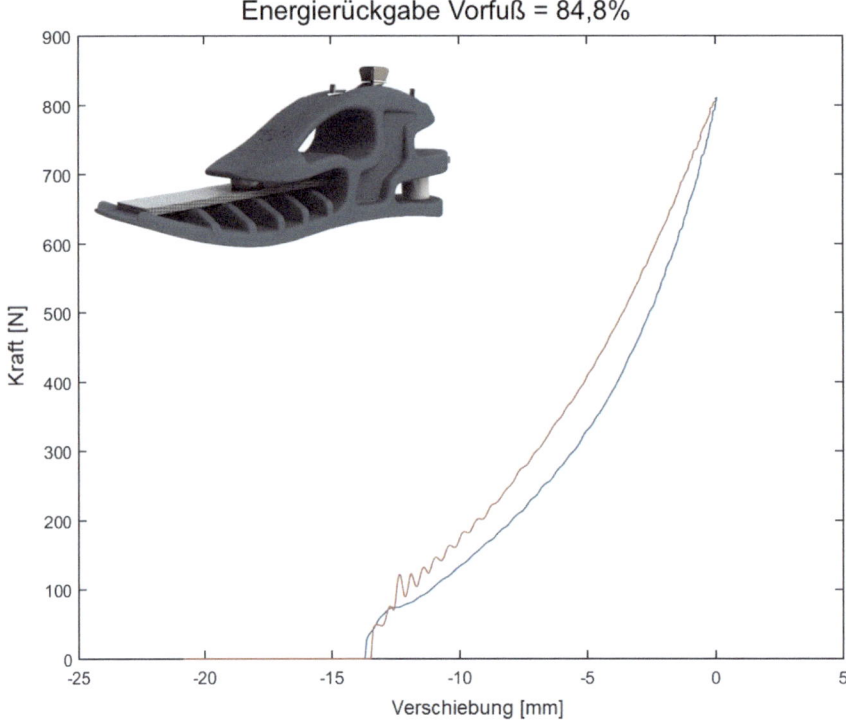

Abbildung 12: Energierückgabe gemessen am Vorfuß eines additiv gefertigten Prothesenfußes mit CFK-Federelement

4 Diskussion der Ergebnisse

Die konsequente Verbindung von digitalen Tests wie FE-Simulationen mit realen Tests nach Norm (bspw. DIN EN ISO 10328:2016) ermöglicht zukünftig nicht nur standardisierte sondern auch patientenspezifische Medizinprodukte nach höchsten Qualitätssicherungsstandards herzustellen. Die Stabilität von additiv gefertigten Exo-Prothesen der unteren Extremität war bei den vorgeschriebenen Tests mit der von herkömmlich industriell gefertigten Prothesenfüßen vergleichbar.

Der in Abbildung 13 dargestellte Prothesenfuß „Nexstep" zeigt bereits heute welche Auswirkung digitale Produktentwicklung und additive Fertigungsverfahren auf die Prothesenwelt von Morgen haben kann. Geprüfte Qualität und CE-Kennzeichnung waren bislang Serienprodukten vorbehalten. Die in Kapitel 3 vorgestellten Konzepte und Ergebnisse zeigen, dass auch ein individueller Prothesenfuß CE-Konformität erlangen kann. Als Fertigungsverfahren zeigt dabei insbesondere selektives Lasersintern mit Kunststoff eine ausreichende hohe Stabilität.

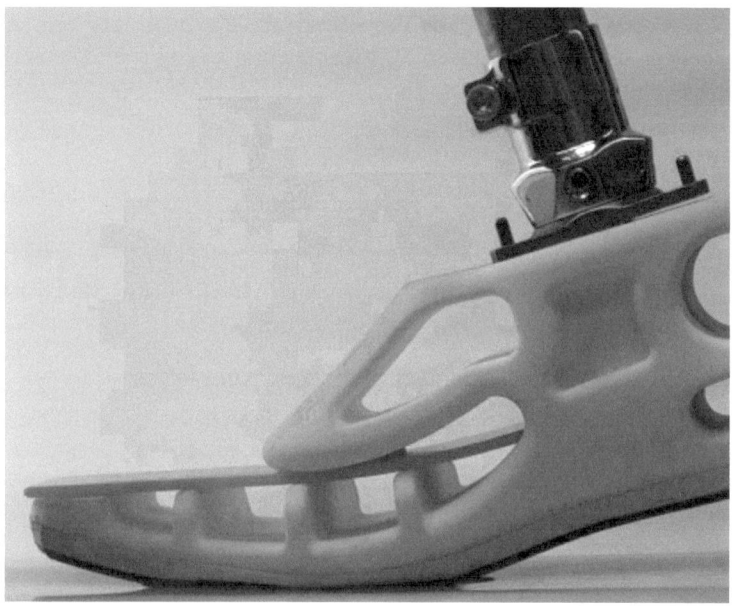

Abbildung 13: Maximalbelastungstest nach DIN EN ISO 10328:2016 mit 6.000 N

4.1 Auswirkung der Ergebnisse auf die Orthopädietechnik

Individuelle, additiv gefertigte Prothesen werden die Möglichkeiten und Arbeitsweisen der medizinischen Anwender verändern. Der Orthopädietechniker wird mehr Zeit am Computer verbringen, weniger Zeit in der Werkstatt und schlussendlich mehr Zeit mit dem Patienten. Die Frage, welche Vorteile der medizinische Anwender und der Patient von der digitalen Prozesskette haben, ist letztendlich ausschlaggebend für den Erfolg der neuen Technologien.

Die neuen Qualitätssicherungssysteme erfordern den verstärkten Einsatz einer vollständigen digitalen Prozesskette. Dies wiederum bedeutet, dass geeignete Programme und Plattformen zur Verfügung gestellt werden müssen, die es den Handwerkern ermöglicht, ohne wochenlange Einarbeitung die neuen Systeme und Vorteile der digitalen Prozesskette auszunutzen.

Dank Simulation kann der Orthopädietechniker eine Prüfakte für jeden Prothesenfuß anfordern. Darin sind individuelle Simulationen mit Spannungs- und Verformungsdarstellungen enthalten. Dies ermöglicht weitreichende Prognosen über die Haltbarkeit des Prothesenfußes.

Zukünftig kann auch die Energierückgabe für jeden individuellen Prothesenfuß mittels Simulation ermittelt werden. Allerdings zeigt der Vergleich der Ergebnisse von Simulation und Realität, dass noch Abweichungen zwischen dem virtuellen und dem mechanischen Test bestehen. Ein Lösungsansatz ist hierbei eine genauere Modellierung des additiv gefertigten Materials in der Simulation.

In diesem Rahmen stellt sich die Frage, ob die momentane Qualitätssicherung noch dem Stand der Technik entspricht oder ob neue Konzepte wie FE-Simulationen nicht langfristig verpflichten sein müssten. Individualversorgungen verdanken ihre Qualität dann nicht mehr allein dem handwerklichen Geschick des Technikers und seiner Tagesform. Individualversorgungen werden vielmehr „berechenbarer". Das fördert wiederum die Patientensicherheit. Allerdings bedeutet diese Technik auch ein Umdenken für traditionell arbeitende Unternehmen, Ingenieure und Orthopädietechniker.

Insgesamt ergibt sich eine Reihe an Chancen für den Orthopädietechniker und damit auch den Patienten der nahen Zukunft:

- „Mass Customisation" anstatt Massenversorgungen.
- Mehr Zeit für individuelle Betreuung, da Zeit in der Werkstatt eingespart wird.
- Mehr Mitsprache der Anwender und Patienten in Ästhetik und Design der Produkte.
- Gesicherte Qualität durch virtuelle und reale Tests.
- Verbesserte Erfassung und Archivierung der Produktparameter.

Dieser letzte Punkt ermöglicht langfristige Vergleiche, was mit bisherigen Gipsmodellen nicht möglich war. Dadurch kann der Nutzen des Hilfsmittels verlässlich nachgewiesen und Produktverbesserungen integriert werden. Außerdem ist im Falle eines Defekts sofort ein druckbares 3D-Modell der individuellen Patientenversorgung verfügbar.

4.2 Verbesserung des Versuchsaufbaus

Die vorliegenden Testergebnisse sollten extern repliziert werden. Bereits identifizierte Ansätze für Verbesserungen des Testaufbaus sind:

- Probekörper mit maximaler Länge von 320mm anstatt 300mm
- Nicht nur Maximal- sondern auch Dauerlasttests nach Belastungsklasse P8
- Ermittlung der Bruchlast und Rückkopplung in die Simulation.

5 Fazit und Ausblick

5.1 Zusammenfassung

Die vorliegenden Ergebnisse zeigen erstmalig mittels vorgeschriebener Normtests, dass selbst hochbelastete Strukturbauteile wie Prothesen für die untere Extremität mit bereits am Markt verbreiteten industriellen additiven Fertigungsverfahren mit hoher Stabilität hergestellt werden können.

Stabilität heißt dabei, das Tragen der Kombination folgender Lastfälle ohne Versagen:

- Dauerlast über mehrere Millionen Lastzyklen (hier 2 Mio. Zyklen)
- Einmalige Maximallast auf kritischen Belastungspunkten (hier bis zu 6.000N)

Dadurch können erstmalig additiv gefertigte und damit patientenspezifische Prothesen der unteren Extremität mit CE-Kennzeichnung in den Markt gebracht werden.

Die parallel entwickelte FE-Simulation für einen virtuellen Belastungstest in Anlehnung an die Norm DIN EN ISO 10328:2016 beschleunigt die Prothesenentwicklung, indem konstruktive

Schwachstellen bereits vor dem Realtest beseitigt werden. Darüber hinaus besteht langfristig das Potential, einerseits signifikant weniger Realtests durchführen zu müssen, da die Erfolgswahrscheinlichkeit im Vorfeld berechnet werden kann. Andererseits kann jede einzelne Prothese auf Gewicht und Größe des Trägers abgestimmt und langfristig auch das individuelle Laufverhalten berücksichtigt werden.

5.2 Ausblick und vertiefende Forschungsansätze

Die orthopädische Versorgungsindustrie und insbesondere das Orthopädietechnikerhandwerk befinden sich im Wandel. Die digitale Prozesskette wird die Arbeit der Experten im Bereich der Orthopädie nachhaltig verändern. Der 3D-Druck hat das Stadium des Prototypenwerkzeuges hinter sich gelassen und hat sich mittlerweile als Herstellungsverfahren für Serienprodukte etabliert. Auch die zusätzlichen Technologien zur vollständigen Abbildung der digitalen Prozesskette sind vorhanden. 3D-Scanner sind mit ausreichender Genauigkeit zu günstigen Preisen verfügbar und auch die 3D-Modellierung ist etabliert. Verbleibende Stolpersteine sind:

- Die Entwicklung bzw. die Veränderung bestehender Produkte, um die Vorteile des 3D-Drucks auszunutzen.
- Die automatische Verarbeitung von Patientendaten für die Herstellung von maßgeschneiderten Produkten.
- Die Vernetzung der verschiedenen Wissensgebiete durch digitale Werkzeuge, die es den medizinischen Experten ermöglicht, die Vorteile der digitalen Prozesskette vollständig auszunutzen.

Die vorliegende Arbeit beantwortet nicht abschließend die Frage der Stabilität von additiv gefertigten Prothesen und wirft selbst neue Fragen auf. Ansätze für weitere Arbeiten in diesem Gebiet sind:

a. In wieweit sind wirtschaftlichere additive Fertigungsverfahren wie FDM®/FFF bereits für hochbelastete Strukturbauteile einsetzbar? Welche anderen Verfahren und Materialien werden in naher Zukunft den hohen Belastungen eines Menschen standhalten können?

b. Lassen sich die Ergebnisse auf hochbelastete Orthesen übertragen? Und kann man die Stabilität bei hochbelasteten Orthesen nach ähnlichen Testnormen simulieren und validieren [3]?

c. Kann die Anzahl realer mechanische Tests nach ISO 10328 oder ISO 22675 langfristig durch FE-Simulation (virtueller Belastungs-/Crashtest) reduziert werden, wie in der Automobil- und Motorradbranche bereits geschehen [1]?

5.3 Danksagung und potentielle Interessenskonflikte

Die Autoren profitierten bei Ihren Forschungstätigkeiten von den Forschungsergebnissen und -tätigkeiten von Dr. med. Simon Weidert und Anja Fischer am Klinikum der Universität München der Ludwig-Maximilians-Universität München (LMU). Mitautor Jannis Breuninger blickt zudem auf 10 Jahre medizintechnische Forschung am Fraunhofer-Institut für Produktionstechnik und Automatisierung (IPA) unter Anleitung von Dr. med. Urs Schneider zurück. Darüber hinaus erfolgte ein fachlicher Austausch mit Prof. Andreas Maier an der Friedrich-Alexander-Universität Erlangen-Nürnberg (FAU) und Prof. David Hochmann an der Fachhochschule Münster (FHM).

Die Autoren Jannis Breuninger und Manuel Opitz erhielten finanzielle Unterstützung durch das „Bundesministerium für Wirtschaft und Energie" im Rahmen eines EXIST-Gründerstipendiums. Das EXIST-Gründerstipendium unterstützt Wissenschaftler aus Hochschulen und außeruniversitären Forschungseinrichtungen, die ihre Gründungsidee realisieren und in einen Businessplan umsetzen möchten. Bei den Gründungsvorhaben sollte es sich um innovative technologieorientierte oder wissensbasierte Projekte mit signifikanten Alleinstellungsmerkmalen und guten wirtschaftlichen Erfolgsaussichten handeln.

Die Autoren sind darüber hinaus Mitgründer oder Mitarbeiter der Mecuris GmbH. Mecuris wurde Mitte 2016 als Spin-off des Klinikums der Universität München an der LMU München gegründet. Das sechsköpfige, interdisziplinäre Gründerteam bringt neben mehr als 70 Jahren Berufserfahrung – darunter 25 in der medizinisch-medizintechnischen Forschung – auch die Gründererfahrung aus 7 vorherigen Startups ein. Mit inzwischen 5 weiteren Mitarbeitern arbeitet Mecuris zusammen mit führenden Orthopädiehäusern an der Digitalisierung der Prothetik und Orthetik. Das junge Unternehmen hat sich zum Ziel gesetzt, mittels einer einfach zu bedienenden Softwareplattform Ärzte und Orthopädietechniker in die Lage zu versetzen, ohne vorherige Kenntnisse in CAD-Konstruktion, Simulation oder additiver Fertigung in wenigen Schritten aus Patientendaten wie CT, MRT, 3D-Scan, Fotos oder Maßen, patientenspezifische und stabile orthopädische Hilfsmittel mittels additiver Fertigung herzustellen.

Literatur

[1] Barbani, D., Baldanzini, N., & Pierini, M. (2014). Development and validation of an FE model for motorcycle–car crash test simulations. *International Journal of Crashworthiness*, *19*(3), 244–263. Retrieved from http://www.tandfonline.com/doi/abs/10.1080/13588265.2013.874672%5Cnhttp://www.scopus.com/inward/record.url?eid=2-s2.0-84897979440&partnerID=tZOtx3y1

[2] Breuninger, J., Becker, R., Wolf, A., Rommel, S., & Verl, A. (2013). *Generative Fertigung mit Kunststoffen;Konzeption und Konstruktion für Selektives Lasersintern.* Springer. https://doi.org/10.1007/978-3-642-24325-7

[3] Hochmann, D. (2014). Testing Procedures for Ankle-Foot Orthoses. *Special Edition from: Orthopädie Technik 5/14 – Publisher Orthopädie-Technik*, 102–104. Retrieved from https://verlag-ot.de/content/e3741823/e3763487/e3763729/e3763737/tiles3763742/tileElements3763743/1310_SD_Hochmann_5_14_OB_GB_ger.pdf

[4] EN ISO 10328:2006/prA1:2011, Prosthetics - Structural testing of lower-limb prostheses - Requirements and test methods (ISO 10328:2006/DAM 1:2011)

Herstellbarkeit und mechanische Charakterisierung von lasergesinterten Gitterstrukturen

Dennis Menge, Stefan Josupeit, Patrick Delfs, Hans-Joachim Schmid

Direct Manufacturing Research Center (DMRC) und Lehrstuhl für Partikelverfahrenstechnik (PVT), Universität Paderborn, Deutschland

Zusammenfassung

Die Verwendung von Gitterstrukturen in additiv gefertigten Bauteilen ist eine Möglichkeit, Gewichtsreduzierung bei gleichbleibender Bauteilfestigkeit zu erreichen. Es wurden Sandwichstrukturen mit unterschiedlichen Zelltypen, Zellgrößen und Stegbreiten hergestellt und ausgewertet. Diese Sandwichstrukturen wurden einerseits bezüglich ihrer Herstellbarkeit untersucht, z. B. ob anhaftendes Pulver zwischen den Gitterstrukturen entfernt werden kann. Weiterhin wurden die mechanische Steifigkeit und Festigkeit der herstellbaren Strukturen durch Druck- und Vier-Punkt-Biegeversuche miteinander verglichen und daraus ein jeweiliges Leichtbaupotenzial abgeleitet. Die Ergebnisse dieser Arbeit zeigen auf, welche Dimensionierung von Gitterstrukturen beim Lasersintern sinnvoll ist und welcher Einfluss durch veränderte Geometrieparameter zu erwarten ist.

Stichwörter: Polymer-Lasersintern, Gitterstrukturen, Leichtbau

1 Einleitung

Additive Fertigungsverfahren ermöglichen durch die großen konstruktiven Freiheiten verschiedene Ansätze zur Gewichtsoptimierung von Bauteilen und Strukturen. Besteht ein Bauteil nur an belastungsgerechten Stellen aus Material wird eine Gewichtsreduktion unter Beibehaltung der Traglast ermöglicht. Dabei können komplexe Strukturen entstehen, die zum Teil ausschließlich durch Additive Fertigung hergestellt werden können. Derartige Leichtbaustrukturen sind neben topologieoptimierten Bauteilen z. B. Sandwichstrukturen (Abbildung 1), die aus mindestens zwei Deckschichten und einem dazwischenliegenden Kern bestehen. Typische Kernformen sind Schäume, Waben- oder Gitterstrukturen. Anwendung finden Gitterstrukturen in verschiedenen Bereichen: neben der Anwendung im Leichtbau werden sie auch bei medizinischen Implantaten und Prothesen, zur Vibrationskontrolle, als Dämpfungselement oder in Wärmetauschern eingesetzt [1]. Weiterhin ist von Bedeutung, dass die Kosten mit Zunahme der Komplexität von Strukturen, wie es bei leichtbauoptimierten Strukturen der Fall ist, in der Additiven Fertigung relativ konstant bleiben. Im Gegensatz dazu steigen die Kosten bei konventionellen Fertigungsverfahren mit Zunahme der Komplexität enorm an [2].

Abbildung 1: Aufbau einer Sandwichstruktur

Gitterstrukturen sind in der Additiven Fertigung nicht völlig unbekannt: im Bereich des Laserschmelzens von Metallen sind in der Literatur einige dahingehende Untersuchungen zu finden (siehe z.B. [3, 4]). Beim Kunststoff verarbeitenden Lasersintern liegen bezüglich Gitterstrukturen jedoch kaum systematische Erkenntnisse vor. Es ist weder bekannt, welche Gitterstrukturtypen zufriedenstellend herstellbar sind, noch gibt es Erfahrungswerte über realisierbare Größenordnungen, erreichbare und sinnvolle Füllgrade sowie mechanische Eigenschaften dieser Strukturen. Lediglich Neff et. al. untersuchten mechanische Eigenschaften von lasergesinterten Diamantstrukturen unter Variation von Zellgröße und Strebendicke. Dabei stellte sich heraus, dass die Steifigkeit mit zunehmender Strebendicke und abnehmender Zellgröße zunimmt. Diese Effekte konnten auch durch eine Simulation belegt werden [5].

Im Rahmen dieser Arbeit werden zunächst Untersuchungen zur Herstellbarkeit von Gitterstrukturen durchgeführt. Dazu werden Strukturen mit verschiedenen Zelltypen und Geometrieparametern erzeugt und analysiert. Wesentliche Kriterien sind dabei die Entfernbarkeit des Restpulvers sowie minimal herstellbare Strebendicken. Um die Festigkeit und Steifigkeit der Gitterstrukturen beurteilen zu können, werden mechanische Untersuchungen an entsprechenden Sandwichstrukturen unter Biege- und Druckbelastung durchgeführt. Eine Einordnung hinsichtlich des Leichtbaupotenzials wird durch die Analyse von Leichtbaukennzahlen realisiert.

2 Stand der Technik

Beim Lasersintern von Kunststoffen liegt der Ausgangswerkstoff als Pulver vor. Es wird eine dünne Pulverschicht auf den Baubereich bzw. den bereits bestehenden sog. Pulverkuchen aufgetragen und mittels einer Flächenheizung bis ca. 5 K unterhalb der Schmelztemperatur erhitzt. Die restliche Energie zu dem lokalen, ortsaufgelösten Schmelzen des Kunststoffs und zu der Anbindung an darunterliegende Schichten wird durch einen Laser eingebracht. Schichtweise entstehen so auch sehr komplexe Strukturen. Dabei sind im Gegensatz zum Strahlschmelzen von Metallen keine Stützstrukturen notwendig, da das unverschmolzene Pulver selbst die Stützfunktion übernimmt [6].

Gitterstrukturen liegen in einer Vielzahl verschiedener Grundtypen vor. Ein Element bzw. die Einheitszelle einer Gitterstruktur ist in der Regel kubisch aufgebaut, darüber hinaus gibt es aber auch Sonderformen wie z.B. die Diamantstruktur. Abbildung 2 stellt typische einfach gehaltene Zelltypen dar, die sich durch flächenzentrierte (face-centered rods), raumzentrierte (body-centered rods) und in z-Richtung ausgerichtete Stäbe (z rods) an einem Würfelkörper ergeben [1]. Die Raumausfüllung bzw. der Füllgrad, welcher später für die Bewertung des Leichtbaupotenzials herangezogen wird, ergibt sich aus dem Verhältnis des Volumens der Gitterstäbe einer Einheitszelle zum Volumen dieser Einheitszelle.

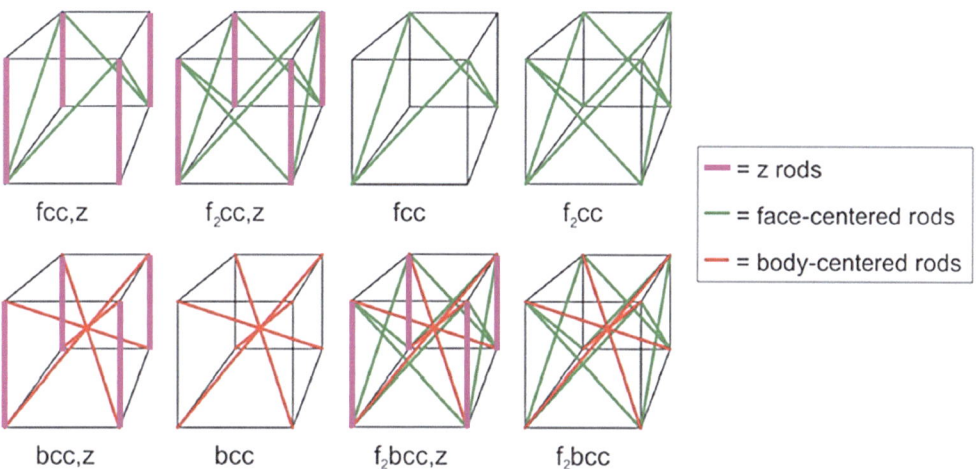

Abbildung 2: Zelltypen basierend auf einer kubischen Einheitszelle [1]

3 Herstellbarkeit

Zur Untersuchung der Herstellbarkeit wurden die folgenden Parameterbereiche gewählt:
- **Zelltyp:** Es wurden insgesamt 6 Zelltypen ausgewählt, wobei 4 davon aus [1] entnommen wurden. Weiterhin wurden die Zelltypen „square-colinear" sowie die Diamantzelle als Referenz für eine „einfache" und eine oft zitierte, in der Natur vorkommende Zelle ausgewählt (vgl. Tabelle 1).

- **Strebendicke:** Die minimal mögliche Strebendicke ist durch den Laserfokus bzw. die Wärmeeinflusszone des Lasers begrenzt. In der Literatur finden sich Angaben zu minimalen Wandstärken von ca. 0,5 bis 1 mm [7, 8]. Im Rahmen von Vorversuchen wurde festgestellt, dass die minimale Strebendicke für das genutzte Fertigungssystem (EOS P396) bei ca. 0,7 mm liegt. Weitere getestete Strebendicken sind 1,0 mm, 1,3 mm und 1,6 mm.

- **Zellgröße:** Die getesteten Zellgrößen betragen 2,5 mm, 3,3 mm, 5 mm und 10 mm. Hintergrund ist, dass die Gesamt-Kernhöhe gemäß Prüfnorm auf 10 mm festgelegt wurde. Diese setzt sich dann aus genau 4, 3, 2 oder einer Zelle zusammen.

Tabelle 1: Untersuchte Zelltypen

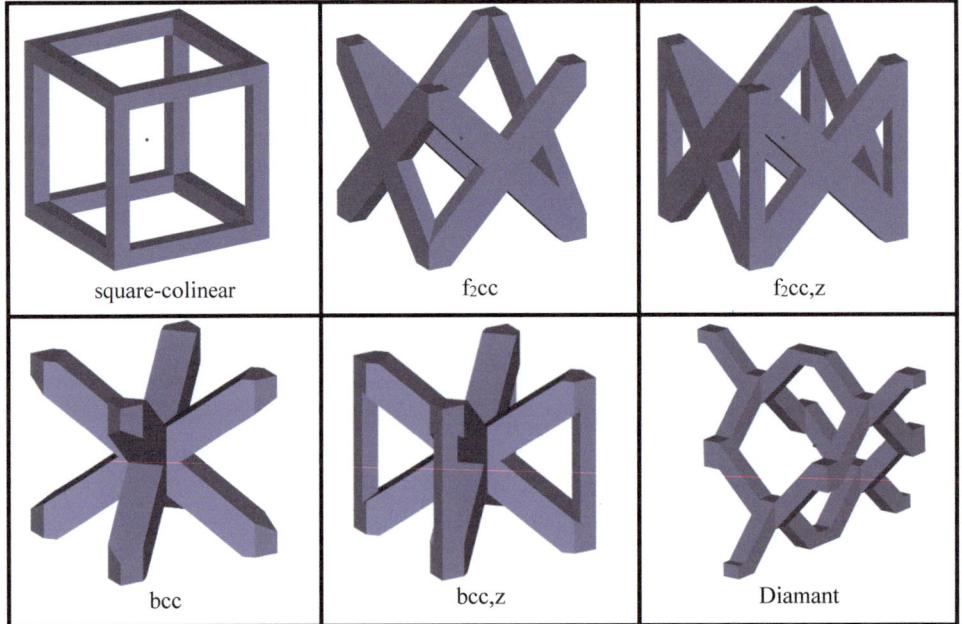

Die jeweiligen Basis-Zelltypen mit den entsprechenden Geometrieparametern wurden in einer CAD-Software einzeln konstruiert und in der Baujobvorbereitungssoftware *Magics* (Hersteller: Materialise, Version: 19.01) vervielfältigt, aneinandergereiht und schließlich digital zu der Gesamtstruktur vereint. Es ergeben sich dabei insgesamt 6 x 4 x 4 = 96 Kombinationen. Die Probekörper wurden auf einem EOS P396 Lasersinter-System mit dem Material PA 2200 (PA12), aufgefrischt mit 50 % Neupulver, bei einer Schichtdicke von 120 µm gefertigt und bezüglich ihrer prinzipiellen Herstellbarkeit untersucht. Dabei wurde zwischen den folgenden Bewertungskriterien unterschieden:

- **Eingeschlossene Volumina (N/A):** Insbesondere kleine Zelltypen mit großen Strebendicken haben eingeschlossene Volumina innerhalb der Gitterstrukturen zur Folge. Diese Kombinationen wurden nicht hergestellt, da eine Pulverentfernung aus dem Inneren prinzipiell nicht möglich ist.

- **Pulver nicht entfernbar (A):** Das Pulver zwischen den Hohlräumen der Gitterstrukturen kann auch durch intensives Glaskugelstrahlen nicht entfernt werden. Dies tritt dann auf, wenn die Zwischenräume so eng sind, dass das Pulver durch den Wärmeeinfluss beim Bauen stark anhaftet, die Glaskugeln die Zwischenräume aber nicht mit ausreichender kinetischer Energie erreichen, um das Pulver zu entfernen. In diesem Fall ist die Grundidee einer von Restpulver befreiten Gitterstruktur somit nicht mehr erfüllbar und die entsprechenden Kombinationen werden ebenfalls ausgeschlossen.
- **Versagen der Probe im Post-Prozess (B):** Die Probe bzw. die inneren Streben haben bereits beim Entfernen anhaftenden Pulvers mittels Glaskugelstrahlens versagt. Diese Kombinationen werden ebenfalls für die spätere mechanische Charakterisierung ausgeschlossen.

Die Auswertung der Untersuchungen ist in Tabelle 2 gezeigt. Die aufgrund eingeschlossener Volumina nicht gefertigten Prüfkörper sind mit „N/A" gekennzeichnet. Die Kombinationen der rot hinterlegten Felder wurden aufgrund nicht entfernbaren Pulvers (A) sowie Versagen im Post-Prozess (B) ausgeschlossen. Die restlichen, grün markierten Felder zeigen die herstellbaren Strukturen. Die jeweilige Prozentzahl gibt die Raumausfüllung der Kombination an.

Tabelle 2: Auswertung der Herstellbarkeit

Herstellbarkeit		Strebendicke [mm]			
Zelltyp	Zellgröße [mm]	0,7	1	1,3	1,6
square-collinear	2,5	19,13 %	35,20 %	52,99 % (A)	N/A
	3,33	11,36 %	21,57 %	33,72 %	46,93 % (A)
	5	5,33 %	10,40 %	16,76 %	24,17 %
	10	1,40 % (B)	2,80 %	4,63 %	6,86 %
f_2cc	2,5	31,73 % (A)	N/A	N/A	N/A
	3,33	19,60 %	N/A	N/A	N/A
	5	9,51 %	18,03 %	28,14 %	39,09 % (A)
	10	2,56 % (B)	5,08 %	8,30 %	12,13 %
f_2cc,z	2,5	N/A	N/A	N/A	N/A
	3,33	22,08 %	N/A	N/A	N/A
	5	10,90 %	20,37 %	31,24 % (A)	N/A
	10	2,99 % (B)	5,87 %	9,53 %	13,84 %
bcc	2,5	38,59 % (B)	N/A	N/A	N/A
	3,33	23,89 % (B)	42,95 % (A)	N/A	N/A
	5	11,61 % (B)	21,98 %	34,24 %	47,47 % (A)
	10	3,15 % (B)	6,21 %	10,14 %	14,80 %
bcc,z	2,5	42,64 % (A)	N/A	N/A	N/A
	3,33	26,70 % (B)	47,29 % (A)	N/A	N/A
	5	13,10 % (B)	24,60 %	37,97 % (A)	52,06 % (A)
	10	3,58 % (B)	7,04 %	11,45 %	16,66 %
Diamant	2,5	N/A	N/A	N/A	N/A
	3,33	34,45 % (A)	N/A	N/A	N/A
	5	13,38 % (B)	30,06 %	N/A	N/A
	10	3,22 % (B)	6,59 %	11,20 %	17,36 %

Über alle Zelltypen hinweg konnten von den ursprünglich 96 Kombinationen nach der o. g. Systematik 58 ausgeschlossen werden (34 x N/A, 12 x A, 12 x B). Die optimale Raumausfüllung für die Herstellbarkeit liegt demzufolge ungefähr zwischen 6 % und 35 %. Die herstellbaren Kombinationen wurden anschließend mechanisch untersucht.

4 Mechanische Charakterisierung

Die mechanische Charakterisierung der Sandwichstrukturen mit Gitterkern wird anhand von Biege- und Druckprüfungen durchgeführt. Auswertegrößen sind die maximal erreichte Kraft, die Steifigkeit sowie die auf die Raumausfüllung des Gitters bezogenen Kennwerte. Letztere stellen typische Leichtbaukennzahlen dar. Da additiv gefertigte Bauteile aufgrund des Schichtaufbaus einer gewissen Anisotropie der mechanischen Eigenschaften unterliegen, welche sich in Unterschieden zwischen den Eigenschaften innerhalb einer Schicht (x-y-Richtung) und den Eigenschaften des Schichtverbunds (z-Richtung) äußern, wurden sämtliche Proben in allen 3 (Haupt-)Raumrichtungen (vgl. Abbildung 3) gebaut. Jeder Gittertyp wurde dabei je Orientierung in 6-facher Ausführung gefertigt und geprüft, so dass alle angegeben Werte aus einer Mittelung über diese 6 Proben erhalten wurden. Die Deckschichtdicke wird für alle Proben auf 1,8 mm (= 15 Schichtdicken) bewusst groß ausgelegt, um später möglichst oft ein Kernversagen zu provozieren.

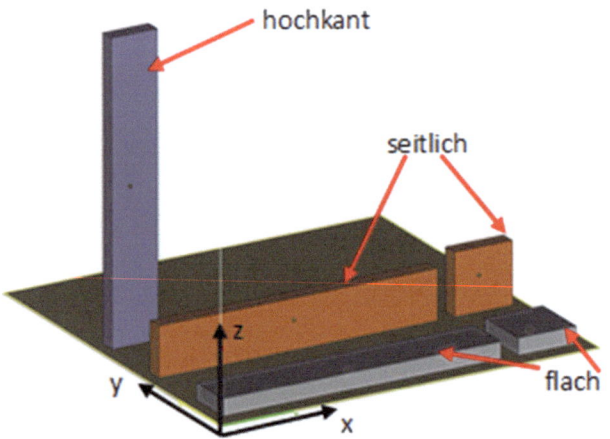

Abbildung 3: Bauteilorientierungen im Bauraum

4.1 Mechanische Untersuchung mittels Biegeprüfung

Die Biegeprüfung findet gemäß der gültigen Norm zur Prüfung von Kernverbunden (4-Punkt-Biegeprüfung nach DIN 53 293, Probenmaß 40 x 240 x 13,6 mm) statt. Als Prüfequipment dient eine Instron 5569 EH Universalprüfmaschine mit 5 kN-Kraftmessdose und einem Biegewerkzeug mit 200 mm bzw. 100 mm Unterstützungs- bzw. Lastabstand (vgl. Abbildung 4). Aufgrund der Vielzahl an Ergebnissen sind im Folgenden nur ausgewählte Ergebnisse für eine seitliche Orientierung der Probekörper vom Typ f_2cc, bcc und Diamant dargestellt.

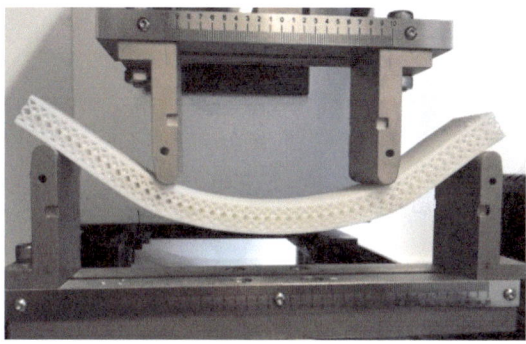

Abbildung 4: 4-Punkt Biegung einer Sandwichprobe

Biegesteifigkeit: Bei der absoluten Steifigkeit (Abbildung 5) liegen fast alle Werte auf etwa einer Höhe, unabhängig vom Zelltyp, der Strebendicke und der Zellgröße, wobei die Steifigkeit etwa 40 % bezogen auf einen Prüfkörper mit Vollquerschnitt beträgt. Lediglich für eine Zellgröße von 10 mm bei einer Strebendicke von 1 mm liegen die Werte etwas niedriger. Teilweise ist eine leichte Tendenz für höhere Steifigkeiten beim Zelltyp f_2cc erkennbar.

Aussagekräftig wird die Analyse dadurch, dass die spezifischen Steifigkeiten (Steifigkeit bezogen auf die Raumausfüllung bzw. den Füllgrad des Gitters) ausgewertet werden (Abbildung 6). Hier schneidet die Diamantstruktur z. B. für alle Geometrievarianten am schlechtesten ab, wohingegen die f_2cc-Zelle die höchsten Kennwerte aufweist. Die zuvor schlechteste Kombination (10/1,0) hat zudem tendenziell die höchsten Werte, da die geringe Raumausfüllung gegenüber den Unterschieden in der Steifigkeit dominiert. Bei konstanter Stegbreite liegen höhere Steifigkeiten für die größere Basiszelle vor; für konstante Zellgrößen schneiden kleinere Stegbreiten besser ab. Die Kennwerte aller Gitterstrukturen liegen deutlich oberhalb der spezifischen Steifigkeit des Vollquerschnitts.

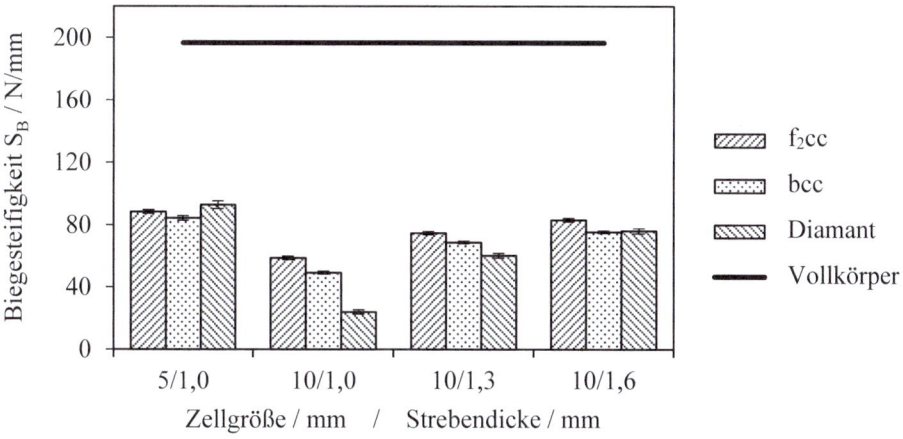

Abbildung 5: Absolute Biegesteifigkeit bei seitlicher Orientierung im Bauraum

Herstellbarkeit und mechanische Charakterisierung von lasergesinterte Gitterstrukturen

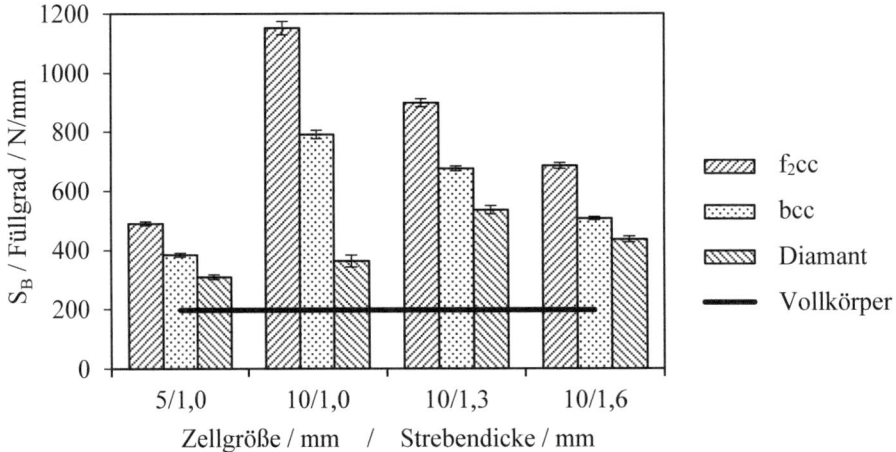

Abbildung 6: Spezifische Biegesteifigkeit bei seitlicher Orientierung im Bauraum

Wird die Steifigkeit über dem Füllgrad aufgetragen (Abbildung 7), so zeigt sich für kleine Füllgrade ein leicht steigender Verlauf und für höhere Füllgrade eine zunehmende Abflachung. Das heißt, dass mit zunehmendem Füllgrad oberhalb von ca. 20 % nur noch sehr geringe Steifigkeitssteigerungen zu erwarten sind. Dabei liegen alle Werte durchweg über der Geraden, welche die spezifische Biegesteifigkeit des Vollkörpers angibt und bei einem Füllgrad von 100 % die absolute Biegesteifigkeit des Vollkörpers ausgibt. Die f_2cc-Zelle verfügt über die höchsten Kennwerte.

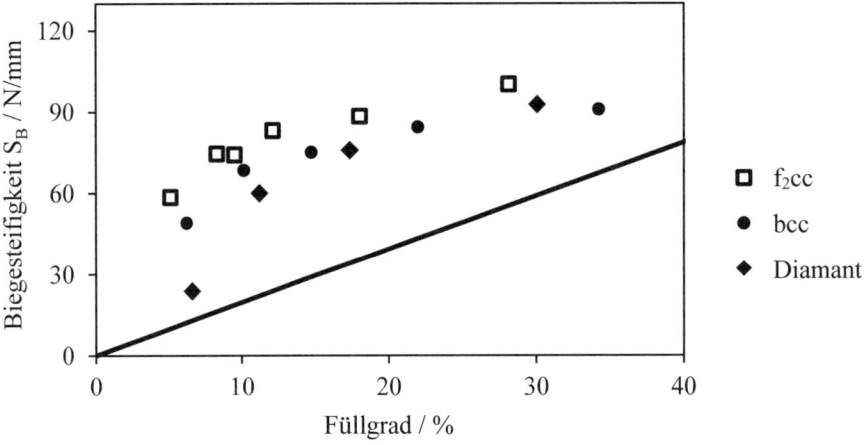

Abbildung 7: Biegesteifigkeit in Abhängigkeit vom Füllgrad bei seitlicher Orientierung im Bauraum

Maximale Biegekraft: Für die absolute maximale Biegekraft (Abbildung 8) ergeben sich, verglichen mit der Steifigkeit, grundsätzlich stärker schwankende Kennwerte zwischen den Zelltypen und -geometrien. Je kleiner die Zellgröße und je größer die Strebendicke, desto größer wird die maximale Biegekraft. Je nach Geometriekombination zeigen unterschiedliche Zelltypen die größten Kennwerte, sodass kein Zelltyp grundsätzlich die beste Eignung aufweist.

Wie auch bei der Steifigkeit ändert sich der qualitative Verlauf jedoch, sobald die maximale Biegekraft in Relation zum Füllgrad gesetzt wird (Abbildung 9). Erneut liefert bei dieser Betrachtung die f_2cc-Zelle die robustesten Kennwerte. Eine leicht steigende Tendenz ist für kleinere Zellgrößen und für größere Strebendicken zu erkennen. Die Diamantzelle schneidet aufgrund ihres hohen Füllgrades erneut etwas schlechter ab als bei den Absolutwerten.

Bezogen auf die maximale Biegekraft liegt eine sehr ausgeprägte Abhängigkeit von dem jeweiligen Füllgrad vor (vgl. Abbildung 10): Je höher der Füllgrad, desto größer ist die maximale Biegekraft. Größtenteils liegen die Kennwerte der Gitterstrukturen oberhalb der spezifischen Festigkeit des Vollquerschnitts, jedoch nicht so stark ausgeprägt wie bei der Steifigkeit.

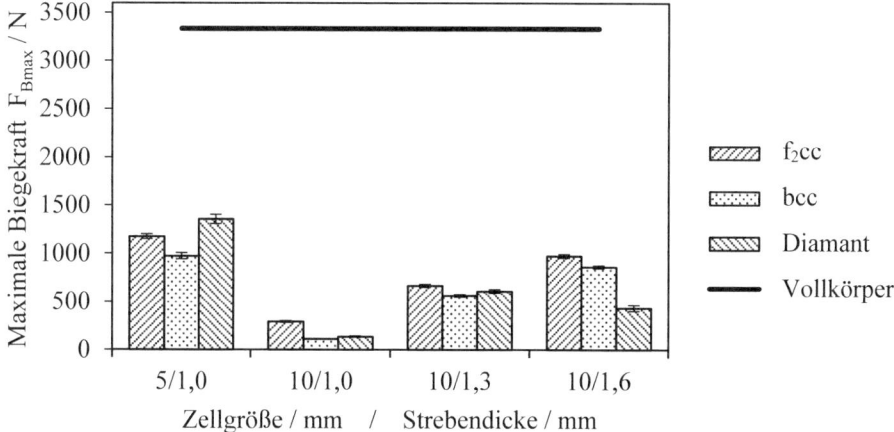

Abbildung 8: Absolute maximale Biegekraft bei seitlicher Orientierung im Bauraum

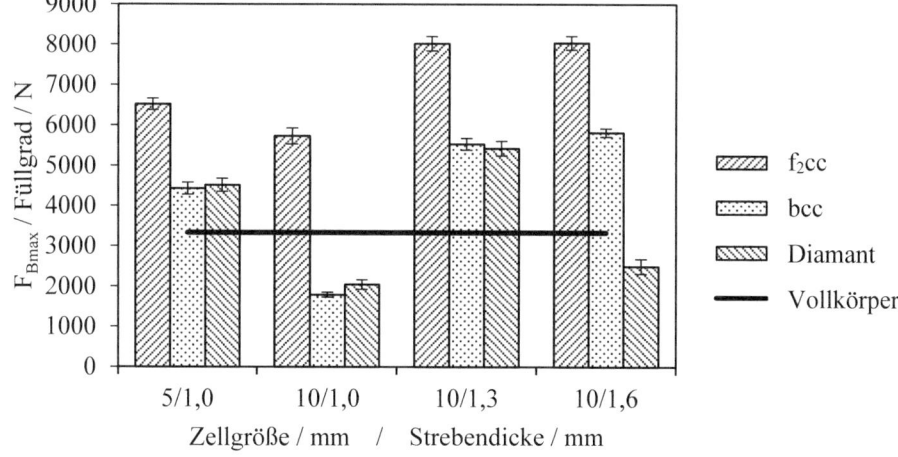

Abbildung 9: Maximale spezifische Biegekraft bei seitlicher Orientierung im Bauraum

114 Herstellbarkeit und mechanische Charakterisierung von lasergesinterte Gitterstrukturen

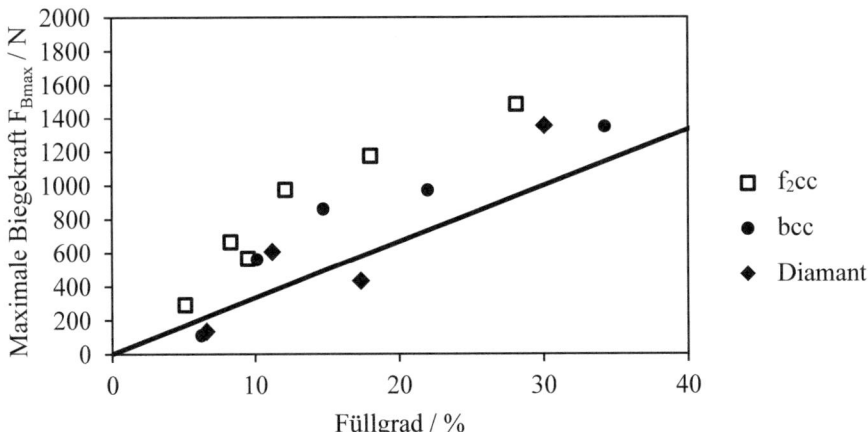

Abbildung 10: Maximale Biegekraft in Abhängigkeit vom Füllgrad bei seitlicher Orientierung im Bauraum

Eine mögliche Erklärung für das verhältnismäßig „starke" Abschneiden der $f_2$cc-Zelle sowohl bei Steifigkeit, als auch maximaler Biegekraft, könnte in der Ausrichtung des Gitters bezogen auf das Maschinenkoordinatensystem liegen. Da die Probekörper seitlich aufgebaut wurden, liegt die Hälfte aller Streben parallel zur Schichtebene, die üblicherweise höhere mechanische Festigkeitswerte liefert als senkrecht zur Schichtebene. Bei komplexen Gittern wie z.B. der Diamantstruktur liegt ein Großteil der Streben verkippt zur Schichtebene, wodurch sich die teilweise geringeren Kennwerte erklären ließen. Abbildung 11 bestätigt anhand der $f_2$cc-Zelle eine Tendenz zu höheren Festigkeiten bei seitlicher Orientierung im Vergleich zur flachen Orientierung, bei der keine Streben parallel zur Schichtebene angeordnet sind.

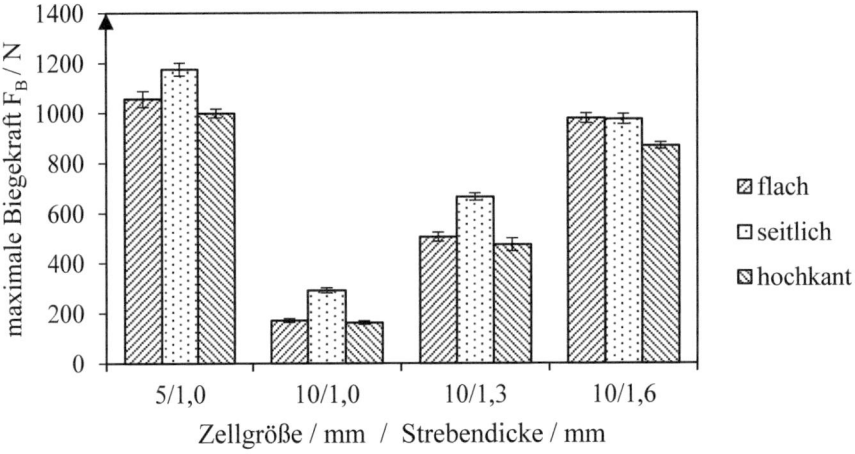

Abbildung 11: Absolute maximale Biegekraft der $f_2$cc-Zelle bei verschiedenen Orientierungen

Versagensmodi: Die teilweise großen Unterschiede zwischen den verschiedenen Zellformen können durch verschiedene Versagensmodi erklärt werden, die bei der jeweiligen Prüfung auftreten (Abbildung 12). Eine Systematik hinsichtlich Gittergeometrie oder geometrischen Parametern lässt sich jedoch nicht feststellen.

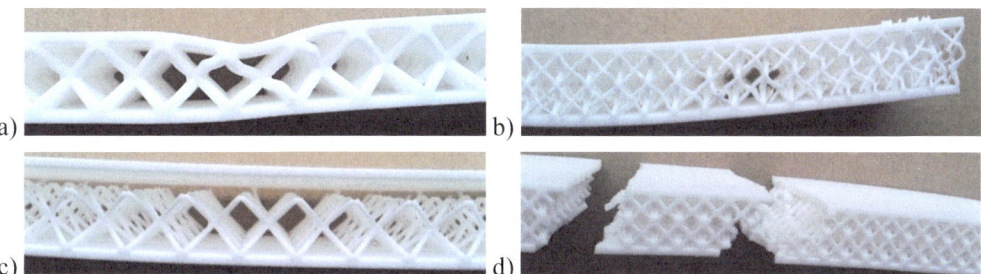

Abbildung 12: Versagensmodi bei Biegebelastung:
a) Deckschichtdeformation, b) Kernschubversagen,
c) Deckschichtablösung, d) Totalbruch (Deckschichtbruch)

Zu beachten ist, dass für die anderen, hier nicht gezeigten Zelltypen und Orientierungen teilweise andere Ergebnisse, z. B. bezüglich der „besten" Zellgeometrie erhalten werden. Die Ursachen für das Strukturverhalten liegen in einem komplexen Zusammenspiel aus Geometrie- und Prozessparametern. Insgesamt ist jedoch festzuhalten, dass die spezifische Biegesteifigkeit und spezifische maximale Biegekraft der Gitterstrukturen weitestgehend höhere Werte als die der Vollkörper aufweist. Proben mit Streben parallel zur Schichtebene verfügen über bessere Festigkeitswerte im Vergleich zu Proben, deren Streben nicht parallel zur Schichtebene vorliegen.

4.2 Mechanische Untersuchung mittels Druckprüfung

Die Druckprüfung findet gemäß der gültigen Norm zur Prüfung von Kernverbunden (Druckprüfung senkrecht zur Deckschichtebene nach DIN 53 291, Probenmaß 50 x 50 x 13,6 mm) statt. Als Prüfequipment dient eine Instron 5569 EH Universalprüfmaschine mit einer 50 kN-Kraftmessdose. Aufgrund der Vielzahl an Ergebnissen sind im Folgenden nur ausgewählte Ergebnisse für eine seitliche Orientierung der Probekörper vom Typ f_2cc, bcc und Diamant dargestellt. Proben mit Vollquerschnitt werden bei der Auswertung der Maximalkraft bei Druckprüfung ausgenommen, da hier prinzipiell kein Versagenspunkt definiert und daher keine Maximalkraft bestimmt werden kann.

Abbildung 13: Druckprüfung einer Sandwichprobe

Drucksteifigkeit: Die absolute Steifigkeit (Abbildung 14) weist unterschiedliche Werte zwischen den Zelltypen, Strebendicken und Zellgrößen auf. Die Zelltypen f_2cc und Diamant zeigen in etwa die gleichen Werte, welche größer als die Werte des Zelltyps bcc ausfallen. Mit steigender Strebendicke bei konstanter Zellgröße steigt die Drucksteifigkeit unabhängig vom Zelltyp an und nimmt mit fallender Zellgröße bei konstanter Strebendicke unabhängig vom Zelltyp ab. Die Steifigkeit aller Gitterproben liegt deutlich unterhalb der Steifigkeit des Vollkörpers.

Aussagekräftig wird die Analyse dadurch, dass die spezifischen Steifigkeiten (Steifigkeit bezogen auf die Raumausfüllung bzw. den Füllgrad des Gitters) ausgewertet werden (Abbildung 15). Dabei fällt auf, dass die Abhängigkeiten der Steifigkeit von der Strebendicke und der Zellgröße durch die einhergehenden Unterschiede in der Raumausfüllung nahezu egalisiert werden und sich die Werte angleichen. Die Zelltypen f_2cc und Diamant weisen weiterhin höhere Werte als der Zelltyp bcc auf, wobei der Zelltyp f_2cc aufgrund geringerer Füllgrade die höchsten spezifischen Steifigkeiten innehat. Im Gegensatz zur spezifischen Biegesteifigkeit weist der Vollkörper eine höhere spezifische Drucksteifigkeit im Vergleich zu den Gitterproben auf.

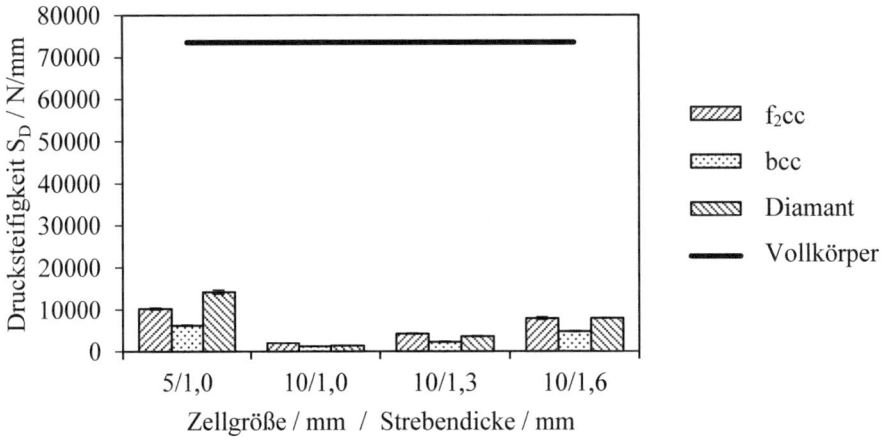

Abbildung 14: Absolute Drucksteifigkeit bei seitlicher Orientierung im Bauraum

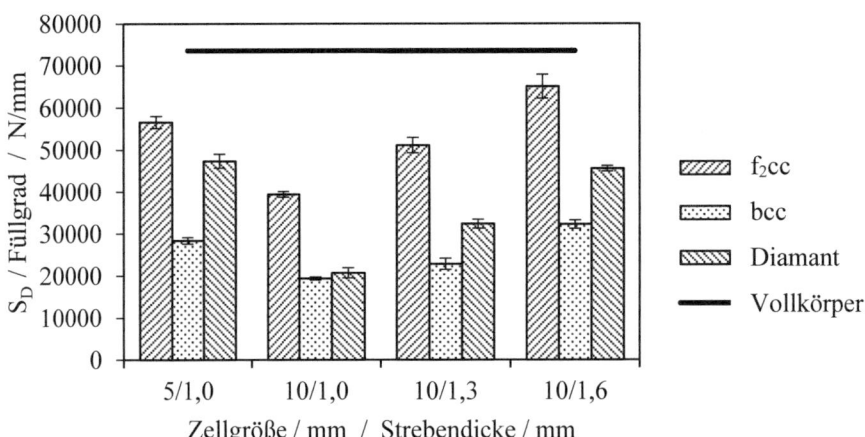

Abbildung 15: Spezifische Drucksteifigkeit bei seitlicher Orientierung im Bauraum

Bei Auftragung der Steifigkeit über dem Füllgrad (Abbildung 16) zeigt sich eine starke Abhängigkeit der Drucksteifigkeit vom Füllgrad. Insgesamt kann festgestellt werden, dass die Drucksteifigkeit mit zunehmendem Füllgrad ansteigt. Neben dieser starken Abhängigkeit existiert noch eine schwächere Abhängigkeit von der Gitterstruktur in der Reihenfolge f_2cc – Diamant – bcc. Bis auf einen möglichen Ausreißer liegen die Steifigkeitswerte der Gitterstrukturen unterhalb der spezifischen Steifigkeit des Vollquerschnitts (dargestellt durch die Gerade in Abbildung 16).

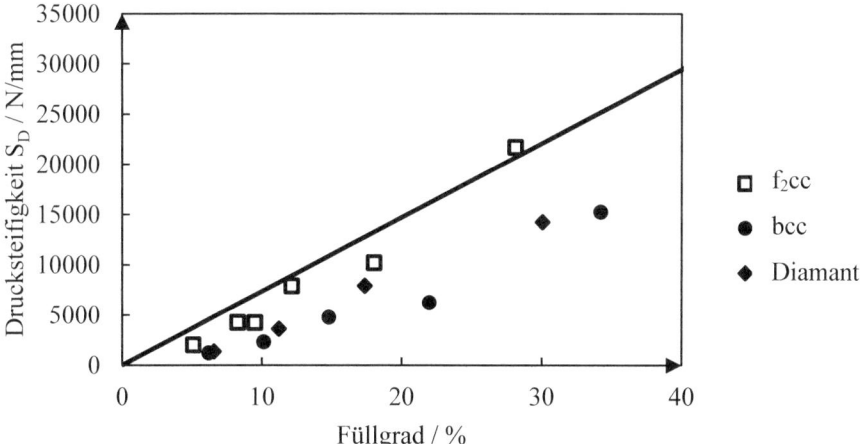

Abbildung 16: Drucksteifigkeit in Abhängigkeit vom Füllgrad bei seitlicher Orientierung im Bauraum

Maximale Druckkraft: Für die absolute, maximale Druckkraft (Abbildung 17) ergeben sich ähnliche Verläufe der Werte: je kleiner die Zellgröße und je größer die Strebendicke, desto größer ist die maximale Druckkraft. Je nach Geometriekombination zeigen die Zelltypen f_2cc und Diamant die größten Kennwerte, sodass von diesen beiden Zelltypen keiner prinzipiell als vorteilhaft einzuschätzen ist. Der Zelltyp bcc weist durchweg die schlechtesten Werte auf.

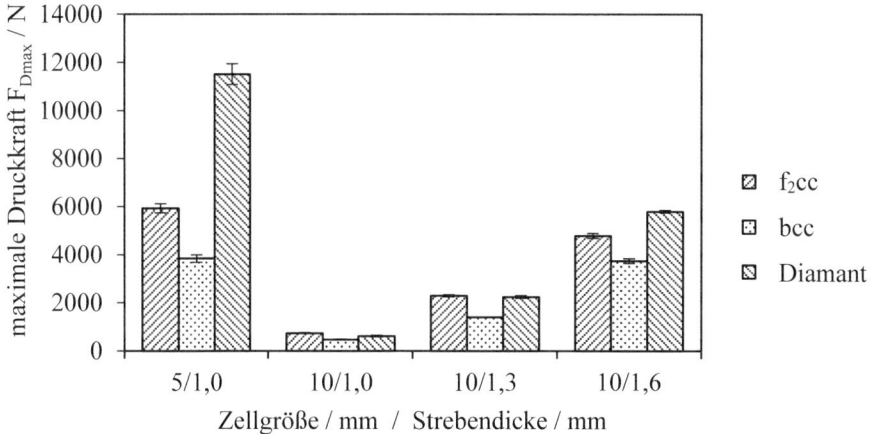

Abbildung 17: Absolute maximale Druckkraft bei seitlicher Orientierung im Bauraum

Bei Betrachtung der maximalen Druckkraft in Relation zum Füllgrad (maximale spezifische Druckkraft, Abbildung 18) gleichen sich die Verläufe im Vergleich zur spezifischen Steifigkeit weniger stark an. Es kann jedoch festgestellt werden, dass die Werte der f_2cc-Zelle deutlich stärker zunehmen als die Werte der Diamant-Zelle. Mit Ausnahme der größten Zelle weist der Zelltyp f_2cc die höchste maximale spezifische Druckkraft auf. Die bcc-Zelle verfügt weiterhin über die geringsten Werte.

Bei der maximalen Druckkraft liegt ebenfalls eine ausgeprägte Abhängigkeit von dem jeweigen Füllgrad vor (vgl. Abbildung 19), indem die maximale Druckkraft mit steigendem Füllgrad stark zunimmt.

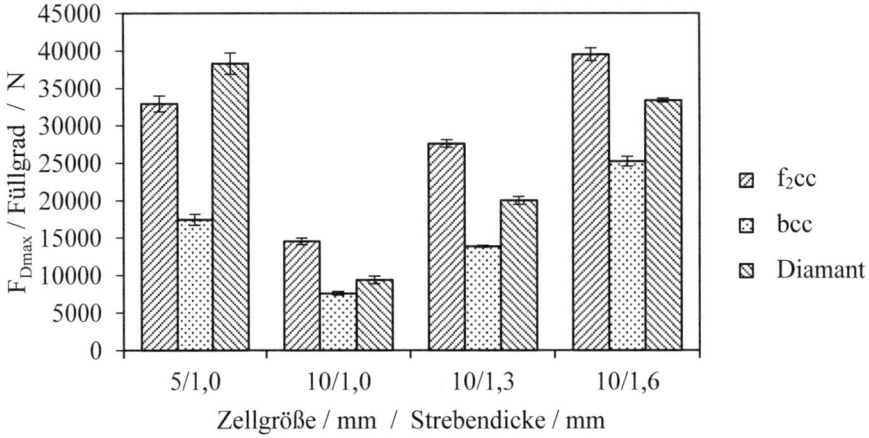

Abbildung 18: Maximale spezifische Druckkraft bei seitlicher Orientierung im Bauraum

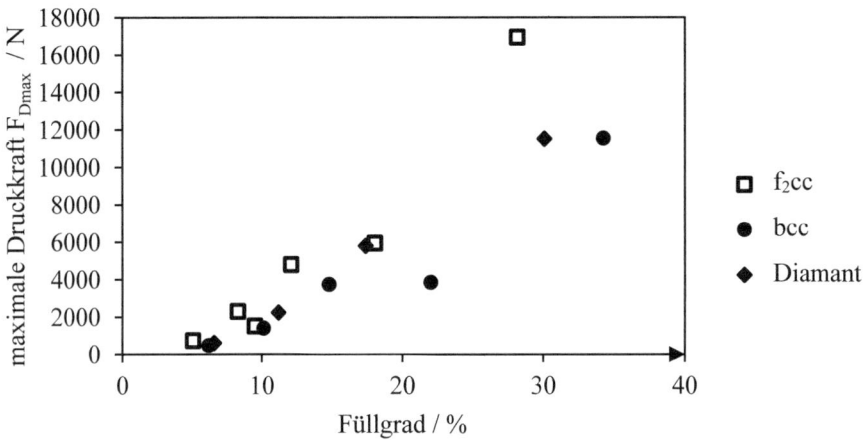

Abbildung 19: Maximale Druckkraft in Abhängigkeit vom Füllgrad bei seitlicher Orientierung im Bauraum

Versagensmodus: Das Versagen unter Druckbelastung tritt bei allen Proben durch die einachsige Belastung ausschließlich im Kern der Sandwichstruktur auf. Plastische Verformung und teilweise auch Knicken bzw. Brechen von Streben führte zum Versagen der Proben. In Abbildung 20 werden verschiedene Proben nach dem Versagen durch Druckbelastung aufgezeigt. Oben ist eine Probe mit dem Zelltyp f_2cc, in der Mitte eine Probe mit dem Zelltyp bcc und unten eine Probe mit dem Zelltyp Diamant abgebildet.

Abbildung 20: Versagensmodus bei Druckbelastung (Kernschubversagen)

Wie bei der Biegeprüfung muss auch bei der Druckprüfung berücksichtigt werden, dass die an dieser Stelle nicht aufgeführten Zelltypen und Orientierungen zum Teil andere Ergebnisse liefern. Die Ursachen für das Strukturverhalten liegen in einem komplexen Zusammenspiel aus Geometrie- und Prozessparametern. Es kann festgehalten werden, dass die spezifische Drucksteifigkeit der Gitterstrukturen im Gegensatz zur spezifischen Biegesteifigkeit niedrigere Werte als die der Vollkörper aufweist.

5 Zusammenfassung und Ausblick

Gitterstrukturen sind eine Möglichkeit, bauteilintegrierten Leichtbau umzusetzen. Im Rahmen der vorliegenden Arbeit wurden die Herstellbarkeit und die mechanischen Eigenschaften von lasergesinterten Gitterstrukturen als Kern von Sandwichstrukturen untersucht. Die Herstellbarkeit ist durch die Raumausfüllung der Gitterstruktur nach unten durch vorzeitiges Versagen bei zu filigranen Strukturen und nach oben durch die Pulverentfernbarkeit begrenzt. Die Raumausfüllung liegt etwa in einem Intervall von 6 % bis 35 %. Die Mindeststrebendicke wurde mit 0,7 mm identifiziert. Unter Leichtbaugesichtspunkten eignen sich für steife Verbunde große Zellen mit dünnen Streben; für hochbelastete Verbunde eher kleine Zellen mit mittleren Strebendicken. Bei Biegebelastung weisen die untersuchten Gitterstrukturen bessere spezifische Kennwerte als entsprechende Vollkörper auf. Bei reiner Druckbelastung verfügt die spezifische Steifigkeit der Vollkörper über höhere Werte. Auch wenn die Kennwerte je nach Zelltyp und Geometrie sowie der Orientierung im Bauraum stark schwanken können, zeigt sich unter den hier dargestellten Zelltypen die f_2cc-Zelle als robuster „Allrounder". Für die weitere Forschung sind zum einen Modelle zur Vorhersage des Verformungsverhaltens interessant, zum anderen aber auch gradierte Strukturen durch Kombination verschiedener Zellformen und lokal angepasster Strebendicke (vgl. Knochenstrukturen).

Danksagung

Die Autoren bedanken sich beim Land Nordrhein-Westfalen und allen Industriepartnern des DMRC für die finanzielle Unterstützung im Rahmen des Projektes „Robust Simulation of Complex Cellular Structures" sowie dem „NRW Fortschrittskolleg: Leicht – Effizient – Mobil" gefördert vom Ministerium für Innovation, Wissenschaft und Forschung des Landes Nordrhein-Westfalen.

Literatur

[1] Merkt, S.; Hinke, C.; Bültmann, J.; Brandt, M.; Xie, Y. M.: Mechanical response of TiAl6V4 lattice structures manufactured by selective laser melting in quasistatic und dynamic compression tests, Journal of Laser Applications, 2015

[2] Breuninger, J.; Becker, R.; Wolf, A.; Rommel, S.; Verl, A.: Generative Fertigung mit Kunststoffen – Konzeption und Konstruktion für selektives Laserintern, Springer Vieweg Verlag, Berlin Heidelberg, 2013

[3] Rehme, O.: Cellular Design for Laser Freeform Fabrication, Dissertation Technische Universtität Hamburg-Haburg 2009, Cuvillier Verlag, Göttingen, 2010

[4] Yan, C.; Hao, L.; Hussein, A.; Raymont, D.: Evaluations of cellular lattice structures manufactured using selective laser melting, International Journal of Machine Tools & Manufacture, 2012

[5] Neff, C.; Hopkinson, N.; Crane, N. B.: Selective Laser Sintering of Diamond Lattice Structures: Experimental Results and FEA Model Comparison, SFF Symposium, Austin, USA, 2015

[6] Schmid, M.: Selektives Lasersintern (SLS) mit Kunststoffen, Hanser, 2015

[7] Wegner, A.; Witt, G.: Konstruktionsregeln für das Lasersintern, Universität Duisburg-Essen, Zeitschrift Kunststofftechnik, 2012

[8] Adam, G. A. O.: Systematische Erarbeitung von Konstruktionsregeln für die additiven Fertigungsverfahren Lasersintern, Laserschmelzen und Fused Deposition Modeling; Dissertation Universität Paderborn 2015, Shaker Verlag, Aachen, 2015

Physikalische Modellbildung für das Additive Sintern von Kunststoffmaterialien

Florian Wohlgemuth, Ingo Alig

Fraunhofer-Institut für Betriebsfestigkeit und Systemzuverlässigkeit LBF,
Bereich Kunststoffe

Zusammenfassung

Für eine Reihe technischer Prozesse der Kunststoffverarbeitung, wie das Selektive Lasersintern, das Rotationsformen oder die Pulverbeschichtung, ist die Koagulation geschmolzener Polymerpartikel ein wichtiger Prozessschritt. Diese Koagulation unterscheidet sich aufgrund der viskoelastischen Natur der Polymere von metallischem Sintern. Ein mikroskaliges Modell, das Viskoelastizität berücksichtigt, ist daher für das Verständnis grundlegender Wirkmechanismen erforderlich. Auf der Basis von Arbeiten von Frenkel [1] sowie von Mackenzie und Shuttleworth [2] wurde ein physikalisches Modell für die späte Phase des Sinterns, das durch die Minimierung der Oberflächenenergie angetriebene Kollabieren einer Gaspore modelliert und um Gasdiffusionseffekte erweitert wird. Viskoelastizität und Gasdiffusion beeinflussen die Prozessdynamik stark.

Stichwörter: Selective Laser Sintering, Simulation, Diffusion, Viskoelastizität

1 Einleitung

Sowohl für additive Fertigungstechniken von Kunststoffen wie das Selektive Lasersintern (SLS) oder die Schmelzebeschichtung (englisch: Fused Deposition Modeling; FDM) als auch für Pulverbeschichtung oder Rotational Moulding mit Kunststoffen sind die grundlegenden Prozesse das Schmelzen von teilkristallinen Polymeren, die Koagulation der geschmolzenen Polymerpartikel und die nachfolgende Polymerkristallisation. Durch Viskoelastizität sowie temperaturbedingte Alterungsprozesse unterscheiden sich Verarbeitungsverhalten und Endeigenschaften wesentlich vom metallischen Sintern. Voraussetzung zum Verständnis grundlegender Wirkmechanismen und für eine umfassende Modellierung des Sintervorganges von Polymermaterialien sind daher die Einbeziehung des viskoelastischen Materialverhaltens und mikroskalige Modelle.

Eine Arbeit von Frenkel [1] beschreibt das frühe und späte Stadium des Sinterns eines Metallpulvers als durch Minimierung der Oberflächenenergie angetriebenen viskosen Fließprozess. Für das frühe Stadium wird die Koagulation zweier kugelförmiger Teilchen betrachtet, für das späte Stadium das Kollabieren einer sphärischen Pore bzw. Gasblase in der Schmelze. Diese Arbeit wird im Kontext des Lasersinterns viel zitiert und für das frühe Stadium existieren diverse Weiterentwicklungen, z. B. auf Arrays von kugelförmigen Partikeln oder viskoelastisches Fließen, vergleiche Abbildung 1. Für die späte Phase existierte bisher keine viskoelastische Erweiterung; nur eine Arbeit, die den Effekt des Drucks des Gases in der Pore berücksichtigt [2]. Weiterhin gibt es Arbeiten, die die diffusionsgetriebene Dynamik einer solchen Pore berücksichtigen. In diesem Kapitel wird die Frenkeltheorie dargestellt und eine viskoelastische Erweiterung der späten Phase unter Einbeziehung von Diffusionseffekten vorgestellt.

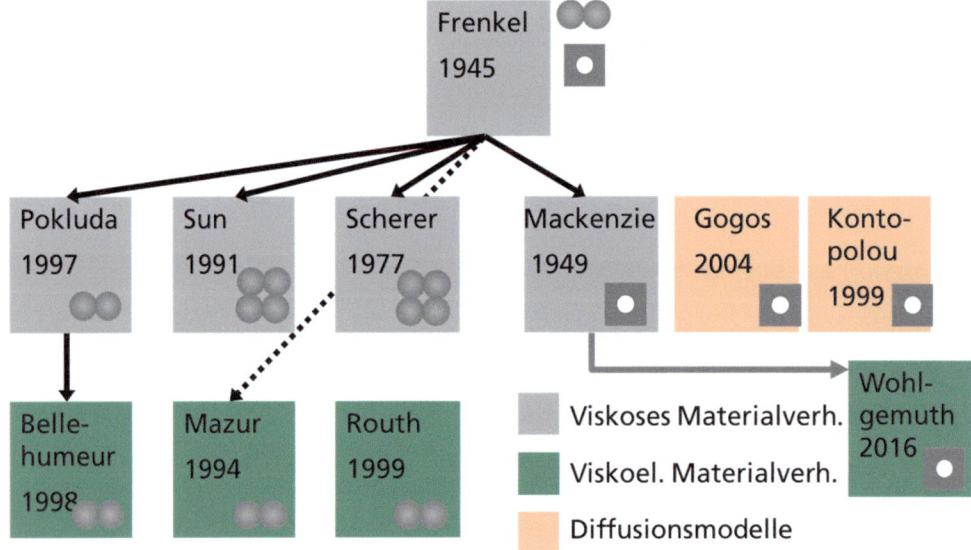

Abbildung 1: Übersicht über relevante Arbeiten zur physikalischen Modellbildung mit Farbkodierung nach verwendetem Materialverhalten und Symbolen für Modellierungen für zwei Kugeln, Kugelarrays und Gasporen. Die Originalarbeiten sind [1-10].

2 Physikalische Modellbildung in der Literatur

Frenkels Idee zur Modellierung des Sinterns bestand darin, dass das Sintern einer Mischung von kleinen Metallpartikeln als Sintern von Kugeln idealisierbar ist. Der Sinterprozess der Kugeln lässt sich in drei Phasen einteilen. In der ersten Phase ist die Koagulation von kugelförmigen Partikeln der relevante Prozess, deshalb beschreibt das frühe Stadium der Frenkeltheorie das Sintern zweier Kugeln. Dabei wird der Prozess durch die Minimierung der Oberflächenenergie angetrieben (denn zwei Kugeln haben eine größere Oberfläche als eine Kugel gleichen Volumens) und durch Viskosität verlangsamt. Im mittleren Stadium, das von Frenkel nicht beschrieben wurde, bilden sich in der Kugelmischung („Array von Kugeln") durch fortschreitende Koagulation Einschlüsse, welche durch die Oberflächenminimierung wiederum sphärisch werden.

Die Modellierung der frühen Phase bei Frenkel beinhaltet eine Kleinwinkelnäherung. Eine Verallgemeinerung wurde von Pokluda et al. [4] vorgestellt. Bellehumeur *et al.* [8] erweiterten diese um die Berücksichtigung von viskoelastischem Materialverhalten. Weiterhin existieren auf Basis von Frenkels Idee die Arbeiten von Sun *et. al.* [3] zur Beschreibung des Sinterns eines einfach kubischen Kugelarrays sowie die von Scherer [7] zur Beschreibung des Sinterns von Zylindern.

Im dritten, späten Stadium des Sinterns kollabieren diese sphärischen Einschlüsse (vergleiche Abbildung 2). Die Dynamik dieses Kollapses ist nun Gegenstand von Frenkels Modellierung für die späte Phase des metallischen Sinterns. Dabei ist die Grundidee erneut, dass die Oberfläche der Pore durch deren Schrumpfen verringert und dadurch Oberflächenenergie frei wird. Gleichzeitig muss zum Schrumpfen der Pore das umgebende Material (das als unendlich ausgedehnt, homogen und inkompressibel angenommen wird) radial auf den Porenmittelpunkt zu fließen. Dieses Fließen verursacht, unter der Annahme von rein viskosem Materialverhalten, eine viskose Dissipation. Die hierzu notwendige Arbeit wird im Modell durch die freigewordene Oberflächenenergie geleistet. Im Modell von Frenkel kollabiert die Pore linear mit der Zeit.

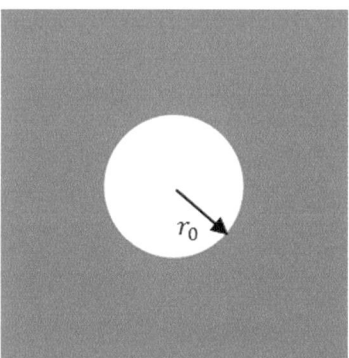

Abbildung 2: Schema einer Gaspore mit Anfangsradius r_0 in einer Polymerschmelze (grau)

Schon Frenkel schreibt, dass gefangenes Gas in der Pore dazu führt, dass diese nicht vollständig kollabieren kann. Der Endradius der Pore ergibt sich hierbei aus einem Kräftegleichgewicht zwischen Gasdruck und Oberflächenspannung. In Frenkels Modell wird jedoch nicht berücksichtigt, wie sich das eingeschlossene Gas auf die Dynamik des Prozesses auswirkt. Dies wird erstmalig in der Erweiterung von Mackenzie und Shuttleworth [2] betrachtet, indem für ideales Gasverhalten die zur Komprimierung der Pore notwendige Arbeit berechnet wird. Die freiwerdende Oberflächenenergie muss nun sowohl die viskose Dissipation als auch die Kompressionsarbeit leisten. Dies bewirkt eine nichtlineare Zeitabhängigkeit der Dynamik des Kollabierens der Pore. Dieses Modell beschränkt sich, ebenso wie das Modell von Frenkel, auf rein viskose Flüssigkeiten.

Nach einer Darstellung der beiden Phasen der Theorie von Frenkel im Kapitel 2.1 wird eine Modellerweiterung für die späte Phase in der Form von Mackenzie und Shuttleworth [2] vorgestellt, welche das Fließverhalten des die Pore umgebenden Materials als viskoelastisch annimmt, wie es für Polymere typisch ist. Dieses Modell zeigt Ähnlichkeiten zu Arbeiten zur Modellierung der Schaumbildung in der Kunststoffverarbeitung. Diese Parallele wird hier nicht weiter behandelt, eine gute Übersicht findet sich z. B. in [11].

Die folgenden Modellierungen basieren auf einer kontinuumsmechanischen Beschreibung. Für diese gibt es diverse gute Lehrbücher, z. B. [12].

2.1 Frenkels Modell (1945)

2.1.1 Frühe Phase des Sinterns

Frenkel präsentierte seine Modellierung in dem Artikel „Viscous flow of crystalline bodies under the action of surface tension" im Jahr 1945 [1]. Diese Arbeit ist aufgrund ihres Konzepts und ihrer methodischen Klarheit auch für spätere Arbeiten ein wichtiger Ausgangspunkt. Die frühe Phase des metallischen Sinterns wird bei ihr als das Sintern zweier sich berührender Kugeln beschrieben. Die Kugeln werden als inkompressible Newtonsche Flüssigkeiten modelliert. Die Grundannahme des Models ist, dass die beiden Kugeln zur Reduzierung der Gesamtoberfläche (und damit zur Reduzierung der Oberflächenenergie des Gesamtsystems) koagulieren, wobei die freiwerdende Energie durch die Reibung des viskosen Fließprozesses dissipiert wird. Es wird angenommen, dass beide Kugeln während des Koagulationsprozesses ihre Kugelform beibehalten (vergleiche Abbildung 3). Diese Idealisierung ist unphysikalisch (vergleiche [13]), da am Berührungspunkt der beiden Kugeln die Oberflächenspannung divergieren würde. Dies wird aber für den Zweck dieses Modells nicht berücksichtigt.

Die Gesamtoberfläche des Zweikugelsystems kann in Abhängigkeit des Winkels ϑ (vergleiche Abbildung 3) folgendermaßen berechnet werden:

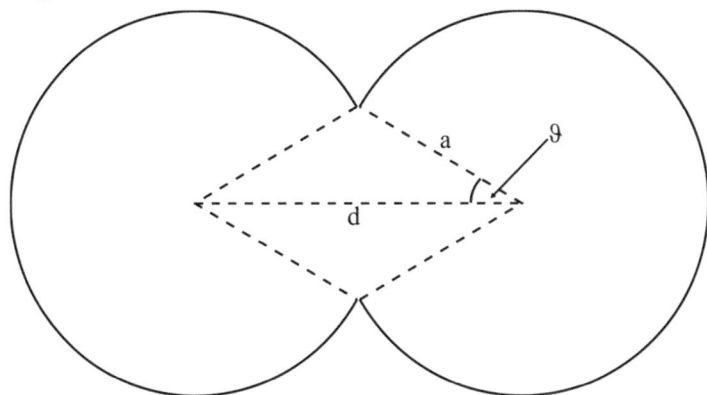

Abbildung 3: Geometrie des Modells von Frenkel für die frühe Phase: zwei Kugeln verschmelzen an ihrem Kontaktpunkt

Physikalische Modellbildung für das Additive Sintern von Kunststoffmaterialien

$$S = 8\pi a^2 - 2a^2 \int_0^\vartheta d\vartheta' \sin(\vartheta') \tag{1}$$

Der erste Term steht dabei für die Gesamtoberfläche zweier nicht koagulierter Kugeln, der zweite Term ist die Oberfläche der beiden Kugelsegmente, die durch die Koagulation der beiden Kugeln ineinander nicht mehr vorhanden ist. Das Integral lässt sich analytisch lösen:

$$S = 4\pi a^2 \cdot (1 + \cos(\vartheta)) \approx 4\pi a^2 (1 - \frac{\vartheta^2}{2}) \tag{2}$$

In diesem Schritt (Gleichung (2)) und im Folgenden wird eine Kleinwinkelnäherung (bis zur quadratischen Ordnung in ϑ) verwendet, da der Winkel ϑ im Anfangsstadium der Koagulation und damit des Sinterns noch klein ist. Weiterhin wird benutzt, dass aufgrund dieser Kleinwinkelnäherung auch der Radius der Kugeln als konstant angenommen wird. Theoretisch müsste sich auch der Radius der beiden Kugeln ändern, da bei einer inkompressiblen Flüssigkeit Volumenerhaltung erfüllt sein muss. Der durch diese Bedingung herleitbare Ausdruck für den Radius in Abhängigkeit des Winkels ist jedoch in der Kleinwinkelnäherung konstant (vergleiche [4]). Der in diesen Ausdrücken vorkommende Radius a ist daher der Radius der Kugeln zum Startpunkt des Sinterns.

Die Rate, mit der sich die Oberflächenenergie des Zweikugelsystems ändert, kann nun folgendermaßen berechnet werden:

$$\dot{W}_s = \sigma \dot{S} \approx -2\pi a^2 \sigma \frac{d}{dt}\vartheta^2 \tag{3}$$

Hierbei ist σ die Oberflächenenergie des Kugelmaterials im Kontakt mit ihrer Umwelt. Es ist klar erkennbar, dass eine Vergrößerung des Winkels ϑ, also eine Annäherung der beiden Kugeln, zu einem Energiegewinn führt.

Es wird angenommen, dass die freiwerdende Oberflächenenergie durch viskose Reibung dissipiert wird. Es wird angenommen, dass die Kugeln aus isotropen Flüssigkeiten mit einer homogenen, Newtonschen (also nicht ratenabhängigen) Viskosität η bestehen. Die Dissipationsrate kann folgendermaßen berechnet werden [12]:

$$\dot{W}_v = \int dV\, \eta \nabla u : (\nabla u + \nabla u^T) \tag{4}$$

Eine präzise Beschreibung des Flussfeldes u und damit der Dehngeschwindigkeit in geschlossener analytischer Form wäre sehr anspruchsvoll. Frenkel näherte die Dehngeschwindigkeit durch die Geschwindigkeit, mit der sich die Mittelpunkte der Kugeln einander nähern:

$$\dot{\varepsilon} = \frac{d}{dt}\left(\frac{a \cdot (1 - \cos(\vartheta))}{a}\right) \approx \frac{d}{dt}\left(\frac{\vartheta^2}{2}\right) \tag{5}$$

Da die beiden Kugeln als inkompressibel angenommen wurden, muss die Spur des Dehngeschwindigkeitstensor (strain rate tensor) verschwinden (vergleiche [12]). Um dies zu erreichen, werden zwei zusätzliche Fließprozesse halber Stärke und entgegengesetzten Vorzeichens senkrecht zum eigentlichen Fließprozess angenommen[1]. Damit ergibt sich für den Geschwindigkeitsgradienten:

$$\nabla u = \begin{pmatrix} -\dfrac{\dot{\varepsilon}}{2} & 0 & 0 \\ 0 & \dot{\varepsilon} & 0 \\ 0 & 0 & -\dfrac{\dot{\varepsilon}}{2} \end{pmatrix} \tag{6}$$

Der Ausdruck aus Gleichung (6) ermöglicht nun das Berechnen der durch Reibung dissipierten Energierate (vergleiche Gleichung (4)). Es ergibt sich:

$$\dot{W}_v = 3\dot{\varepsilon}^2 \eta V \approx 8\pi a^3 \eta \left(\frac{d}{dt}\left(\frac{\vartheta^2}{2}\right) \right)^2 \tag{7}$$

Dabei wird ausgenutzt, dass in der Kleinwinkelnäherung des Modells das Gesamtvolumen konstant bleibt.

Aus Gründen der Energieerhaltung müssen sich die beiden Raten in Gleichungen (3) und (7) zu Null addieren. Dies ergibt folgende Differenzialgleichung:

$$\frac{\sigma}{a\eta} = \frac{d}{dt}\vartheta^2 \tag{8}$$

Diese kann analytisch gelöst werden und damit ergibt sich folgende Zeitabhängigkeit für den Kontaktwinkel ϑ:

$$\vartheta = \sqrt{\frac{\sigma t}{a\eta}} \tag{9}$$

Frenkels Modell für die frühe Phase des Sinterns sagt also voraus, dass der Kontaktwinkel zweier koaleszierender inkompressibler, Newtonsch viskoser Kugeln mit der Quadratwurzel der Zeit wächst. Der Abstand der beiden Kugelmittelpunkte lässt sich daraus in Kleinwinkelnäherung berechnen und nimmt linear mit der Zeit ab (vergleiche Gleichung (10)). Eine hohe Oberflächenspannung beschleunigt den Prozess, während eine hohe Viskosität den Prozess verlangsamt.

$$d = 2a - \frac{\sigma t}{\eta} \tag{10}$$

2.1.2 Späte Phase des Sinterns

Die eben beschriebene Koagulation zweier Kugeln kann nur die Anfangsphase des Sinterns beschreiben. Wenn z. B. in einem Array von Kugeln dieser durch Oberflächenreduktion immer

---

[1] Diese Korrektur war strenggenommen nicht Teil von Frenkels Modell und ist in seiner Originalarbeit von 1945 nicht enthalten. Es war Eshelby, der im Jahre 1949 diese Korrektur einführte [14], weshalb diese auch unter dem Namen „Eshelby-Korrektur" bekannt ist. Diese Korrektur ist in allen späteren Arbeiten implizit enthalten, siehe [2, 4, 8], und ändert nur numerische Vorfaktoren, weshalb hier auf eine getrennte Darstellung verzichtet wird.

dichter wird und sich durch Flussprozesse die Kugeln aufeinander zubewegen und verschmelzen, wird an Zwischenräumen umgebendes Gas eingeschlossen werden. Dieses eingeschlossene Umgebungsgas bildet eingeschlossene Poren im sinternden Material, welche starke Einflüsse auf die finalen physikalischen, insbesondere mechanischen, Eigenschaften haben werden. Daher ist das Verständnis ihrer Dynamik wichtig. Frenkels Modell [1] enthält schon eine Beschreibung dieser späten Phase des Sinterns.

Diese Modellierung geht von einer sphärischen Pore des Radius $a(t)$ aus, die sich in einer unendlich ausgedehnten, homogenen Schmelze befindet. Die Schmelze wird wie in der Modellierung der frühen Phase (Abschnitt 2.1.1) als inkompressible Newtonsch viskose Flüssigkeit mit ratenunabhängiger Viskosität η beschrieben. Die Modellierung basiert wie die Modellierung der frühen Phase auf der Annahme, dass die Oberflächenenergie durch Oberflächenminimierung verringert wird und die freiwerdende Energie durch viskose Dissipation verbraucht wird.

Für einen bis auf eine sphärische Pore im Koordinatenursprung mit einer inkompressiblen Flüssigkeit gefüllten dreidimensionalen Raum muss aufgrund der Volumenerhaltung (die in diesem Fall aus der Massenerhaltung folgt) gelten, dass für zwei Punkte mit Abständen r_1 und r_2 zum Ursprung[2] ein radiales Fließen mit Fließgeschwindigkeiten von je $\dot{r}_1$ und $\dot{r}_2$ in radialer Richtung folgende Beziehung erfüllt ist:

$$4\pi r_1^2 \dot{r}_1 = 4\pi r_2^2 \dot{r}_2 \tag{11}$$

Dies gilt insbesondere auch für $r_1 = a(t)$. Falls sich also die Oberfläche der in der Flüssigkeit eingeschlossenen Pore mit einer radialen Geschwindigkeit von $\dot{a}(t)$ bewegt, so muss sich die umgebende Flüssigkeit am radialen Abstand r (mit $r > a$) mit folgender Geschwindigkeit bewegen:

$$\dot{r} = \frac{a^2 \dot{a}}{r^2} \tag{12}$$

Die Radialkomponente des Dehngeschwindigkeitstensors (strain rate tensor) ist demzufolge:

$$\left(\frac{\partial \dot{r}}{\partial r}\right) = -2\frac{a^2 \dot{a}}{r^3} \tag{13}$$

Der Dehngeschwindigkeitstensor muss, damit der Fließprozess volumenerhaltend ist, spurfrei sein [12]. Dies wird dadurch erreicht, dass zwei weitere Fließprozesse orthogonal zu dem radialen von je halbem Betrag in entgegengesetzter Richtung angenommen werden (vgl. das analoge Vorgehen in Abschnitt 2.1.1). Diese sogenannte Eshelby-Korrektur war in der Originalarbeit von Frenkel noch nicht enthalten, ändert das Endergebnis der Rechnung jedoch nur um einen numerischen Vorfaktor. Daher wird im weiteren die korrigierte Version der Theorie von Frenkel vorgestellt.

Die durch den viskosen Fließprozess dissipierte Energierate berechnet sich zu:

$$\dot{W}_v = \eta \int d\Omega \int_a^\infty dr\, 3r^2 \left(\frac{\partial \dot{r}}{\partial r}\right)^2 = 16\eta\pi a\dot{a}^2 \tag{14}$$

---

[2] Die betrachtete Situation ist kugelsymmetrisch, das heißt, die Beziehung gilt für beliebige Punkte auf den jeweiligen Kugelschalen mit Abstand r_1 und r_2 zum Ursprung.

Da die Pore als kugelförmig angenommen wird, ist ihre Oberfläche $4\pi a^2$ und daher berechnet sich die Änderungsrate der Oberflächenenergie als:

$$\dot{W}_s = \sigma \dot{S} = 8\pi a \dot{a} \sigma \tag{15}$$

Aufgrund von Energieerhaltung müssen sich die beiden Energieraten in Gleichung (14) und (15) zu Null addieren. Damit kann eine Differenzialgleichung für $\dot{a}$ (Gleichung (16)) hergeleitet werden, die durch ein lineares Zeitgesetz gelöst wird. Poren in einer Newtonsch viskosen Flüssigkeit schließen sich also nach der Theorie von Frenkel mit einer linearen Zeitabhängigkeit.

$$\dot{a} = -\frac{1}{2}\frac{\sigma}{\eta} \tag{16}$$

Poren verschwinden daher schneller, falls es energetisch attraktiver ist, die Oberfläche zu reduzieren (wenn also σ höher ist) oder falls die umgebende Flüssigkeit dünnflüssiger ist (also η niedriger ist).

Frenkel schreibt in seiner Veröffentlichung von 1945 [1], dass in der Pore gefangenes Gas dazu führt, dass diese nicht komplett kollabieren kann. Der kritische Radius, an dem der Verkleinerungsprozess aufhört, ist durch das Kräftegleichgewicht von Oberflächenspannung und Innendruck des eingeschlossenen Gases gegeben. Unter der Annahme idealen Gasverhaltens ergibt sich ein Minimalradius a_{min} von:

$$a_{min} = \sqrt{\frac{p_0 a_0^3}{2\sigma}} \tag{17}$$

Hierbei ist p_0 der Anfangsgasdruck und a_0 der Anfangsradius der Pore.

Eingeschlossenes Gas lässt jedoch nicht nur die Porenverkleinerungsdynamik an einem kritischen Radius stoppen. Das Gas muss während der Verkleinerung ebenso komprimiert werden, was weitere Arbeit benötigt und damit die Dynamik weiter verlangsamt. Dieser Effekt wird im Modell von Mackenzie und Shuttleworth berücksichtigt [2].

3 Viskoelastische Modellierung der späten Phase des Sinterns

Unter der Annahme von Inkompressibilität (und damit Volumenerhaltung) ergibt sich für das radiale Geschwindigkeitsprofil folgender Ausdruck (vergleiche Abschnitt 2.1.2):

$$\dot{r} = \frac{r_p^2 \dot{r}_p}{r^2} \Rightarrow \dot{\varepsilon} = \frac{\partial \dot{r}}{\partial r} = -2\frac{r_p^2 \dot{r}_p}{r^3} \tag{18}$$

Hierbei sind r_p der Gasporenradius, $\dot{r}_p$ die radiale Geschwindigkeit der Gasporenoberfläche und r die radiale Koordinate in der umgebenden Schmelze.

Damit die Volumenerhaltung nicht verletzt wird, muss der Dehngeschwindigkeitstensor (strain rate tensor) D spurfrei sein [12]. Um dies zu erreichen, werden neben obigen radialen Fluss auch zwei dazu senkrechte Komponenten halben Betrags und entgegengesetzten Vorzeichens angenommen. Dies ist unter dem Namen Eshelby-Korrektur [14] bekannt und wird in späteren Arbeiten durchgängig verwendet (siehe z.B. [2, 4, 8]). Damit folgt für $\boldsymbol{D}$:

$$\boldsymbol{D} = \begin{pmatrix} -\dfrac{\dot{\varepsilon}}{2} & 0 & 0 \\ 0 & \dot{\varepsilon} & 0 \\ 0 & 0 & -\dfrac{\dot{\varepsilon}}{2} \end{pmatrix} \tag{19}$$

Zur Modellierung des Materialverhaltens wird in Anlehnung an Bellehumeur et al. [8] das objektive Maxwellmodell benutzt:

$$\lambda \overset{\square}{\boldsymbol{\tau}} + \boldsymbol{\tau} = 2\eta \boldsymbol{D} \tag{20}$$

Hierbei ist $\boldsymbol{\tau}$ der Spannungstensor, λ die Relaxationszeit und η die Viskosität. $\overset{\square}{\boldsymbol{\tau}}$ ist eine verallgemeinerte objektive Zeitableitung definiert als [15]:

$$\overset{\square}{\boldsymbol{\tau}} = \frac{D\boldsymbol{\tau}}{Dt} - \boldsymbol{W}\boldsymbol{\tau} + \boldsymbol{\tau}\boldsymbol{W} - \alpha(\boldsymbol{D}\boldsymbol{\tau} + \boldsymbol{\tau}\boldsymbol{D}); \alpha \in \{0; 1; -1\} \tag{21}$$

Wie in der Arbeit von Bellehumeur et al. [8] wird aufgrund des Skalenunterschieds zwischen den charakteristischen Zeiten des Materials und jenen des Fließprozesses näherungsweise die Zeitableitung $\frac{D\boldsymbol{\tau}}{Dt} = 0$ gesetzt ("quasi-steady flow").

Damit lässt sich die Energiedissipationsrate durch das viskoelastische Fließen berechnen:

$$\dot{W}_v = \int dV \sum_{i,j=1}^{3} \tau_{ij} D_{ji} = \frac{8\pi}{3} \frac{\eta \dot{r}_p r_p^2}{\alpha \lambda} \ln\left(\frac{1 + \dfrac{4\alpha\lambda \dot{r}_p}{r_p}}{1 - \dfrac{2\alpha\lambda \dot{r}_p}{r_p}} \right) \tag{22}$$

Weiterhin muss gegen den Innendruck p der Pore an deren Oberfläche S Arbeit mit folgender Rate geleistet werden:

$$\dot{W}_p = -pS\dot{r}_p \tag{23}$$

Die Rate, mit der durch Oberflächenreduzierung Oberflächenenergie frei wird, berechnet sich mit der Oberflächenspannung σ zu:

$$\dot{W}_s = \sigma \dot{S} = 8\pi r_p \dot{r}_p \sigma \tag{24}$$

Aufgrund von Energieerhaltung muss $\dot{W}_v + \dot{W}_p + \dot{W}_s = 0$ gelten. Mit der Abkürzung

$$G(r_p) = \exp\left(-3 \frac{\alpha\lambda}{\eta r_p} \left(\sigma - \frac{p_0 r_p(0)^3}{2 r_p^2} \right) \right) \tag{25}$$

und der Annahme idealen Gasverhaltens ergibt sich aus der Energieerhaltung folgende Differenzialgleichung:

$$\dot{r}_p = \frac{r_p}{2\alpha\lambda} \frac{G(r_p) - 1}{2 + G(r_p)} \qquad (26)$$

Für die numerische Lösung können reduzierte Variablen und Parameter eingeführt werden:

$$\begin{aligned} r_{red} &= \frac{r_p(t)}{r_p(0)} \\ t_{red} &= \frac{1}{2} \frac{\sigma}{r_p(0)\eta} t = \frac{t}{\tau_{Frenkel}} \\ r_{eq,red} &= \sqrt{\frac{p_0 r_p(0)}{2\sigma}} \\ \lambda_{red} &= -\frac{\alpha\lambda\sigma}{2 r_p(0)\eta} = -\frac{\alpha\lambda}{\tau_{Frenkel}} \end{aligned} \qquad (27)$$

In dieser Darstellung schreibt sich die Frenkel-Vorhersage für den Prozess (vergleiche Abschnitt 2.1.2):

$$r_{red}(t_{red}) = 1 - t_{red} \qquad (28)$$

während das Modell von Mackenzie und Shuttleworth folgender Differenzialgleichung entspricht [2]:

$$\frac{dr_{red}}{dt_{red}} = -1 + \frac{r_{eq,red}^2}{r_{red}^2} \qquad (29)$$

Die Differenzialgleichung (26) ist in diesen reduzierten Größen:

$$\frac{dr_{red}}{dt_{red}} = \frac{r_{red}}{2\lambda_{red}} \frac{1 - \exp\left(6 \frac{\lambda_{red}}{r_{red}} \left(1 - \frac{r_{eq,red}^2}{r_{red}^2}\right)\right)}{2 + \exp\left(6 \frac{\lambda_{red}}{r_{red}} \left(1 - \frac{r_{eq,red}^2}{r_{red}^2}\right)\right)} \qquad (30)$$

Eine numerische Berechnung des reduzierten Radius (r_{red}) über der reduzierten Zeit (t_{red}) für die drei Modelle (Frenkel, Mackenzie und Shuttleworth sowie diese Arbeit) ist in Abbildung 4 dargestellt. In den Simulationen wurde $\alpha = -1$ gesetzt. Der lineare Abfall des Modells von Frenkel unterscheidet sich klar von den Verläufen der anderen beiden Modelle. Diese zeigen beide einen Gleichgewichtsradius, der jedoch im Modell von Mackenzie und Shuttleworth aufgrund der nicht vorhandenen (und damit für Polymerverhalten fehlenden) viskoelastischen Relaxation schneller erreicht wird.

Abbildung 5 zeigt Simulationen des in dieser Arbeit vorgestellten viskoelastischen Modells für verschiedene reduzierte Relaxationszeiten λ_{red}. Es ist deutlich erkennbar, dass die Erhöhung der Relaxationszeit eine Verlangsamung des Zusammenschrumpfens der Pore auf den Gleichgewichtsradius bewirkt.

Physikalische Modellbildung für das Additive Sintern von Kunststoffmaterialien

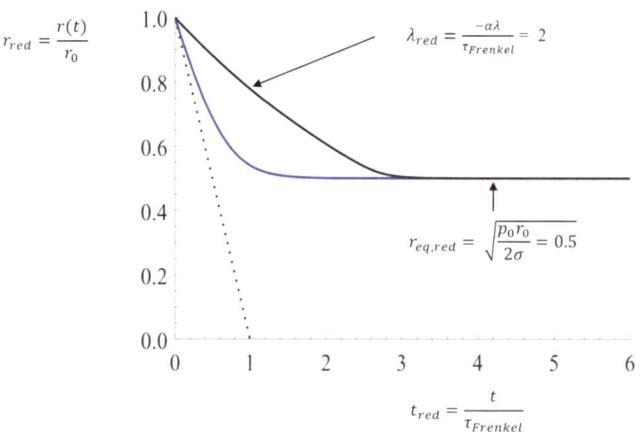

Abbildung 4: Simulation der Porendynamik ohne Gasdiffusion. Die gestrichelte Kurve beschreibt die Vorhersage der Theorie von Frenkel, die blaue Kurve die Mackenzie und Shuttleworth-Vorhersage und die schwarze diejenige des in dieser Arbeit entwickelten Modells.

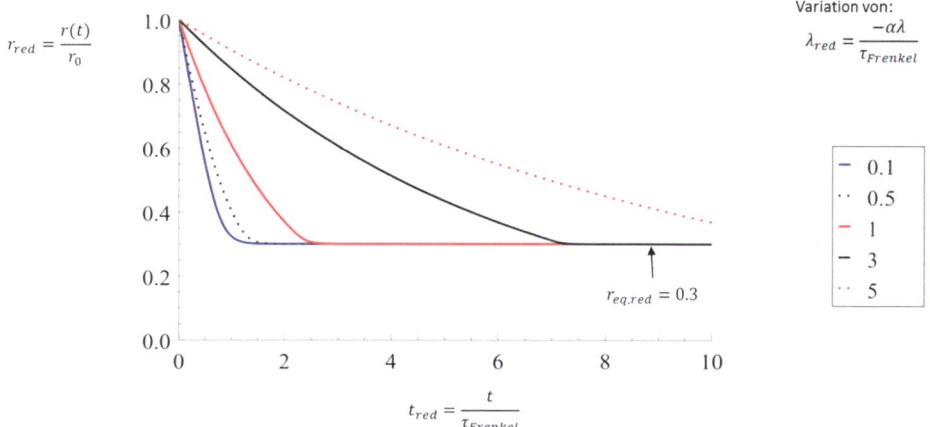

Abbildung 5: Simulation der Porendynamik ohne Gasdiffusion für verschiedene reduzierte Relaxationszeiten. Eine längere Relaxationszeit verlangsamt die Dynamik.

4 Berücksichtigung von Gasdiffusionseffekten

Wenn sich eine Gaspore in einer Polymerschmelze befindet, kann das in der Pore befindliche Gas in die umgebende Polymermatrix diffundieren. Um dies zu modellieren, muss der Druck als unabhängige, zeitabhängige Variable $p(t)$ behandelt werden. Damit wird die Rate für die Kompressionsarbeit (Gleichung (23)) zu:

$$\dot{W}_p = -4\pi r_p^2 p(t)\dot{r}_p \tag{31}$$

Für den Druck kann eine Differenzialgleichung über eine Massenbilanz für das in der Pore befindliche Gas hergeleitet werden (vgl. [6]):

$$\frac{4}{3}\pi \frac{d}{dt}\left(\frac{p(t)r_p^3}{RT}\right) = (4\pi r_p^2)D\left(\frac{\partial c(r,t)}{\partial r}\right)_{r=r_p}$$
$$\Rightarrow \frac{dp(t)}{dt} = \frac{1}{r_p}\left(3RTD\left(\frac{\partial c(r,t)}{\partial r}\right)_{r=r_p} - 3p(t)\dot{r}_p\right) \tag{32}$$

Hier sind R die allgemeine Gaskonstante, T die Temperatur und D der Fick'sche Diffusionskoeffizient. Für die Konzentration des Gases in der Polymerschmelze gilt die Gleichung der Fick'schen Diffusion in bewegtem Medium [16]:

$$\frac{\partial \tilde{c}}{\partial t_{red}} + \frac{dr_{red}}{dt_{red}}\frac{r_{red}^2}{\tilde{r}^2}\frac{\partial \tilde{c}}{\partial \tilde{r}} = \left(\frac{dt_{red}}{dt}\right)^{-1}\frac{D}{r_p(0)^2}\frac{1}{\tilde{r}^2}\frac{\partial}{\partial \tilde{r}}\left(\tilde{r}^2 \frac{\partial \tilde{c}}{\partial \tilde{r}}\right) \tag{33}$$

Hierbei sind $\tilde{r}$ und $\tilde{c}$ reduzierter Radius und reduzierte Konzentration, definiert als $\tilde{r} = r/r_p(0)$ und $\tilde{c} = c/c(r,0)$.

Als Randbedingungen kann Henry's Gesetz (mit reduzierter Henry-Konstante $\widetilde{K}_h$ und reduziertem Druck $\tilde{p} = p/p_0$) verwendet werden [6]:

$$\tilde{c}(r_{red}, t_{red}) = \widetilde{K}_h \tilde{p}$$
$$\tilde{c}(\tilde{r}, 0) = 1 \text{ for } \tilde{r} > r_{red} \tag{34}$$

In der nachfolgenden Modellierung wird zur Vereinfachung der Numerik und der Parameterstudie die Näherung eines Gasübergangskoeffizienten k_{trans} verwendet. Diese Näherung liest sich wie folgt:

$$\left.\frac{dc}{dt}\right|_{r_p=const} \propto \left.\frac{dp(t)}{dt}\right|_{r_p=const} = \frac{1}{r_p}3RTD\left(\frac{\partial c(r,t)}{\partial r}\right)_{r=r_p}$$
$$\approx \frac{k_{trans}}{r_p}\left(\tilde{c}(r_{red}, t_{red}) - \tilde{c}(r_{red}+\epsilon, t_{red})\right) \tag{35}$$
$$\approx \frac{k_{trans}}{r_p}\widetilde{K}_h \tilde{p}$$

In reduzierten Größen lässt sich im Rahmen dieser Näherung Gleichung (32) folgendermaßen vereinfachen:

$$\frac{d\tilde{p}}{dt_{red}} = -\frac{\tilde{p}}{r_{red}}\left(3\frac{dr_{red}}{dt_{red}} - g\right) \tag{36}$$

Der Betrag von $g = -\frac{k_{trans}\widetilde{K}_h}{r_p(0)}$ ist ein Maß dafür, wie schnell Gas aus der Pore herausdiffundiert.
Die Differenzialgleichung für den reduzierten Radius ergibt sich wieder aus der Energieerhaltung ($\dot{W}_v + \dot{W}_p + \dot{W}_s = 0$), diesmal mit modifiziertem $\dot{W}_p$ (Gleichung (31)):

$$\frac{dr_{red}}{dt_{red}} = \frac{r_{red}}{2\lambda_{red}} \frac{1 - G_2(r_{red}, \tilde{p}(t_{red}))}{2 + G_2(r_{red}, \tilde{p}(t_{red}))}$$

$$G_2(r_{red}, \tilde{p}(q)) = \exp\left(\frac{6\lambda_{red}}{r_{red}}\left(1 - r_{red}r_{eq,red}{}^2\tilde{p}(t_{red})\right)\right) \tag{37}$$

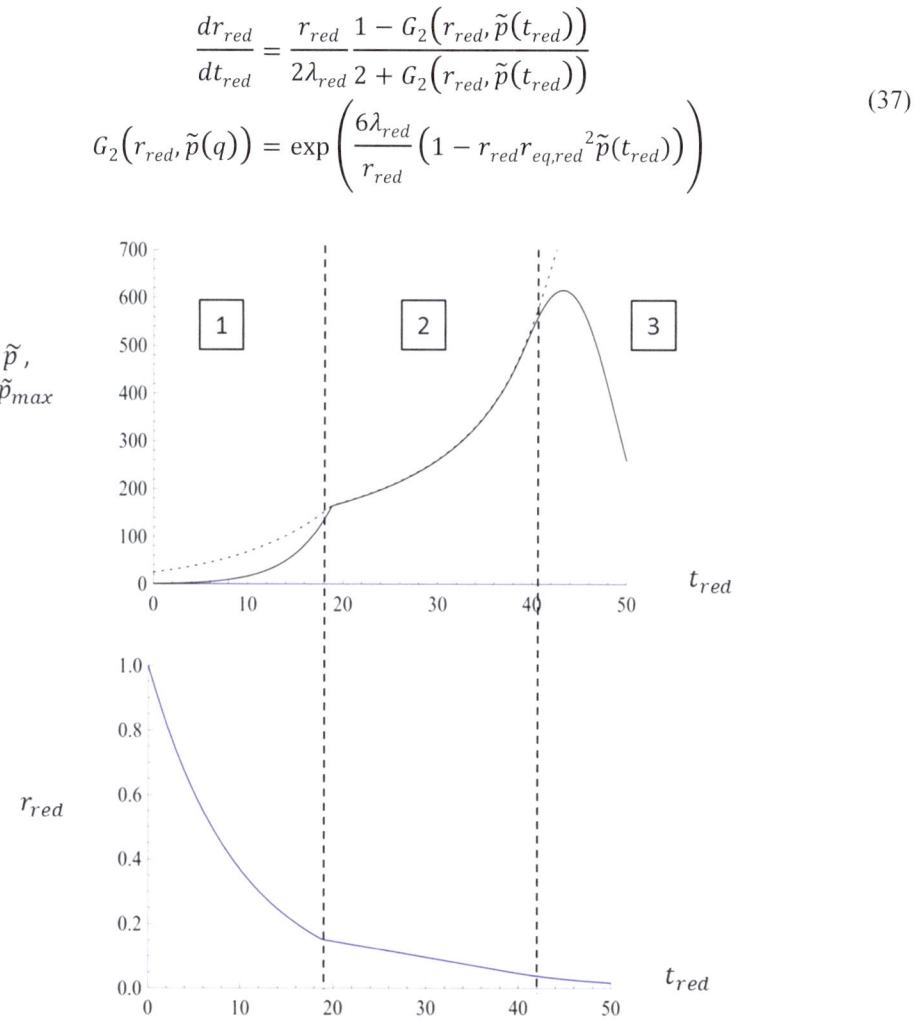

Abbildung 6: Simulation der Porendynamik mit Gasdiffusion (verwendete Parameter $r_{eq,red} = 0{,}2$, $\lambda_{red} = 5$ und $g = -0{,}01$) mit einer Unterteilung der Dynamik in drei verschiedene charakteristische Regime. Im oberen Plot stellt die gestrichelte Linie den maximal möglichen Innendruck der Pore da, die durchgezogen den tatsächlichen Druck. Alle Drücke sind als reduzierte Drücke dargestellt.

Eine graphische Darstellung der numerischen Lösung dieser Gleichungen ist in Abbildung 6 zu sehen. Darin miteingezeichnet ist der maximal mögliche reduzierte Druck $\tilde{p}_{max} = \frac{1}{r_{red}r_{eq,red}{}^2}$, der genau dem Druck entspricht, bei dem Oberflächenspannung und Innendruck im Gleichgewicht sind. Es sind drei verschiedene Regime unterscheidbar, gekennzeichnet mit 1, 2 und 3. In Regime 1 und 3 ist die Oberflächenspannung deutlich höher als der Gasdruck und deshalb kann dort eine durch Minimierung der Oberflächenenergie getriebene Porenkomprimierung ablaufen.

Im Regime 2 gleichen sich die beiden Kräfte fast aus und die Dynamik ist somit primär diffusionsgetrieben. Der genaue Übergangszeitpunkt zwischen den Regimen ist in gewissem Ausmaß willkürlich und wurde hier auf $\tilde{p}_{max} = 1{,}10\,\tilde{p}$ gesetzt.

Der Übergangszeitpunkt zwischen Regime 1 und 2 wird als $t_{I,II}$, der zwischen Regime 2 und 3 als $t_{II,III}$ bezeichnet. Diese Übergangszeitpunkte können nun als Funktion des reduzierten Gasübergangskoeffizienten numerisch berechnet werden, siehe Abbildung 7.

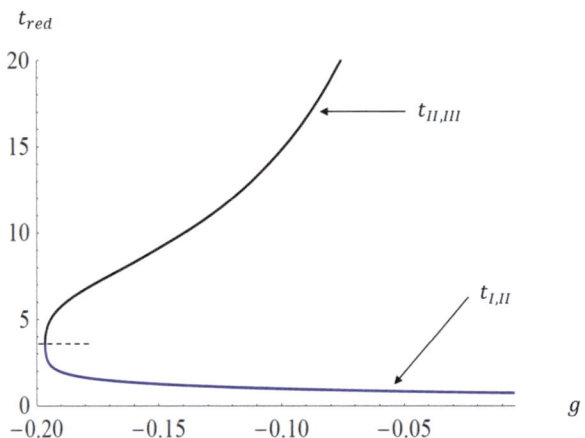

Abbildung 7: Übergangszeit zwischen den Regimen in Abhängigkeit von g für $r_{eq,red} = 0{,}8$ und $\lambda_{red} = 1$.

Ein betragsmäßig größerer Wert von g, also eine schnellere Diffusion des Gases aus der Pore hinaus, verkürzt die Länge des Regimes 2, da dieses durch ein Gleichgewicht des Innengasdruckes mit der Oberflächenspannung charakterisiert ist und der Innengasdruck bei schneller Diffusion schneller abnimmt. Weiterhin lässt sich erkennen, dass es ab einem Wert von ca. $g \approx -0{,}2$ nicht mehr zu einer Ausbildung der drei unterscheidbaren Regime kommt. Der genaue Wert dieses Grenzwertes von g hängt von den Werten für $r_{eq,red}$ und λ_{red} ab, hat jedoch in allen durchgeführten Simulationen den Wert von $-0{,}2$ nicht unterschritten.

Abbildung 8 zeigt die Übergangszeitpunkte für verschiedene Werte von $r_{eq,red}$. Da $r_{eq,red}$ proportional zu $\sqrt{p_0}$ und damit der anfänglichen Gasmenge in der Pore ist, verringert sich bei konstantem g das reduzierte Zeitinterval des Regimes 2 mit abnehmendem Wert von $r_{eq,red}$, weil weniger Zeit zum diffusiven Abtransport der eingeschlossenen Gasmenge benötigt wird.

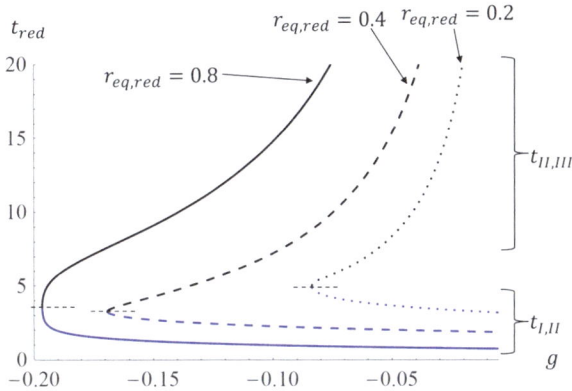

Abbildung 8: Übergangszeit zwischen den Regimen in Abhängigkeit von g für $\lambda_{red} = 1$ und verschiedenen $r_{eq,red}$.

5 Fazit und Ausblick

Basierend auf einer Theorie der Koagulation von Metallpartikeln und des Kollabierens eingeschlossener Poren von Frenkel [1], die für das metallische Sintern entwickelt wurde, konnte ein Modell der Spätphase des Sinterns von Polymerpartikeln entwickelt werden. Für diese Spätphase wird die Dynamik einer Gaspore in einer viskoelastischen Schmelze betrachtet, wobei die Schmelze als Maxwellkörper modelliert wird. Es zeigte sich, dass aus den physikalischen Parametern des Porenkollapsprozesses (der Relaxationszeit λ sowie der Viskosität η des Maxwellfluids, der Oberflächenspannung σ, dem Anfangsdruck p_0 sowie dem Anfangsporenradius r_0) drei Größen gebildet werden können, die die Dynamik der Gaspore vollständig charakterisieren. Diese drei Prozessparameter sind (i) die viskoelastische Relaxationszeit, λ, (ii) das Verhältnis zwischen Oberflächenspannung und dem Produkt von Anfangsradius und Anfangsdruck, $\frac{p_0 r_p(0)}{\sigma}$, sowie (iii) das Verhältnis zwischen Oberflächenspannung und dem Produkt von Anfangsradius und Viskosität, $\frac{\sigma}{r_p(0)\eta}$. Die Relaxationszeit sowie $\frac{\sigma}{r_p(0)\eta}$ bestimmen die Zeitskala, auf der der Prozess abläuft, während das Verhältnis $\frac{p_0 r_p(0)}{\sigma}$ den Gleichgewichtsradius, bei dem der Porenkollaps endet, bestimmt.

Der Effekt der Gasdiffusion wurde in einem zweiten Schritt in einer einfachen Näherung in das Modell integriert. Durch die Gasdiffusion verliert das System seinen von Null verschiedenen Gleichgewichtsradius und die Gaspore kollabiert stets vollständig. Weiterhin wird die Abhängigkeit der Prozesszeit von den Parametern komplexer und abhängig von den Parametern ergibt sich eine Dynamik mit drei unterscheidbaren Regimen.

Danksagung

Dieses Kapitel basiert auf der am Fraunhofer LBF (Darmstadt) durchgeführten Masterarbeit von F. Wohlgemuth an der TU Darmstadt (2016) sowie dem Konferenzbeitrag F. Wohlgemuth, I. Alig: Viskoelastische Modellierung des Sinterns von Kunststoffmaterialien bei der 1. Tagung des Arbeitskreises Additiv gefertigte Bauteile und Strukturen des Deutschen Verband für Materialforschung und -prüfung e.V. in Berlin (November 2016). Teile der Ergebnisse wurden auch im Konferenzbeitrag F. Wohlgemuth, I. Alig: Viscoelastic Modelling Of Gas Pore Collapse During Polymer Sintering, 32nd International Conference of the Polymer Processing Society (July 2016) veröffentlicht.

Literatur

[1] Frenkel, J.: "Viscous Flow of crystalline bodies under the action of surface tension", Journal of Physics, vol. IX, no. 5, pp. 385-391, 1945.

[2] Mackenzie, J K. and Shuttleworth, R.: "A Phenomenological Theory of Sintering", Proc. Phys. Soc. B, vol. 62, p. 833, 1949.

[3] Sun, M.M. et al.: "A Model for Partial Viscous Sintering" in Solid Freeform Fabrication Symposium 1991, p. 46-55, Austin, Texas,1991. Online verfügbar unter: http://sffsymposium.engr.utexas.edu/Manuscripts/1991/1991-06-Sun.pdf.

[4] Pokluda, O., Bellehumeur, C.T. and Vlachopoulos, J.: "Modification of Frenkel's Model for Sintering", AIChE Journal, vol. 43, no. 12, pp. 3253-3256, 1997.

[5] Gogos, G.: "Bubble Removal in Rotational Molding", Polymer Engineering and Science, vol. 44, no. 2, pp. 388-394, 2004.

[6] Kontopoulou, M. and Vlachopoulos, J.: "Bubble Dissolution in Molten Polymers and Its Role in Rotational Molding", Polymer Engineering and Science, vol. 39, no. 7, pp. 1189-1198, 1999.

[7] Scherer, G.W.: "Sintering of Low-Density Glasses: I, Theory", Journal of the American Ceramic Society, vol. 60, no. 5-6, pp. 236-246, 1977.

[8] Bellehumeur, C.T., Kontopoulou, M. and Vlachopoulos, J.: "The role of viscoelasticity in polymer sintering", Rheologica Acta, vol. 37, no. 3, pp. 270-278, 1998.

[9] Mazur, S. and Plazek, D.J.: "Viscoelastic effects in the coalescence of polymer particles," Progress in Organic Coatings, vol. 24, pp. 225-236, 1994.

[10] Routh, A.F. and Russel, W.B.: "A Process Model for Latex Film Formation: Limiting Regimes for Individual Driving Forces", Langmuir, vol. 15, pp. 7762-7773, 1999.

[11] Venerus, D.C. and Yala, N.: "Transport Analysis of Diffusion-Induced Bubble Growth and Collapse in Viscous Liquids", AIChE J, vol. 43, no. 11, pp. 2948-2959, 1997.

[12] Haupt, P.: Continuum Mechanics and Theory of Materials. Springer, Berlin Heidelberg, 2000.

[13] Shaler, A.J.: "Seminar on the Kinetics of Sintering (With Discussion)", Metals Transactions, vol. 185, pp. 796-813, 1949.

[14] Rosenzweig, N. and Narkis, M.: "Dimensional Variations of Two Spherical Polymeric Particles During Sintering", Polymer Engineering and Science, vol. 21, no. 10, pp. 582-585, 1981.

[15] Joseph, D.D.: Fluid Dynamics of Viscoelastic Liquids. Springer, New York: 1990.

[16] Bird, R.B., Stewart, W.E. and Lightfoot, E. N.: Transport Phenomena. John Wiley & Sons, Inc., New York, 1960.

Prüfverfahren und numerische Simulation von mechanischen Eigenschaften 3D-gedruckter thermoplastischer Kunststoffe

Rainer Franke[a], Daniela Schob[b], Matthias Ziegenhorn[b]

a) IMA Materialforschung und Anwendungstechnik GmbH, Dresden

b) Brandenburgische Technische Universität Cottbus - Senftenberg

Zusammenfassung

Die 3D-Druck-Technologie als additives Fertigungsverfahren verändert die industrielle Fertigung mit einer exponentiellen Dynamik. Der Markt für Produkte und 3D-Druck-Dienstleistungen wird sich in den nächsten Jahren stark ausweiten und einen immer höheren Stellenwert in der Industrie einnehmen. Auch wenn die Technologie bereits in vielen Branchen Einzug gehalten hat, so gibt es technologisch noch ein enormes Entwicklungspotential, um Bauteile, aber auch das Verfahren selbst weiter zu optimieren. Gegenwärtig sind noch keine allgemein verbindlichen, abgestimmten Standards für die Herstellung additiv erzeugter Materialien sowie für die Bestimmung der Materialeigenschaften verfügbar. Die Erkenntnisse aus den vorliegenden Forschungsvorhaben sollen deshalb für ein allgemeines Prüfverfahren für 3D-gedruckte thermoplastische Kunststoffe genutzt werden. Langfristiges Ziel ist es, einen Standard der Prüfverfahren in diesem Bereich zu definieren.

Stichwörter: Thermoplastische Kunststoffe, Prüfverfahren, Materialmodellierung, Mikroskopische Analyse

1 Einleitung

Mit der Entwicklung der Technologien zur additiven Fertigung von Bauteilen und Produkten entsteht die Notwendigkeit der Charakterisierung der Eigenschaften sowie die der Qualitätssicherung des Herstellungsprozesses. Der Anspruch der Verfügbarkeit eines Prüfverfahrens wird dadurch manifestiert, dass in zunehmendem Maße die experimentelle Bestimmung der Lebensdauer und Materialeigenschaften additiv gefertigter Produkte seitens der Industrie gefordert wird. Einerseits dient dies der Qualitätssicherung des Herstellungsprozesses und andererseits dem Nachweis der geforderten Materialeigenschaften der Produkte.

Eine aktuelle Analyse zur Anwendbarkeit bestehender Prüfstandards [1] zeigt, dass von 47 analysierten Prüfstandards keiner ohne Einschränkungen für additiv erzeugte Materialien (AM-Materialien) anwendbar ist, 27 nur mit Einschränkungen und 20 überhaupt nicht anwendbar sind. Die wesentlichen Restriktionen der 27 teilweise verwendbaren Prüfstandards betreffen die

- geometrische Abmessungen von Proben,
- erforderliche Nachbehandlung von Proben,
- Anforderungen an die Materialisotropie und die
- Umgebungsbedingungen (Temperatur, Klima).

Erste Voruntersuchungen erfolgten durch die Fertigung von Proben mit einer Geometrie nach DIN EN ISO 527-1 und -2 [2, 3] mittels zweier Verfahren, dem Fused Deposition Modeling (FDM) und dem Selektiven Lasersintern (SLS). Diese Untersuchungsergebnisse zeigten, dass nicht nur die unterschiedlichen Materialien das Gefüge und somit einhergehend das Materialverhalten beeinflussen, sondern auch weitere Faktoren bei der Herstellung eine große Rolle spielen wie zum Beispiel der Füllgrad, die beheizte Druckplatte sowie der Formgebungsprozess für die Prüfgeometrie.

Das Fused Deposition Modeling Verfahren (FDM) und das Selektive Lasersintern (SLS) zählen im Moment zu den weitverbreitetsten Verfahren für die 3-dimensionale Erzeugung von Objekten. Mit diesen Druckprozessen wurden für mehrere Referenzmaterialien (ABS, PA, HST, XT-CF20) aus thermoplastischen Kunststoffen, Faktoren identifiziert, welche die Prüfgeometrie beeinflussen, wobei hier die untersuchten Faktoren nur einen Teil der gesamten Einflussgrößen widerspiegeln.

Das nachfolgende Kapitel setzt sich zunächst mit dem *Stand der Technik* auseinander, zeigt die aktuellen Herausforderungen und gibt einen Überblick über die bisher verwendeten Prüfverfahren und -normen für additiv gefertigte Materialien. Anschließend werden die verwendeten *Materialien und experimentellen Bedingungen* näher erläutert, wobei zum einen der Fokus auf den Herstellungsprozess thermoplastischer Kunststoffe und die damit einhergehenden Einflussfaktoren und zum anderen auf den experimentellen Bedingungen liegt. Die Resultate der Zug-, Relaxations- und Wöhlerversuche werden im Abschnitt *Untersuchungsergebnisse* dargestellt. Aufbauend auf diesen experimentellen Versuchsreihen fanden *numerische Simulationen* statt. Im Mittelpunkt stand die Modelloptimierung des elastisch-viskoplastischen Materialverhaltens von Kunststoffen mit Hilfe der Ansätze von Chaboche. Ziel war, das für Metalle entwickelte Chaboche-Modell hinsichtlich seiner Anwendbarkeit für die Beschreibung der Kunststoffe zu untersuchen. Dafür wurden Optimierungs- und Sensitivitätsanalysen der Modellparameter durchgeführt. So sollen Sicherheit in der Wahl von Prüfgeometrie und -verfahren gewonnen und die Anzahl der Versuchszyklen minimiert werden. Gleichzeitig gibt der Abschnitt *Mikroskopische Analyse* einen Einblick in die Morphologie von Bruchflächen in Abhängigkeit der Einflussfaktoren. Finalisiert wird das Kapitel durch eine *Diskussion* der Ergebnisse mit einer *Zusammenfassung* und einem *Ausblick*.

2 Stand der Technik

Derzeit gibt es noch keine spezifischen, abgestimmten und allgemein verbindlichen Prüfnormen und Standards für additiv gefertigte Materialien, welche der Charakterisierung der Materialeigenschaften dienen. In der Regel erfolgt die Anwendung vorhandener Normen, die aber nur unzureichend die Eigenschaften abbilden. Besonders hohe Defizite bestehen bei der Bestimmung der Festigkeitseigenschaften bei statischer und dynamischer Beanspruchung, wodurch das Betriebsverhalten von additiv gefertigten Bauteilen und Produkten unzureichend berechnet oder prognostiziert werden kann. Genau an dieser Stelle besteht enormer Nachholbedarf und setzt dieses Forschungsvorhaben an.

2.1 Prüfnormen für additiv gefertigte Materialien

Die nationalen und international wirkenden Normungsgremien arbeiten mit hoher Intensität daran, geeignete Prüfnormen und Standards für additiv gefertigte Materialien zu entwickeln. Im Bereich der metallischen AM-Materialien wurde von Slotwinski und Moylan [4] festgestellt, dass von 108 Prüfstandards nur 20 ohne Einschränkungen, 60 mit Einschränkungen und 28 nicht anwendbar sind. Für Kunststoffe sieht es sehr ähnlich aus. Forster [1] befasste sich 2015 in einer Analyse zum Stand der Technik mit der Anwendbarkeit bestehender Prüfstandards. Am Beispiel der Zugfestigkeit stellte er fest, dass die für Kunststoffe und Faserverbundmaterialien entwickelten Standards ASTM D638, ISO 527-2, ASTM D3039 und ISO 527-4 mit den speziellen Proben in ihrer Anwendbarkeit auf additiv gefertigte Materialien (AM) bisher nur ungenügend untersucht wurde. Zum Beispiel, dass die in der ASTM D638 vorgeschriebene Probe vom Typ I zu vorzeitigem Ausfall bei additiv gefertigten Materialien führt. Zu den gleichen Schlussfolgerungen kommt Forster für die Biegefestigkeit (ASTM D7264), die Druckfestigkeit (ASTM D695, ASTM D3410, ISO 604, ISO 14126), wo die Höhe und der Durchmesser der Proben ungeeignet sind. Ebenso sind die Standards für Bestimmung der Scherfestigkeit (ISO 14129, ISO 14130, ASTM D2344, ASTM D3518) nicht direkt anwendbar. Die Standards dienen der Bestimmung von spezifischen interlaminaren Versagensmechanismen, die aber nicht charakteristisch für additiv gefertigte Materialien sind. Auch die Standards für gekerbte Proben (ASTM D7078, ASTM D3846) sind nicht anwendbar, weil die mit AM produzierten Prüflinge nicht so große Differenzen zwischen Modulen und Bruchfestigkeit in verschiedenen Richtungen besitzen, wie sie in Faserverbundwerkstoffen gefunden werden. Damit wird die Lastverteilung und Rissausbreitung in einem AM-Material unterschiedlich sein.

Bei Verbundlaminaten können schon bei der Herstellung Faserbrüche auftreten, die zur Einleitung von Rissen in der Matrix führen, bei AM-Materialien ergibt die Herstellungstechnologie aber keine scharfen Kerben, wodurch eine unterschiedliche Rissausbreitung zu erwarten ist.

Zusammenfassend sind für additiv gefertigte Bauteile aus Kunststoffen 47 Prüfstandards zusammengestellt, davon ist keiner ohne Einschränkungen, 27 sind mit Einschränkungen und 20 überhaupt nicht anwendbar.

2.2 Prüfverfahren für additiv gefertigte Bauteile und Materialien

Bei den Zug- und Zeitstandversuchen haben sich für konventionell gefertigte Metalle und Kunststoffe in den vergangenen Jahrzehnten viele Prüfverfahren etabliert [2, 5, 6]. Die Basis der Untersuchungen stellten hierbei schmelzmetallurgisch hergestellte Metalle und im Spritzgussverfahren erzeugte thermoplastische Kunststoffe dar. Ebenso bestehen für diese Werkstoffe auch Prüfverfahren zur Ermittlung der Lebensdauer unter zyklischer Belastung, worauf der Fokus dieser Forschungsarbeit liegt.

Einer der bedeutendsten Faktoren bei aussagefähigen Ermüdungstests ist die Probenform und -dimension. Für die meisten schmelzmetallurgisch hergestellten Metalle und im Spritzgussverfahren erzeugte thermoplastische Kunststoffe schreiben die Prüfstandards für Ermüdungstests, wie beispielsweise die DIN EN 6072 [7] von metallischen Werkstoffen, Probenformen und -dimensionen sehr enge Toleranzen vor, die unbedingt einzuhalten sind, Abbildung 1. Das bedeutet konkret, dass der Versuch als gültig angesehen wird, wenn der Bruch mitten in der Messlänge liegt, weil dann davon ausgegangen werden kann, dass das Material geprüft wurde und nicht eine mit Kerben behaftete Geometrie vorliegt. Diese Probe hat sich für isotrope, homogene Materialien bewährt.

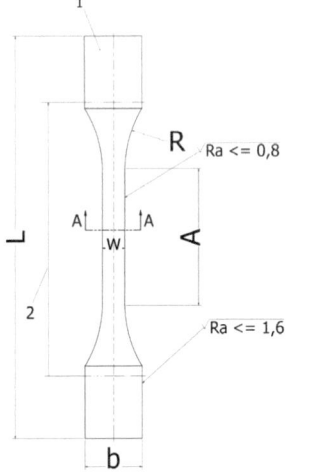
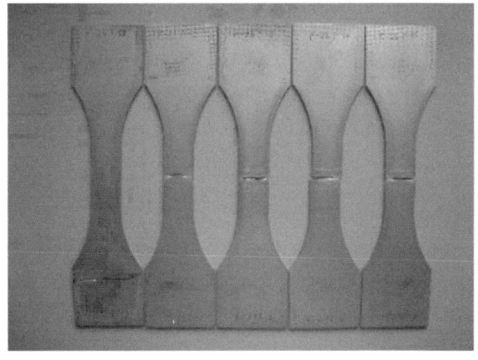

Abbildung 1: Flachprobe für Ermüdungsversuche nach DIN EN 6072 und Proben nach der Beanspruchung

Diametral dazu stellt sich die Situation bei der Untersuchung des Ermüdungsverhaltens anisotroper Faserverbundwerkstoffe (FVK) dar. Diese sind die Basis für die Untersuchungen 3D-gedruckter Bauteile. In einer neuartigen Schwingfestigkeitsprüfung an FVK [8] mit unidirektionaler Verstärkung (UD) konnte eine genauere Materialcharakterisierung vorgenommen werden. Auf Grundlage der Versuchsergebnisse wurde eine neue und praktikable Methode zur Beschreibung des Materialverhaltes und zur Lebensdaueranalyse vorgeschlagen. Es entstand eine neuartige Probe, die insbesondere bei Druckschwell- oder Zug-Druck-Wechselbelastung eingesetzt werden kann. Die Probe ist mit einer optimierten zweifach taillierten Geometrie versehen, welche der ausgeprägten Anisotropie von Faserverbundwerkstoffen gerecht wird und die Einspannbereiche entlastet, Abbildung 2. Bei Anwendung dieses Prüfverfahrens für Schwingfestigkeitsversuche ist das Ausknicken des Probekörpers durch eine elastische, sich mit verformende Knickstütze geringer Steifigkeit verhindert.

Mechanische Eigenschaften 3D-gedruckter thermoplastischer Kunststoffe

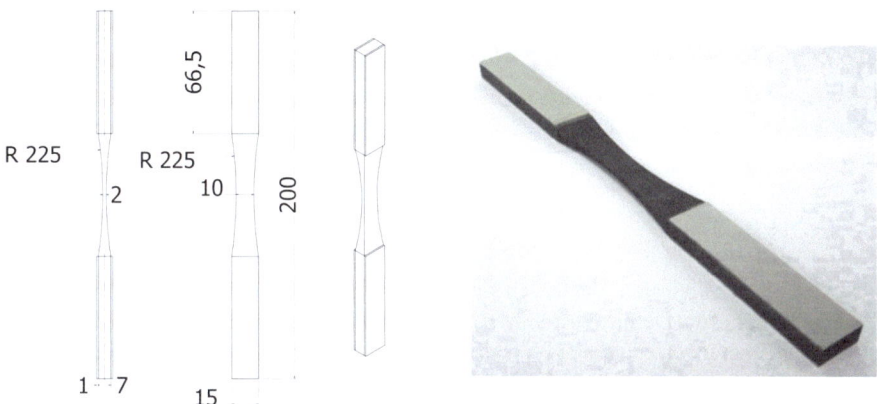

Abbildung 2: Probengeometrie der zweifach taillierten Prüfkörper (a) und unidirektionaler CFK Prüfkörper (b)

Bei den umfangreichen Untersuchungen zum Ermüdungsverhalten der Materialien im Druck- und Zugschwellbereich (Beanspruchungsverhältnis R = 10 bzw. R = 0,1), im Druck- und Zugwechselbereich (R = -2,5 bzw. R = -0,4) sowie unter reiner Wechselbeanspruchung (R = -1) und zusätzlicher Versuche mit dem materialspezifischen Beanspruchungsverhältnis R_{Krit}, konnte daraus das HAIGH-Diagramm für UD-Laminate abgeleitet werden. Dabei ist eine unsymmetrische Aufteilung des HAIGH-Diagramms im Zug- und Druckbereich anhand der unterschiedlichen Verläufe der Linien mit konstanter Lastspielzahlen zu erkennen, Abbildung 3.

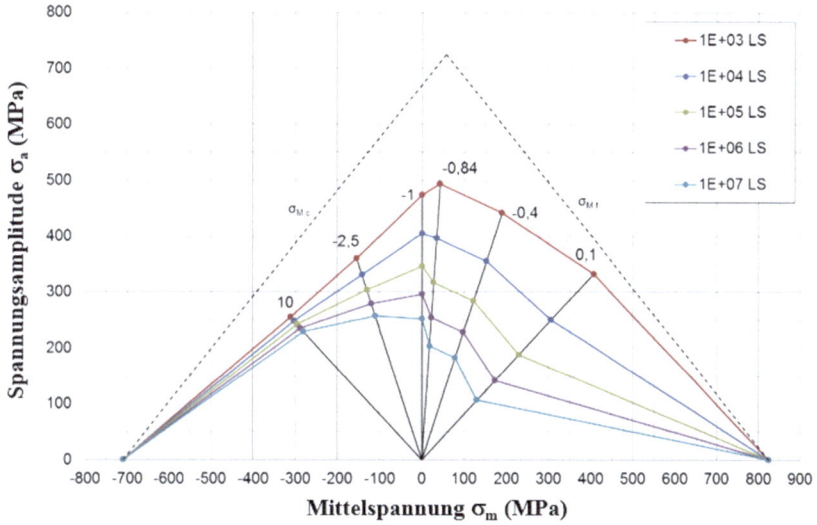

Abbildung 3: Haigh-Diagramm eines GF-UD/EP

Mit der hier stark verkürzt dargestellten Vorgehensweise kann in guter Näherung das Ermüdungsverhalten verschiedener Materialien in Abhängigkeit der auftretenden Mittelspannung beschrieben werden. Ein weiterer großer Vorteil dieses Verfahrens ist die Möglichkeit zur analytischen Formulierung der Linien konstanter Lastspielzahlen des neu entstanden HAIGH-Diagramms. Dies ermöglicht weiterführende Berechnungen in dieser Darstellungsvariante. Einschränkend ist jedoch anzumerken, dass bei der Anpassung des HAIGH-Diagramms gewisse

Vereinfachungen vorgenommen werden. Weiterhin ist die Verwendung in Bezug auf ein neues Material mit abweichenden quasistatischen Kennwerten nur beschränkt geeignet.

Somit stellt das komplexe Ermüdungsverhalten faserverstärkter Kunststoffe (FVK) gegenwärtig noch eine große Herausforderung an die Auslegung von Strukturen dar. Geeignete durchgängige rechnerische Methoden zur Akkumulation von Schädigungen stehen für die sichere Auslegung und die rechnerische Betriebsfestigkeitsanalyse faserverstärkter Bauteile noch nicht zur Verfügung.

Eine weitere Möglichkeit stellen phänomenologische Untersuchungen mit verschiedenen zerstörenden und zerstörungsfreien Verfahren (z. B. Thermographie, Ultraschall, Röntgen und/oder Mikroschliffbilder) dar. Damit wird eine Korrelation zwischen dem Verhalten der unterschiedlichen Werkstoffkennwerte und den typischen FVK auftretenden Schäden generiert. Durch diese Verknüpfung der mechanisch-physikalischen Parameter mit expliziten Schadensbildern ist eine Möglichkeit geschaffen, lediglich auf Grundlage der im Versuch erfassten Daten, Rückschlüsse über die im Material vorliegenden Schäden zu treffen und auf zeit- und kostenintensive Prüfungen wie Ultraschall, Computertomographie, Röntgen, etc. zu verzichten. Daraus ist abzuleiten, dass die bisherigen Untersuchungen in diesem Themengebiet einen wesentlichen Fortschritt in der Messbarkeit von charakteristischen Kenngrößen für die Faserverbundwerkstoffe gebracht haben und heute in der Technik und Wissenschaft Anwendung finden.

Für die 3D-gedruckten Kunststoffe ist bisher keine ähnliche Vorgehensweise bekannt. Es ist vielmehr so, dass aufgrund der spezifischen Eigenschaften additiv gefertigter thermoplastischer Kunststoffe das Vorgehen nicht einfach von den Faserverbundwerkstoffen übertragbar ist, sodass ein vollständig anderer Lösungsansatz gefunden werden muss. In der Literatur existieren unterschiedliche Ansätze Proben den spezifischen Eigenschaften von additiv gefertigten Kunststoffen oder Metallen anzupassen. Vielfach werden „test artifacts" beschrieben, die als Vergleichsproben die unterschiedlichen Besonderheiten bei der additiven Fertigung darstellen. Moylan [9] demonstriert das mit zwei Herstellungsverfahren. Aus dieser Probe sollen Teile herausgenommen und geprüft werden, was nur Bauteilkennwerte liefert. Eine andere Anordnung wird von Mireya [10] präferiert, um die Eigenschaften von 3D-Druckern vergleichend zu bewerten. Dongare [11] entwickelte ausgehend von den Forderungen der ASTM E8 eine Miniaturprobe mit Bolzenbelastung in einem entsprechenden Spannzeug, allerdings für metallische Proben. Kao [12] definierte unterschiedliche Proben für Biegeversuche von Kompositmaterialien, die aus einer offenen Zellstruktur bestehen, in die Silikonharz infiltriert wurde. Um die Eigenschaften in unterschiedlichen Druckrichtungen zu untersuchen, wurden die Biegestäbe entwickelt. Hierbei handelt es sich um ein sehr spezielles, kaum zu verallgemeinerndes Verfahren, was wiederum nur Bauteilkennwerte liefert.

Die Prüfung der statischen Festigkeit 3D-gedruckter Kunststoffproben, entsprechend der gültigen Norm DIN EN ISO 527-2, zeigt die bestehenden Defizite sehr deutlich. Gemäß der Norm müssen die Probekörper spritzgegossen oder aus Tafeln mittels mechanischer Bearbeitung hergestellt werden. Beide Verfahren sind für 3D-gedruckte Proben nicht anwendbar. Darüber hinaus kann festgestellt werden, dass durch das FDM eine stark anisotrope Struktur entsteht, Abbildung 4 [13].

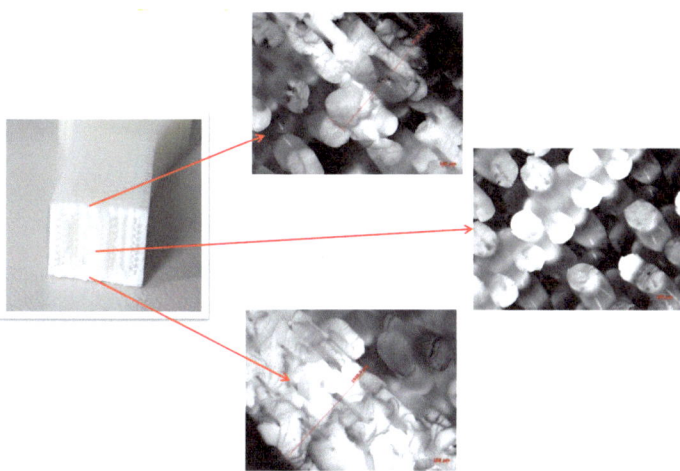

Abbildung 4: Gefüge an der Bruchfläche einer mittels FDM aufgebauten Probe aus ABS

Die statische Festigkeit wurde für zwei Varianten des Aufbaus der Proben für schichtweise „senkrecht stehende" und „waagerecht liegende" gedruckte Probekörper verglichen, Abbildung 5a und 5b. Das bedeutet, dass im ersten Fall mit dem Drucker die Probe über die Breite schichtweise aufgebaut wurde und im zweiten Fall unter gleichen Parametern über die Dicke der Probe, Abbildung 5.

a) b)

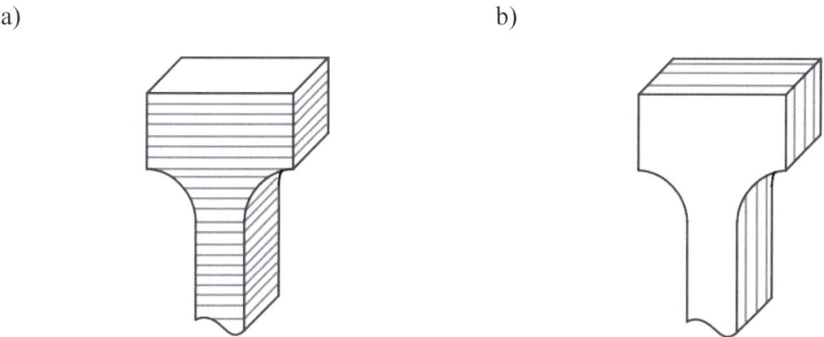

Abbildung 5: Druckrichtungen, (a) senkrecht stehend und (b) waagerecht liegend

Die Bruchbilder unterscheiden sich gravierend. So tritt bei den „senkrecht stehenden" Proben ein spröder Gewaltbruch mit geringer plastischer Deformation auf, während bei den „waagerecht liegenden" eine große plastische Deformation mit einem duktilen Bruch entsteht, Abbildung 6.

a)  b)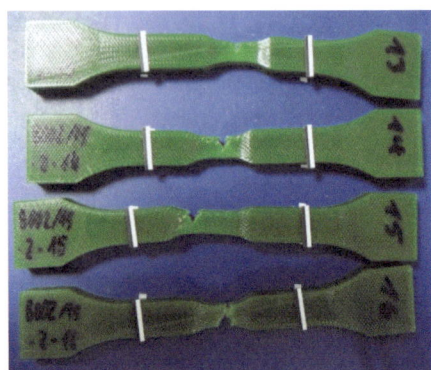

Abbildung 6: Bruchbilder von im 3D-Druck in unterschiedlicher Schichtung aufgebauter thermoplastischer Kunststoffproben, (a) senkrecht stehend, (b) waagerecht liegend

Weder der Aufbau in einzelnen Schichten noch die Oberflächen der Prüfkörper entsprechen in der Regel den Anforderungen der Norm. Folglich ergeben sich deutliche Unterschiede in den Festigkeitskennwerten, im Deformations- und Bruchverhalten, aber auch in den Streuungen der Einzelwerte, Tabelle 1. Die Zugfestigkeit σ_m zwischen beiden Proben unterscheidet sich um etwa den Faktor 2 ebenso wie die dabei auftretende Dehnung ε_m. Gleiche Ergebnisse sind in der Literatur beschrieben [14–20].

Tabelle 1: Mechanische Kennwerte von 3D-gedrucken Proben

Kenngröße	Zugfestigkeit σ_m [MPa]	E-Modul [GPa]	Zugdehnung ε_m [%]	Zugdehnung ε_{mb} [%]
Mittelwert stehend (a)	27,1	1,910	1,55	-
Standardabweichung	2,5	0,017	0,19	-
Variationskoeffizient	9,3%	0,9%	12,6%	-
Mittelwert liegend (b)	48,5	2,018	3,76	35,15
Standardabweichung	0,3	0,013	0,04	5,53
Variationskoeffizient	0,6%	0,6%	1,0%	15,7%

Weiterhin zeigen die ersten Ergebnisse, dass beim FDM nicht nur die Druckrichtung, sondern auch der Füllgrad und die Beheizung der Druckplatte eine entscheidende Rolle für die Prüfgeometrie spielen. Der Drucker bietet hinsichtlich der Materialfüllgrade der zu erstellenden Bauteile drei Einstellmöglichkeiten – geringe Dichte, hohe Dichte und vollgefüllt. Bei der Auswertung des Einflusses des Füllgrades ist erkennbar, dass die einzelnen Druckbahnen noch deutlich erkennbar sind. Insbesondere bei der Einstellung mit „geringer Dichte". Hier liegt einzig und allein nur die Verschmelzung innerhalb der Knotenpunkte der Druckbahnen vor. Eine Steigerung des Verschmelzungsgrades wurde bereits bei einer „hohen Dichte" deutlich. Die größte verschmolzene Zone konnte mit „vollgefüllt" erreicht werden. Jedoch ist auch hier nicht von einem homogenen Materialgefüge zu sprechen. Die einzelnen Bahnen und Druckschichten sind immer noch deutlich erkennbar, Abbildung 7.

a) b) c)

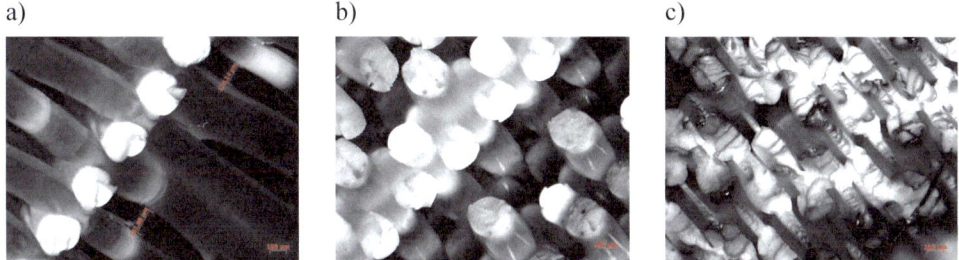

Abbildung 7: Gefüge von mittels FDM hergestellten Proben mit unterschiedlichen Füllgraden, (a) niedrige Dichte, (b) hohe Dichte, (c) vollgefüllt, 50-fache Vergrößerung

Bei der Verwendung einer beheizten Druckplatte war bereits ohne jegliche Vergrößerung erkennbar, dass es an den unteren Ecken, welche unmittelbar Kontakt zur Druckplatte hatten, zu einem Wegfließen des Materials kommt. Darüber hinaus ist der Übergang vom Randbereich der Probe zum Inneren hin weitaus stärker verschmolzen und homogener als der Innenbereich der Probe, wodurch sich ein Gradient der Dichte ρ einstellt, Abbildung 8.

Abbildung 8: Einfluss durch eine beheizte Druckplatte auf das Materialgefüge

Die Untersuchung des Ermüdungsverhaltens ist mit derartigen Proben unmöglich, weil die lokale Anisotropie und die Kerbwirkung der stark profilierten Oberfläche die Ermüdungsfestigkeit des Materials überlagern.

Daraus folgt, dass mit dem gegenwärtigen Kenntnisstand die Beanspruchbarkeit von additiv gefertigten Materialien und Bauteilen experimentell ungenau oder überhaupt nicht bestimmt werden kann. Damit bleiben Festigkeits- und Sicherheitsnachweise pure Empirie, was wiederum zufolge hat, dass die Eigenschaften solcher Produkte nicht optimal genutzt werden können.

3 Material und experimentelle Bedingungen

3.1 Material und Drucktechnologie

Die Untersuchungen erfolgen ausgehend von konventionell gefertigten Materialien mit der in 3D-Drucktechnologie hergestellten Proben aus thermoplastischen Kunststoffen. Als Kunststofftypen wurden das gegenwärtig sehr häufig benutzte ABS, ein PE-Copolymer XT-CF20 mit 20 % Kohlenstoffkurzfaserverstärkung von colorFabb, ein unverstärktes PA12 DuraForm®PA sowie ein mit Glaskurzfasern verstärktes PA12 DuraForm®HST Composite von 3D Systems benutzt, Tabelle 2.

Aus den möglichen Verfahren wurden 2 grundsätzlich verschiedene Drucktechnologien ausgewählt. Das FDM-Verfahren benutzt zum Aufbau von Körpern das Aufschmelzen von Kunststofffilamenten, wobei das aufgeschmolzene Filament raupenförmig schichtweise übereinandergelegt wird. Das SLS-Verfahren dagegen verwendet pulverförmige Kunststoffe, die schichtweise in einem Bett durch einen Laser selektiv aufgeschmolzen werden. Die verwendeten 3D-Drucker sind ebenfalls in der Tabelle 2 angegeben. Der Fokus der folgenden Ergebnisse liegt bei dem SLS-Verfahren unter Verwendung des unverstärkten PA12.

Tabelle 2: Untersuchte Materialien und Drucktechnologien

Drucker	Dimension Elite	Ultimaker 2	sPro230
Verfahren	FDM	FDM	SLS
Material	ABS	XT-CF20	PA12, HST
Kammertemperatur	80 °C	22 °C	170 °C
Prozesstemperatur	200 °C	200 °C	200 °C
Probenform	DIN EN ISO 527-2		

3.2 Probenform und -herstellung

Für die Bestimmung der statischen Festigkeit wurden in einem ersten Schritt normkonforme Proben entsprechend der aktuellen Prüfnorm DIN EN ISO 527-1, Typ 1A im Zugversuch untersucht und ihr Versagensverhalten mit konventionell gefertigten Proben verglichen. Für beide Drucktechnologien wurden Raumrichtungen festgelegt, in denen der Probekörper schichtweise entstand, Abbildung 9.

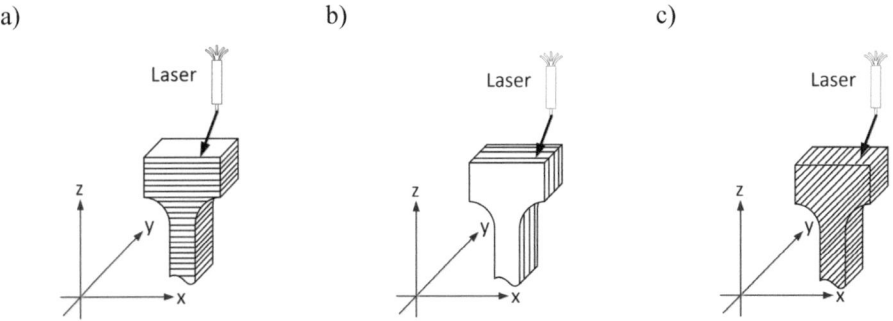

Abbildung 9: Festgelegte Druckrichtungen, (a) 90°-, (b) 0°-, (c) 45°-Druckrichtung

3.3 Experimentelle Bedingungen

Nach Festlegung von möglichen Messverfahren und deren Rangordnung für die Festigkeitsprüfung bei statischer und zyklischer Belastung begannen die experimentellen Untersuchungen mit Zugversuchen. Demzufolge konnte die statische Festigkeit nach DIN EN ISO 527-1 und -2 bestimmt und ein Vergleich zu konventionell hergestellten Prüfkörpern vorgenommen werden. Die Zugversuche fanden auf einer Universalprüfmaschine (Inspekt table 10 kN) der Firma Hegewald & Peschke mit einer Testgeschwindigkeit von 1 mm/min bis zum Bruch unter Raumtemperatur statt. Mit derselben Prüfeinrichtung sind Basiskennwerte für das Zeitstandverhalten durch Relaxationsversuche bestimmt worden. Die Haltezeit betrug 10 h und die Dehnung entsprach dem Wert, welcher sich bei einer 90%-igen Auslastung im Zugversuch eingestellt hatte. Von Versuchsbeginn bis zum Erreichen der gewünschten Dehnung lag die Geschwindigkeit bei 1 mm/min.

Nach Abschluss der statischen Versuche, erfolgten in Anlehnung an die DIN 50100 [21] zyklische Versuche. Die Versuchsdurchführung verlief mit dem Perlenschnurverfahren, bei dem im Zeitfestigkeitsbereich durch Wahl der Spannungsamplitude eine möglichst gleichmäßige Verteilung der ertragbaren Lastwechsel bis zum Bruch zwischen $10^4 < N < 10^7$ erreicht werden soll. Alle Versuche wurden mit dem Spannungsverhältnis R = -1 und einer Schwingfrequenz von 3 Hz unter Verwendung einer Knickstütze bei Normklima auf einer servohydraulischen Prüfmaschine mit einer 40 kN-Kraftmessdose von SCHENCK und einem MTS-FlexTest40-Regler ausgeführt.

4 Numerische Simulation

Mit dem Ziel Vorhersagemöglichkeiten für das Materialverhalten zu entwickeln, wurden Parameteruntersuchungen für Materialmodelle durchgeführt. Durch die numerischen Modelle sollen die Versuchsanzahl verringert werden und die Aussagekraft der Versuche erhalten bleiben. Reine Elastizitätsmodelle sind in den Standard-Ingenieuraufgaben weit verbreitet. Für die Analyse der niedrig und hoch zyklisch belasteten Komponenten und der damit verbundenen Phänomene sind diese Klassen von Materialmodellen nicht mehr geeignet. Es müssen anelastische und zeitabhängige Deformationsprozesse untersucht werden. Im Fokus stehen plastische Verformungen und zeitabhängige Deformationsprozesse, die in den letzten Jahrzehnten ein wichtiges Forschungsfeld bildeten. In erster Linie wurden die publizierten Ergebnisse auf die Materialklasse der Metalle und Metalllegierungen angewendet. Für die Beschreibung der viskoplastischen Materialeigenschaften metallischer Werkstoffe hat sich das Materialmodell nach Chaboche [22] bewährt. Anwendung fand es auch bei der Abbildung des Materialverhaltens unter thermomechanischer Belastung zum Beispiel für Gusseisen GJS [23].

In Hinblick auf die Beschreibung des Materialverhaltens von Polymeren oder faserverstärkten Kunststoffen werden verschiedene kontinuumsmechanische Ansätze angewendet. Die Beschreibung des Matrix- und Verbundverhaltens dieses Materials bezüglich der Zeit-, Last- und Temperaturabhängigkeit ist Gegenstand der aktuellen Forschung. Eine große Herausforderung stellt in diesem Bereich die Beschreibung des mechanischen Werkstoffverhaltens additiv gefertigter Kunststoffe dar, da diese sich infolge des Herstellungsverfahrens anisotrop und bezüglich der Zeit-, Temperatur- und Lastabhängigkeit nichtlinear verhalten. Für elastisch-viskoplastisches Materialverhalten gibt es, wie eingangs erwähnt, zahlreiche Theorien und Ansätze unter anderem von Perzyna [24, 25], Bodner und Partom [26, 27], Weber und Anand [28].

Mit dem Ziel, die große Vielzahl auftretender Phänomene des Materialverhaltens darstellen zu können, wird das für Metalle entwickelte Chaboche Modell für additiv gefertigte Materialien genutzt. Es werden damit zyklische Effekte der Plastizität, Kriech-, Relaxations- und Dehnrateneffekte sowie statische und dynamische Erholung abgebildet.

Die Entwicklung des werkstoffspezifisch angepassten Materialmodells nach Chaboche für die verwendeten Materialien und die Betrachtung rein isothermer Versuche bei Raumtemperatur zeigen die folgenden Gleichungen.

$$\dot{\sigma} = E(\dot{\varepsilon}^{tot} - \dot{\varepsilon}^{th} - \dot{\varepsilon}^{vp}) + \frac{\partial E}{\partial T}\frac{\partial 1}{\partial E}\sigma\dot{T} \tag{1}$$

$$\dot{\varepsilon}^{vp} = \sqrt{\frac{3}{2}}\left\langle\frac{\sqrt{\frac{3}{2}}\|\sigma' - \sum_{j=1}^{naa}\mathbf{X}_j\| - (y_0 + \sigma^M)}{K}\right\rangle^n \frac{\sigma' - \sum_{j=1}^{naa}\mathbf{X}_j}{\|\sigma' - \sum_{j=1}^{naa}\mathbf{X}_j\|} \tag{2}$$

$$\dot{\sigma}^M = b(Q_\infty - \sigma^M)\dot{p} - R_{iso}\sigma^M \tag{3}$$

$$\dot{\mathbf{X}} = \frac{2}{3}C^i\dot{\boldsymbol{\varepsilon}}^{vp} - \gamma^i\varphi^i\mathbf{X}^i\dot{p} - R_{kin}^i\mathbf{X}^i + \frac{1}{C^i}\frac{\partial C^i}{\partial T}\mathbf{X}^i\dot{T} \tag{4}$$

Um die Komplexität des Materialverhaltens 3D-gedruckter Materialien abbilden zu können, war die Ermittlung von Parametern für das Modell durch experimentelle Zug-, Relaxations- und zyklische Versuche notwendig. Basierend auf diesen experimentellen Untersuchungen wurden die Modellparameter für die Werkstoffe ermittelt. Dabei wurden iterativ zuerst die elastisch-thermischen Parameter E, μ und α_T ermittelt. Daran schließt sich die Bestimmung der Viskositätsparameter n und K, der isotropen Verfestigung σ^M, der Aufklingkonstanten b und ω, des Sättigungswertes Q_{inf} und φ_{inf}, der statischen sowie dynamischen Erholungsparameter R_{iso} und R_{kin} und der Verfestigungsparameter C_i und γ_i an. Die ermittelten Parameter wurden in das Materialmodell transferiert und mit mehreren experimentellen Ergebnissen validiert.

5 Untersuchungsergebnisse

5.1 Experimentelle und numerische Simulation

5.1.1 Zugversuche

Zunächst erfolgte die Erfassung und tabellarische Aufbereitung der physikalischen und geometrischen Kenngrößen sowie eine Analyse deren Relevanz für die Charakterisierung von Belastungs- und Schädigungsprozessen in Abhängigkeit von der äußeren Beanspruchung. Für die einzelnen Kenngrößen erfolgte eine Bewertung hinsichtlich ihrer Wirkung auf die mechanische Festigkeit. Wechselwirkungen, wie beispielsweise die zwischen Oberflächenmorphologie und Kantenlänge des Probenquerschnittes, wurden aus vorliegenden Forderungen in Prüfstandards für konventionell gefertigte Kunststoffproben erfasst und als Basis für Prüfungen an den additiv gefertigten Proben festgelegt.

Die Spannungs-Dehnungsdiagramme der Proben aus den mittels SLS gefertigten Proben aus PA12 zeigen eine geringe Streuung unabhängig von der Aufbaurichtung, Abbildung 10. Die Bruchlage erfüllte allerdings nicht immer die Normforderungen.

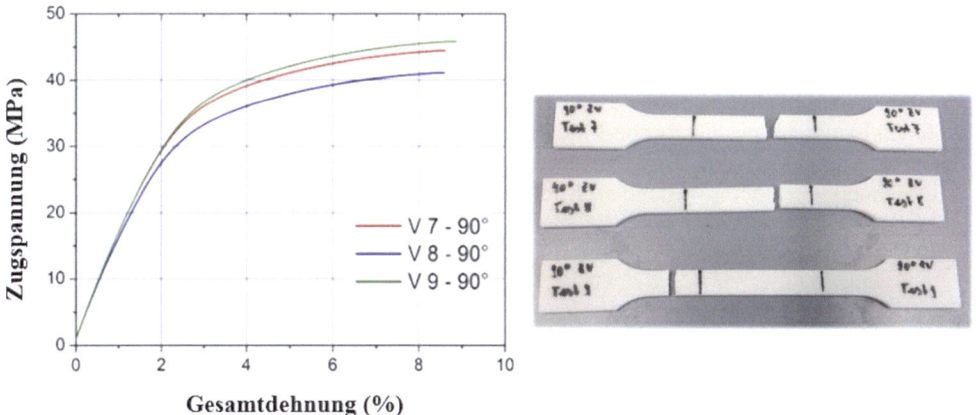

Abbildung 10: Spannungs-Dehnungskurven und Bruchlage von Proben aus PA12 mit Aufbaurichtung 90°

Für alle drei Aufbaurichtungen ist die geringe Bruchdehnung charakteristisch. Zusätzlich unterscheiden sich die Streckgrenzen und E-Moduln in Abhängigkeit der Druckrichtung unwesentlich voneinander. Der Vergleich der Kennwerte mit einem konventionellen spritzgegossenem PA12 zeigt, dass zwar die Festigkeit annähernd erreicht wird, beim E-Modul und bei der Bruchdehnung jedoch größere Abweichungen vorliegen, Abbildung 11.

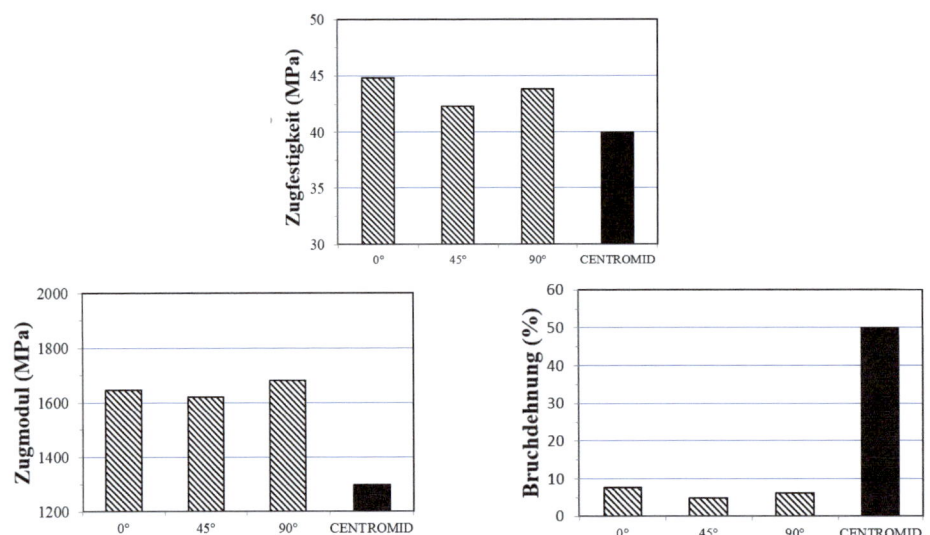

Abbildung 11: Vergleich der mechanischen Kennwerte von SLS und konventionellen Spritzgussproben aus PA12

Ähnliche Ergebnisse konnten auch für die anderen Werkstoffe festgestellt werden. Besonders gravierend sind die geringen Bruchdehnungen im Vergleich zu konventionellen Werkstoffen.
In Hinblick auf die numerische Simulation ist durch die rekurrente Anpassung der eingangs erwähnten Parameter des Chaboche-Modells eine gute Übereinstimmung zwischen dem verwendeten Materialmodell und dem experimentell ermittelten Materialverhalten deutlich und nur eine Abweichung von 1 MPa vorhanden, Abbildung 12.

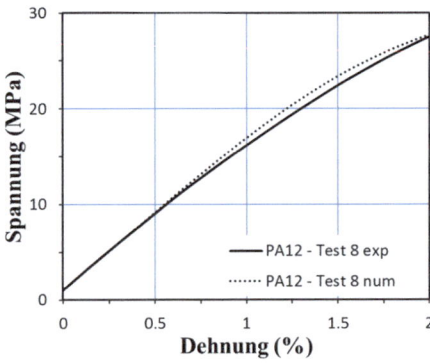

Abbildung 12: Validierung von numerischer und experimenteller Simulation der Zugversuche

5.1.2 Relaxationsversuche

Bei den Relaxationsversuchen kommt es nach dem Erreichen der festgelegten Dehnung zu einem exponentiellen Spannungsabfall. Dieser vollzieht sich zum größten Teil innerhalb der ersten Stunde. Danach wird der Spannungsverlauf linear und strebt mit fortschreitender Zeit gegen einen Grenzwert.

Ähnlich, wie bei den Zugversuchen, weisen die Relaxationsversuche innerhalb einer Druckrichtung nur geringe Streuungen auf, Abbildung 13a. Die mechanischen Eigenschaften unterscheiden sich auch in Hinblick auf die unterschiedlichen Druckrichtungen nur marginal, Abbildung 13b.

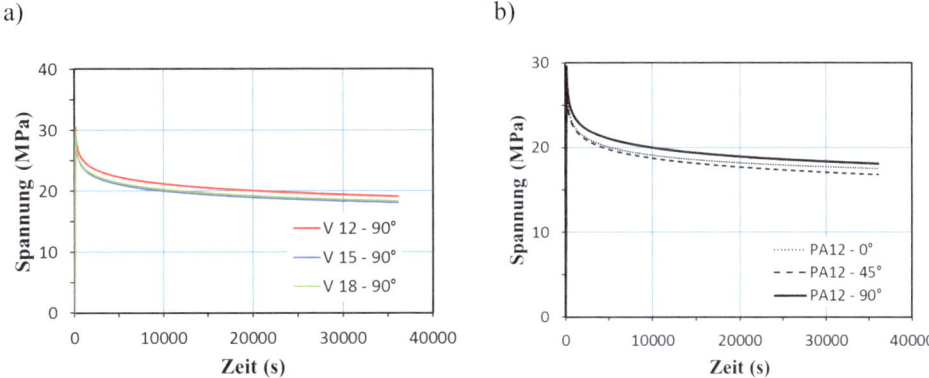

Abbildung 13: Relaxationsversuche, (a) Streuung und (b) Drucksichtungsabhängigkeit

Des Weiteren sind für die numerische Simulation der Relaxationsversuche mittels dem Chaboche-Modell sehr gute Validierungsergebnisse in der Abbildung 14 erkennbar. Durch iterative Anpassung der Viskositätsparameter an die experimentellen Ergebnisse ist nur noch eine minimale Abweichung zwischen Numerik und Experiment zu verzeichnen.

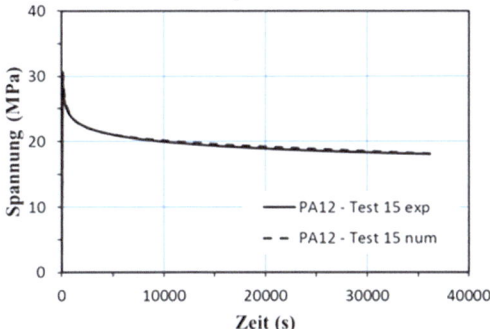

Abbildung 14: Validierung von numerischer und experimenteller Simulation der Relaxationsversuche

5.1.3 Wöhler-Versuche

Bisherige experimentelle Untersuchungen zur Lebensdauer führten bei zyklischer Beanspruchung mit einem Spannungsverhältnis von R = -1 unter Verwendung von Normproben nicht zu aussagekräftigen Ergebnissen. Resultierend aus dem Gefüge der Proben und der Oberflächenmorphologie kam es zu undefinierten Brüchen, welche in der mikroskopischen Analyse gezeigt wird, Abbildung 15. Hier sind weitere Untersuchungen mit veränderten Probenformen notwendig.

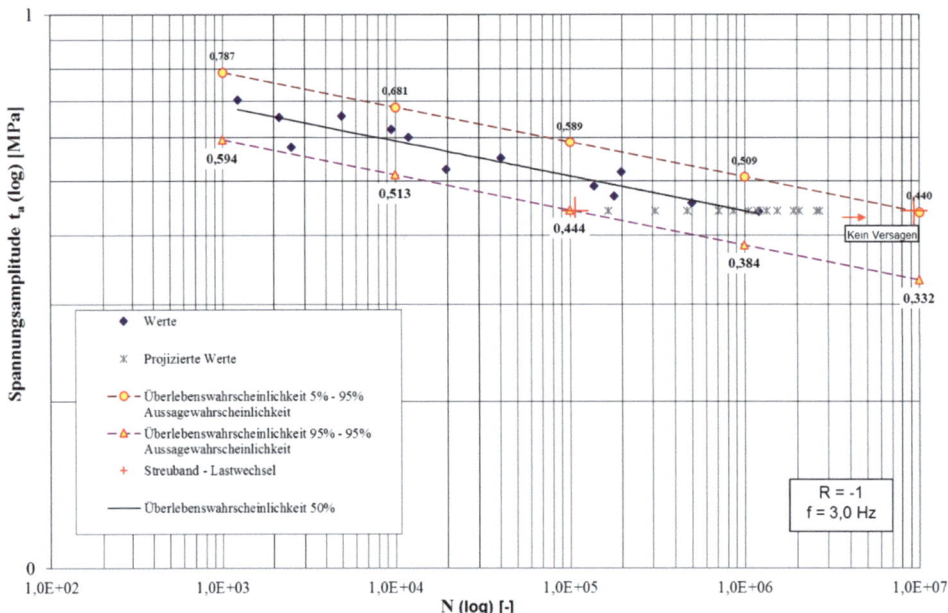

Abbildung 15: Wöhlerversuche im Zeitfestigkeitsgebiet mit mittels SLS gefertigten Normproben aus PA12

5.2 Mikroskopische Analyse

5.2.1 Zugversuche

Die Untersuchung der Bruchflächen der Proben nach den Zugversuchen zeigte spezifische Merkmale für die makroskopische und mikroskopische Rissausbreitung auf. Bei geringer Vergrößerung sind in den Bruchflächen der mittels SLS erzeugten PA12-Proben eine Vielzahl von angeschnittenen Hohlräumen sichtbar. Die Hohlräume konzentrieren sich auf das Innere der Proben, zum Rand hin nimmt deren Anzahl ab, Abbildung 16. Die Verteilung der Hohlräume ist von der Aufbaurichtung nur gering abhängig. Die Bruchfläche tritt makroskopisch ohne sichtbare Verformung relativ glatt auf.

Bei weiterer Vergrößerung wird die mikroskopische Rissausbreitung als spröder Gewaltbruch sichtbar. Die Form der Rissausbreitung ist über den größten Teil des Querschnittes zu finden. Nur an wenigen Stellen tritt der für konventionelle Werkstoffe charakteristische duktile Gewaltbruch in Form der Wabenbildung auf, Abbildung 17. Die Rissausbreitung über einen spröden Gewaltbruch erklärt auch die geringe Bruchdehnung, die in den Zugversuchen gemessen wurde. Die Art der mikroskopischen Rissausbreitung ist bei den mittels SLS hergestellten PA12-Proben unabhängig von der Aufbaurichtung.

Mechanische Eigenschaften 3D-gedruckter thermoplastischer Kunststoffe 153

0° - Druckrichtung

45° - Druckrichtung

90° - Druckrichtung

Abbildung 16: Morphologie der Bruchfläche nach dem Zugversuch von Proben aus PA12 in Abhängigkeit von der Aufbaurichtung, 40-fache Vergrößerung

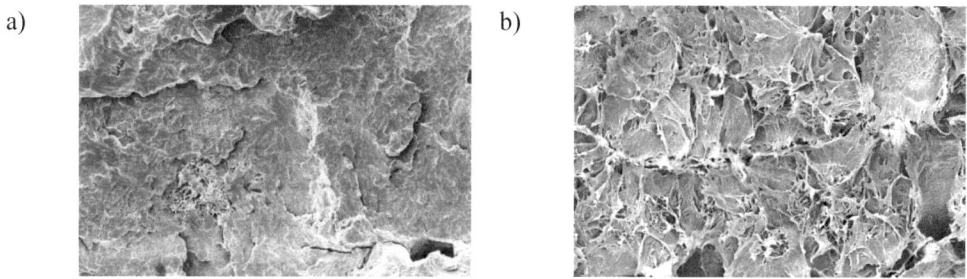

Abbildung 17: Mikroskopische Rissausbreitung im Zugversuch von Proben aus PA12, spröder Gewaltbruch (a) und duktiler Gewaltbruch (b), 1000-fache Vergrößerung

5.2.2 Wöhlerversuche

Die Bruchflächenuntersuchung der Proben aus den Wöhlerversuchen lieferten spezifische Merkmale für das Versagen bei größeren Beanspruchungsamplituden. Bei geringer Vergrößerung (40-fach) ist in den Bruchflächen der mittels SLS erzeugten PA12-Proben eine Vielzahl von angeschnittenen Hohlräumen sichtbar. Grundsätzlich vermindern diese Hohlräume den nominellen Querschnitt, wodurch die tatsächliche Spannung höher wird. Liegen die Hohlräume zum Rand hin, tritt zusätzlich eine Kerbwirkung auf, Abbildung 18.

Abbildung 18: Morphologie der Bruchfläche nach dem Wöhlerversuch an einer Probe bei hoher Spannungsamplitude, 0° - Druckrichtung, 40-fache Vergrößerung

Bei einer 1000-fachen Vergrößerung wird die mikroskopische Rissausbreitung bei der Beanspruchung mit hoher Spannungsamplitude als spröder Gewaltbruch sichtbar. Die Form der Rissausbreitung ist über den größten Teil des Querschnittes zu finden. Nur an wenigen Stellen tritt der für konventionelle Werkstoffe charakteristische duktile Gewaltbruch in Form der Wabenbildung auf, Abbildung 19a. Bei geringeren Spannungsamplituden entsteht ein typischer Schwingbruch mit Schwingstreifen, bis im Restquerschnitt die statische Zugfestigkeit überschritten ist und ein Restbruch eintritt, Abbildung 19b.

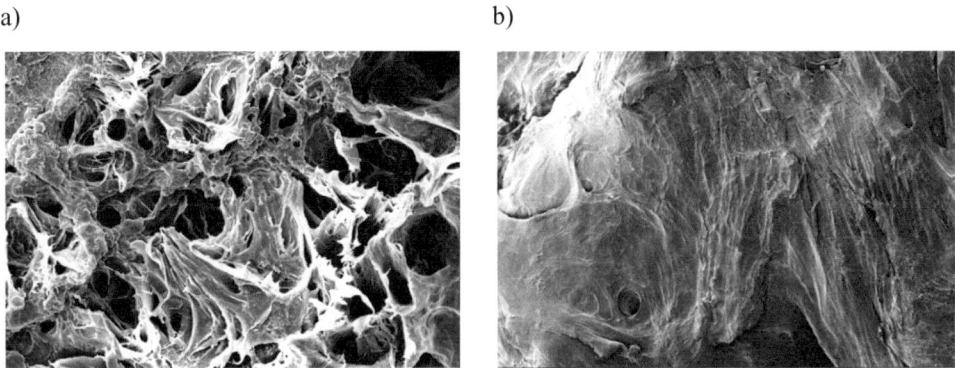

Abbildung 19: Mikroskopische Rissausbreitung im Wöhlerversuch von Proben aus PA12, duktiler Gewaltbruch (a) und Schwingbruch (b), 1000-fache Vergrößerung

6 Zusammenfassung und Diskussion

Im Bereich der Produktentwicklung- und Optimierung nehmen Prüfverfahren einen immer größeren Stellenwert ein. Das ist unter anderem der Grund dafür, dass diese Verfahren in rapider Geschwindigkeit entwickelt und vorangetrieben werden. Von besonderer Bedeutung ist die Aussagesicherheit und Reproduzierbarkeit der Testergebnisse unter der Maßgabe, die Einflussgrößen quantitativ und statistisch abgesichert erfassen zu können.

Die hier vorgestellten Ergebnisse fußen auf ersten Untersuchungen von 3D-gedruckten Kunststoffen, welche mittels FDM- und SLS-Technologie entstanden sind. Im Fokus standen zum einen die Einwirkung der Drucktechnologie und Definition der Probenform sowie Prüfmethoden und zum anderen der Einfluss des Materials selbst auf das Materialverhalten. Um ein Optimum unter Berücksichtigung dieser beiden Teilgebiete zu finden, wurden in mehreren Iterationen Proben hergestellt und deren mechanische Eigenschaften ermittelt und unter anderem mit konventionell hergestellten Proben verglichen.

Die Ergebnisse der statischen Versuche verdeutlichten, dass bei der Herstellung mittels SLS die definierten Druckrichtungen nur einen geringen Einfluss auf das Werkstoffverhalten haben. Sowohl bei den Zug-, als auch bei den Relaxationsversuchen waren die Ergebnisse sehr ähnlich. Im Gegensatz dazu zeigte sich ein erheblicher Unterschied zu mittels FDM-Verfahren hergestellten Proben. Zurückzuführen ist dieser Unterschied unter anderem auf die Materialmorphologie. Wie die mikroskopischen Analysen zeigten, sind zwar bei den SLS gedruckten Proben noch Hohlstellen enthalten, allerdings ist das Materialgefüge homogener als bei den Prüfmaterialien, welche mit dem FDM-Verfahren erzeugt wurden. Für beide Verfahren gilt gleichermaßen, dass im Bereich der Materialmorphologie noch ein großer Unterschied von AM-Materialien zu konventionell erzeugten Spritzguss-Proben vorhanden ist. Zum Beispiel ist die Bruchdehnung von spritzgegossenen PA12-Proben fünfmal größer als die der additiv gefertigten, invers verhält es sich beim E-Modul. Hierbei weisen 3D-gedruckte Materialien einen um ca. zwanzig Prozent größeren Wert auf als die konventionellen Werkstoffe.

Wie einleitend erwähnt, haben natürlich auch die Druckparameter einen erheblichen Einfluss auf das Materialgefüge und -verhalten. Das Wegfließen der unteren Ecken durch eine beheizte Druckplatte sowie das ungleichmäßige Materialgefüge zwischen Rand- und Innenbereich beim FDM-Verfahren konnte durch Anwendung des SLS-Verfahrens vermieden werden. Schon allein durch diesen Technologiefortschritt des Selektiven Lasersinterns (SLS) mit der Anwendung eines Pulverbettes und der damit verbundenen konstanten Umgebungstemperatur konnten Proben mit besserem homogenem Gefüge erstellt werden. Dennoch ist auch beim Lasersintern noch eine Effektivitätssteigerung möglich. Aufgrund des ungleichmäßigen Verschmelzens der Pulverkörner, bilden sich nicht nur im Inneren Hohlräume, sondern auch im Randbereich. Diese führen dann zur Kerbwirkung und vermindern dadurch die Belastbarkeit der Proben. Daraus lässt sich schlussfolgern, dass das SLS-Verfahren den Materialeigenschaften der konventionell erzeugten Werkstoffe näherkommt als das FDM-Verfahren.

Hinsichtlich der numerischen Simulation zeichnete sich das modifizierte Chaboche-Modell für das Material PA12 mit sehr guten numerischen Eigenschaften aus. Bei der Analyse der Ergebnisse konnte festgestellt werden, dass das Materialmodell das in den Versuchen beobachtete Materialverhalten ohne große Abweichungen widerspiegelt. Sowohl bei den Zug- als auch bei den Relaxationsversuchen kann als entscheidendes Ergebnis dieser Arbeit festgestellt werden, dass das Chaboche-Modell auf Kunststoffe anwendbar ist. Die ermittelten Materialparametersätze sind allerdings bisher beschränkt auf die durchgeführten Zug- und Relaxationsversuche sowie die verwendeten Materialien.

7 Ausblick

Um zukünftig für eine große Bandbreite von 3D gedruckten Materialien ein allgemein gültiges Prüfverfahren darstellen zu können, ist es fundamental wichtig, weitere Drucktechnologien, z. B. die Stereolithographie (SLA) in die Untersuchungen aufzunehmen und zu analysieren. Es sind dazu vor allem Proben mit homogenem Materialgefüge zu untersuchen, welche zum Beispiel durch SLA hergestellt werden.

Die Stereolithographie hat ebenfalls wie das SLS-Verfahren den Vorteil, keine separate Stützstruktur zu benötigen und eine gleichmäßige Umgebungstemperatur beim Druckprozess sicherzustellen. Mit den unterschiedlichen Drucktechnologien erweitert sich auch das Spektrum der verwendeten Materialien. Insbesondere liegt hier der Fokus auf 3D-Druck faserverstärkter Materialien, unter der Verwendung von kurzen Glas- und Kohlenstofffasern. Die Herausforderung bei der Verwendung von Kurzfasern in Kombination mit einem Polymer als Matrixwerkstoff besteht speziell darin, dass zum einen die Fasern gleichmäßig verteilt sind und keine Agglomerate auftreten und zum anderen eine haftende Verbindung zwischen Polymer und Faser vorliegt. Der Vergleich zu konventionell hergestellten Materialien (kurzfaserverstärkter Spritzguss) wird in den fortführenden Untersuchungen ein wichtiges Element sein.

Weiterhin sollte zur Probenherstellung eine Vorschrift zur Qualitätssicherung entwickelt werden. Es hat sich gezeigt, dass die Herstellungsbedingungen nicht immer optimal für reproduzierbare Ergebnisse waren. Für eine Reproduzierbarkeit der Ergebnisse, ist die Entwicklung einer spezifischen Probenform und Beanspruchungsvorschrift unabdingbar.

Für die konzeptionelle Weiterführung der bisherigen Resultate ist es ebenfalls zwingend notwendig, weitere Wöhlerversuche mit AM-Materialien durchzuführen. Diese sollten mit der numerischen Simulation von Wöhlerversuchen und der Anpassung der Materialparameter und der abschließenden Validierung einhergehen.

Die hier beschriebenen weiterführenden Forschungsansätze sind notwendig, um ein effizientes und allumfassendes Prüfverfahren zu entwickeln.

Literatur

[1] Forster, A.M.: Materials Testing Standards for Additive Manufacturing of Polymer Materials: State of the Art and Standards Applicability, 2015.

[2] DIN EN ISO 527-1: Kunststoffe - Bestimmung der Zugeigenschaften - Teil 1: Allgemeine Grundsätze, 2012.

[3] DIN EN ISO 527-2: Kunststoffe - Bestimmung der Zugeigenschaften - Teil 2: Prüfbedingungen für Form und Extrusionsmassen, 2012.

[4] Slotwinski, J.; Moylan, S.: Applicability of Existing Materials Testing Standards for Additive Manufacturing Materials, 2014.

[5] DIN EN ISO 204:2009-10: Metallische Werkstoffe - Einachsiger Zeitstandversuch unter Zugbeanspruchung, 2009.

[6] DIN EN ISO 6892-1:2009-12: Metallische Werkstoffe - Zugversuch - Teil 1: Prüfverfahren bei Raumtemperatur, 2009.

[7] DIN EN 6072: Luft- und Raumfahrt - Metallische Werkstoffe - Prüfverfahren - Ermüdungstest mit konstanter Amplitude, 2010.

[8] ZIM-Vorhaben EP090181: Lebensdaueranalyse und Bemessung zur effizienten Rotorblattentwicklung (LeBe-eR).

[9] Moylan, S.; Slotwinski, J.; Cooke, A.; Jurrens, K.; Donmez M.A.: Proposal for standardized test artifact for additive manufacturing machines ans processes, 902-920, 2012.

[10] Perez, M.A.; Ramos, J.; Espalin, D.; Hossain, M.S.; Wicker, R.B.: Ranking model for 3D printers, 2013.

[11] Dongare, S.; Sparks, T.E.; Newkirk, J.; Liou, F.: A Mechanical Testing Methodology for Metal Additive Manufacturing Processes, 2014.

[12] Kao, Y.; Dressen, T.; Kim, D.S.; Ahmadizadyekta, S.; Tai, B.L.: Experimental Investigation of Mechanical Properties of 3D-Printing Built Composite Material, 2015.

[13] Schob, D.: 3d printed specimen - Evaluation tensile test and crack surface. BTU Cottbus-Senftenberg, Technische Mechanik / Maschinendynamik, 2015.

[14] Hossain, M.S.; Ramos, J.; Espalin, D.; Perez, M.; Wicker R.: Improving Tensile Mechanical Properties of FDM-Manufactured Specimens via Modifying Build Parameters, 2013.

[15] Stoffregen, H.A.; Butterweck, K.; Abele, E.: Fatigue analysis in selective laser melting: review and investigation of thin-walled actuator housings: 25th Solid Freeform Fabrication Symp, 2014.

[16] Sterling, A.J.; Torries, B.; Shamsaei, N.; Thompson, S.M.; Daniewicz, S.R.: Microstructural sensitive fatigue modelling of additively manufactured TI-6AL-4V, 2015.

[17] Wroe, W.; Gladstone, J.; Phillips, T.; McElroy, A.; Fish, S.; Beaman, J.: In-Situ Thermal Image Correlation with Mechanical Properties of Nylon-12 in SLS, 2015.

[18] Faes, M.; Wang, Y.; Lava, P.; Moens, D.: Variability in the mechanical properties of Laser Sintered PA-12 Components: Proceedings of the 26th annual international solid freeform fabrication symposium. Solid freeform fabrication symposium, Austin, Texas, 2015.

[19] Knoop, F.: Mechanical and thermal properties of FDM parts manufactured with Polyamide 12, 2015.

[20] Mueller, J.; Shea, K.: The effect of build orientation on the mechanical properties in inkjet 3D-printing, 2015.

[21] DIN 50100:2016-12: Schwingfestigkeitsversuch - Durchführung und Auswertung von zyklischen Versuchen mit konstanter Lastamplitude für metallische Werkstoffproben und Bauteile, 2016.

[22] Chaboche, J.L.: Time-independent constitutive theories for cyclic plasticity. In: International Journal of Plasticity 2 2, S. 149–88, 1986.

[23] Metzger, M.; Nieweg, B.; Schweizer, C.; Seifert, T.: Lifetime prediction of cast iron materials under combined thermomechanical fatigue and high cycle fatigue loading using a mechanism-based model. In: International Journal of Fatigue 53, S. 58–66, 2013.

[24] Olszak, W.; Perzyna, P.: Physical theory of viscoplasticity for small deformations. In: Mechanics Research Communications 1 4, S. 187–90, 1974.

[25] Perzyna, P.: Fundamental Problems in Viscoplasticity. In: Chernyĭ, G. G. (Hrsg.): Advances in applied mechanics. New York, 1966.

[26] Bodner, S.R.; Partom, Y.: A large deformation elastic-viscoplastic analysis of a thick-walled spherical shell. In: Journal of Applied Mechanics 39 3, S. 751–57, 1972.

[27] Bodner, S.R.; Partom, Y.: Constitutive equations for elastic-viscoplastic strainhardening materials. In: Journal of Applied Mechanics 42, 1975.

[28] Weber, G.; Anand, L.: Finite deformation constitutive equations and a time integration procedure for isotropic, hyperelastic-viscoplastic solids. In: Computer Methods in Applied Mechanics and Engineering 79 2, S. 173–202, 1990.

Thermische Alterung und Eigenschaften von Polymermaterialien für das Selektive Lasersintern

Konrad Schubert, Johannes Kolb, Florian Wohlgemuth, Dirk Lellinger und Ingo Alig

Fraunhofer-Institut für Betriebsfestigkeit und Systemzuverlässigkeit LBF, Bereich Kunststoffe

Zusammenfassung

Die thermische Alterung von Polyamid-12-Pulvern für das Selektive Lasersintern bzw. von gesinterten Prüfkörpern unter Stickstoff und in Luft wurde mit Differenzkalorimetrie, dynamisch-mechanischer Analyse, Lichtmikroskopie und Bildanalyse, Schlagzähigkeitsexperimenten, rheologischen Messungen in der Schmelze sowie mit GPC und Infrarot-Spektroskopie sowie thermogravimetrischer Analyse untersucht. Die mittlere Molmasse nimmt mit zunehmender Alterungszeit und steigenden Alterungstemperaturen zu. Zeitaufgelöste rheologische Messungen in der Schmelze zeigen eine Zunahme der Molmasse und/oder das Entstehen von Vernetzungen. Für längere Alterungszeiten bei höheren Temperaturen ist ein Kettenabbau nachweisbar. Als Alterungsmechanismus wird ein Wechselspiel von Kettenverlängerung/Vernetzung und thermo-oxidativem Abbau angenommen.

Stichwörter: Polyamid-12, Selektives Lasersintern, thermische Alterung, Eigenschafts- und Strukturänderungen

1 Einleitung

Beim Selektiven Lasersintern (SLS) von Kunststoffbauteilen wird das Polymerpulver vorgeheizt, eine Schicht des Pulvers auf die Bauplattform aufgetragen und mittels Laserstrahlung selektiv geschmolzen. Daraufhin wird die Bauplattform abgesenkt und eine weitere Schicht aufgetragen, bis zumeist mehrere Bauteile schichtweise aufgebaut sind. Am Ende wird die gesamte Anlage langsam heruntergekühlt (siehe [1] und Referenzen). In diesem Prozess ist das Polymer für längere Zeit erhöhten Temperaturen ausgesetzt. Zwar verlaufen die Alterungsprozesse im festen Zustand deutlich langsamer als in der Polymerschmelze und die Prozessführung in Stickstoffatmosphäre unterdrückt den thermo-oxidativen Abbau, jedoch sind die Verweildauern sehr viel länger als dies sonst in der Kunststoffverarbeitung üblich ist (Abbildung 1).

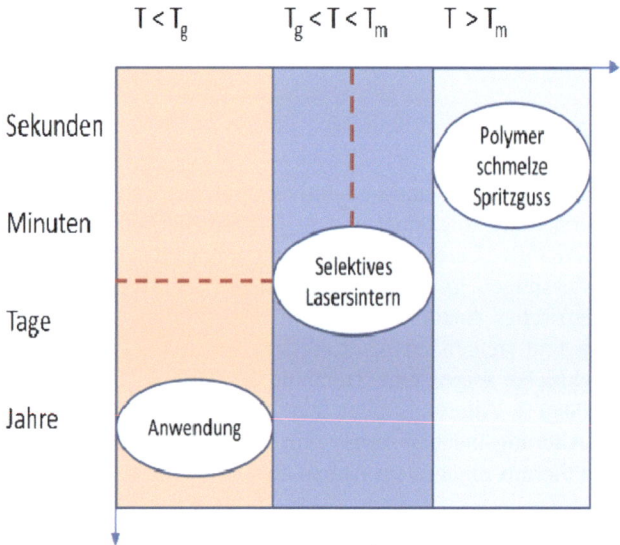

Abbildung 1: Typische Temperaturen und Verweilzeiten des Pulvers beim SLS im Pulverbad im Vergleich zu denen in der Schmelzeverarbeitung (z.B. Extrusion oder Spritzguss) und bei der Anwendung von Kunststoffen (in Anlehnung an C. Gabriel, BASF SE).

Der Aufenthalt im Pulverbad ist durch Temperaturen zwischen Glasübergangs- (T_g) und Schmelztemperatur (T_m) bei Prozesszeiten von vielen Stunden bis Tagen charakterisiert, d. h. mittlere Temperaturbelastungen und mittlere Zeitintervalle. T_g und T_m für das verwendete Polyamid-12 (PA-12) liegen bei ca. 30 °C und 177 °C. In der kurzen Periode des Aufheizens mittels Laserstrahlung kommt es darüber hinaus zu sehr hohen Temperaturen in der Polymerschmelze. Sowohl bei diesen kurzzeitig sehr hohen Temperaturen als auch bei den Temperaturen des Pulverbetts laufen sowohl im Pulver als auch in den noch nicht erstarrten, versinterten Schichten unterschiedliche Alterungsmechanismen ab.

Thermische Alterung von Polymermaterialien für das Selektive Lasersintern

Da es im Prozessverlauf zum Schmelzen des zumeist teilkristallinen Polymerpulvers kommt und die Verfestigung beim Abkühlen des Bauteils durch die Kristallisation bestimmt wird, sind sowohl Schmelz- als auch Kristallisationstemperatur von entscheidender Bedeutung für die Prozessführung (Abbildung 2). Die Oberflächentemperatur des Pulverbades T_P liegt zwischen beiden Temperaturen. Beim Aufheizen durch den Laser wird eine maximale Temperatur T_{LH} erreicht. Die Differenz ΔT_{LH} zwischen T_{LH} und T_P wird durch die vom Laser eingebrachte Energie bestimmt, wobei das Material beim Aufheizen über die Schmelztemperatur T_M hinaus in die Schmelze übergeht. Nach Abkühlen auf T_P bleiben die gesinterten Schichten für einige Zeit (mehrere Minuten) im Schmelzezustand und kristallisieren dann langsam aus. Zur Entnahme der Teile wird das Pulverbett unter T_c (Raumtemperatur) abgekühlt.

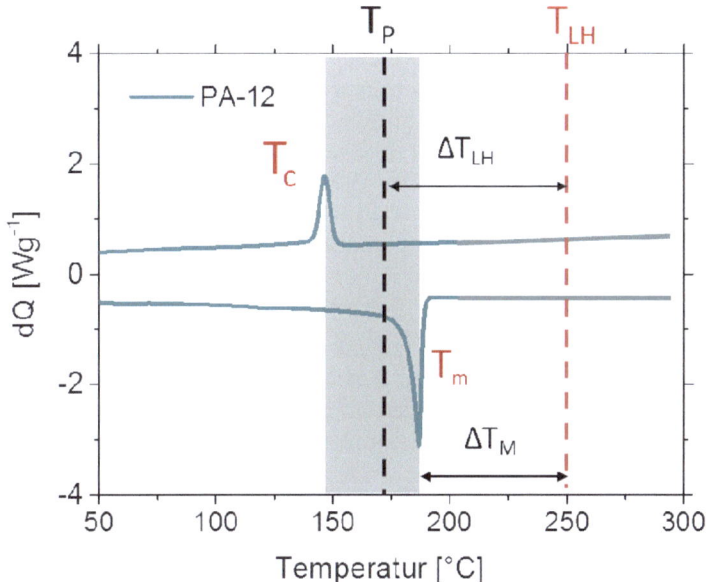

Abbildung 2: Wärmestromkurven (DSC) des Schmelzens und der Kristallisation von Polyamid-12 und charakteristische Temperaturen bzw. Temperaturintervalle für das Selektive Lasersintern

Zu den hierbei ablaufenden thermischen Alterungsprozessen gibt es bisher nur wenige systematische physikochemische und physikalische Untersuchungen (siehe z. B. [1-10]). Diese Alterungsprozesse können zu Veränderungen des rheologischen Verhaltens in der Schmelze, der Kristallstruktur des Pulvers und letztlich der Porosität und der mechanischen Performance der Bauteile führen. Da für den nächsten Bauvorgang üblicherweise überschüssiges ungesintertes Pulver aus dem vorhergehenden Bauvorgang (ca. 80-90% des Bauraumvolumens wird nicht versintert [2] und steht daher dafür zur Verfügung) mit frischem Pulver gemischt wird, ändern sich dadurch von Bauvorgang zu Bauvorgang die Eigenschaften des Pulvers.

In Modellexperimenten zur thermischen Alterung von Polyamid-12-Pulvern und von aus frischem Pulver hergestellten Prüfkörpern unter Stickstoff und in Luft wurden die relevanten thermo-physikalischen Eigenschaften sowie Strukturänderungen nach verschiedenen Alterungsdauern bestimmt. Hierzu wurden Messungen mit Differenzkalorimetrie (DSC), dynamisch-mechanischer Analyse (DMA), Lichtmikroskopie und Schlagzähigkeitsexperimente herangezogen. Veränderungen des rheologischen Verhaltens in der Schmelze wurden mit frequenz- und temperaturabhängigen DMA-Untersuchungen untersucht. Zur Erfassung von Veränderungen der chemischen Struktur wurde die Molmasse mit GPC bestimmt sowie Infrarot-Spektroskopie und thermogravimetrische Analyse herangezogen.

2 Experimentelles

2.1 Materialien

Die Untersuchungen zum Alterungsverhalten wurden an kommerziellem Polyamid-12 für die industrielle Verwendung beim SLS (PA2200, EOS GmbH) durchgeführt. Die Proben lagen in Pulverform vor. Um Einflüsse von Umgebungsfeuchte auszuschließen, wurden alle Pulver vor den Messungen in einem mit technischem Stickstoff gespülten Exsikkator gelagert. Die Alterung der Pulver erfolgte in Luft und in Stickstoff bei diskreten Temperaturen zwischen 130 °C und 170 °C in 10 K-Schritten. Die thermische Alterung von gesinterten Probekörpern erfolgte unter den gleichen Bedingungen. Die gealterten Pulver bzw. Probekörper wurden nach definierten Alterungszeiten (24, 48, 72 und 96 Stunden) entnommen. Es wurde jeweils eine Vergleichsprobe aus einem frischen Pulver und in Form eines ungealterten Probekörpers mit einbezogen.

Für die Kalorimetrie und die chemische Analytik (GPC, Infrarotspektroskopie) wurden die thermisch gealterten Pulver im getrockneten Zustand in die jeweilige Messvorrichtung zügig transferiert. Für die rheologischen Messungen in der Schmelze wurden Prüfkörper (parallele Platten, Durchmesser 25 mm) aus ungealtertem und thermisch gealtertem Pulver durch Vakuum-Heißpressen hergestellt.

Für die Untersuchung der thermischen Alterung von gesinterten Probekörpern wurde die jeweilige Probekörpergeometrie (Prüfstäbe für DMA sowie Charpy-Schlagzähigkeit, parallele Platten für die Rheologie) in einer SLS-Maschine (EOSINT P395) der Firma EOS GmbH hergestellt. Zusätzliche, vergleichende Experimente wurden an SLS-Pulvern aus Polyethylen hoher Dichte (PE-HD), Polypropylen (PP) und Polyetheretherketon (PEEK) verschiedener Hersteller durchgeführt.

2.2 Gelpermeationschromatographie

Die Molmasse wurde mit Gelpermeationschromatographie (GPC) bestimmt (Agilent 1100 mit Lichtbrechungsdetektor).

2.3 Dynamische Differenzkalorimetrie

Die dynamische Differenzkalorimetrie (engl. Dynamic Scanning Calorimetry DSC) wurde mit einem DSC 823 (Mettler Toledo) durchgeführt.

2.4 Lichtmikroskopie

Zur Bestimmung der Größenverteilung wurden Pulver auf einen Objektträger aufgebracht. Mit einem Lichtmikroskop (Olympus BX51) wurde jeweils eine Serie von ca. 50 Bildern mit der Vergrößerung von 10 aufgenommen. Die Bilder wurden in Graustufenbilder umgewandelt (Abbildung 3a) und die Pixelfläche der Pulverpartikel wurde integriert, um die Flächen zu bestimmen. Mittels eines Skripts [11] wurden die minimalen und maximalen Partikeldurchmesser bestimmt. Abbildung 3b zeigt ein aus den Daten gewonnenes Histogramm für die minimalen und maximalen Partikeldurchmesser. Der Unterschied beider Verteilungen weist auf nicht sphärische Partikel hin. Die Bildanalysen von lichtmikroskopischen Aufnahmen von „frischem" und im Prozess gealtertem Pulver zeigen keine signifikanten Unterschiede in der Größenverteilung.

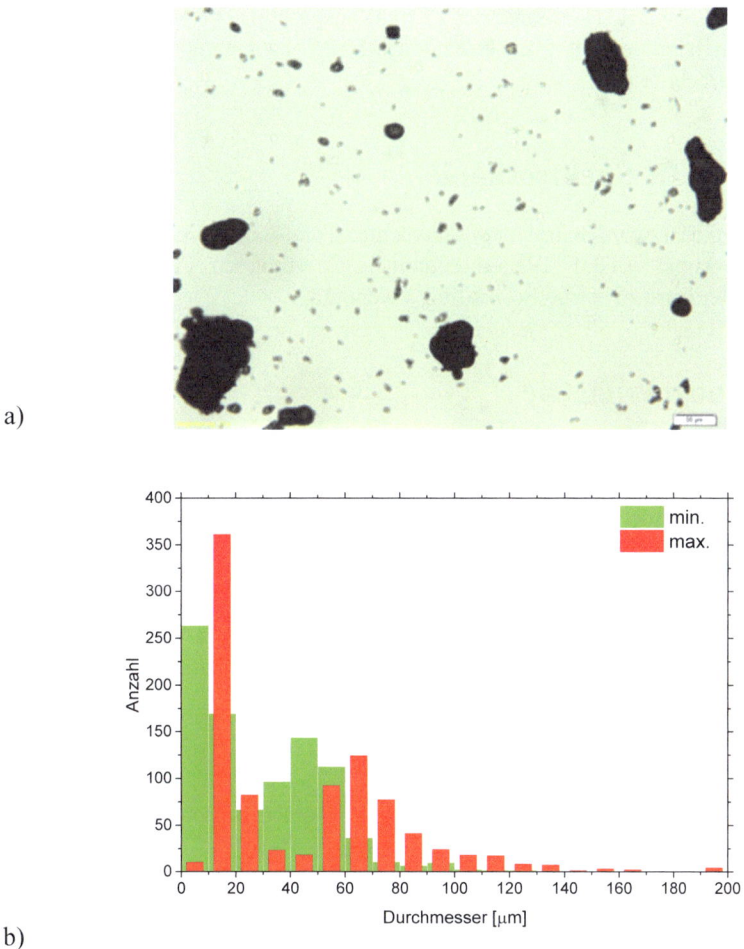

Abbildung 3: Lichtmikroskopische Aufnahme (10-fache Vergrößerung) nach Kontrasterhöhung (a) und Verteilung der maximalen und minimalen Partikeldurchmesser (b).

2.5 Dynamisch-mechanische Analyse

Die Messungen mit dynamisch-mechanischer Analyse (DMA, Torsion Rectangular Geometry) an gesinterten Probekörpern wurden an rechteckigen Probestäben (Abmessungen 40 x 10 x 1,5 mm³) als Funktion der Temperaturen und/oder der Frequenzen mit einem ARES Rheometer (Rheometric Scientific) ausgeführt. Unter Verwendung der Geometrie des Probenkörpers wurde der komplexe Schubmodul $G^* = G'+iG''$ berechnet.

2.6 Schmelzerheologie

Die rheologischen Messungen in der Schmelze wurden ebenfalls mit einem ARES Rheometer in Platte-Platte-Geometrie (Durchmesser 25 mm) ausgeführt. Die Messtemperatur liegt hierbei über der Schmelztemperatur. Aus Drehmoment und Probengeometrie wird der komplexe Schubmodul berechnet.

2.7 ATR-FTIR-Spektroskopie

Die Infrarotspektren wurden mit abgeschwächter-Total-Reflexions-Fourier-Transformations-Infrarotspektroskopie (ATR-FTIR) aufgenommen. Es wurde ein ATR-FT-Infrarotspektrometer (Nicolet 900) der Firma Thermo Scientific verwendet.

2.8 Thermogravimetrie

Die thermogravimetrische Analyse (TGA) wurde mit einem TGA Q500 der Firma TA Instruments durchgeführt.

2.9 Kerbschlagversuch

Die Schlagzähigkeit wurde mit einem Kerbschlagversuch nach Charpy (DIN EN ISO 179-1-Norm) bestimmt. Es wurden ungekerbte gesinterte Prüfkörper mit den Abmaßen 80 x 10 x 4 mm³ untersucht.

3 Ergebnisse und Diskussion

3.1 Einfluss der Alterungszeit auf die Molmasse

Abbildung 4 stellt die mittleren Molmassen (gewichtsmittlere Molmasse $\overline{M}_w$) und die Polydispersität ($Q = 1 - \overline{M}_w / \overline{M}_n$) unter Stickstoff und in Luft gealterter PA-12-Pulver als Funktion der Alterungstemperatur nach einer Alterungszeit von 96 Stunden dar.

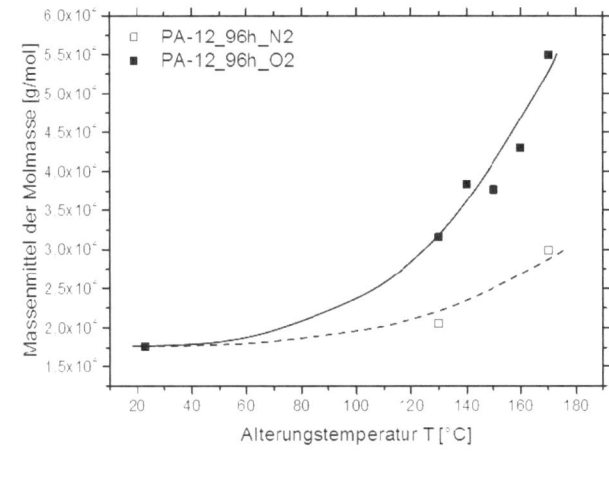

a)

b)

Abbildung 4: Mittlere Molmasse $\overline{M}_w$ (a) und Polydispersität (b) von PA-12 nach einer Alterungszeit von 96 Stunden unter Stickstoff (a) und in Luft (b) bei verschiedenen Temperaturen.

Es ist ersichtlich, dass die gewichtsmittlere Molmasse und die Molmassenverteilung der unter Stickstoff gealterten Probe deutlich weniger von der Alterungstemperatur abhängen als die für in Luft (Kennzeichnung: O_2) gealterten Proben. Es wird angenommen, dass bei den untersuchten Alterungstemperaturen die Postkondensation, d. h. eine weitere Polymerisation bzw. Vernetzung, der dominierende Alterungsmechanismus ist [7]. In [12] ist dieser Mechanismus für PA-6 beschrieben. Daneben kann thermische und oxidative Zersetzung auftreten [7]. Diese Zersetzung erfordert üblicherweise höhere Temperaturen. Neben der Kettenspaltung kann bei der thermooxidativen Alterung auch der gegenläufige Prozess ablaufen: durch die Reaktion zweier Radikale kann die Netzwerkdichte zunehmen [13]. Da die radikalische Vernetzung bei

Anwesenheit von Sauerstoff schneller abläuft, kann dies die stärkere Zunahme der mittleren Molmasse und der Polydispersität bei Alterung unter Luftsauerstoff erklären. Ein Anstieg der mittleren Molmasse wurde beispielsweise auch von Zarringhalam et al. [6] gefunden. Das verwendete PA 2200 (EOS) zeigt eine Zunahme der Molmasse, wohingegen für Produkte anderer Hersteller dieser Effekt nicht nachweisbar ist (siehe z. B. [7]). Ursache dafür könnten geschützte Endgruppen sein.

Abbildung 5 zeigt die mittlere Molmasse $\overline{M}_w$ und die Polydispersität von PA-12 bei einer Alterungstemperatur von 170°C als Funktion der Alterungszeit. Beide Größen steigen mit zunehmender Alterungszeit an. Dieser Effekt ist, wie bereits für die Temperaturabhängigkeit in Abbildung 4 sichtbar, bei Alterung unter Luft deutlich stärker ausgeprägt als unter Stickstoff.

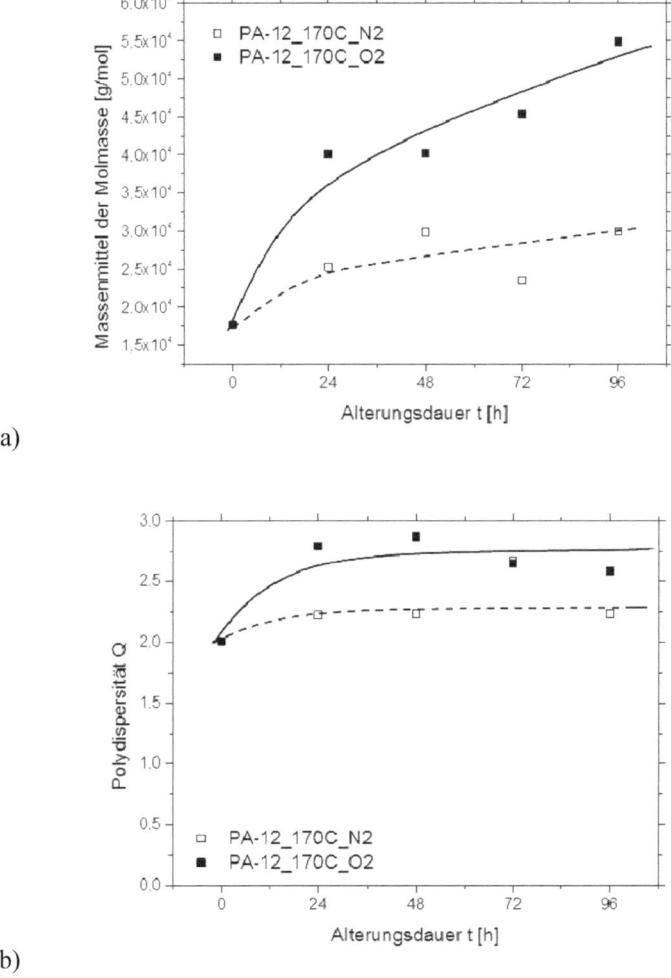

Abbildung 5: Mittlere Molmasse $\overline{M}_w$ (a) und Polydispersität (b) von PA-12 bei einer Alterungstemperatur von 170°C nach verschiedenen Alterungszeiten unter Stickstoff und in Luft.

3.2 Veränderung der rheologischen Eigenschaften durch thermische Alterung

Bekanntermaßen reagieren die rheologischen Eigenschaften von Kunststoffschmelzen sehr empfindlich auf Änderungen der Polymerstruktur, wie sie während der thermischen Alterung auftreten. Für entsprechende rheologische Messungen wurden PA-12-Pulver in Luft bei verschiedenen Alterungstemperaturen eingelagert. Aus den gealterten Pulvern wurden Platten gepresst und diese im Rheometer auf 190°C aufgeheizt und gemessen.

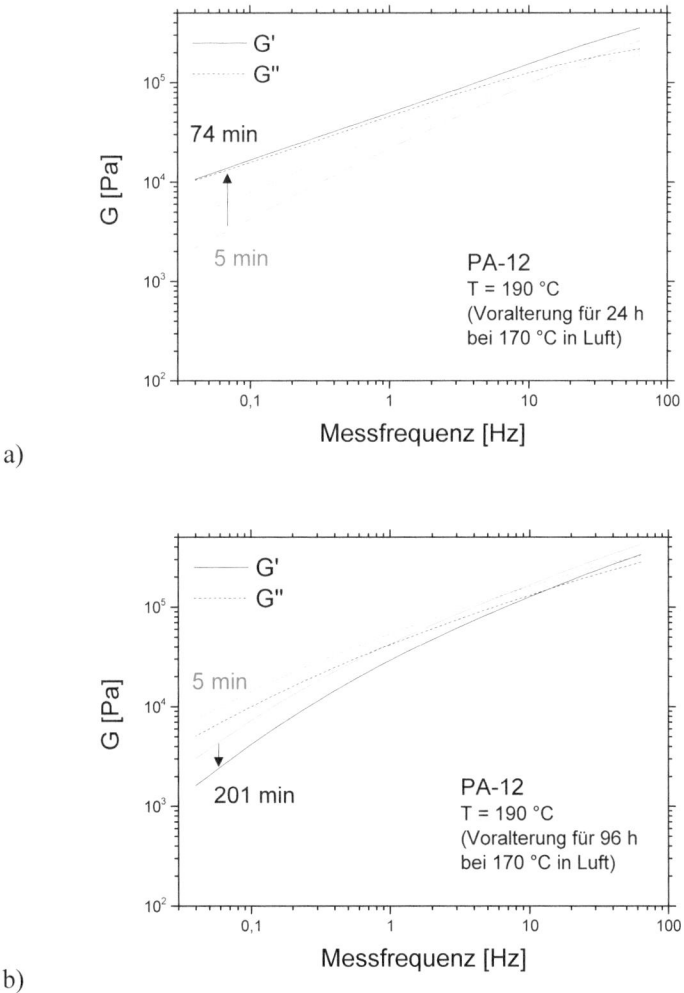

Abbildung 6: Isotherme rheologische Messungen an PA-12 bei 190 °C nach Voralterung des Pulvers bei 170 °C für 24h (a) und 96 h (b) in Luft.

Abbildung 6 stellt „rheologische Spektren" (G' und G'' als Funktion der Frequenz f) von PA-12 nach Voralterung des Pulvers bei 170 °C für 24 (a) und 96 Stunden (b) in Luft dar. Es zeigt sich, dass sich die „rheologischen Spektren" mit der Haltezeit im Rheometer bei 190°C weiter verändern. Beispielhaft sind in Abbildung 6 die $G'(f)$ - und $G''(f)$ -Kurven für jeweils zwei Haltezeiten im Rheometer dargestellt. Interessanterweise nehmen $G'(f)$ und $G''(f)$ für das nur 24 Stunden gealterte Pulver mit zunehmender Haltezeit (5 min und 74 min) im Rheometer zu. Gleichzeitig verändert sich die Frequenzabhängigkeit. Dagegen zeigen die G' - bzw. G'' -Frequenz-Kurven nach einer Pulveralterung von 96 Stunden eine Abnahme der Werte für G' und G" mit der Haltezeit (5 min und 201 min) im Rheometer. Die Zunahme der G' - und G'' - Werte sowie die Veränderung der Kurvenform ($G'(f) \approx G''(f)$) nach 24 Stunden Pulveralterung lässt sich mit einer Erhöhung der Molmasse oder der Entstehung einer Gel-Fraktion erklären. Nach 24 Stunden bei 170° ist dieser Prozess noch nicht abgeschlossen und setzt sich bei Erwärmung auf 190 °C in der Schmelze fort. Dies deckt sich mit der Zunahme der Molmassen bei Luftlagerung mit der Alterungszeit (s. oben). Als dominierender Reaktionsmechanismus wird eine Nachkondensation angenommen. Die 96 Stunden in Luft gealterte Probe zeigt dagegen eine Verringerung der G' - und G''-Werte während der Haltezeit in der Schmelze. Gleichzeitig tritt eine Verschiebung des Kreuzungspunktes der $G'(f)$ - und $G''(f)$ - Kurven ($G'(f_K) = G''(f_K)$) mit der Haltezeit zu höheren Frequenzen auf. Ein solches Verhalten ist typisch für einen Molmassenabbau durch Kettenspaltung, wie sie beispielsweise bei thermo-oxidativem Abbau auftritt. Bei langen Alterungszeiten und hohen Alterungstemperaturen scheint dieser Prozess zu dominieren. Die zeitaufgelösten rheologischen Untersuchungen unterstützen die Annahme eines Wechselspiels zwischen Kettenaufbau bzw. Vernetzung und thermo-oxidativem Abbau.

Zusätzlich zu den rheologischen Untersuchungen an zuvor gealterten Pulvern wurden Alterungsexperimente an ungealterten Materialien in der Schmelze durchgeführt. Neben PA-12 wurden zum Vergleich Polyethylen hoher Dichte (PE-HD), Polypropylen (PP) und Polyetheretherketon (PEEK) in die Untersuchungen einbezogen.

Die Proben aus ungealtertem Material wurden jeweils auf eine Temperatur über der jeweiligen Schmelztemperatur aufgeheizt. Es wurden die „rheologischen Spektren" (G' und G'' vs. Frequenz) nach verschiedenen isothermen Haltezeiten aufgezeichnet (Abbildung 7 und Abbildung 8). Die Messtemperaturen im Rheometer betrugen 190 °C, 146 °C, 163 °C und 360 °C für PA-12, PE-HD, PP bzw. PEEK und lagen damit ca. 10 bis 25 K über der jeweiligen Schmelztemperatur. Es ist ersichtlich, dass für die untersuchten Haltezeiten- und Schmelzetemperaturen für PA-12 und PEEK die Werte von $G'(f)$ und $G''(f)$ zunehmen, im Fall von HDPE abnehmen und für PP nahezu unverändert bleiben. Dies lässt sich mit Molmassenaufbau und/oder beginnender Vernetzung im Fall von PA-12 und PEEK erklären. Beim HDPE deutet das Ergebnis auf einen Kettenabbau hin, wogegen PP unter den gegebenen Bedingungen weitgehend thermisch stabil ist. Durch Zugabe von Additiven kann die thermische Alterung verlangsamt bzw. verringert werden. In einigen Fällen ist jedoch auch eine Zunahme der Viskosität durch Änderung der Molmasse für die Prozessführung erwünscht.

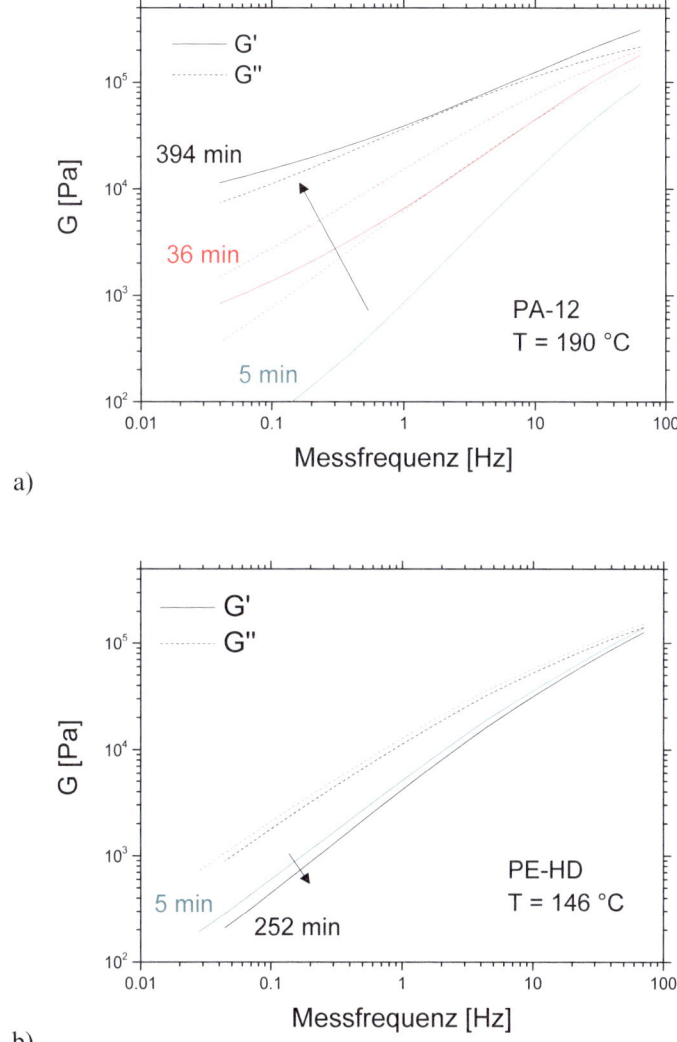

Abbildung 7: G' und G'' über der Frequenz nach verschiedenen Haltezeiten in der Polymerschmelze für
a) Werkstoff PA-12,
b) Werkstoff PE-HD

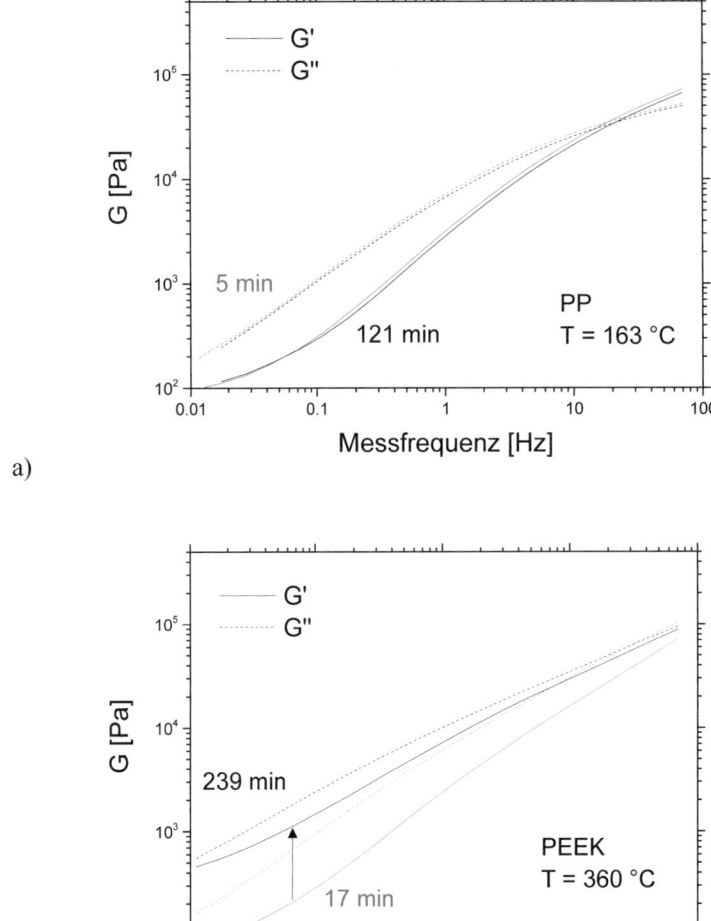

Abbildung 8: G' und G'' über der Frequenz nach verschiedenen Haltezeiten in der Polymerschmelze für
a) Werkstoff PP,
b) Werkstoff PEEK.

4 Zusammenfassung

Untersuchungen der Molmassenverteilung zeigen eine Zunahme der mittleren Molmasse mit zunehmender Alterungszeit und Alterungstemperatur. Dies wird auf eine Postkondensation und/oder radikalische Nachvernetzung unter Sauerstoff zurückgeführt. Zeitaufgelöste rheologische Messungen in der Schmelze unterstützen diese Interpretation: Veränderungen der Frequenzabhängigkeit des komplexen Schubmoduls können hierbei auf eine Erhöhung der Molmasse oder die Entstehung von Gelstrukturen zurückgeführt werden. Schmelzerheologische Experimente an für längere Zeit vorgealterten Pulvern zeigen eine Abnahme des Schubmoduls. Als Alterungsmechanismus für PA-12 wird deshalb ein Wechselspiel von Kettenverlängerung bzw. radikalischer Vernetzung und thermo-oxidativem Kettenabbau angenommen.

In kalorimetrischen Experimenten an gealterten Pulvern (hier nicht gezeigt, siehe [14, 15]) wurde gefunden, dass die Schmelztemperatur mit zunehmender Alterungszeit zunimmt. Dieser Effekt ist für Alterung unter Luftsauerstoff stärker ausgeprägt als unter Stickstoff und kann durch eine Nachkristallisation erklärt werden.

Die mechanischen Eigenschaften von lasergesinterten Bauteilen wurden mit Kerbschlagzähigkeitsexperimenten und dynamisch-mechanischer Analyse (DMA) untersucht (hier ebenfalls nicht gezeigt, siehe [14, 15]). Sie zeigen eine Abnahme der Charpy-Schlagzähigkeit mit zunehmender Alterungszeit und/oder Alterungstemperatur. Die mit DMA erfassten Schubmodulwerte und Glasübergangstemperaturen von gesinterten Proben zeigten keine signifikanten Änderungen in Abhängigkeit von der Alterungsdauer oder Alterungstemperatur.

Erste Untersuchungen an anderen, sinterfähigen Polymermaterialien zeigen ähnliche Resultate.

Literatur

[1] Goodridge, R.D.; Tuck, C.J.; Hague, R.J.M.: Laser sintering of polyamides and other polymers, Progress in Materials Science 57, pp. 229–267, 2012.

[2] Dotchev, K.D.; Yusoff, W.A.Y: Recycling of polyamide 12 based powders in the laser sintering process, Rapid Prototyping Journal, Vol. 15, No.3, pp. 192–203, 2009.

[3] Pham, D.T.; Dotchev, K.D; Yusoff, W.A.Y: Deterioration of polyamide powder properties in the laser sintering process", Proceedings of the Institution of Mechanical Engineers, Part C: Journal of Mechanical Engineering Science, vol. 222, pp. 2163, 2008.

[4] Drummer, D.; Rietzel, D.; Kühnlein F.: Development of a characterization approach for the sintering behavior of new thermoplastics for selective laser, sintering, Proc. LANE, Phys. Proc., vol. 5, p. 533–542, 2010.

[5] Gornet, T. J.; Davis, K. R.; Starr, T. L.; Mulloy, K. M.: Characterization of selective laser sintering materials to determine process stability, Solid Freeform Fabrication Symposium 2002, Austin, Texas, p. 546-553; entnommen aus: http://utwired.engr.utexas.edu/lff/symposium/proceedingsArchive/pubs/Manuscripts/2002/2002-62-Gornet.pdf

[6] Zarringhalam, H.; Hopkinson, N.; Kamperman, N.F.; de Vlieger, J.J.: Effects of processing on microstructure and properties of SLS Nylon 12, Journal of Mechanical Engineering Science, vol. A 435–436 (2006) 172–180, 2006.

[7] Dupin, S.: Etude fondamentale de la transformation du polyamide 12 par frittage laser: mécanismes physico-chimiques et relations microstructures/propriétés ; L'institut national des sciences appliquées de Lyon, Thèse, 2012; entnommen von: http://theses.insa-lyon.fr/publication/ 2012ISAL0062/these.pdf

[8] Bernard, S.; Youinou, L.; Gillard, P.: MIE determination and thermal degradation study of PA12 polymer powder used for laser sintering, Journal of Loss Prevention in the Process Industries vol. 26, pp. 1493-, 2013.

[9] Verbelen, S.; Dadbakhsh, M.; Van den Eynde, J.P.; Kruth, M.; Goderis, B.; Van Puyvelde, P.: Characterization of polyamide powders for determination of laser sintering processability, European Polymer Journal, vol. 75, pp. 385-391, 2016.

[10] Schawe, J.E.K.; Ziegelmeier, S.: Determination of the thermal short time stability of polymers by fast scanning calorimetry, Thermochimica Acta, vol. 623, pp.80–85, 2016.

[11] College R. V.: Royal Veterinary College, 2014. [Online]. Available: http://doube.org/macros.

[12] Dong, W.; Gijsman, P.: Influence of temperature on the thermo-oxidative degradation of polyamide 6 films, Polymer Degradation and Stability, vol. 95, 1054-1062, 2010.

[13] Ehrenstein G.W.; Pongratz, S.: Beständigkeit von Kunststoffen. Hanser, München, 2007.

[14] Kolb, J.: Bachelorarbeit, Hochschule Darmstadt, 2015.

[15] Schubert, K:, Masterarbeit, TU Darmstadt, 2016.

Optimierung der Werkstoffperformance lasergeschmolzener metallischer Werkstoffe

Andre Riemer[a], Stefan Leuders[b],
Hans Albert Richard[c],[d], Gunter Kullmer[c],[d]

a) CLAAS Industrietechnik GmbH, Paderborn
b) voestalpine Additive Manufacturing Center GmbH
c) Fachgruppe Angewandte Mechanik, Universität Paderborn
d) Direct Manufacturing Research Center DMRC, Universität Paderborn

Zusammenfassung

Der gezielte Einsatz des additiven Fertigungsverfahrens „Selektives Laserschmelzen SLM" zur Herstellung von Bauteilen und Strukturen kann herausragende Vorteile, wie z. B. Reduzierung der Herstellkosten und Verkürzung der Produkteinführungszeit, mit sich bringen. Ein wirtschaftlicher Einsatz dieser Bauteile wird jedoch in einem entscheidenden Maße durch die erreichbaren Materialkennwerte beeinflusst. Daher sind Kenntnisse über die Materialkennwerte, Materialkennkurven sowie das Materialverhalten lasergeschmolzener Werkstoffe zwingend erforderlich.

Dieser Beitrag setzt an dieser Stelle an und gibt einen Überblick über die Werkstoffdaten der lasergeschmolzenen Titanlegierung TiAl6V4 und des austenitischen Stahls X2CrNiMo17-12-2. Darüber hinaus erfolgen der Vergleich sowie die Einordnung der vorliegenden Materialkennwerte in Bezug auf Werkstoffe, welche auf konventionelle Weise hergestellt wurden. Dabei werden die wesentlichen Einflüsse, die zur Verbesserung des Werkstoffverhaltens führen, herausgestellt und entsprechende Möglichkeiten zur Optimierung aufgezeigt.

Stichwörter: Materialkennwerte, Selektives Laserschmelzen SLM, Materialermüdung, Risswachstum, Wärmebehandlung

1 Einleitung

Die nachfolgend aufgeführten Materialkennwerte von Bauteilen, hergestellt mittels Laserschmelzens, sollen einen Überblick, einen Vergleich sowie die Einordnung der vorliegenden Materialkennwerte in Bezug auf Werkstoffe, welche auf konventionelle Weise hergestellt wurden, geben. Die vorliegende Datensammlung umfasst die Ergebnisse bzgl. des Materialverhaltens bei statischer und zyklischer Belastung (inkl. des Ermüdungsrissverhaltens). Dabei wird zwischen diversen Werkstoffzuständen unterschieden. Ein Werkstoffzustand beschreibt, ob bzw. welches Nachbehandlungsverfahren die mittels Laserschmelzens prozessierte Struktur erfahren hat. Weiterhin sei angemerkt, dass die Materialkennwerte in Abhängigkeit von dem jeweils verwendeten Prozessparametersatz stark variieren können. Das führt dazu, dass für einen betrachteten Materialzustand unterschiedliche Werkstoffkennwerte vorliegen können.

Als Werkstoffe werden die Titanlegierung TiAl6V4 (Ti-6-4) und der austenitische Stahl X2CrNiMo17-12-2 (AISI 316L) betrachtet. Der Vergleich des Materialverhaltens dieser Werkstoffe zeigt deutliche Gegensätze. Während TiAl6V4 im Allgemeinen eine hohe Festigkeit, eine geringe Duktilität sowie eine geringe Bruchdehnung aufweist, Tabelle 1, liegt die Festigkeit des X2CrNiMo17-12-2 im mittleren Bereich für Stähle, während die Duktilität bzw. die Bruchdehnung als überaus hoch zu bewerten sind, Tabelle 6.

2 Titanlegierung TiAl6V4

Die hohen Festigkeitskennwerte sowie die geringe Materialdichte des Werkstoffs TiAl6V4 qualifizieren diesen für den Einsatz in der Luft- und Raumfahrt. Gute Korrosionseigenschaften, hervorgerufen durch die Neigung zum Oxidschichtüberzug und die ausgezeichnete Biokompatibilität, führen zum häufigen Einsatz von TiAl6V4 im Bereich der Medizin- sowie der Dentalindustrie [1].

2.1 Allgemeine Informationen

Tabelle 1 stellt die mechanischen Werkstoffkennwerte für eine konventionell hergestellte Titanlegierung zusammen. Diese stammen aus einem Abnahmeprüfzeugnis für eine Charge von gewalztem Blech, welches bei einer Temperatur von 770°C für eine Zeitdauer von 40 min wärmebehandelt und anschließend an der Luft abgekühlt wurde [2]. Dieses Material wird ebenfalls bruchmechanisch bewertet und dient dem laserstrahlgeschmolzenen Werkstoff als Referenz.

Tabelle 1: Mechanische Werkstoffkennwerte der Titanlegierung TiAl6V4 [2]

Werkstoff	0,2%-Dehngrenze $R_{p0,2}$ [MPa]	Zugfestigkeit R_m [MPa]	Bruchdehnung A [%]	E-Modul E [GPa]	Dichte ρ [g/cm³]
TiAl6V4	931	1010	13,8	115	4,43

Die Optimierung der Werkstoffkennwerte von Laserstrahlschmelzbauteilen aus TiAl6V4 wird durch gezielte Maßnahmen, wie Abbau von Eigenspannungen, Minimierung der Porengröße sowie Einstellung einer bestimmten Mikrostruktur angestrebt. TiAl6V4 ist allotrop und kommt sowohl in der α- als auch in der β-Modifikation vor. Während die Gitterstruktur des α-Titans in der hexagonal-dichtesten Packung vorliegt, ist die Einheitszelle des β-Titans kubisch-raumzentriert. Dabei besitzt α-Titan lediglich drei aktivierbare Gleitsysteme, welche dazu führen, dass dessen Verformbarkeit gering ist. Demgegenüber besitzt β-Titan zwölf aktivierbare Gleitsysteme, die zu einem hervorragenden Verformungsvermögen führen. Das β-Einphasengebiet liegt bei Temperaturen oberhalb der sogenannten β-Transus-Temperatur, welche für reines Titan einem Wert von 882°C und für die Titan-Aluminium-Legierung TiAl6V4 einem Wert von etwa 1000°C entspricht. Die mechanischen Eigenschaften dieser Legierung variieren in Abhängigkeit des β-Anteils und lassen sich somit durch eine definierte Abkühlung aus der Hochtemperaturphase über den Anteil der β-Phase gezielt einstellen [3-6].

Tabelle 2: Thermische Nachbehandlungsverfahren zur Optimierung der Werkstoffkennwerte der Legierung TiAl6V4

Wärmebehandlung	800°	HIP	1050°
Temperatur T [°C]	800	920 (1000 bar)	1050
Haltezeit t [h]	2	2	2
Umgebung	Argon	Argon	Vakuum

Die Wärmebehandlung bei einer Temperatur von 800°C findet unter Argon-Schutzgasatmosphäre statt. Hierbei werden die Bauteile bis auf einen Wert von 800°C erwärmt, auf diesem Niveau für 2 h gehalten und daraufhin einer Ofenabkühlung unterzogen. Diese Wärmebehandlung erfolgt unterhalb der β-Transus-Temperatur und dient daher dem reinen Eigenspannungsabbau ohne eine nennenswerte Änderung der Mikrostruktur zu bewirken.

Im Rahmen des Heißisostatischen Pressens (HIP) befinden sich Laserstrahlschmelzbauteile in einer Druckkammer, welche mit Argon-Schutzgas gefüllt ist. In dieser Kammer werden die verwendeten Proben – neben einer hohen Temperatur von 920°C – einem zusätzlich auf das Bauteil einwirkenden isostatischen Druck von 1000 bar für eine Haltezeitdauer von 2 h ausgesetzt. Dabei werden Eigenspannungen abgebaut und gleichzeitig Diffusionsvorgänge sowie örtliche plastische Deformationen eingeleitet. Diese führen schlussendlich zu einer Reduktion der Poren und der damit einhergehenden Verdichtung des Werkstoffs [7].

Die Wärmebehandlung bei 1050°C wird unter Vakuum[1] durchgeführt. In diesem Fall wird die Probe für 2 h auf einem Temperaturniveau von 1050°C gehalten und anschließend im Ofen abgekühlt. Das Ziel dieser Wärmebehandlung besteht – neben dem Eigenspannungsabbau – darin, einen größeren Anteil der β-Phase zu erwirken und durch die Kornneubildung ein feines globulares Gefüge, welches nach [4] zu einer besseren Verformbarkeit bei Raumtemperatur führt, zu erhalten.

2.2 Werkstoffverhalten bei monotoner Lastaufbringung

Tabelle 3 zeigt Ergebnisse der Versuche nach DIN EN ISO 6892-1:2009 für die 0,2 %-Dehngrenze $R_{p0,2}$, Zugfestigkeit R_m und Bruchdehnung A für die unterschiedlichen Werkstoff-

---

[1] Mit Vakuum ist ein Restdruck von unter $3 \cdot 10^{-5}$ mbar gemeint.

zustände. Die in diesen Untersuchungen verwendeten Probekörper wurden endkonturnah hergestellt und anschließend getestet. Die Aufbaurichtung korrelierte dabei mit der Zylinderachse der Zugprüfmaschine.

Tabelle 3: Einfluss der Wärmebehandlung auf die statischen Werkstoffkennwerte nach [3]

Werkstoffzustand	Bauzustand	800°	HIP	1050
Dehngrenze $R_{p0,2}$ [MPa]	1008	962	912	798
Zugfestigkeit R_m [MPa]	1080	1040	1005	945
Bruchdehnung A [%]	1,6	5	8,3	11,6

In weiteren Versuchen wurden für diese Zustände (sowie für ein bei erhöhter Temperatur von 1050°C geHIPtes Material) ebenfalls Werkstoffkennwerte aufgenommen, Abbildung 1 und Tabelle 4. Die Zugproben wurden hierzu mit Aufmaß gefertigt, wobei auch hier die Aufbaurichtung mit der Zylinderachse übereinstimmte. Anschließend wurden die Probekörper maschinell auf Endkontur gebracht. Damit ist sichergestellt, dass weder die Oberflächenrauheit noch die Wechselwirkungen zwischen den zu belichtenden Bereichen „Volumen", „Volumenkontur" und „Volumenkonturversatz" das Ergebnis beeinflussen.

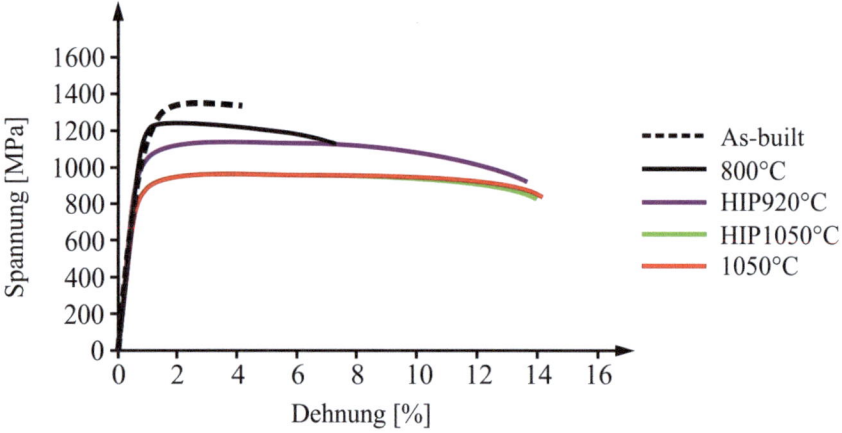

Abbildung 1: Spannungs-Dehnungs-Kurven der Titanlegierung TiAl6V4 – verschiedene Werkstoffzustände

Die Ergebnisse aus Tabelle 3 und 4 sowie aus der Abbildung 1 deuten auf eine signifikante Erhöhung der Bruchdehnung hin, begleitet durch eine abfallende Zugfestigkeit für die wärmebehandelten Zustände gegenüber dem Bauzustand. Dabei führt die Behandlung mittels HIP zu der besten Balance zwischen Zugfestigkeit und Bruchdehnung.

Tabelle 4: Einfluss der Wärmebehandlung auf die statischen Werkstoffkennwerte nach [8]

Werkstoffzustand	Bauzustand	800°	HIP	1050	HIP (1050°)
Zugfestigkeit R_m [MPa]	1315±16	1228±32	1089±26	986±45	1007±15
Bruchdehnung A [%]	4±1,2	8±1,5	13,8±1,3	13,8±0,8	13,5±0,7

2.3 Werkstoffverhalten bei zyklischer Lastaufbringung

Untersuchungen zum Einfluss der thermischen Nachbehandlung auf das Ermüdungsverhalten finden sich in [3]. In den darin durchgeführten Versuchen werden Schwingproben verwendet, welche einer konstanten zyklischen Wechsellast von 600 MPa bis zum Eintreten eines Bruches ausgesetzt waren. Tabelle 5 fasst die wesentlichen Ergebnisse in Form gemittelter Bruchlastspielzahlen zusammen.

Tabelle 5: Einfluss der Wärmebehandlung auf die Bruchlastspielzahl bei einem Lastniveau von 600 MPa [3]

Werkstoff-kennwert	Werkstoffzustand			
	Bauzustand	800°	HIP	1050
Bruchlastspielzahl N_B [MPa]	27.000	93.000	$>2 \cdot 10^6$	290.000

Die Ergebnisse in Tabelle 5 verdeutlichen, dass eine einfache Wärmebehandlung bei 800°C entscheidend kritischere Bruchlastspielzahlen liefert im Vergleich zum HIP-Zustand und sich somit bei einer geforderten Vermeidung von Rissinitiierung als ungenügend erweist. Während die Bruchlastspielzahl im 800°-Zustand, trotz des Abbaus von Eigenspannungen, nur geringfügig gegenüber den Werten für den Bauzustand steigt, zeigt das Reduzieren der Porengröße mittels HIP deutliche Wirkung. Das geht soweit, dass für den HIP-Zustand ein Dauerfestigkeitskennwert entsprechend einem Kennwert für konventionell hergestelltes Material ermittelt wird [5]. Somit bleibt festzuhalten, dass Poren in Laserstrahlschmelzbauteilen den größten Einflussfaktor auf die Initiierungslebensdauer dieser Strukturen darstellen. Nähere Informationen hierzu finden sich in [3].

Abbildung 2 stellt Regressionsgeraden der Wöhlerlinien für lasergeschmolzenes TiAl6V4 in unterschiedlichen Werkstoffzuständen zusammen. Einzelheiten hierzu finden sich in [8]. Die finale Endkontur der hierfür verwendeten Schwingproben wurde maschinell – im Anschluss an die Herstellung mittels SLM – realisiert. Die Aufbaurichtung fällt auch hier mit der Zylinderachse der Schwingproben zusammen. Die Ergebnisse zeigen, dass auch hier eine Wärmebehandlung mittels HIP zu der besten Materialperfomance führt.

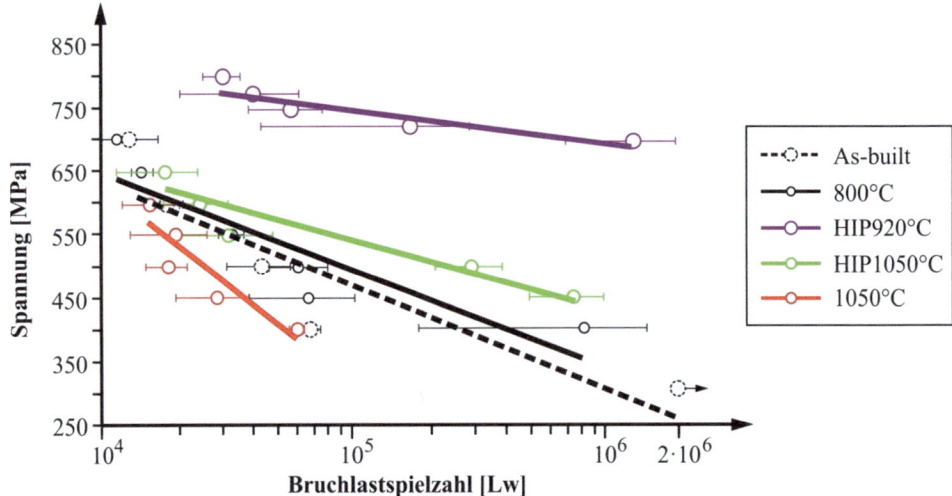

Abbildung 2: σ-N-Kurven der lasergeschmolzenen Titanlegierung TiAl6V4 – verschiedene Werkstoffzustände, entnommen [8]

2.4 Rissfortschrittsverhalten

In Abbildung 3 und Abbildung 4 sind die Rissfortschrittsdaten für TiAl6V4 dargestellt. Dabei zeigt sich je nach Werkstoffzustand unterschiedliches Rissausbreitungsverhalten der betrachteten Legierung. Die Daten gelten für ein R-Verhältnis von 0,1. Darüber hinaus sind in den beiden Diagrammen die Daten für das Referenzmaterial (gewalztes Blech) dargestellt.

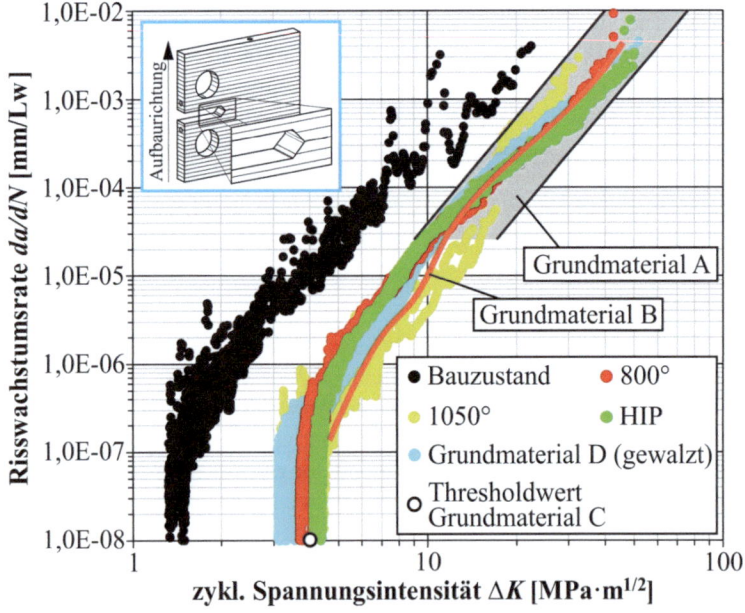

Abbildung 3: Rissfortschrittsdaten für TiAl6V4. Orientierung der Rissrichtung ist normal in Bezug auf die Aufbaurichtung, s.a. [11]

Optimierung der Werkstoffperformance lasergeschmolzener metallischer Werkstoffe 179

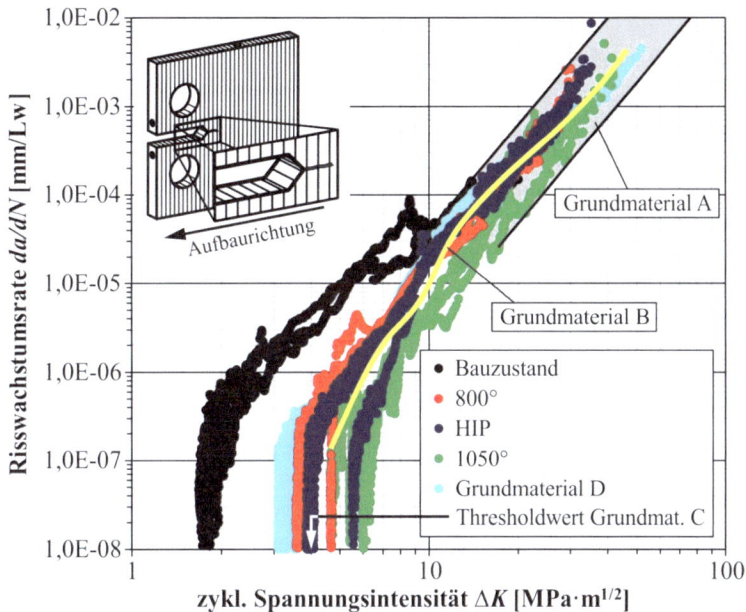

Abbildung 4: Rissfortschrittsdaten für TiAl6V4. Orientierung der Rissrichtung ist parallel in Bezug auf die Aufbaurichtung

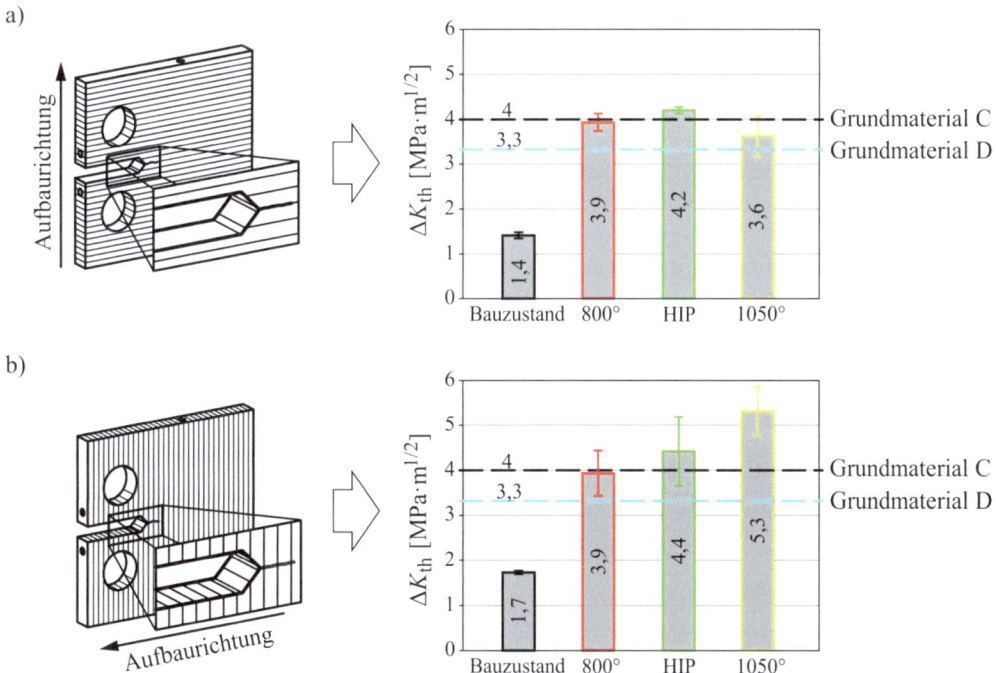

Abbildung 5: Schwellenwerte der Ermüdungsrissausbreitung für TiAl6V4
a) Rissrichtung senkrecht zur Aufbaurichtung
b) Rissrichtung parallel zur Aufbaurichtung

Sowohl die Abbildung 3 als auch die Abbildung 4 zeigen eine deutliche Verschiebung der da/dN-ΔK-Kurven infolge der Wärmebehandlung zu höheren Werten des Werkstoffwiderstands gegen Rissausbreitung. Dabei wird in beiden Orientierungsfällen von Riss zur Aufbaurichtung das Rissausbreitungsverhalten des Referenzmaterials erreicht oder übertroffen.

Beim Vergleich der Schwellenwerte gegen Ermüdungsrissausbreitung für unterschiedliche Orientierungen, Abbildung 5, zeigt sich, dass eine Wärmebehandlung zwingend erforderlich ist, um eine deutliche Steigerung der Thresholdwerte zu erreichen. Damit erhöht sich auch die vom Material tolerierbare Defektgröße, ab welcher eine Ermüdungsrissausbreitung einsetzt. Aus bruchmechanischer Sicht ist es daher fast unerheblich, welches der vorgestellten Wärmebehandlungsverfahren Anwendung findet – es ist einzig und allein wichtig, die lasergeschmolzenen Bauteile aus TiAl6V4 einer thermischen Nachbehandlung zu unterziehen.

3 Austenitischer Stahl X2CrNiMo17-12-2

Der rostfreie austenitische Stahl wird in Anwendungen mit erhöhten Anforderungen an die Korrosionsbeständigkeit eingesetzt. Folglich findet dieser Werkstoff sowohl in der pharmazeutischen Industrie als auch in der Medizin- und in der Lebensmitteltechnik Einsatz.

3.1 Allgemeine Informationen

Die Werkstoffkennwerte in Tabelle 6 charakterisieren das mechanische Verhalten eines auf konventionelle Weise hergestellten austenitischen Stahls. Hierbei zeigt sich (im Vergleich zur Zugfestigkeit R_m) eine geringe 0,2 %-Dehngrenze $R_{p0,2}$ und eine große Bruchdehnung A.

Die Gegenüberstellung in Tabelle 8 verdeutlicht, dass sowohl die Kennwerte für den Bau- als auch den 650°-Zustand sehr gut mit den Werkstoffkennwerten für ein konventionell hergestelltes Grundmaterial korrespondieren. Analog zu den Ergebnissen für TiAl6V4 zeigt sich auch für den laserstrahlgeschmolzenen austenitischen Stahl X2CrNiMo17-12-2, dass das Spannungsarmglühen (d. h. das Eigenspannungsniveau) nahezu keinen Einfluss auf die statischen Materialkennwerte besitzt.

Tabelle 6: Mechanische Werkstoffkennwerte des austenitischen Stahls X2CrNiMo17-12-2 [9]

Werkstoff	0,2%-Dehngrenze $R_{p0,2}$ [MPa]	Zugfestigkeit R_m [MPa]	Bruchdehnung A [%]	E-Modul E [GPa]	Dichte ρ [g/cm³]
X2CrNiMo17-12-2	220	530 - 680	≥ 40	190 - 200	7,98 - 8

Eine Verbesserung der Materialkennwerte wird auch hier mittels thermischer Nachbehandlungsverfahren angestrebt. Tabelle 7 fasst die verwendeten thermischen Nachbehandlungsverfahren sowie deren wesentlichen Prozessparameter zusammen.

Tabelle 7: Wärmebehandlungsverfahren zur Optimierung der bruchmechanischen Werkstoffkennwerte des austenitischen Stahls X2CrNiMo17-12-2

Wärmebehandlung	650°	HIP
Temperatur T [°C]	650	1150 (1000 bar)
Haltezeit t [h]	2	4
Umgebung	Argon	Argon

3.2 Werkstoffverhalten bei monotoner Lastaufbringung

Die statischen Werkstoffkennwerte für die 0,2 %-Dehngrenze $R_{p0,2}$, Zugfestigkeit R_m und Bruchdehnung A der Materialzustände „Bauzustand" und „650°" wurden gemäß der Norm DIN EN ISO 6892-1:2009 ermittelt [9]. In diesen Tests entspricht die Aufbaurichtung der Zugrichtung während des Versuchs. Die Tabelle 8 fasst die ermittelten Kennwerte zusammen, welche für die betrachteten Materialzustände in ähnlicher Größenordnung liegen. Aus diesen Erkenntnissen geht klar hervor, dass – trotz einer deutlichen Reduzierung der Eigenspannung infolge der thermischen Nachbehandlung – keine Unterschiede in den statischen Materialkennwerten zu verzeichnen sind (Ausnahme ist die 0,2 %-Dehngrenze $R_{p0,2}$) und der Einfluss der Eigenspannung auf die statischen Werkstoffkennwerte somit zu vernachlässigen ist.

Tabelle 8: Einfluss der Wärmebehandlung auf die statischen Werkstoffkennwerte nach [9]

Werkstoffkennwert	Werkstoffzustand		
	Bauzustand	650°	Grundmaterial
0,2 %-Dehngrenze $R_{p0,2}$ [MPa]	462	443	220
Zugfestigkeit R_m [MPa]	565	595	530 – 680
Bruchdehnung A [%]	54	49	≥ 40

Abbildung 6 und Tabelle 9 zeigen Ergebnisse aus weiteren Versuchen [8] für die Zustände „Bauzustand", „650°" und „HIP". Die Zugproben wurden hierzu mit Aufmaß gefertigt, wobei auch hier die Aufbaurichtung mit der Zylinderachse zusammenfiel. Anschließend wurden die Probekörper maschinell auf Endkontur gebracht. Damit ist sichergestellt, dass weder die Oberflächenrauheit noch die Wechselwirkungen zwischen Volumen, Volumenkontur und Volumenkonturversatz das Ergebnis beeinflussen.

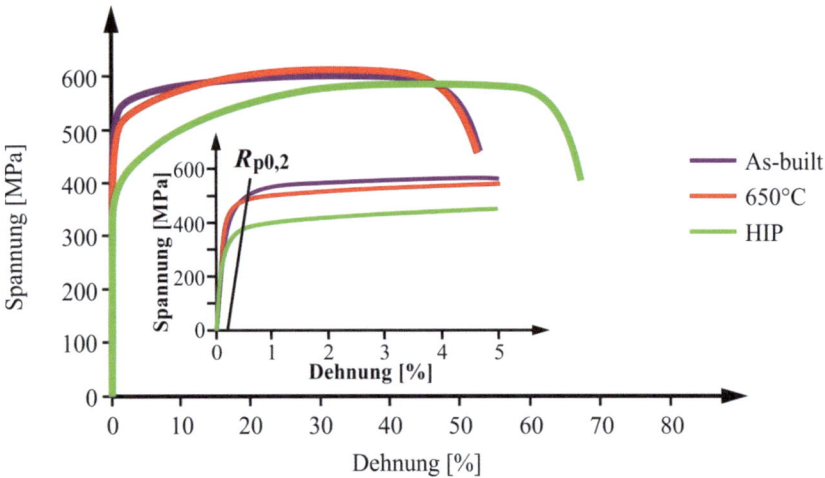

Abbildung 6: Spannungs-Dehnungs-Kurven des 316L – verschiedene Werkstoffzustände

Eine Gegenüberstellung in Tabelle 9 verdeutlicht, dass sowohl die Kennwerte für den Bau- als auch den 650°-Zustand sehr gut mit den Werkstoffkennwerten für ein konventionell hergestelltes Grundmaterial korrespondieren. Analog zu den Ergebnissen für TiAl6V4 zeigt sich auch für den laserstrahlgeschmolzenen austenitischen Stahl X2CrNiMo17-12-2, dass das Spannungsarmglühen (d. h. das Eigenspannungsniveau) nahezu keinen Einfluss auf die statischen Materialkennwerte besitzt.

Tabelle 9: Einfluss der Wärmebehandlung auf die statischen Werkstoffkennwerte nach [8]

Werkstoffzustand	Bauzustand	650°	HIP
Zugfestigkeit R_m [MPa]	1315±16	1228±32	1089±26
Bruchdehnung A [%]	4±1,2	8±1,5	13,8±1,3

3.3 Werkstoffverhalten bei zyklischer Lastaufbringung

Untersuchungen hinsichtlich des Einflusses der unterschiedlichen Werkstoffzustände auf die Ermüdungslebensdauer sind in [9] im Detail erläutert. Darin werden Dauerfestigkeitskennwerte für ein Spannungsverhältnis von $R = -1$ entsprechend dem Standard ASTM E466-07 mittels Schwingproben bestimmt. Die Aufbaurichtung entspricht bei diesen Proben der Lastrichtung im Versuch. Die in Tabelle 10 zusammengefassten Ergebnisse stellen gemittelte Dauerfestigkeitskennwerte der einzelnen Werkstoffzustände sowie des Grundmaterials dar.

Tabelle 10: Einfluss der Wärmebehandlung auf die Dauerfestigkeitskennwerte [9]

Werkstoff-kennwert	Werkstoffzustand			
	Bauzustand	650°	HIP	Grundmaterial
Dauerfestigkeit σ_D [MPa]	267	294	317	240 - 381

Die Ergebnisse in Tabelle 10 zeigen, dass bereits für den Bauzustand ein vertretbarer Dauerfestigkeitskennwert in der Größenordnung des Grundmaterials vorliegt. Der größte Wert für die Dauerfestigkeit wird – analog zu den Untersuchungen für TiAl6V4 – für den HIP-Zustand ermittelt. Die an die Herstellung anschließenden thermischen Behandlungsverfahren beeinflussen nur noch in einem geringen Maße den entsprechenden Dauerfestigkeitskennwert und führen somit zu der Aussage, dass sowohl die Eigenspannungen als auch die Poren das Ermüdungsverhalten wenig beeinflussen. Der Grund dafür liegt in der guten Fließfähigkeit von X2CrNiMo17-12-2. Diese erlaubt eine Plastifizierung im größeren Maße, begleitet durch eine Umlagerung der Spannungsverteilung in hochbelasteten Werkstoffbereichen, welche insbesondere dort vorliegen, wo Eigenspannungen und Poren anwesend sind.

Abbildung 7 stellt Regressionsgeraden der Wöhlerlinien für X2CrNiMo17-12-2 in unterschiedlichen Werkstoffzuständen zusammen. Einzelheiten hierzu finden sich in [8]. Diese Studie bestätigt ebenfalls, dass die Dauerfestigkeitskennwerte für die untersuchten Werkstoffzustände in ähnlicher Größenordnung liegen. Dabei fällt auf, dass im Bereich der Zeitfestigkeit für den HIP-Zustand geringere Bruchlastspielzahlen erwartet werden als für die Zustände as-built und 650°.

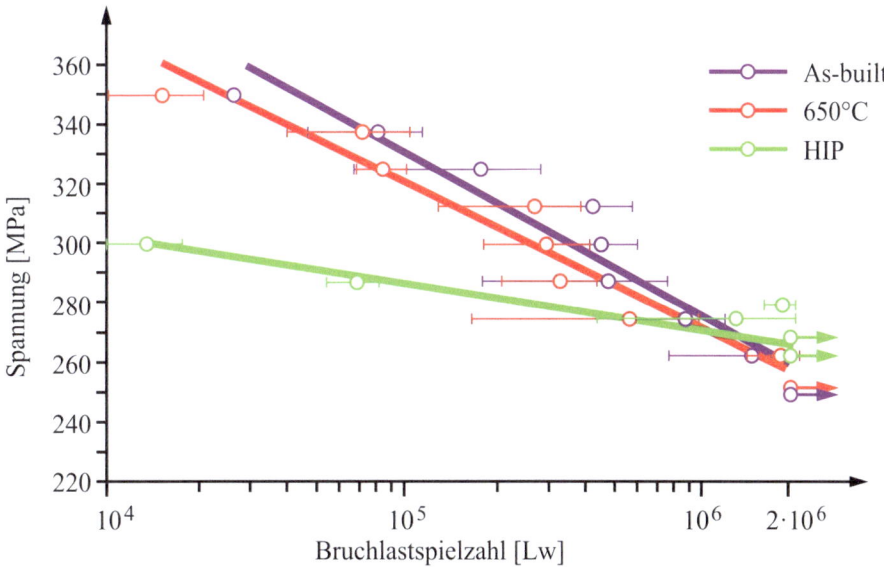

Abbildung 7: Spannungs-Lastzyklen-Kurven des lasergeschmolzenen Stahls X2CrNiMo17-12-2 – verschiedene Werkstoffzustände, entnommen [8]

3.4 Rissfortschrittsverhalten

In Abbildung 8 ist der Einfluss der Wärmebehandlung auf das bruchmechanische Werkstoffverhalten für die Orientierung „Rissrichtung parallel zur Aufbaurichtung (RR ∥ AR)" verdeutlicht. Aus diesen Ergebnissen geht hervor, dass die thermische Nachbehandlung bei einer Temperatur von 650°C keinerlei Einfluss auf das Ermüdungsrisswachstum besitzt. Die für diese Materialzustände bestimmten da/dN-ΔK-Kurven sind sowohl in deren Form und Verlauf als auch hinsichtlich deren Position im da/dN-ΔK-Diagramm identisch. Das zeigt, dass die Eigenspannungen lediglich einen vernachlässigbaren Einfluss auf die bruchmechanischen Werkstoffkenndaten besitzen.

Des Weiteren stehen in Abbildung 8 den Datenreihen 1 und 2 die Messergebnisse für den HIP-Zustand gegenüber. Diese liefern sowohl für den Schwellenwert der Ermüdungsrissausbreitung als auch für die Steigung der Paris-Gerade eine deutliche Zunahme der Kennwerte gegenüber den entsprechenden Materialkenndaten für den Bau- sowie den 650°-Zustand. Dieser Vergleich deutet an, dass die durch die HIP-Behandlung veränderte Mikrostruktur (vgl. [9]) den bedeutendsten Einflussfaktor auf die bruchmechanischen Materialkennwerte darstellt.

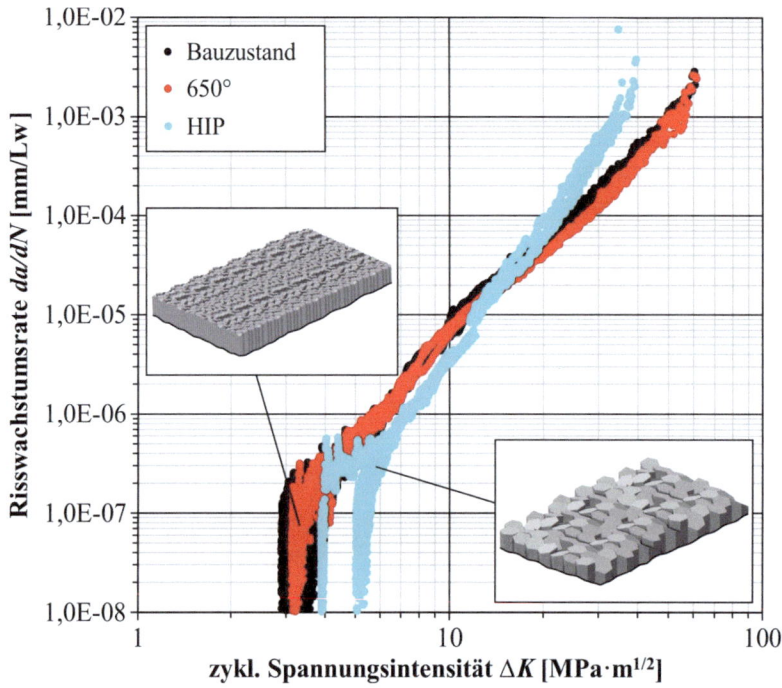

Abbildung 8: Vergleich der da/dN-ΔK-Kurven im Bauzustand, nach einer Wärmebehandlung bei 650°C und einer Wärmebehandlung mittels HIP für die Orientierung RR ‖ AR, s.a. [11]

Der aus den Daten in Abbildung 8 für den Bau- sowie 650°-Zustand abgeleitete Schwellenwert ΔK_{th} ist identisch und beträgt in beiden Fällen 3 MPa·m$^{1/2}$. Für den HIP-Zustand ergibt sich dagegen ein deutlich höherer Thresholdwert ΔK_{th} von 4,6 MPa·m$^{1/2}$. Die Bruchoberflächen der gebrochenen CT-Proben zeigen hierbei eine rauere Oberfläche für den HIP-Zustand (siehe hierzu die schematische Darstellung der Bruchoberflächen in Abbildung 8). Im Rahmen der Prüfung von Bruchoberflächen der Proben im Bau- sowie 650°-Zustand werden keine nennenswerten Unterschiede registriert. Diese Erkenntnisse korrelieren mit den Beobachtungen in [10, 11], wo da/dN-ΔK-Kurven in Abhängigkeit der Korngröße aufgenommen wurden. Dabei stellten die Autoren für austenitische Stähle fest, dass insbesondere bei geringen Spannungsverhältnissen im schwellenwertnahen Bereich ein dem Werkstoff zugrunde liegendes gröberes Korn zu geringeren Risswachstumsraten für ein betrachtetes ΔK und folglich zu höheren Schwellenwerten gegen Ermüdungsrissausbreitung führt.

Abbildung 8 verdeutlicht, dass die thermische Nachbehandlung bei 650°C sowie die damit einhergehende Reduktion von Eigenspannungen keinerlei Auswirkung auf die bruchmechanischen Materialkennwerte besitzt. Daher wurde auf eine Untersuchung des Zustands 650° für die Orientierung RR ⊥ AR verzichtet.

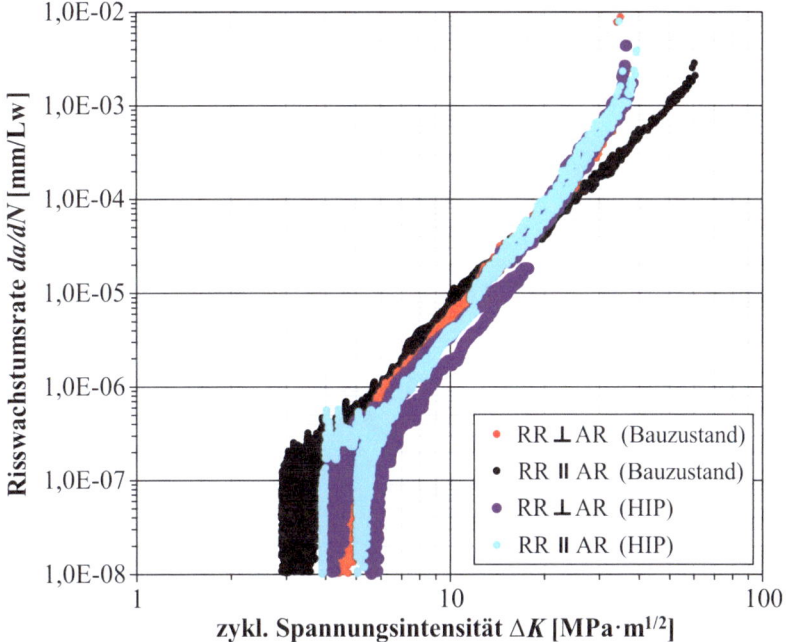

Abbildung 9: Vergleich der *da/dN-ΔK*-Kurven im Bauzustand und nach einer Wärmebehandlung mittels HIP für die Orientierungen RR ⊥ AR und RR ∥ AR

Die in Abbildung 9 zusammengefassten Messdaten stellen die Ergebnisse für die beiden Orientierungen RR ⊥ AR und RR ∥ AR dar. Diese verdeutlichen, dass laserstrahlgeschmolzenes Material im Bauzustand in der Orientierung RR ⊥ AR über ein deutlich besseres bruchmechanisches Materialverhalten im schwellenwertnahen Bereich verfügt als für den Fall der Orientierung RR ∥ AR. Eine HIP-Behandlung laserstrahlgeschmolzener Bauteile führt – im Gegensatz zur thermischen Nachbehandlung bei 650°C – zu einer starken Beeinflussung des Risswachstumsverhaltens. Somit resultieren in diesem Fall *da/dN-ΔK*-Datensätze, welche für die beiden betrachteten Orientierungsvarianten als deckungsgleich anzunehmen sind. Somit sind laserstrahlgeschmolzene Bauteile im HIP-Zustand durch ein weitgehend isotropes Werkstoffverhalten im bruchmechanischen Sinne gekennzeichnet. Die diesem Werkstoffzustand zugrunde liegenden Schwellenwerte betragen 4,7 MPa·m$^{1/2}$ in der Orientierung RR ⊥ AR sowie 4,6 MPa·m$^{1/2}$ in der Orientierung RR ∥ AR.

Abbildung 10 zeigt einen Vergleich der *da/dN-ΔK*-Kurven für den Werkstoff X2CrNiMo17-12-2 im Bauzustand für die Orientierung RR ⊥ AR in drei unterschiedlichen Pulverschichtdicken. Der höchste Thresholdwert ergibt sich dabei für Laserstrahlschmelzbauteile, welche unter Verwendung einer Pulverschichtdicke von 30 µm hergestellt werden. Hierbei entspricht der Schwellenwert gegen Ermüdungsrissausbreitung einem Wert von 4,3 MPa·m$^{1/2}$. Bei dieser Datenreihe ist keine nennenswerte Streuung der Thresholdwerte zu beobachten. Demgegenüber steht der niedrigste Schwellenwert gegen Ermüdungsrissausbreitung von 2,6 MPa·m$^{1/2}$, welcher aus lasergeschmolzenen CT-Proben der Pulverschichtdicke von 100 µm resultiert. Hierbei ist ebenfalls eine relativ geringe Streuung der Kennwerte zu beobachten. Der an CT-Proben der Pulverschichtdicke von 50 µm bestimmte mittlere Schwellenwert gegen Ermüdungsrissausbreitung beträgt 3,2 MPa·m$^{1/2}$ und reiht sich somit zwischen die Kennwerte der zuvor genannten Datenreihen für Pulverschichtdicken von 30 µm und 100 µm ein. Die den Ergebnissen dieser Versuchsreihe zugrunde liegende Streuung ist als vergleichsweise groß zu bewerten. Dabei erstrecken sich die Thresholdwerte dieser Datenreihe über einen Bereich von 2,4 MPa·m$^{1/2}$ bis 3,8 MPa·m$^{1/2}$, Abbildung 10.

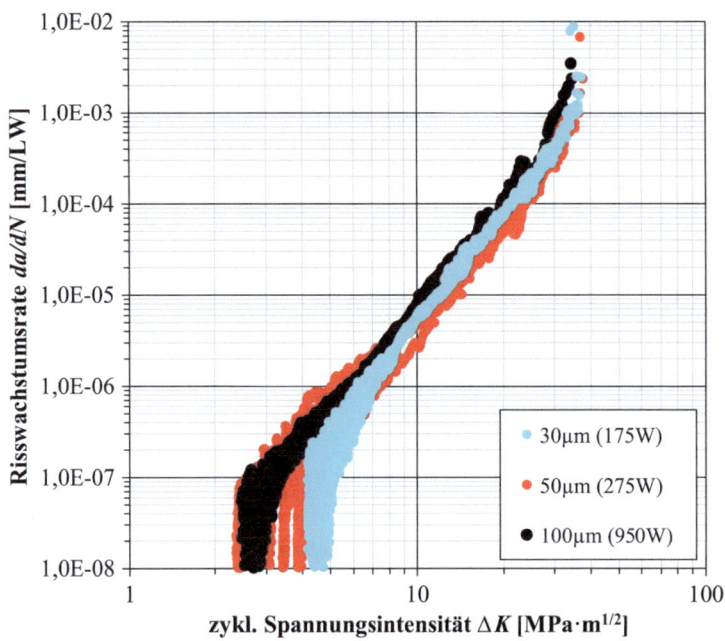

Abbildung 10: Gegenüberstellung von da/dN-ΔK-Kurven für den Werkstoff 316L im Bauzustand und für die Orientierung RR ⊥ AR bei variabler Schichtdicke

Die Datenreihen in Abbildung 10 zeigen sowohl in dem mittleren als auch in dem hohen Rissgeschwindigkeitsbereich einen nahezu deckungsgleichen Kurvenverlauf. Des Weiteren verdeutlichen die Datenreihen „30 µm (175 W)" sowie „100 µm (950 W)", dass ein glatter Kurvenverlauf vorliegt. Charakteristisch für alle drei dargestellten Datenreihen ist die identische Größenordnung der zyklischen Risszähigkeit, welche den Übergang zum instabilen Risswachstum kennzeichnet.

Abbildung 11 zeigt die Abhängigkeit der Schwellenwerte gegen Ermüdungsrissausbreitung von Prozessparametern, Aufbauorientierung und dem Werkstoffzustand. Dabei lässt sich folgern, dass eine nachträgliche HIP-Behandlung der Bauteile den höchsten Schwellenwert – welcher als unabhängig von der Aufbaurichtung zu bewerten ist – liefert.

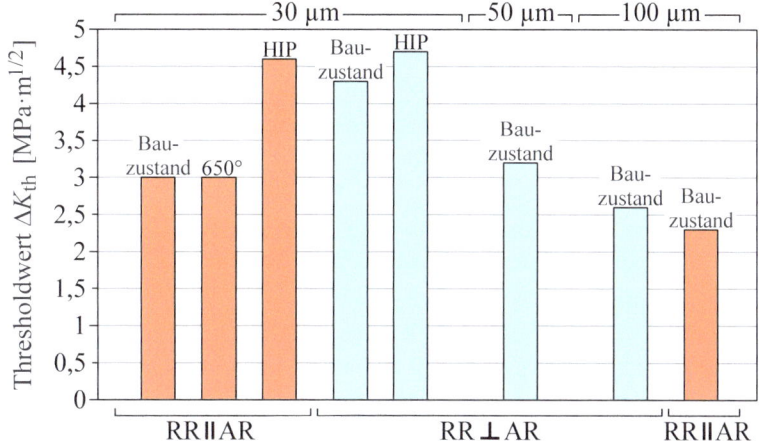

Abbildung 11: Abhängigkeit der Thresholdwerte von unterschiedlichen Einflussfaktoren

4 Fazit

Abschließend lässt sich zusammenfassen, dass – nach einer gezielten Optimierung – die lasergeschmolzenen Werkstoffe TiAl6V4 und X2CrNiMo17-12-2 über Werkstoffkennwerte verfügen, welche den Werkstoffkennwerten desselben Materials, hergestellt auf konventionelle Weise, entsprechen. Dabei ist je nach Verwendungszweck das geeignete thermische Nachbehandlungsverfahren zu wählen. Somit lassen sich die Materialkennwerte im Hinblick auf die Belastung der Bauteile (statisch oder zyklisch) maßschneidern. Durch diese Vorgehensweise wird es möglich SLM-Bauteile in technischen Anwendungen zu verwenden.

Literatur

[1] Elias, C.N.; Lima, J.H.C.; Valiev, R.; Meyers, M.A.: Biomedical Applications of Titanium and its Alloys. In: The Journal of The Minerals, Metals & Materials Society (TMS), Volume 60, 2008, pp. 46-49.

[2] Inspection Certificate: Abnahmeprüfzeugnis 3.1 nach DIN EN 10204, Nr. 12561Y08, Chargen-Nr. 15618, VSMPO-AVISMA Corporation, Sverdlovsk, 2008.

[3] Leuders, S.; Thöne, M.; Riemer, A.; Niendorf, T.; Tröster, T.; Richard, H.A.; Maier, H.J.: On the mechanical behaviour of titanium alloy TiAl6V4 manufactured by selective laser melting: Fatigue resistance and crack growth performance. In: International Journal of Fatigue, Volume 48, 2013, pp. 300-307.

[4] Peters, M; Leyens, C.: Titan und Titanlegierungen. Wiley-VCH, Weinheim, 2002.

[5] Riemer, A.; Leuders, S.; Richard, H.A.; Tröster, T.: Verhalten von lasergeschmolzenen Bauteilen aus der Titan-Aluminium-Legierung TiAl6V4 unter zyklischer Beanspruchung. In: Materials Testing, Ausgabe 55, 2013, S. 537-543.

[6] Thöne, M.; Leuders, S.; Riemer, A.; Tröster, T.; Richard, H.A.: Influence of heat-treatment on Selective Laser Melting products – e.g. Ti6Al4V. In: Solid Freeform Fabrication Proceedings, Austin, 2012, pp. 492-498.

[7]   Atkinson, H.V.; Davies, S.: Fundamental aspects of hot isostatic pressing: An overview. In: Metallurgical and Materials Transactions A, Volume 31, 2000, pp. 2981-3000.

[8]   Leuders, S.; Lieneke, T.; Lammers, S.; Tröster, T.; Niendorf, T.: On the fatigue properties of metals manufactured by selective laser melting – The role of ductility. In: Journal of Materials Research, Volume 29, 2014, pp. 1911-1919.

[9]   Riemer, A.; Leuders, S.; Thöne, M.; Richard, H.A.; Tröster, T.; Niendorf, T.: On the fatigue crack growth behavior in 316L stainless steel manufactured by selective laser melting. In: Engineering Fracture Mechanics, Volume 120, 2014, pp. 15-25.

[10] Gray, G.T.; Williams, J.C.; Thompson, A.W.: Roughness-Induced Crack Closure: An Explanation for Microstructurally Sensitve Fatigue Crack Growth. In: Metallurgical Transactions A, Volume 14, 1983, pp. 421-433.

[11] Riemer, A.: Einfluss von Werkstoff, Prozessführung und Wärmebehandlung auf das bruchmechanische Verhalten von Laserstrahlschmelzbauteilen. Forschungsberichte des Direct Manufacturing Research Centers, Band 3, Shaker Verlag, Aachen, 2015.

Beeinflussung des Risswachstums durch Kerben in additiv gefertigten Strukturen

Wadim Reschetnik[a),b)], Jan-Peter Brüggemann[a),b)],
Hans Albert Richard[a),b)], Gunter Kullmer[a),b)], Lena Risse[a)]

a) Fachgruppe Angewandte Mechanik, Universität Paderborn
b) Direct Manufacturing Research Center, Universität Paderborn

Zusammenfassung

Im Rahmen dieses Beitrags werden unterschiedliche Maßnahmen zur Beeinflussung des Risswachstums durch Kerben in rissbehafteten, additiv gefertigten Bauteilen und Strukturen vorgestellt. Neben zahlreichen Einflüssen auf das Risswachstumsverhalten werden anhand von Rissverzögerungskerben Möglichkeiten aufgezeigt, die Risswachstumspfade und die damit einhergehende Lebensdauer zu manipulieren. Hierbei werden an Kompaktzugproben sowohl mit kreisrunden als auch mit rautenförmigen Kerben numerische und experimentelle Analysen durchgeführt. Die experimentellen Untersuchungen bestätigen die numerisch vorhergesagten Rissverläufe. Darüber hinaus wird die Lebensdauer in Abhängigkeit der Risslänge für die unterschiedlichen Probenvarianten experimentell ermittelt und gegenübergestellt. Der Vergleich zeigt, dass die Kerben im Risspfad die Lebensdauer beeinflussen und dass durch den Einsatz von Rissstoppkerben die Einsatzdauer signifikant verlängert wird.

Die gewonnenen Erkenntnisse werden abschließend auf eine reale Leichtbaustrukturkomponente übertragen. Hierbei erfolgt die Auslegung des festigkeits- und leichtbauoptimierten Fahrradvorbaus nach Norm und berücksichtigt die verfahrensspezifischen Randbedingungen. Mit Hilfe der Finite-Elemente-Methode werden, trotz der komplexen Belastungssituation, individuelle sowie gewichtreduzierende Kerben konstruiert und in die Struktur eingebracht. Der betriebssichere und leichtbauoptimierte Fahrradvorbau mit einer an die Belastungssituationen angepassten Geometrie, hergestellt mit dem Laserstrahlschmelzverfahren, wird abschließend vorgestellt.

Stichwörter: Risswachstum, Beeinflussung durch Kerben, Leichtbaustruktur, Fahrradvorbau

1 Einleitung

Viele technische Strukturen sind während ihrer Einsatzdauer unterschiedlichen Belastungen ausgesetzt. Dabei ist die Erwartung an entsprechende Bauteile, eine strukturmechanische Funktionsfähigkeit und eine lange Haltbarkeit zu gewährleisten. Darüber hinaus müssen derartige Komponenten unter den Gesichtspunkten der Ressourcenschonung sowie der damit einhergehenden Schadstoffreduktion entwickelt werden. Diese Anforderungen können durch moderne Herstellungsverfahren, Leichtbauwerkstoffe und Strukturleichtbau unter Berücksichtigung der Materialeinsparung realisiert werden. Die additive Fertigung bietet Möglichkeiten neuartige und sowohl individuell als auch komplex ausgeprägte Produkte herzustellen [1]. Mit diesem Verfahren besteht die Opportunität durch innenliegende Strukturen, Hohlräume und das Einbringen von Aussparungen eine gezielte Kraftflusslenkung zu realisieren, dadurch die Beanspruchung im Bauteil zu reduzieren und somit Werkstoff einzusparen. Je nach Geometrie der Aussparung beziehungsweise Kerbe kann Rissinitiierung und anschließendes Ermüdungsrisswachstum erfolgen [2 - 6]. Andererseits ist die gezielte Positionierung sowie die Gestalt von Kerben in Bauteilen und Strukturen eine Möglichkeit zur Optimierung des Risswachstumsverhaltens und somit der Lebensdauer.

Im Rahmen dieses Beitrags werden deshalb unterschiedliche Möglichkeiten der Beeinflussung des Risswachstums zur Steigerung der Lebensdauer von rissbehafteten Bauteilen, die mittels der additiven Fertigung hergestellt worden sind, numerisch untersucht. Die gekerbten Strukturen werden unter Anwendung der Finite-Elemente-Methode analysiert. Zur Validierung der Simulationsergebnisse folgen experimentelle Risswachstumsuntersuchungen an laserstrahlgeschmolzenen Proben. Abschließend werden die gewonnenen Erkenntnisse auf eine reale, leichtbauoptimierte Strukturkomponente übertragen.

2 Beeinflussung des Risswachstums

Bei zyklisch belasteten Bauteilen ist die Lebensdauer abhängig von den wirkenden Beanspruchungen und dem Werkstoffverhalten [3]. Die in der Struktur hervorgerufenen Beanspruchungen resultieren zum einen aus den äußeren Belastungen und zum anderen aus der Bauteilgeometrie [7]. Unter dem Gesichtspunkt des Leichtbaus wird unter anderem durch das Einbringen von Aussparungen so viel Werkstoff wie möglich eingespart. Diese gewollten Kerben können zu Spannungskonzentrationen führen und somit Ausgangsstellen für Ermüdungsrisse darstellen. Andererseits kann bei einem rissbehafteten Bauteil der Riss durch bewusst eingebrachte Rissstoppbohrungen mit definierter Geometrie die Lebensdauer verlängert werden [8]. Die Lebensdauer besteht aus der Rissinitiierungs- und der Rissfortschrittsphase, wobei in der Regel die Rissinitiierungsphase den weitaus größeren Anteil ausmacht. Beim Risswachstum aus Kerben muss zunächst ein Riss initiieren. Wird ein Riss gezielt in eine Kerbe geleitet, wird ausgenutzt, dass der Riss zum Verlassen der Kerbe wieder initiieren muss [9].

Eine weitere Möglichkeit zur Beeinflussung des Risswachstums zur Lebensdaueroptimierung bei rissbehafteten Strukturen besteht in der Risspfadverlängerung, um die ertragbare Lastwechselzahl und damit die Einsatzlebensdauer zu erhöhen. Eine Realisierung der Kombination aus den beiden Maßnahmen – Rissstoppbohrung und Risspfadverlängerung – im Inneren eines Bauteils ist mit konventionellen Herstellungsverfahren bisher nur bedingt möglich. Das additive Fertigungsverfahren, selektives Laserstrahlschmelzen (SLM) bietet jedoch diese Option. Durch den schichtweisen Aufbau und einer nahezu unbegrenzten gestalterischen Freiheit besteht die Opportunität hochkomplexe Kerbgeometrien für die Lebensdaueroptimierung herzustellen. Aufgrund der hohen mechanischen Kennwerte bei gleichzeitig mittlerer Dichte von 4,42 g/cm³ [10] wird für die Herstellung der Prüfkörper, die Titanaluminiumlegierung Ti-Al6V4 ausgewählt. Dieses Material findet Anwendung in der Luft- und Raumfahrt, der chemischen Industrie, in der Automobilindustrie sowie im Freizeitbereich und wird dort für festigkeits- und leichtbauoptimierte Strukturen eingesetzt. Vorangegangene Untersuchungen haben gezeigt, dass die lasergeschmolzenen Bauteile im Nachgang wärmebehandelt werden müssen, um das mechanische und bruchmechanische Werkstoffverhalten [10 - 13] zu verbessern. Folglich werden die vorgestellten Proben einer Wärmebehandlung bei 800°C nach [11] unterzogen.

3 Additive Fertigung

Die additive Fertigung, insbesondere das SLM-Verfahren, ist für die Herstellung von metallischen Strukturkomponenten von besonderer Bedeutung [14]. Der SLM-Prozess ist ein pulverbettbasiertes Verfahren, bei dem der metallische Ausgangswerkstoff in Pulverform vorliegt [15]. Ausgangsbasis für die Fertigung ist ein 3D-CAD-Modell des Bauteils aus dem die einzelnen Schichten zur Geometrieerzeugung generiert werden. In Abbildung 1 sind die drei grundlegenden Prozessschritte – Beschichten, Belichten, Absenken – exemplarisch dargestellt.

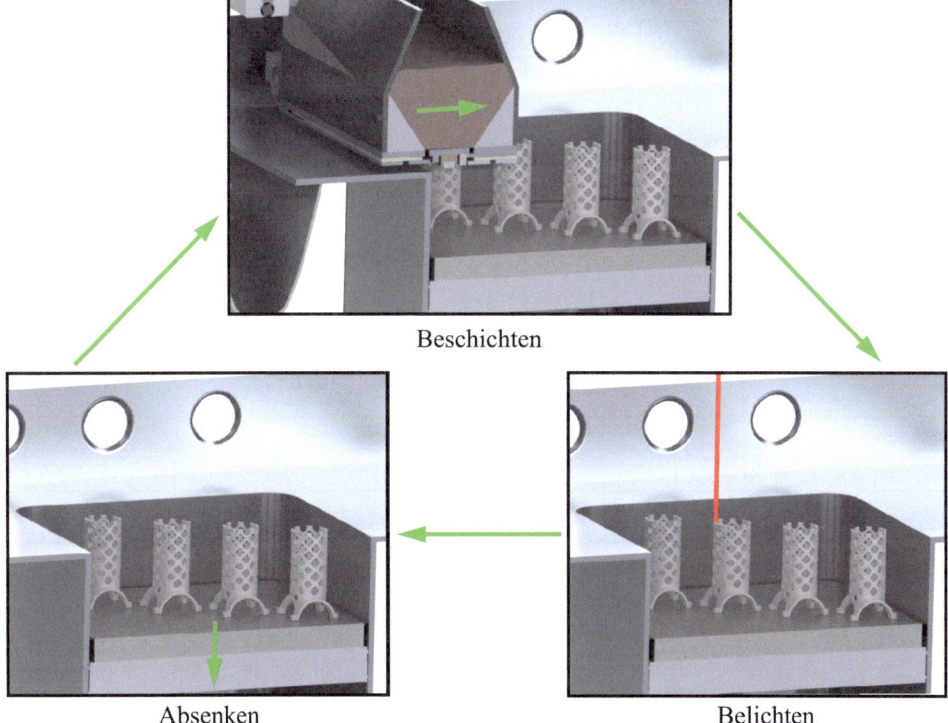

Abbildung 1: Die drei grundlegenden Prozessschritte bei dem Laserstrahlschmelzen

Durch die Iteration dieser Prozessschritte wird das Bauteil schichtweise aufgebaut. Die für die Prüfkörperherstellung verwendete Anlage ist eine SLM 250[HL] der Firma SLM Solutions GmbH, bei der ein Festkörperlaser mit einer maximalen Leistung von 400 Watt verwendet wird. Die bei der Fertigung der Proben verwendeten Schichtdicken betragen 30 µm bei einer mittleren Pulverpartikelgröße von ca. 40 µm. Zur Vermeidung einer Kontaminierung des Werkstoffs wird die Baukammer während des Prozesses mit dem Edelgas Argon geflutet und somit ein Sauerstoffgehalt unter 0,2% gewährleistet.

4 Finite-Elemente-Analysen von Kerbgeometrien

Um der Forderung der Ressourcenschonung gerecht zu werden und die zeitaufwändige Probenfertigung sowie die experimentellen Versuche zu reduzieren, wird eine Finite-Elemente-Analyse in Bezug auf die Beeinflussung des Risswachstums vorangeschaltet. Für die Risswachstumssimulation in Bauteilen mit unterschiedlichen Kerbgeometrien (Abbildung 2) wird das interaktive Programm FRANC/FAM[1] verwendet. Dieses numerische Programm bietet neben der Simulation von beliebigen zweidimensionalen Rissausbreitungsvorgängen auch die Betrachtung von Stellen der Rissentstehung und der Rissinitiierungslebensdauer in ebenen Strukturen [4]. Die Literatur [16] veranschaulicht, dass die numerisch bestimmten Initiierungslastwechselzahlen eine gute Übereinstimmung mit den in [8] beschriebenen experimentellen Untersuchungen zeigen und verdeutlichen den Gültigkeitsbereich der Gesamtlebensdauerberechnung.

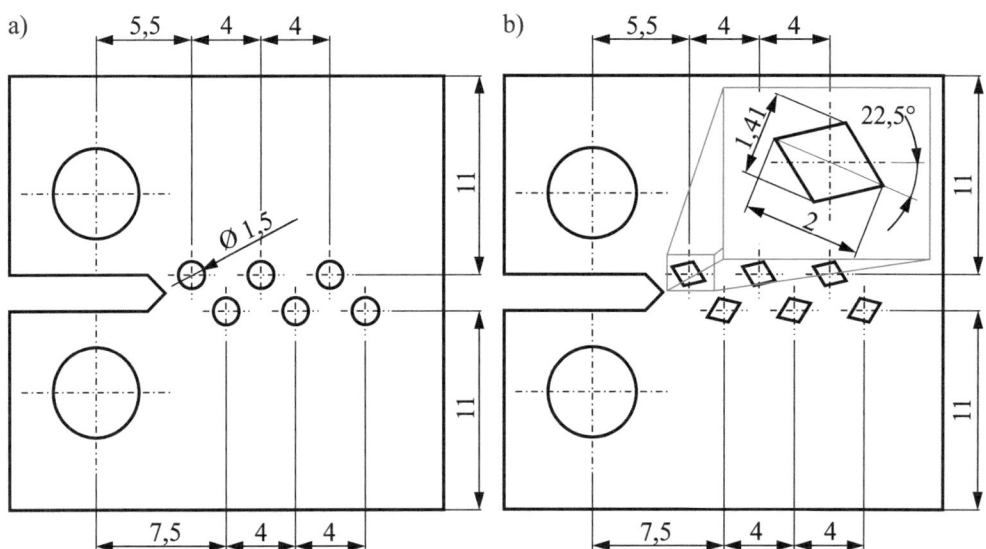

Abbildung 2: Abmessungen und Geometrieinformationen der Versuchskörper
a) Modifizierte Kompaktzugprobe mit kreisrunden Kerben
b) Modifizierte Kompaktzugprobe mit rautenförmigen Kerben

Bei der vollautomatischen Risswachstumssimulation arbeitet das Simulationsprogramm FRANC/FAM mit einem mitbewegten Spezialnetz, das um die Rissspitze angeordnet ist, und ermittelt die Spannungsintensitätsfaktoren mittels der MVCCI-Methode. Dabei erfolgt die

---

[1] FRANC/FAM ist die Abkürzung für das Simulationsprogramm Fracture Analysis Code / Fachgruppe Angewandte Mechanik.

bruchmechanische Berechnung auf Basis der linear-elastischen Bruchmechanik unter Verwendung des ΔK-Konzepts [17]. Dieses Simulationswerkzeug wird im Programmcode so erweitert, dass bei dem automatisierten Ermüdungsrisswachstum beim Erreichen einer Unstetigkeit, wie beispielsweise einer Kerbe im Risspfad, die Möglichkeit besteht, Elemente zu löschen, um z. B. einen Riss in eine Kerbe hinein zu verlängern, weil der letzte Steg zwischen Riss und Kerbe nicht automatisch getrennt werden kann. An der somit neu entstandenen Geometrie wird die Rissinitiierung erneut eingeleitet und die Simulation fortgesetzt.

Die numerischen Untersuchungen werden in diesem Beitrag anhand von zwei Probengeometrien vorgestellt. Hierbei sind die Kompaktzugproben in Anlehnung an den ASTM E647 Standard [18] mit der Probendicke von $t = 2,5$ mm sowie dem Referenzmaß, also der Probenbreite, von $w = 20$ mm im Bereich des Risspfades modifiziert. In dieser Region sind kreisrunde und rautenförmige Kerben mit den in Abbildung 2a und 2b dargestellten Abmessungen eingebracht, um die Rissablenkung wie auch die Risspfadverlängerung in der stabilen Risswachstumsphase zu untersuchen. Bei der Gestaltung der Kerbform können nicht beliebig kleine Geometrien realisiert werden, da neben der Elementgröße bei der Simulation auch die prozessspezifischen Grenzen bei der Herstellung der Proben diese einschränken. Voruntersuchungen haben gezeigt, dass kreisrunde Kerben mit einem Radius von 0,25 mm deutlich von der Originalgestalt abweichen und erkennbar deformiert sind. Diese Tatsache lässt sich mit dem prozessbedingtem Einfallen der Kerben erklären, da auf die eigentlich notwendige Stützstruktur verzichtet wird. In den Abbildungen 3a und 3b sind die für die Simulation verwendeten Auflager, Belastungen und Vernetzungen der sowohl mit kreisrunden als auch mit rautenförmigen Kerben modifizierten Kompaktzugproben visualisiert.

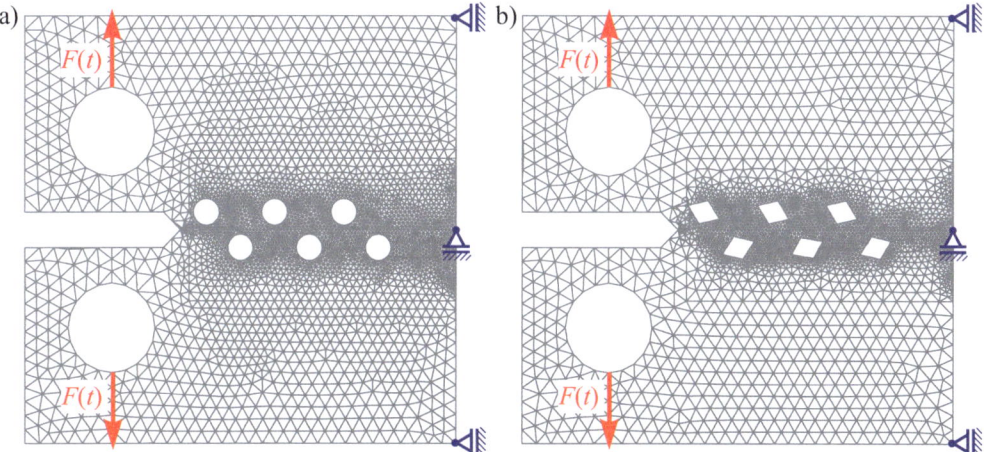

Abbildung 3: Vernetzung, Rand- und Zwangsbedingungen für die numerische Simulation
a) Modifizierte Kompaktzugprobe mit kreisrunden Kerben
b) Modifizierte Kompaktzugprobe mit rautenförmigen Kerben

Die numerischen Ergebnisse - Normalspannungsverteilung[2] σ_1 und Rissverlauf - sind für unterschiedliche Risslängen (Simulationsschritte ①-⑥) in Abbildung 4 dargestellt. In Simulationsschritt ① liegt ein Initialriss vor, dessen Spannungsfeld bereits von der Kreiskerbe beeinflusst wird. Dieser Einfluss führt zu einer Überlagerung von Mode I und Mode II Beanspru-

---

[2] Verantwortlich für das Ermüdungsrisswachstum und die Risswachstumsrichtung [4]

chungen, so dass die Risswachstumsrichtung zur ersten Kerbe hin abgelenkt wird, siehe Simulationsschritt ②. Bei der erneuten Rissinitiierung an der Kerbe ③/⑤ wird der Einfluss der benachbarten Kerben deutlich. Die neue Rissinitiierungsstelle und Risswachstumsrichtung hängt von dem lokalen Spannungsfeld ab. Der Riss verläuft an den oberen Bohrungen entlang, so dass die unteren Kreiskerben nicht erreicht werden, siehe Simulationsschritt ④ und ⑥.

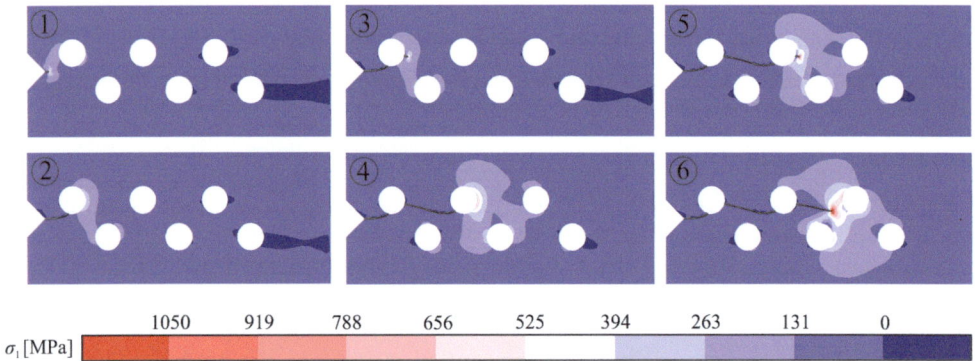

Abbildung 4: Ergebnisse der Simulation einer Kompaktzugprobe mit kreisrunden Kerben in Form von Normalspannungsverteilung σ_1 und dem Rissverlauf in 6 Schritten

Für eine gezieltere Risspfadlenkung wird die modifizierte Kompaktzugprobe mit rautenförmigen Kerben (Abbildung 2b), die eine deutlich höhere Kerbschärfe aufweisen, untersucht. Die Rand- und Zwangsbedingungen sowie die Materialeigenschaften sind äquivalent zu der zuvor vorgestellten Simulation gewählt. Der Kerbeinflussbereich dieser Probe ist mit feineren Elementen vernetzt (Abbildung 3b), um die Spannungsüberhöhungen an den „Rautenkerben" genauer abzubilden. Der Rissverlauf bei sechs unterschiedlichen Risslängen (①-⑥) mit den entsprechenden Hauptnormalspannungen ist in Abbildung 5 dargestellt.

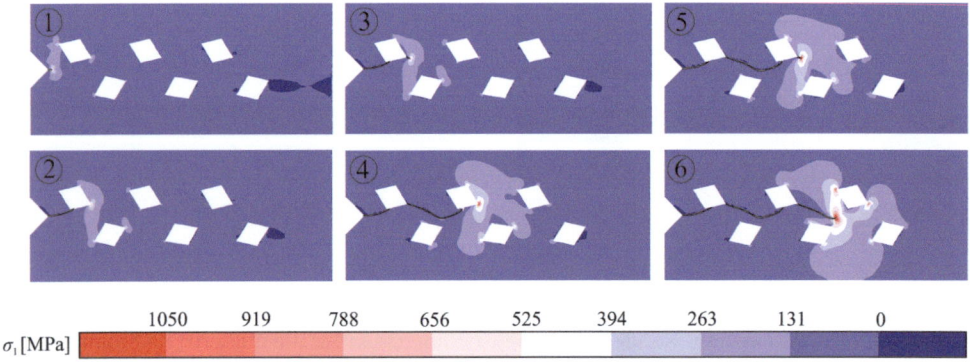

Abbildung 5: Ergebnisse der Simulation einer Kompaktzugprobe mit rautenförmigen Kerben in Form von Normalspannungsverteilung σ_1 und dem Rissverlauf in 6 Schritten

Auch bei dieser Probe haben die Kerben einen deutlichen Einfluss auf den Rissverlauf. Bereits der 0,5 mm lange Initialriss ① wird zu der Rautenkerbe hingelenkt ②. Aufgrund der rautenförmigen Kerbgeometrie und der damit verbundenen scharfen Spitze entsteht an dieser Stelle die höchste Beanspruchung ②/④, so dass der Riss dort initiiert ③/⑤. Die Normalspannung an der Rissspitze im letzten Simulationsschritt ⑥ weist darauf hin, dass der Risspfad einen Tiefpunkt erreicht hat.

5 Experimentelle Untersuchungen

Die Beeinflussung des Risswachstumsverhaltens durch Kerben in additiv gefertigten Bauteilen und Strukturen sowie die numerischen Ergebnisse werden mittels experimenteller Untersuchungen verifiziert. Hierzu werden die lasergeschmolzenen Prüfkörper bei einer konstanten maximalen Last von $F_{max} = 300$ N und einem R-Verhältnis[3] von $R = 0{,}1$ in einer elektromechanischen Zugprüfmaschine periodisch beansprucht. Die Risslängenmessung erfolgt unter Verwendung der Elektropotentialmethode. Zur korrekten Risslängenbestimmung wird eine manuelle Kalibrierung der Risslängenmessung an geometrisch bekannten Stellen vorgenommen. Um die Auswirkung der Kerben und somit der Maßnahme „Risspfadverlängerung" auf die Lebensdauer vergleichen zu können, wird unter identischen Versuchsbedingungen die Lebensdauer von modifizierten und von im Risspfad ungekerbten Kompaktzugproben ermittelt und gegenübergestellt. In Abbildung 6 sind die experimentellen Ergebnisse in Form von Risslängen-Lastwechselkurven für die einzelnen Probengeometrien aufgetragen.

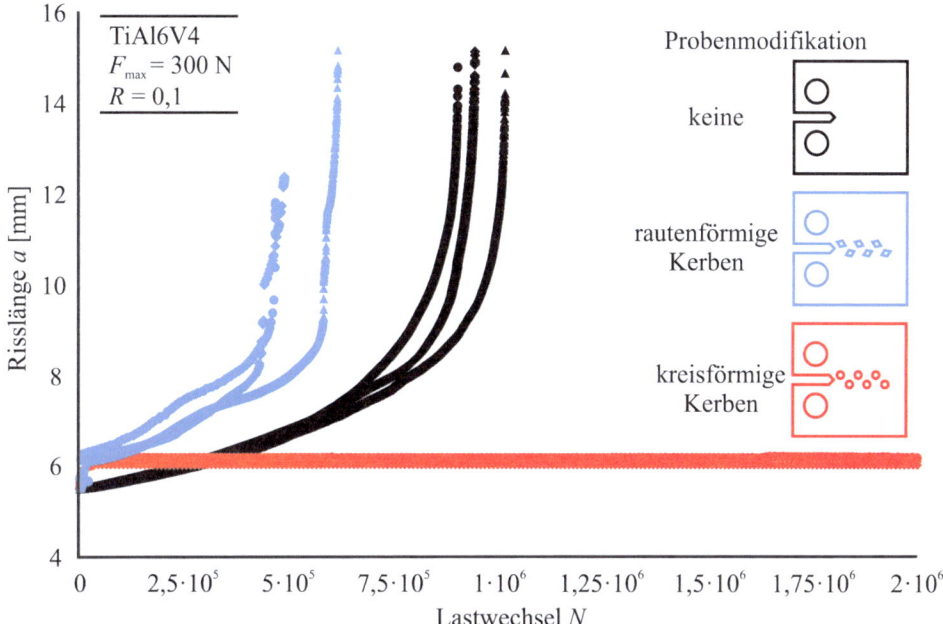

Abbildung 6: Risslänge a über Lastwechsel N zur Beurteilung des Risswachstumsverhaltens an jeweils drei additiv gefertigten Prüfkörpern je Probenmodifikation

Die Lebensdauerkurven der Proben mit den kreisrunden Kerben weisen einen horizontalen Verlauf bei einer Risslänge von ca. $a = 6$ mm auf. Hier wächst der Riss mit einer relativ hohen Rissgeschwindigkeit in die erste Kreiskerbe und ist nicht mehr in der Lage, bei der vorgegebenen zyklischen Belastung erneut zu initiieren. In diesem Fall fungiert die Kreiskerbe als Rissstoppkerbe (bei einer Probe wurden über 14 Mio. Lastwechsel aufgebracht ohne Rissinitiierung). Die ertragbaren Lastwechsel bis zum Bauteilversagen bei den Proben mit rautenförmigen Kerben hingegen sind ca. um Faktor 2 niedriger im Vergleich zu den nicht modifizierten Kompaktzugproben. Hier ist die Kerbgeometrie für eine kurze Initiierungsphase verantwort-

---

[3] Das R-Verhältnis ist das Verhältnis von minimaler zu maximaler Belastung.

lich, so dass keine großen Verzögerungseffekte durch die Risswiederinitiierung auftreten. In diesem Kontext führt bei dieser Proben- bzw. Kerbgeometrie die Risspfadverlängerung nicht zu einem lebensdauerverlängernden Effekt.

Der Vergleich zwischen der Vorhersage und dem Experiment des Risspfades in einer Kompaktzugprobe mit kreisförmigen Kerben mittels des Simulationsprogramms FRANC/FAM ist in Abbildung 7 dargestellt. Der vorhergesagte und der tatsächliche Risspfad unterscheiden sich geringfügig. Dieser Unterschied gründet in dem verfahrensspezifischen Einfallen der Kerben. Durch die Deformation der Lochkerben ist eine zusätzliche Kerbwirkung gegeben, so dass der Riss am oberen Rand der Kreiskerbe initiiert.

Abbildung 7: Vergleich zwischen Simulation und Experiment des Risspfades einer Kompaktzugprobe mit kreisförmigen Kerben

In Abbildung 8 ist der numerisch vorhergesagte Rissverlauf dem experimentell ermittelten Risspfad in einer Kompaktzugprobe mit rautenförmigen Kerben gegenübergestellt. Der Vergleich dieser Ergebnisse weist eine gute Übereinstimmung der Verläufe auf.

Abbildung 8: Vergleich zwischen Simulation und Experiment des Risspfades einer Kompaktzugprobe mit rautenförmigen Kerben

Nicht nur die Risslängenverlängerung zur Beeinflussung des Risswachstums ist sehr realitätsnah vorhergesagt, sondern darüber hinaus auch die Wiederinitiierungsstellen des Risses. Die experimentellen Untersuchungen bestätigen, dass die Beeinflussung des Risswachstumsverhaltens durch Kerben in additiv gefertigten Strukturen und somit die Steigerung der Lebensdauer durchaus möglich sind. Besonders bei zyklisch belasteten Bauteilen und Strukturen vor dem Hintergrund der Ressourcenschonung sind einsatzdauerverlängernde Einflüsse von großem Interesse. Somit wird im Kapitel 6 eine reale Struktur vorgestellt, welche unter leichtbau- und lebensdaueroptimierten Aspekten entwickelt ist.

6 Anwendungsbeispiel - Fahrradvorbau

Die Beeinflussung des Risswachstums durch Kerben in additiv gefertigten Strukturen findet in der Praxis Anwendung am Beispiel eines festigkeits- und leichtbauoptimierten Fahrradvorbaus aus dem Hochleistungssegment. Die Auslegung des Fahrradvorbaus für einen überdurchschnittlich langen Fahrer erfolgt nach Norm [19] und berücksichtigt die verfahrensspezifischen Randbedingungen. Die detaillierte Beschreibung des Konstruktionsprozesses kann der Literatur [20] entnommen werden. In der Entwicklungsphase wird durch eine gezielte Platzierung und Gestaltung von Aussparungen eine deutliche Massenersparnis der Struktur realisiert. Trotz der komplexen Belastungssituation kann mit Hilfe der Finite-Elemente-Methode jede Aussparung so konstruiert werden, dass die Betriebsfestigkeit durch die Erbringung der notwendigen Nachweise gegeben ist. Exemplarisch ist in Abbildung 9 die Beanspruchung des Vorbaus durch eine in der Norm [19] vorgeschriebene Belastung dargestellt.

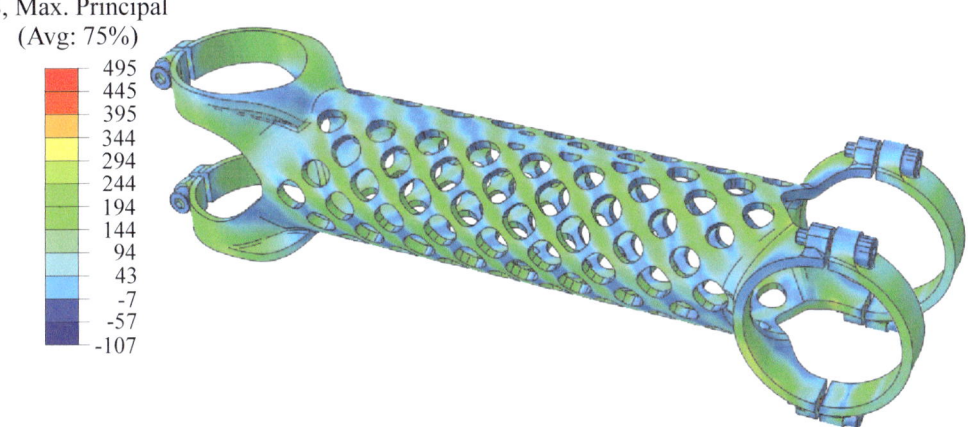

Abbildung 9: Numerische Analyse des leichtbauoptimierten Vorbaus

Die Prüfung stellt den „Wiegetritt", also die gegenphasige Belastung, z. B. bei der Bergfahrt, dar. Hierbei soll die betriebssichere Auslegung unter Berücksichtigung der zyklischen Belastung sichergestellt werden. Da Ermüdungsrisse global betrachtet stets senkrecht zur größten Hauptnormalspannung wachsen [4], wird in diesem Fall zur Spannungsanalyse die NAVIER-Hypothese verwendet. Durch diese Belastungssituation erfährt der Fahrradvorbau ein reines Torsionsmoment, so dass die Hauptnormalspannungen helixförmig unter 45° durch das Bauteil verlaufen (grüne Farbverteilung). Die aus gewichtreduzierenden Gesichtspunkten eingebrachten Kerben stören den Kraftflussverlauf nur geringfügig. Das gründet in der Individualisierung jeder Kerbe in Bezug auf einen optimalen Kraftflussverlauf.

In Abbildung 10a ist der im Laserstrahlschmelzverfahren hergestellte und nachbearbeitete Vorbau dargestellt. In der Draufsicht (Abbildung 10b) und der Seitenansicht (Abbildung 10c) sind die an die Belastungssituationen angepassten Kerbgeometrien zu erkennen.

Abbildung 10: Additiv gefertigter Fahrradvorbau in verschiedenen Ansichten
              a) Isometrische Darstellung
              b) Draufsicht
              c) Seitenansicht

Die Gesamtmasse des betriebssicheren und leichtbauoptimierten Vorbaus mit den beiden Klemmkappen sowie der Befestigungselemente beträgt ca. 100 g. Im Vergleich zu einem konventionellen Vorbau mit gleichen geometrischen Randbedingungen ist eine Gewichtsreduktion von ca. 30% erzielt.

7 Zusammenfassung und Ausblick

Im Rahmen dieses Beitrags wurden unterschiedliche Maßnahmen zur Beeinflussung des Risswachstums durch Kerben in additiv gefertigten Strukturen, wie das Einbringen von Rissverzögerungskerben, vorgestellt. Hierbei wurden an Kompaktzugproben sowohl mit kreisrunden als auch mit rautenförmigen Kerben numerische und experimentelle Untersuchungen durchgeführt. Die experimentellen Analysen bestätigten die numerisch vorhergesagten Rissverläufe. Darüber hinaus konnte gezeigt werden, dass die Möglichkeit besteht, durch die additive Fertigung die Lebensdauer zu beeinflussen bzw. durch Rissstoppkerben zu verlängern. Abschließend wurden diese Erkenntnisse auf einen laserstrahlgeschmolzenen Fahrradvorbau übertragen. Die betriebssichere Auslegung wurde durch numerische Simulationen gewährleistet. Zur Validierung der Simulationsergebnisse müssen im Anschluss reale Bauteilprüfungen erfolgen.

Literatur

[1] Gebhardt, A.: Generative Fertigungsverfahren Additive Manufacturing und 3D Drucken für Prototyping – Tooling – Produktion. 4. Auflage, Carl Hanser Verlag, München, Wien, 2013.

[2] Haibach, E.: Betriebsfestigkeit. Verfahren und Daten zur Bauteilberechnung. Springer-Verlag, Berlin Heidelberg, 2006.

[3] Radaj, D.; Vormwald, M.: Ermüdungsfestigkeit – Grundlagen für Ingenieure. Springer-Verlag, Berlin Heidelberg, 2007.

[4] Richard, H.A.; Sander, M.: Ermüdungsrisse. Erkennen · Sicher beurteilen · Vermeiden. Springer Vieweg, Wiesbaden, 2012.

[5] Sander, M.: Sicherheit und Betriebsfestigkeit von Maschinen und Anlagen. Konzepte und Methoden zur Lebensdauervorhersage. Springer-Verlag, Berlin Heidelberg, 2008.

[6] Schijve, J.: Fatigue of Structures and Materials. Springer-Verlag, Berlin, Heidelberg, 2009.

[7] Läpple, V.: Einführung in die Festigkeitslehre. Vieweg+Teubner Verlag, Wiesbaden, 2008.

[8] Wingenbach, M.: Lebensdauervorhersage scharf gekerbter Bauteile - Ein Beitrag zur Erweiterung der schadenstoleranten Bauteilauslegung, Dissertation, Universität Paderborn, Fachbereich Maschinenbau, Paderborn, 1994.

[9] Reschetnik, W.; Riemer, A.; Richard H. A.: Einsatz additiver Fertigung zur Optimierung des Ermüdungsverhaltens von gekerbten Strukturen. In: DVM-Bericht 247, Bruchmechanische Werkstoff- und Bauteilbewertung: Beanspruchungsanalyse, Prüfmethoden und Anwendungen, Deutscher Verband für Materialforschung und -prüfung e.V., Freiberg, 2015, S. 63-72.

[10] Leuders, S.; Thöne, M.; Riemer, A.; Niendorf, T.; Tröster, T.; Richard, H.A.; Maier, H.J.: On the mechanical behaviour of titanium alloy TiAl6V4 manufactured by selective laser melting: Fatigue resistance and crack growth performance. In: International Journal of Fatigue, Volume 48, 2013, pp. 300-307.

[11] Riemer, A.: Einfluss von Werkstoff, Prozessführung und Wärmebehandlung auf das bruchmechanische Verhalten von Laserstrahlschmelzbauteilen. Forschungsberichte des Direct Manufacturing Research Centers, Band 3, Shaker Verlag, Paderborn, 2015.

[12] Kasperovich, G.; Hausmann, J.: Improvement of fatigue resistance and ductility of TiAl6V4 processed by selective laser melting. In: Journal of Materials Processing Technology 220, 2015, pp. 202-214.

[13] Wycisk, E.; Solbach, A.; Siddique, S.; Herzog, D.; Walther, F.; Emmelmann, C.: Effects of defects in laser additive manufactured Ti-6Al-4V on fatigue properties. In: Physics Procedia 56, 2014, pp. 371-378.

[14] Bremen, S.; Meiners, W.; Diatlov, A.: Selective Laser Melting. A manufacturing technology for the future? In: Laser Technik Journal, 9, 2012, S. 33–38.

[15] Meiners, W.; Wissenbach, K.; Gasser A.: Verfahren zur Herstellung eines Formkörpers, Patentschrift DE 19649865 C1. Deutschland, 1996.

[16] Schöllmann, M.: Vorhersage des Risswachstums in ebenen und räumlichen Strukturen mittels numerischer Simulation. Fortschritt-Bericht VDI, Reihe 18, Nr. 269, VDI-Verlag, Düsseldorf, 2001

[17] Richard, H. A.; May, B.; Schöllmann, M.: Prediction of crack growth under complex loading with the software system FRANC/FAM. In: Brown, M.W., de los Rios, E.R., Miller, K.J. (eds.): Fracture from Defects. EMAS Publishing, West Midlands, UK, 1998, S. 1071-1076

[18] ASTM: Annual Book of ASTM Standards 2008. Section 3: Metals Test Methods and Analytical Procedures, Volume 03.01, Metals – Mechanical Testing; Elevated and Low-Temperature Tests; Metallography, E647-08, 2008.

[19] DIN EN ISO 4210-5:2014, Fahrräder – Sicherheitstechnische Anforderungen an Fahrräder – Teil 5: Prüfverfahren für die Lenkung (ISO 4210-5:2014); Deutsche Fassung EN ISO 4210-5:2014, 2015.

[20] Brüggemann, J.-P.; Reschetnik, W.; Richard, H.A.; Kullmer, G.; Schramm, B.: Festigkeits- und leichtbauoptimierte Konstruktion und Auslegung eines additiv gefertigten Fahrradvorbaus. In: Proceedings of the 13th Rapid.Tech Conference, Erfurt, 2016, S. 290-300.

Numerische und mechanische Untersuchung additiv gefertigter TiAl6V4 Gitterstrukturen

Alexander Taube[a),c)], Wadim Reschetnik[b),c)], Lorenz Pauli[a)],
Kay-Peter Hoyer[a),c)], Gunter Kullmer[b),c)], Mirko Schaper [a),c)]

a) Lehrstuhl für Werkstoffkunde, Universität Paderborn

b) Fachgruppe Angewandte Mechanik, Universität Paderborn

c) Direct Manufacturing Research Center, Universität Paderborn

Zusammenfassung

Generative Fertigungsverfahren wie das selektive Laserschmelzen (SLM) eignen sich, aufgrund ihrer hohen geometrischen Designfreiheit, hervorragend für die Herstellung komplexer, zellulärer Leichtbaustrukturen. In diesem Zusammenhang spielt die gezielte konstruktive Anpassung an die Belastungsbedingungen eine entscheidende Rolle. Für die Nutzung dieses Potentials ist das Verständnis der charakteristischen mechanischen Eigenschaften dieser Gitterstrukturen von entscheidender Bedeutung. Im Fokus der experimentellen und numerischen Untersuchungen standen zwei unterschiedliche Gitterstruktur-Typen aus dem Werkstoff TiAl6V4. Diese wurden unter monotoner, einachsiger Belastung getestet. Die digitale Bildkorrelation (DIC) ermöglichte gleichzeitig die detaillierte Analyse der lokalen Dehnungsverteilung während der Verformung. Mikrostrukturelle Eigenschaften und die Gitterqualität wurden mit Hilfe von „*Electron backscatter diffraction*" (EBSD) Analysen sowie rasterelektronenmikroskopischen Aufnahmen analysiert. Zudem erfolgte die Entwicklung eines Finite-Elemente-Modells, unter der Anforderung eines möglichst geringen Rechenaufwandes, durch die ausschließliche Verwendung von Balkenelementen. Der Vergleich mit den Dehnungswerten aus der DIC-Analyse ermöglichte Rückschlüsse über die Genauigkeit des Modells. Die Ergebnisse zeigen die charakteristischen Eigenschaften und Unterschiede zwischen den beiden untersuchten Gitterstrukturen sowie die typischen Versagensmechanismen unter der Belastung.

Stichwörter: Gitterstrukturen, Simulation, Titanlegierung, Laserschmelzen, Leichtbau

1 Einleitung

Die Entwicklung von technischen Bauteilen und Systemen ist bereits heute und in der Zukunft nicht nur auf die Funktion beschränkt, sondern wird zunehmend durch Themen wie Ressourcenschonung, Energieeffizienz und Emissionsreduktion beeinflusst. Diese Anforderungen verlangen eine ganzheitliche ökonomische Betrachtungsweise in allen ingenieurwissenschaftlichen Fachbereichen und darüber hinaus. Eine wichtige Rolle kommt dabei dem Leichtbau zu, durch den in besonderem Maße die Effizienz von bewegten technischen Systemen beeinflusst werden kann. Während der Ursprung des Leichtbaus in der Luft- und Raumfahrt liegt, da hier ein geringes Gewicht Grundvoraussetzung ist und die Herstellkosten nicht im Vordergrund stehen, hat er bis heute Einzug in viele weitere technische Branchen gehalten. Das primäre Ziel ist die Realisierung von Strukturen mit minimalem Eigengewicht, ohne die notwendige Tragfähigkeit und Steifigkeit sowie die erforderliche Funktionalität zu beeinträchtigen. Neben dem Stoffleichtbau, der auf die Verwendung leichter, aber hochfester Werkstoffe abzielt, wird im Formleichtbau die Anpassung der Bauteilgeometrie an die Belastungssituation forciert, um Gewicht einzusparen, ohne die Stabilität zu reduzieren. In diesem Zusammenhang führt das Prinzip, Material an allen Stellen des Bauteils zu entfernen, wo es zur Kraftübertragung nicht zwingend benötigt wird, nach bisherigen Erkenntnissen zur bestmöglichen Gewichtseinsparung. Auch die Verwendung von zellulären Strukturen mit extrem geringer Dichte, anstelle von monolithischen Werkstoffen mit hoher Materialkonzentration, stellt für den Formleichtbau eine vielversprechende Möglichkeit dar [1–5].

Der optimalen Anwendung dieser Methoden stehen oftmals die Grenzen der konventionellen Fertigungsverfahren im Weg, da das Bauteildesign unter herstellungsbedingten Restriktionen auszulegen ist, die den Leichtbauprinzipien entgegenwirken. Die junge Verfahrenswelt der additiven Fertigung unterliegt diesen Restriktionen nicht und ermöglicht dadurch für den Leichtbau ein erhebliches Potential hinsichtlich der Materialeinsparung. Dieses Verfahren ermöglicht die Herstellung von Bauteilen mit nahezu beliebig komplexer Geometrie in nur einem Fertigungsschritt ohne aufwendige Prozessplanung und (spanende) Nachbearbeitung. Insbesondere dem selektiven Laserschmelzen (SLM) werden weitreichende Anwendungsfelder zugesprochen, da mittels SLM die Verarbeitung von u. a. Leichtmetallen, wie Titan und Aluminium, mit vergleichbaren mechanischen Eigenschaften wie bei konventionell gefertigten Bauteilen möglich ist [4, 6, 7].

Mit Hilfe des selektiven Laserschmelzens ist die Herstellung komplexer, periodisch-zellulärer Gitterstrukturen im Verbund mit monolithischen Bauteilbereichen aus einem Stück möglich, wodurch sich enorme Möglichkeiten der Gewichtsreduzierung in vielen industriellen Bereichen eröffnen. Zudem ist eine lastangepasste, individuelle Optimierung dieser Strukturen für eine zusätzliche Gewichtseinsparung fertigungstechnisch realisierbar. Das grundlegende Verständnis des Herstellprozesses, des mechanischen Verhaltens unter Belastung und die Eigenschaften des Gitterstrukturtyps sind notwendige Voraussetzung zur Erreichung dieser Ziele [5, 8, 9].

Die vorliegende Studie befasst sich mit der Untersuchung zellulärer Leichtbaugitterstrukturen der mittels SLM hergestellten Titanlegierung TiAl6V4. Zur Kernaufgabe zählt zum einen die Entwicklung eines idealisierten und unter rechentechnischen Gesichtspunkten stark vereinfachten Finite-Elemente-Modells zur Simulation des Strukturverhaltens unter Belastung sowie zur Identifizierung möglicher lastbedingter Optimierungspotentiale. Zum anderen wird das reale Deformations- und Schädigungsverhalten der Gitterstrukturen unter Belastung mit Hilfe experimenteller Methoden nachgebildet und analysiert. Zum Einsatz kommen zerstörende

Belastungstests unter einachsiger Druck- und Zugbelastung in Kombination mit der digitalen Bildkorrelation (DIC) zur lokalen Dehnungsmessung. Durch den Vergleich der experimentellen mit den numerischen Ergebnissen können Rückschlüsse über die realitätsnahe Berücksichtigung des mechanischen Verhaltens des FE-Modells gezogen werden. Zudem erfolgen mechanische Prüfungen zur Ermittlung von Kennwerten für die FE-Simulation und zur Beurteilung der Beeinflussung dieser Kennwerte durch die für Titanlegierungen typischen Wärmebehandlungen. Untersuchungen der Mikrostruktur liefern weitere Erkenntnisse über den Herstellungsprozess sowie den Einfluss dieser Wärmebehandlungen.

2 Stand der Technik

2.1 Offen-zelluläre Leichtbaugitterstrukturen

Zelluläre Materialien bzw. Strukturen bestehen definitionsgemäß aus einem räumlichen Verbundnetz von festen Streben, Schalen oder Platten, welche die Kanten bzw. Flächen von Zellen darstellen. Sie unterscheiden sich durch eine einzigartige Kombination spezieller Merkmale von den konventionellen Konstruktionswerkstoffen und bieten sich daher in diversen technischen Bereichen als anwendungsangepasste Alternative an. Insbesondere ihre außerordentlich geringe Dichte und damit geringe Masse bei gleichzeitig hoher Festigkeit und Steifigkeit sowie guter Dämpfungsfähigkeit qualifizieren sie für die Anwendung als Leichtbaumaterial [10–12]. Das gebräuchlichste Anwendungsbeispiel ist die Verwendung als leichter Kern im Sandwichverbund.

Für die Herstellung periodisch-zellulärer Strukturen existieren bereits Methoden, die auf den konventionellen Fertigungsverfahren basieren und i.d.R. mehrere Prozessschritte umfassen. Dazu zählen u. a. Gießen, Pressen, Biegen, Schweißen, Löten, Kleben, Aufdampfen und Galvanisieren. Die Konstruktionsparameter der herstellbaren Strukturen unterliegen jedoch z. T. enormen verfahrensspezifischen Einschränkungen. Angesichts der beachtlichen Schwierigkeiten der konventionellen Fertigungsverfahren bietet sich die additive Fertigungstechnologie, vor allem das selektive Laserschmelzen, zur Herstellung nahezu beliebiger periodischer Strukturgeometrien in nur einem einzigen Fertigungsschritt, mit zweckdienlichen mechanischen Eigenschaften und hoher konstruktiver Freiheit an. Dennoch gelten nach REHME [11] auch hier drei wichtige, voneinander abhängige, Einschränkungen für das Design der Einheitszelle:

- Orientierungsbeschränkung der Streben im Raum,
- Durchmesserbeschränkung der Streben,
- Längenbeschränkung der Streben.

Unter Beachtung der oben genannten Einschränkungen bietet das selektive Laserstrahlschmelzen beste Voraussetzungen für die vielfältige Herstellung und Optimierung periodischer Gitterstrukturen aus metallischen Werkstoffen. Das Resultat ist ein schmelzmetallurgischer Verbund ohne jedwede Fügestelle, dessen Qualität und mechanische Eigenschaften von dem verwendeten Grundwerkstoff, den Prozessparametern und der Gittergeometrie bestimmt werden [11, 13, 14]. Für die konstruktive Anwendung zellulärer Gitterstrukturen ist es erforderlich, sie als Kontinuum mit globalen mechanischen Eigenschaften anzusehen, die einen direkten Vergleich zu monolithischen Konstruktionswerkstoffen zulassen. Dafür ist auf der lokalen Ebene das Gitter bzw. die Einheitszelle zu analysieren, um, unter Berücksichtigung des Grundwerkstoffes, Rückschlüsse über die globalen Materialeigenschaften ziehen zu können. Nach ASHBY [14] können die mechanischen Eigenschaften zellulärer Materialien in Abhängigkeit von drei dominierenden Faktoren charakterisiert werden (Abbildung 1).

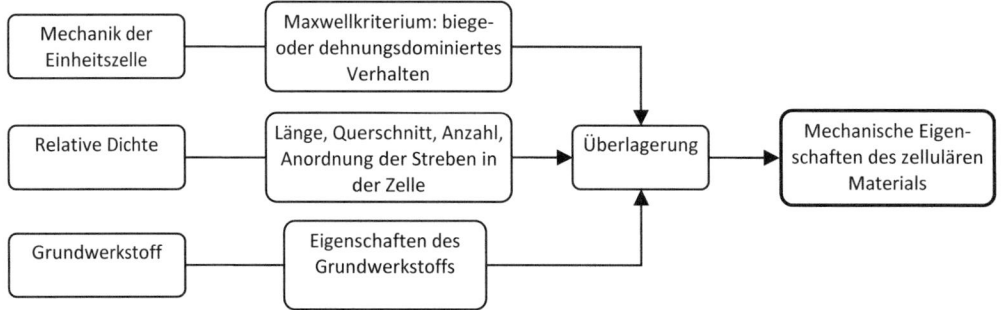

Abbildung 1: Charakterisierung der mechanischen Eigenschaften zellulärer Materialien durch drei dominierende Faktoren (in Anlehnung an [14]).

Abbildung 2 stellt den schematischen Vergleich der Spannungs-Dehnungskurven einer biegedominierten (grau) und einer dehnungsdominierten (schwarz) Struktur bei gleicher relativer Dichte dar. Die dehnungsdominierte Struktur verfügt über eine höhere Steifigkeit (Elastizitätsmodul) und Festigkeit (Eintrittsspannungen der Versagensmechanismen) als die biegedominierte Struktur. Da die Verformung bei den dehnungsdominierten Strukturen auf axiale Dehnung (anstatt Biegung) zurückzuführen ist, kollabiert dieser Zelltyp primär aufgrund von plastischem Knicken oder sprödem Brechen der Streben. Dies kann nach dem Beginn des Versagens auch zu einer Erweichung, d. h. zu einem Rückgang der Spannung bei fortschreitender Dehnung führen [14].

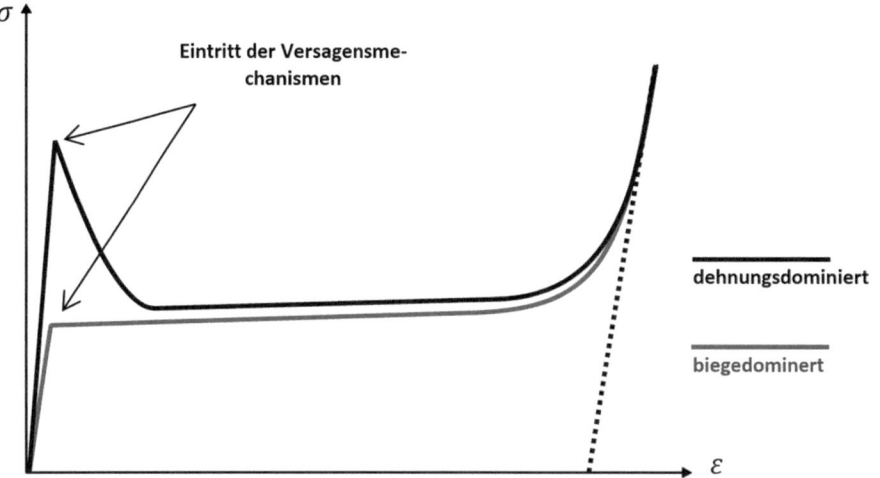

Abbildung 2: Schematischer Vergleich der Spannungs-Dehnungskurven von biege- und dehnungsdominierten Gitterstrukturen bei gleicher relativer Dichte unter Druckbelastung [14].

2.2 Finite-Elemente-Methode (FEM)

Heutzutage ist die Methode der finiten Elemente ein bewährtes numerisches Berechnungsverfahren zur Lösung naturwissenschaftlicher und technischer Probleme mit Hilfe der Simulation [15]. Physikalische Vorgänge, welche früher ausschließlich im Rahmen von Versuchen untersucht werden konnten, können heute simuliert werden. Dies ist nicht zuletzt auf den rasanten Fortschritt in der elektronischen Datenverarbeitung in den letzten Jahrzehnten zurückzuführen. Aufgrund ihrer allgemeingültigen Formulierung die der FEM zugrunde liegt, hat sie mittlerweile in vielen Bereichen des Ingenieurwesens Einzug gehalten [16, 17]. Im Leichtbau gilt die FEM überdies als unentbehrliches Hilfsmittel der Strukturoptimierung [18].

In dieser Studie erfolgt die FE-Modellerstellung mit der Software I-DEAS. Zunächst muss ein spezielles CAD-Modell der Gitterstruktur erzeugt werden. Das Vorgehen gliedert sich in die Erstellung der Einheitszelle und die anschließende dreidimensionale Aneinanderreihung (Assembly) mehrerer Zellen. Darauffolgend werden Materialkennwerte, Lagerungs- und Lastbedingungen sowie die Querschnittsfläche der Balkenelemente definiert. Die Vernetzung mit den Balkenelementen stellt die größte Herausforderung dar und muss bereits bei der Erstellung der Einheitszelle berücksichtigt werden. Das FE-Modell wird für die Weiterbearbeitung in ABAQUS exportiert.

2.3 Digitale Bildkorrelation

Die digitale Bildkorrelation (engl.: *Digital Image Correlation*; DIC) ist ein optisches Messverfahren, welches anhand von digitalen Vergleichsbildern der Probenoberfläche bei unterschiedlicher Belastung die Dehnungen und Verschiebungen ermittelt. Gegenüber den klassischen Dehnungsmesssystemen wie z. B. Extensiometer und Dehnungsmessstreifen, verfügt DIC über zwei entscheidende Vorteile: zum einen erfolgt die Messung berührungslos, wodurch die Versuchsdurchführung erleichtert wird. Zum anderen kann die lokale Dehnungsverteilung detailgenau ermittelt werden. Als Bildquellen kommen grundsätzlich alle Systeme in Frage, die in der Lage sind, digitale Bilder aus Einzelbildpunkten (Pixeln) zu erzeugen, beispielsweise konventionelle Digitalkameras, Hochgeschwindigkeitskameras, Lichtmikroskope, konfokale Lasermikroskope oder Rasterelektronenmikroskope [19, 20]. Für die Auswertbarkeit ist entscheidend, dass die Oberflächenstrukturierung möglichst inhomogen ist und ein stochastisch verteiltes Fleckenmuster variierender Farbintensität aufweist.

Das Grundprinzip beruht auf der Identifizierung, Lokalisierung und Verfolgung identischer Pixelmengen (Subsets) in den Bildfolgen. Abbildung 3 zeigt die schematische Darstellung der DIC. An der unbelasteten Probe wird zunächst das Referenzbild (a1) erzeugt, wobei die Probenoberfläche in der Detailansicht die erforderliche Strukturierung zeigt (a2). Die Software lokalisiert alle Bildpunkte und identifiziert zusammenhängende Pixel-Subsets anhand der Farbwerte (Grauwerte) der darin enthaltenen Pixel (a3). Nach einer geringen Belastungsänderung erfolgt die erneute Bildaufnahme (b1), wobei sich die Oberfläche der Belastung entsprechend minimal verschiebt (b2, Verschiebung: blaue Pfeile). Ein Korrelationsalgorithmus lokalisiert die identischen Subsets aus dem vorhergehenden Schritt und ermittelt die Verschiebung der Subset-Mittelpunkte (b3, rotes Kreuz). Die Software deckt mit diesem Vorgehen die gesamte abgebildete Oberfläche ab und kann so eine detaillierte Dehnungsverteilung berechnen [20–22].

In dieser Studie erfolgt die DIC-Analyse anhand der bei den experimentellen Druckversuchen aufgezeichneten Digitalfotografien unter Einsatz der Software VIC-2-D 2009.1.0 (Limess Messtechnik und Software GmbH). Die Berechnung erfolgt bei einem Subsetwert von 80 Skalenteilen und einer Stepsize von 5 Skalenteilen und vollzieht sich inkrementell, d. h. als Referenzbild der jeweiligen Belastungsstufe dient die Aufnahme der vorhergehenden Belastungsstufe.

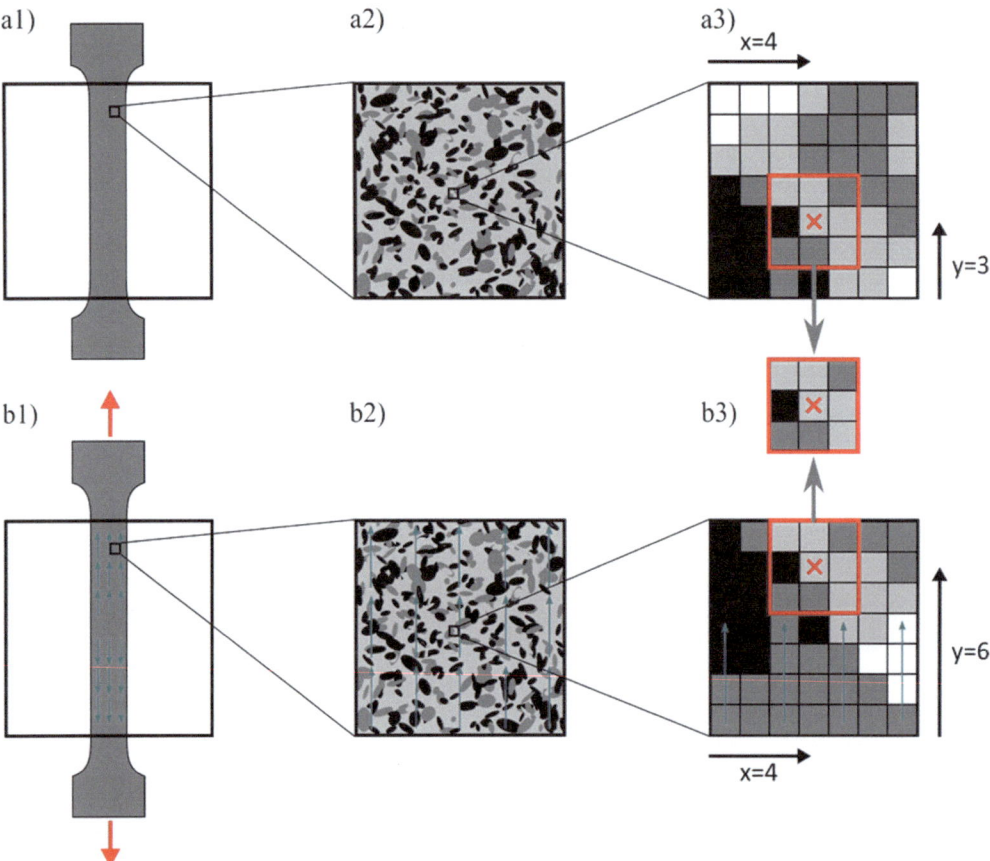

Abbildung 3: Funktionsprinzip der digitalen Bildkorrelation (DIC): a1) Unbelastete Zugprobe; a2) Detailaufnahme der Oberfläche; a3) Pixelmatrix mit Pixel-Subset; b1) Belastete Zugprobe; b2) Detailaufnahme der gedehnten Oberfläche; b3) Verschobene Pixelmatrix mit Pixel-Subset (rote Pfeile: Kräfte; blaue Pfeile: Verschiebungen; in Anlehnung an [20, 21]).

3 Experimentelle Untersuchungen

Die Herstellung der Proben erfolgte in einem Fertigungsschritt durch den schichtweisen Aufbau im SLM-Prozess (SLM 250^{HL} -Maschine, Firma SLM Solutions GmbH). Mit der Verwendung von pulverförmigem TiAl6V4 wurde unter Argon-Schutzgasatmosphäre eine Schichtdicke von 30 µm durch das Aufschmelzen mit einem Yttrium Faserlaser und einer Strahlenergie von 100 W bei einer Abtastgeschwindigkeit von 450 mm/s erzeugt. Es wurden sowohl biegedominierte- (fcc) als auch dehnungsdominierte Einheitszellen (fccz) hergestellt [14]. Beide Einheitszellen haben identische Abmessungen mit einer Seitenlänge von 2x2x2 mm. Für die Gitterproben werden jeweils 5x5x5 Gitterzellen aneinandergereiht, sodass ein würfelförmigzelluläres Gitter mit einer Seitenlänge von 10 mm entsteht (Abbildung 4). Für die Untersuchung der Gitterstrukturen unter einachsiger Druckbelastung wird dieses zwischen zwei Einspannkörpern positioniert. Die Geometrie der Einspannkörper ist so gewählt, dass sie im Vergleich zur Gitterstruktur näherungsweise als steif angesehen werden können.

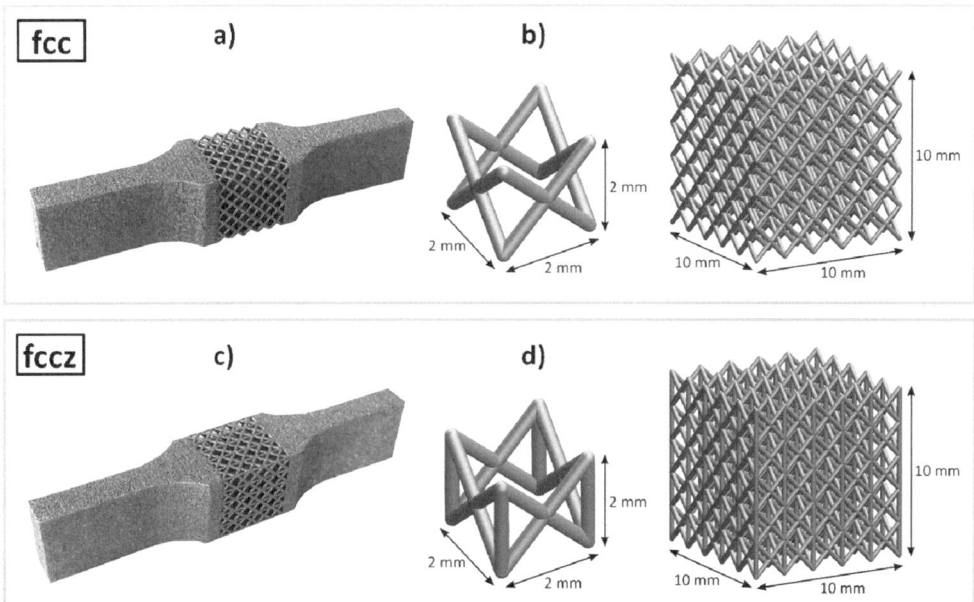

Abbildung 4: Probengeometrie und CAD-Modell der Gitterstrukturen und Gitterproben; fcc-Gitter: a) Zug-/Druckprobe; b) Einheitszelle; fccz-Gitter: c) Zug-/Druckprobe; d) Einheitszelle

Abbildung 5 zeigt REM-Aufnahmen eines fcc-Gitters bei unterschiedlichen Vergrößerungen. Zudem verfügt die Aufnahme b) über Messeinträge des Strebendurchmessers. Die Untersuchungen machen deutlich, dass die Gitterstruktur keinesfalls aus homogenen, ideal runden Streben mit einheitlichem Querschnitt besteht. Vielmehr führt der Schmelzvorgang bei der Herstellung mittels SLM zu einer unregelmäßigen Form der Streben, mit variablem Querschnitt und anhaftenden Pulverpartikeln. Des Weiteren hat die Orientierung der Streben während des Herstellprozesses Einfluss auf die geometrische Ausbildung.

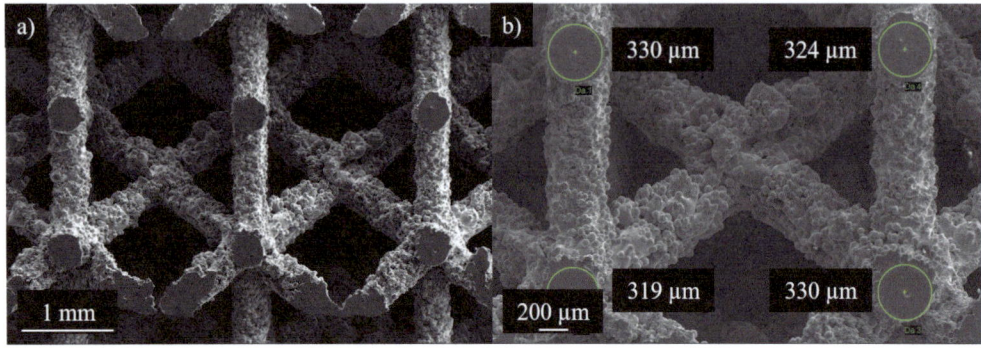

Abbildung 5: REM-Aufnahmen der Gitterstruktur (fcc): a) Übersichtsaufnahme, b) Vermessung von vier Strebendurchmessern

Aufgrund der unvermeidlichen α´-Martensitbildung ist eine Wärmebehandlung der SLM-Bauteile nach dem Aufbauprozess erforderlich. Die wesentlichen Einflussmerkmale auf die Mikrostruktur sind dabei die Glühtemperatur, die Glühdauer und die anschließende Abkühlgeschwindigkeit [23]. Die Untersuchungen von BRENNE et al. [9] bilden für diese Studie eine Basis, in denen die gleiche Wärmebehandlung bei 1050 °C an SLM-gefertigten zellulären Gitterstrukturen aus TiAl6V4 angewandt wurde. Demnach sind diese Strukturen unter einachsiger Druck- und Zugbelastung durch ein deutlich duktileres Versagensverhalten gekennzeichnet. In dieser Studie wurden die Proben mit einer 180-minütigen Wärmebehandlung bei 1050 °C in Vakuumröhrchen und anschließender Ofenabkühlung unterzogen. Das resultierende Gefüge weist relativ grobe, lamellare α -Körner mit geringen Mengen der β -Phase an den Korngrenzen auf (Abbildung 6b).

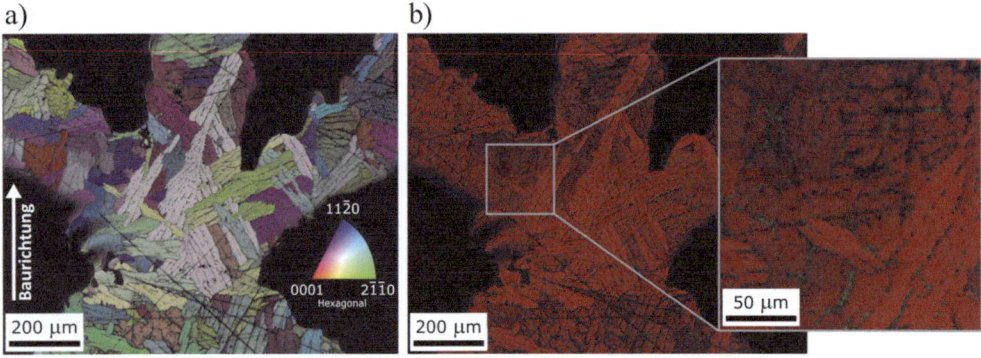

Abbildung 6: EBSD-Mapping im wärmebehandelten Zustand (1050 °C / 180 min): a) Inverse Polfigur eines Knotens innerhalb einer Gitterstruktur; b) Phasenverteilung (rot: α-Phase; grün: β-Phase)

In Abbildung 7 ist das Kraft-Weg-Diagramm bei einachsiger Druckbelastung für eine fcc- und fccz-Gitterstruktur dargestellt. Der Vergleich verdeutlicht, dass das von GIBSON und ASHBY [12, 14] prognostizierte mechanische Verhalten für biege- und dehnungsdominierte zelluläre Strukturen unter einachsiger Druckbelastung auch auf die Gittertypen dieser Studie zutrifft. Diese Ergebnisse korrelieren zudem mit den Untersuchungen von SMITH et al. [24], die ebenfalls signifikant höhere Steifigkeits- und Festigkeitswerte an SLM- gefertigten, dehnungsdominierten Strukturen im Vergleich zu biegedominierten Strukturen unter Druckbelastung feststellen konnten. Dies wird hier durch die Gegenüberstellung der digitalen Bildkorrelation und der Simulation mittels eines FE-Modells aufgebaut aus Balkenelementen (Abbildung 8) für den elastischen Bereich bestätigt. Durch die hohe Genauigkeit der digitalen Bildkorrelation wird das vereinfachte FE-Modell im elastischen Bereich bestätigt.

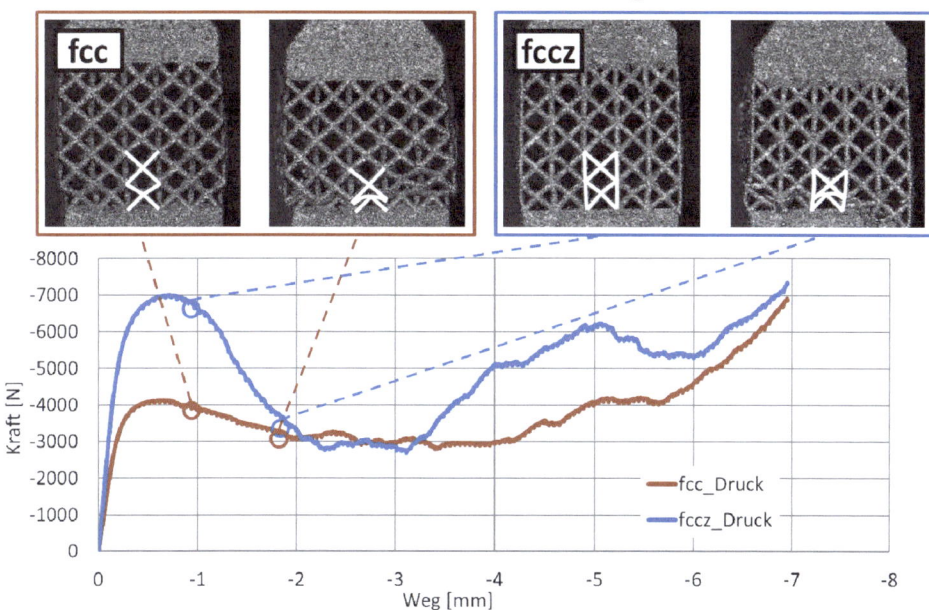

Abbildung 7: Schädigungs- und Deformationsverhalten sowie Kraft-Weg-Diagramm bei einachsiger Druckbelastung einer fcc- und fccz-Gitterstruktur

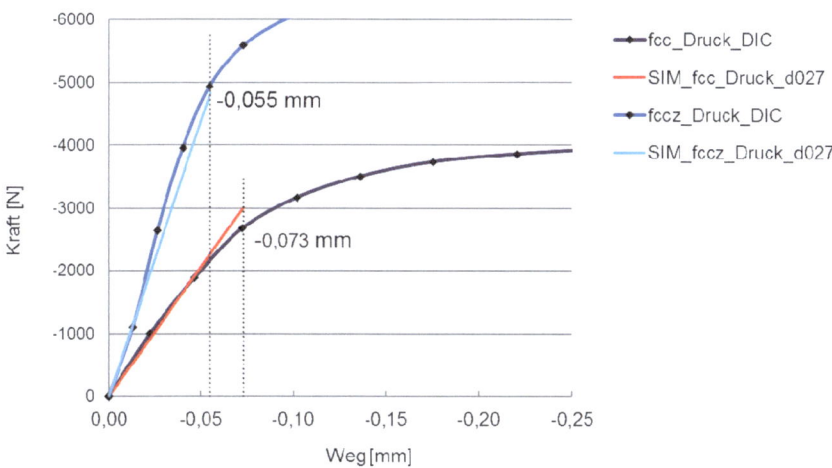

Abbildung 8: Vergleich des realen Kraft-Weg-Verhaltens beider Gitterstrukturen mit dem numerisch ermittelten Kraft-Weg-Verhalten

In Abbildung 9 ist die lokale Dehnungsverteilung des fcc-Gitters unter Druckbelastung bei einer Verschiebung von -0,073 mm mit den entsprechenden Konturplots dargestellt. Die erste Zeile zeigt die maximale Hauptdehnung e1 (Abbildung 9 a1) b1)), die zweite Zeile zeigt die minimale Hauptdehnung e2 (Abbildung 9 a2) b2)). Spaltenweise gliedert sich die Darstellung wie folgt: die erste Spalte zeigt die experimentellen Ergebnisse der DIC-Auswertung, die zweite Spalte bildet die Simulationsergebnisse mit einer identischen Skala ab. Die aufgeführten Limits beziehen sich nur auf die Dehnungen in der dargestellten äußeren Gitterebene; dahinterliegende Gitterteile bleiben unberücksichtigt. Im vorliegenden Fall (fcc, Druck, Abbildung 9) sind die maximalen Hauptdehnungen e1 vergleichsweise gering, während die minimalen Hauptdehnungen e2 betragsmäßig deutlich höher ausfallen, was auf eine überwiegende Druckbeanspruchung hindeutet. Die maximalen und minimalen Dehnungswerte befinden sich gemäß der DIC-Analyse insbesondere an den Verbindungspunkten der Gitterstreben. Diese lokal sehr inhomogene Farbverteilung der DIC wird durch die FE-Simulation in diesem Fall nicht mitberücksichtigt. Vor allem Dehnungsunterschiede über die Balkendicke können mit den verwendeten Balkenelementen nicht dezidiert abgebildet werden. Allerdings ist die Dehnungsverteilung über die Gesamtstruktur qualitativ ähnlich.

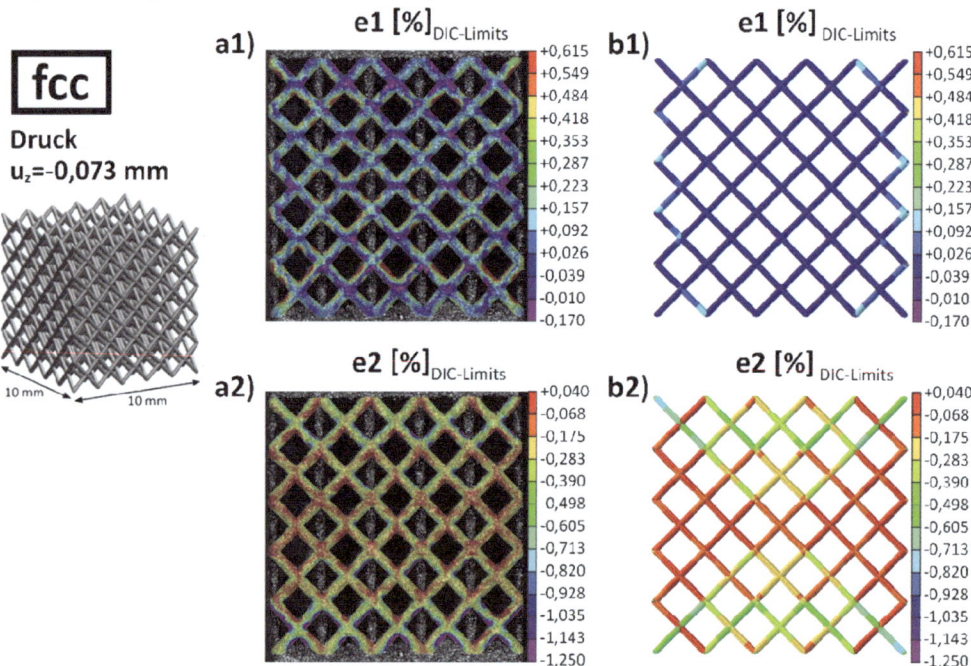

Abbildung 9: Lokale Dehnungsverteilung des fcc-Gitters unter Druckbelastung bei einer Verschiebung von -0,073 mm (maximale Hauptdehnung e1 und minimale Hauptdehnung e2 für das DIC (a); Simulation mit DIC-Limits (b)).

Abbildung 10 zeigt die lokale Dehnungsverteilung des fccz-Gitters unter Druckbelastung bei einer Verschiebung von -0,055 mm. Die Anordnung und Gliederung der einzelnen Konturplots ist identisch mit Abbildung 5. Auch in diesem Fall überwiegt die Druckbeanspruchung in Belastungsrichtung in der Gesamtstruktur. Zugbeanspruchungen weist die DIC dagegen größtenteils orthogonal zur Belastungsrichtung auf und lokalisiert in den Winkeln zwischen den Gitterstreben. Im Vergleich von DIC- und FEM-Ergebnissen ist ebenfalls eine qualitative

Übereinstimmung der Farbverteilung über die Struktur feststellbar. Die größten Beanspruchungen (e2) werden von beiden Analysemethoden in den senkrechten Zusatzstreben der fccz-Struktur ermittelt (grün, hellblau, Abbildung 10).

Grundsätzlich kann für beide Gittertypen unter Druck eine qualitative Übereinstimmung der lokalen Dehnungsverteilung festgestellt werden. Beim fcc-Gitter ist dies besonders gut an den am höchsten belasteten obersten und untersten Zellebenen erkennbar. Für das fccz-Gitter ist die axiale Belastung der Zusatzstreben ein eindeutiges Übereinstimmungsmerkmal. Des Weiteren kann hier ebenso die oberste bzw. unterste Zellebene als Versagensort identifiziert werden, da die FE-Analyse, im Gegensatz zur DIC, auch dreidimensionale Dehnungen aus der Bildebene heraus darstellen kann.

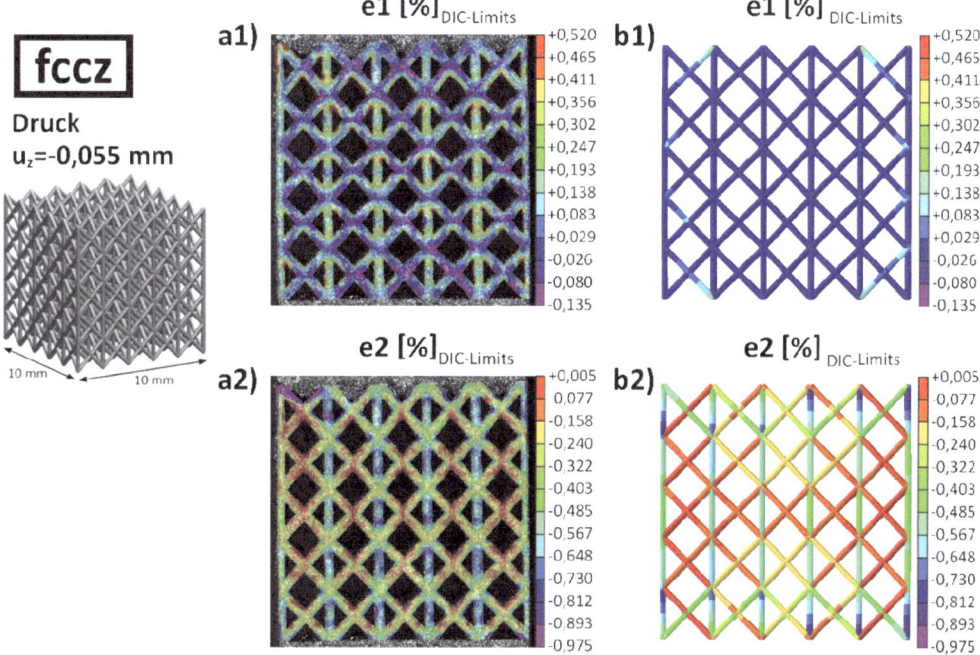

Abbildung 10: Lokale Dehnungsverteilung des fccz-Gitters unter Druckbelastung bei einer Verschiebung von -0,055 mm (maximale Hauptdehnung e1 und minimale Hauptdehnung e2 für das DIC a); Simulation mit DIC-Limits b)).

Eine exakte lokale Übereinstimmung zwischen DIC- und FEM-Ergebnissen liegt nicht vor. Insbesondere die Stellen mit maximalen Dehnungswerten konzentrieren sich bei der DIC-Analyse oftmals auf die Kerbbereiche der Verbindungsknoten oder die Ober- bzw. Unterseite der einzelnen Streben. Das verwendete FE-Modell konnte die im Versuch tatsächlich vorliegenden Dehnungsunterschiede über die Dicke des Balkens nicht exakt abbilden, da die im SLM-Verfahren hergestellten Strukturen deutliche geometrische Abweichungen aufwiesen. Des Weiteren wird die Kerbwirkung an den Verbindungsknoten aufgrund des idealisierten Modells nicht berücksichtigt. Die Anwendung auf hochkomplexe Bauteile ist unter diesem Gesichtspunkt als äußerst kritisch einzustufen und mit den Nachteilen der hoch idealisierten Balkenmodelle abzuwägen. Zu ähnlichen Resultaten gelangen SMITH et al. [25], die eine Einheitszelle jeweils mit Balkenelementen und mit Volumenelementen vernetzt unter Belastung verglichen haben. Dabei zeigte sich, dass die Vernetzung durch Volumenelemente die Spannungsüberhöhungen an den Kerben der Verbindungsknoten sehr gut abbilden kann, aber den Rechenaufwand signifikant steigert.

4 Zusammenfassung

Mit Hilfe von einachsigen Druck- und Zugversuchen an Gitterstruktur der Titanlegierung TiAl6V4 konnte gezeigt werden, dass das dehnungsdominierte fccz-Gitter über eine höhere Steifigkeit und Festigkeit verfügt als das biegedominierte fcc-Gitter, allerdings eine starke Erweichung nach dem Überschreiten einer kritischen Belastung eintritt. Dies entspricht den Erkenntnissen aus der Literatur (u. a. GIBSON- ASHBY-Modell). Dehnungsdominierte Gitter eignen sich daher für strukturelle Konstruktionsaufgaben, während biegedominierte Gitter für energieabsorbierende Anwendungen zu bevorzugen sind. Durch die gleichzeitige DIC-Dehnungs-messung erfolgte eine Analyse der lokalen Dehnungsverteilung auf der Seitenfläche. Auf diese Weise wurde das Deformations- und Schädigungsverhalten entscheidend charakterisiert.

Der Aufbau der FE-Modelle erfolgte ausschließlich mit Balkenelementen, um den Rechenaufwand zu minimieren. Der effektive Balkendurchmesser wurde rekursiv durch den Vergleich der Steifigkeiten der Modelle mit den Steifigkeiten der Gitterproben ermittelt. Für das Kraft-Weg- Diagramm der Gitterproben wurden die ungenauen Verschiebungswerte aus den Maschinendaten durch weitaus exaktere Werte aus der DIC-Dehnungsmessung ersetzt. In diesem Zusammenhang konnte die Kernaussage des GIBSON-ASHBY-Modells für zelluläre Materialien bestätigt werden: Es besteht eine direkte Abhängigkeit der mechanischen Kennwerte von der relativen Dichte.

Der Vergleich der lokalen Dehnungsverteilung der numerischen Untersuchungen mit den experimentellen DIC-Ergebnissen lieferte Rückschlüsse über die realitätsnahe Berücksichtigung des mechanischen Verhaltens des Modells. Aufgrund der Idealisierung konnte keine exakte, quantitative Übereinstimmung festgestellt werden. Dennoch sind eindeutige qualitative Korrelationen der lokalen Dehnungsverteilung nachweisbar, sodass durch das Modell stark belastete Bereiche, in denen das Versagen der Struktur beginnt, identifizierbar werden können. Durch eine gezielte konstruktive Anpassung der Struktur in diesen Bereichen können weitere Optimierungspotentiale genutzt werden.

In diesem Zusammenhang spielt der SLM-Herstellprozess eine wichtige Rolle: Die unregelmäßige Gitterqualität und die extrem raue Oberfläche weisen Optimierungsbedarf auf. Außerdem kann die einachsige Belastung keineswegs eine vollständige Charakterisierung liefern, sodass weitere Belastungssituationen notwendig sind. Für die FE-Modelle eröffnen sich ebenso weiterführende Fragestellungen. So kann z. B. das nichtlineare Materialverhalten im Modell abgebildet und genauer untersucht werden. Hierfür empfiehlt sich allerdings die Verwendung eines deutlich duktileren Materials zur Verifizierung des FE-Modells

Literatur

[1] Hanselka, H.: Die Adaptronik als Schlüsseltechnologie für den intelligenten Leichtbau. Magdeburger Wissenschaftsjournal, 2000(1): 13–22

[2] Woywode, N.: Leichtbau nach dem Vorbild der Natur. DVS-Berichte, 2004(Band 232): 269–75

[3] Klein, B.: Leichtbau-Konstruktion. Berechnungsgrundlagen und Gestaltung. Springer Fachmedien Wiesbaden, 2013

[4] Gibson, I.; Rosen; D.W.; Stucker, B.: Additive Manufacturing Technologies. Rapid Prototyping to Direct Digital Manufacturing. Springer Science+Business Media, 2010

[5] Reinhart, G.; Teufelhart, S.: Optimization of Mechanical Loaded Lattice Structures by Orientating their Struts Along the Flux of Force. Procedia CIRP, 2013(12): 175–80

[6] Emmelmann, Cea: Laser Additive Manufacturing and Bionics. Redefining Lightweight Design. Physics Procedia, 2011(12): 364–68

[7] Buchbinder, D.; Meiners, W.: Abschlussbericht. Generative Fertigung von Aluminiumbauteilen für die Serienproduktion. AluGenerativ, Fkz.: 01RIO639A-D., 2010

[8] Reinhart, G.;Teufelhart, S.: Load-Adapted Design of Generative Manufactured Lattice Structures. Physics Procedia, 2011(12): 385–92

[9] Brenne, F.; Niendorf, T.; Maier, H.-J.: Additively manufactured cellular structures. Impact of microstructure and local strains on the monotonic and cyclic behavior under uniaxial and bending load. Journal of Materials Processing Technology, 2013(9): 1558–64

[10] Wang, H.V.: A unit cell approach for lightweight structure and compliant mechanism. Dissertation, Georgia Institute Of Technology, 2005

[11] Rehme, O.: Cellular design for laser freeform fabrication. Dissertation. Technische Universität Hamburg-Harburg, 2010

[12] Gibson, L.J.; Ashby, M.F.: Cellular solids. Structure and properties. Cambridge, Univ. Press, 1999

[13] Niesing, B.: Aus Pulver gebaut. weiter.vorn Das Fraunhofer Magazin, 2010(4): 8–13

[14] Ashby, M.F.: The properties of foams and lattices. Philosophical transactions. Series A, Mathematical, physical, and engineering sciences, 2006(364): 15–30

[15] Dankert, J.; Dankert, H.: Technische Mechanik: Statik, Festigkeitslehre, Kinematik/Kinetik ; mit 128 Übungsaufgaben, zahlreichen Beispielen im Internet. 7th ed. Wiesbaden: Springer Vieweg, 2013 [ger]

[16] Bathe, K.-J.: Finite-Elemente-Methoden: Matrizen und lineare Algebra; die Methode der finiten Elemente; Lösung von Gleichgewichtsbedingungen und Bewegungsgleichungen. Berlin, Heidelberg, New York, London, Paris, Tokyo, Hong Kong: Springer, 1990 [ger]

[17] Steinke, P.: Finite-Elemente-Methode: Rechnergestützte Einführung. 4th ed. Berlin, Heidelberg: Springer, 2012 [ger]

[18] Klein, B.: FEM: Grundlagen und Anwendungen der Finite-Element-Methode im Maschinen- und Fahrzeugbau. 9th ed. Wiesbaden: Vieweg+Teubner Verlag, 2012 [ger]

[19] McCormick, N.; Lord, J.: Digital Image Correlation. Materials Today, 2010; 13(12): 52–54

[20] Lemmen, H.J.K.; Alderliesten; R.C.; Benedictus, R.; Hofstede, J.C.J.; Rodi, R. (ed.): The power of Digital Image Correlation for detailed elastic-plastic strain measurements. WSEAS International Conference; July 22-24, 2008; Greece, 2008

[21] Pan, B.; Qian, K.; Xie, H.; Asundi, A.: Two-dimensional digital image correlation for in-plane displacement and strain measurement: A review. Meas. Sci. Technol., 2009; 20(6): 62001

[22] Lecompte, D.; Smits, A.; Bossuyt, S. et al: Quality assessment of speckle patterns for digital image correlation. Optics and Lasers in Engineering, 2006; 44(11): 1132–45

[23] Vrancken, B.: Heat treatment of Ti6Al4V produced by Selective Laser Melting. Microstructure and mechanical properties. Journal of Alloys and Compounds, 2012(541): 177–85

[24] Smith, M.: The quasi-static and blast response of steel lattice structures. Journal of Sandwich Structures and Materials, 2011(13): 479–501

[25] Smith, M.; Guan, Z.; Cantwell, W.J.: Finite element modelling of the compressive response of lattice structures manufactured using the selective laser melting technique. International Journal of Mechanical Sciences, 2013(67): 28–41

Einfluss prozessinduzierter Defekte auf das Ermüdungsverhalten additiv-gefertigter AlSi12-Strukturen bei hohen und sehr hohen Lastspielzahlen

Shafaqat Siddique, Jochen Tenkamp, Frank Walther

Fachgebiet Werkstoffprüftechnik (WPT), Technische Universität Dortmund

Zusammenfassung

Das selektive Laserstrahlschmelzen (SLM) ist ein additives Fertigungsverfahren, bei dem laserbasiert ein Pulverwerkstoff schichtweise zu einem Strukturbauteil aufgebaut wird. Für den industriellen Einsatz von SLM-Bauteilen muss das Verformungs- und Ermüdungsverhalten bekannt sein. Ermüdungsversuche wurden an additiv-gefertigten AlSi12-Strukturen bei Prüffrequenzen von 20 Hz und 20 kHz für hohe und sehr hohe Lastspielzahlen bis 10^9 durchgeführt. Die Ergebnisse zeigen, dass die mechanischen Eigenschaften SLM-gefertigter Werkstoffe die von Gusswerkstoffen übertreffen. Für den zuverlässigen Einsatz müssen die prozessinduzierten Defekte sowie deren Auswirkungen quantitativ beschrieben und bewertet werden.

Stichwörter: Selektives Laserschmelzen, Porosität, AlSi12, Ermüdung, VHCF

1 Einleitung

In Pulverbettverfahren wird der pulverförmige Werkstoff in dünnen Schichten aufgetragen und lokal mittels Laser- oder Elektronenstrahl aufgeschmolzen. Durch das schichtweise lokale Aufschmelzen des Pulvers wird die Bauteilstruktur erzeugt. Aufgrund der frei wählbaren Geometrie in jeder Schicht können nahezu beliebig komplexe Strukturen erzeugt werden, z. B. Gitterstrukturen oder innere Kühl- und Schmierkanäle. Beim selektiven Laserstrahlschmelzen (SLM – Selective Laser Melting) als dem am weitesten untersuchte additive Fertigungsverfahren für metallische Werkstoffe erfolgt das lokale Aufschmelzen mit einem oder mehreren Lasern. Die besonderen Schmelzbedingungen und die geometrischen Möglichkeiten qualifizieren SLM zu einem Fertigungsverfahren mit hohem Potential für Anwendungen aus den Bereichen Automotive, Aerospace und Biomedicine [1].

Aluminium-, Titan-, Stahl- und Nickelbasislegierungen wurden bislang mittels SLM verarbeitet. Der Einfluss von Fehlstellen auf die Ermüdungsfestigkeit SLM-gefertigter Ti-6Al-4V-Legierungen wurde bereits untersucht. Während die Ermüdungsfestigkeit für den „as-built"-Zustand aufgrund der prozessbedingten hohen Oberflächenrauheit verringert ist, weisen polierte Proben eine gute Ermüdungsfestigkeit auf [2]. Für die Aluminiumlegierung AlSi12 konnte gezeigt werden, dass die quasistatische Festigkeit für den SLM-gefertigten Zustand zwei- bis viermal höher ist als für im Sand- und Druckguss hergestellte Legierungen. Die gute Ermüdungsfestigkeit wird durch prozessinduzierte Porosität SLM-gefertigter AlSi12-Legierungen aktuell noch reduziert. Durch Aufheizung der Bauplattform (BPH - Base Plate Heating) lässt sich die Porosität reduzieren, einhergehend mit einer Vervielfachung der Lebensdauer bei hohen (HCF – High Cycle Fatigue) und sehr hohen Lastspielzahlen (VHCF – Very High Cycle Fatigue) und einer Reduzierung der Streuung der Ermüdungsfestigkeit [3-5].

Legierungen sind im Automobil- sowie Luft- und Raumfahrtbereich oft vielen zyklischen Beanspruchungen ausgesetzt, oft Lastspielzahlen größer 10^7. Während es früher Stand des Wissens war, dass Werkstoffe nicht durch Ermüdung ausfallen, wenn die einwirkende Beanspruchung unterhalb der sog. „Dauerfestigkeit" liegt, wurde mittels Ultraschall-Prüfmethoden festgestellt, dass auch Beanspruchungen unterhalb der „Dauerfestigkeit" zu Ausfällen im VHCF-Bereich führen. Dies lässt darauf schließen, dass eine derartige „Grenze" nicht existiert [6, 7]. Einige Legierungen kubisch-raumzentrierter (bcc – body-centered cubic) und kubisch-flächenzen-trierter (fcc – face-centered cubic) Gittersystemen zeigen zudem im HCF- bis VHCF-Bereich eine Verschiebung der Rissinitiierung von der Oberfläche ins Volumen, sodass der Schädigungsmechanismus in Abhängigkeit der Betriebsdauer wechselt [8]. Für die Aluminiumlegierungen Al-7075 und Al-6061 im Wärmebehandlungszustand T6 konnte nachgewiesen werden, dass bis $N = 10^9$ keine „Dauerfestigkeitsgrenze" existiert [7, 9]. Es wurde kein Einfluss von der Prüffrequenz infolge ansteigender Dehnraten und Temperaturen aufgrund innerer Dämpfung beobachtet [8]. Die Rissinitiierung an inneren Defekten erfolgt für hochfeste Stähle im VHCF-Bereich bevorzugt an nicht-metallischen Einschlüssen [9, 10]. Durch diese Erkenntnisse rücken Auslegungskenngrößen für sicherheitsrelevante Bauteile im VHCF-Bereich immer stärker in den Fokus. Beispiele sind Motorenkomponenten (10^8), Wälzlager (10^9) und Gasturbinen (10^{10} Lastwechsel).

2 Experimentelles Vorgehen

AlSi12-Proben wurden in der Anlage SLM 250 HL mit 400 W Faserlaser im Bauraum 250×250×280 mm laseradditiv gefertigt. Die laseradditive Fertigung erfolgte unter Inertgas-Atmosphäre (Argon), weitere Details zum SLM-Prozess sind in [3] beschrieben. Die chemische Zusammensetzung des AlSi12-Pulvers ist in Tabelle 1 angegeben.

Tabelle 1: Chemische Zusammensetzung des AlSi12-Pulvers

Element	Si	Fe	Cu	Al
Masse-%	11,62	0,72	0,03	87,63

Die Proben wurden in Baurichtung, d. h. senkrecht zur Bauplattform, gefertigt. Um den Einfluss der Bauplattformheizung (BPH – Base Plate Heating) und eines Spannungsarmglühens (SR – Stress Relief) zu untersuchen, wurden für beide Parameter jeweils zwei Stufen gewählt (mit/ohne BPH bzw. SR). Insgesamt wurden demnach vier Chargen hergestellt. Den Versuchsplan für mechanische Untersuchungen zeigt Tabelle 2.

Tabelle 2: Versuchsplan für mechanische Untersuchungen

Charge	Prozessparameter	
	Bauplattformheizung (BPH)	Spannungsarmglühen (SR)
BI	Low (0°C)	Low („as-built")
BII	High (200°C)	Low („as-built")
BIII	Low (0°C)	High (240°C)
BIV	High (200°C)	High (240°C)

Die Charakterisierung des quasistatischen Verformungsverhaltens erfolgte in Zugversuchen in Anlehnung an Norm ISO 6892-1:2009 am Universalprüfsystem Instron 3369 mit einer Kraftmessdose von 50 kN bei einer Dehnrate von $1{,}67 \cdot 10^{-3}$ s^{-1}.

Zur Charakterisierung des Ermüdungsverhaltens im HCF-Bereich wurden instrumentierte Laststeigerungsversuche (LSV) und Einstufenversuche (ESV) durchgeführt. Die LSV dienten zur Abschätzung interessierender Lastniveaus für ESV. Die Kombination von LSV und ESV wurde bereits erfolgreich auf eine Vielzahl von Werkstoffen und Verbindungen angewandt und hat sich zur zeit- und ressourceneffizienten Ermüdungsprüfung bewährt [11]. Im LSV wird die zyklische Beanspruchung kontinuierlich oder stufenförmig gesteigert und die Werkstoffreaktion hochgenau mittels unterschiedlicher physikalischer Messverfahren erfasst, um eine lastspielzahl- und beanspruchungsabhängige Beschreibung des Ermüdungs- und Schädigungsfortschritts vornehmen zu können. LSV und ESV wurden am servohydraulischen Schwingprüfsystem Instron 8872 mit einer Kraftmessdose von 10 kN beim Spannungsverhältnis R = -1 (mittellastfrei) und der Prüffrequenz 20 Hz unter Verwendung sinusförmiger Last-Zeit-Funktionen bei Raumtemperatur durchgeführt.

Im LSV wurde die Spannungsamplitude σ_a ausgehend von der schädigungsfreien Beanspruchung $\sigma_{a,Start}$ = 30 MPa kontinuierlich mit $d\sigma_a/dN$ = 10 MPa/10^4 bis zum Probenbruch erhöht. Zur Aufnahme des Ermüdungsfortschritts wurde ein taktiler Dehnungsaufnehmer (L_0 = 10 mm) eingesetzt und mit Hilfe der Software WaveMatrix die Entwicklung der Kenngrößen der

Hystereseschleife aufgezeichnet. Als Werkstoffreaktion wurde die plastische Dehnungsamplitude $\varepsilon_{a,p}$ herangezogen. Der Versuchsaufbau und die HCF-Probengeometrie sind in Abbildung 1 dargestellt.

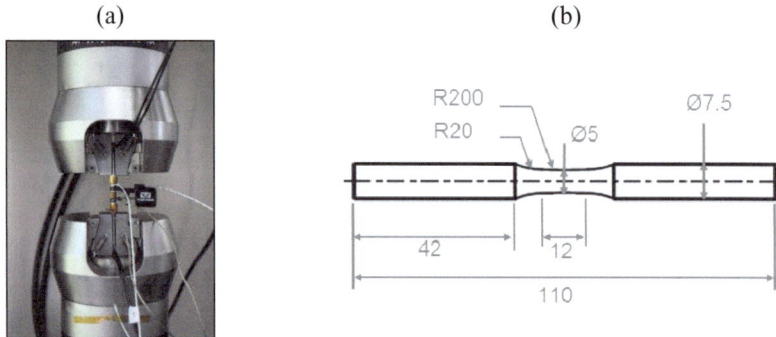

Abbildung 1: (a) Servohydraulisches Schwingprüfsystem Instron 8872,
(b) HCF-Probengeometrie

ESV im VHCF-Bereich wurden am Ultraschallprüfsystem Shimadzu USF-2000 beim Spannungsverhältnis R = -1 (mittellastfrei) unter Verwendung sinusförmiger Last-Zeit-Funktionen bei Raumtemperatur durchgeführt. Abbildung 2a zeigt eine Übersichtsaufnahme und Abbildung 2b das Funktionsprinzip des Prüfsystems. Ein piezoelektrischer Kristall wird als Aktuator verwendet, der bei f = 20 kHz schwingt. Die Schwingungen sind so ausgelegt, dass die durch die Probe übertragenen Longitudinalwellen mitschwingen. Gemäß Probendesign liegen die maximale Beanspruchung in der Probenmitte und die maximale Auslenkung am freien Probenende vor.

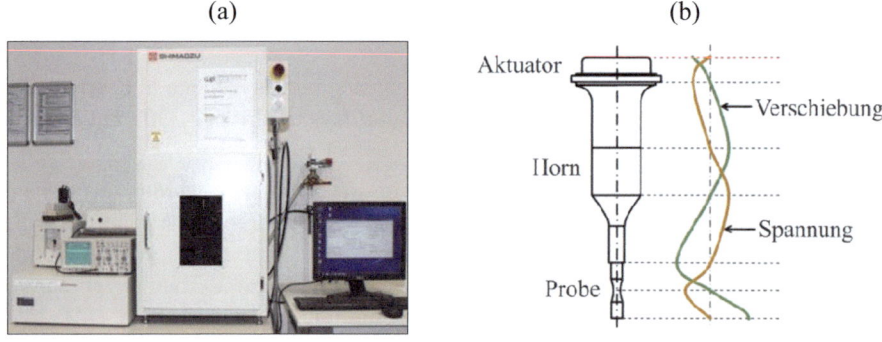

Abbildung 2: (a) Ultraschallprüfsystem Shimadzu USF-2000,
(b) Funktionsprinzip

Die Geometrie der Proben für die VHCF-Versuche, die einseitig in das Ultraschallprüfsystem eingeschraubt werden, ist in Abbildung 3 gezeigt. Um durch Verformungsvorgänge bei hoher Prüffrequenz ausgelöste Temperaturerhöhungen zu mindern bzw. zu vermeiden, wurden die Versuche mit einem Impuls-Pause-Verhältnis 50:50 durchgeführt und zudem die Proben mit Druckluft gekühlt. Rissinitiierung und -fortschritt sowie Probenversagen wurden anhand der Änderung der Resonanzfrequenz detektiert und der Versuch automatisiert beendet.

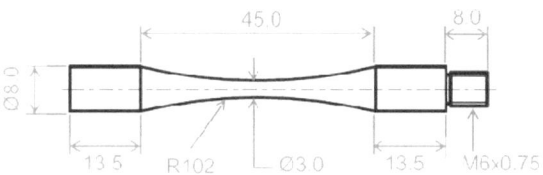

Abbildung 3: VHCF-Probengeometrie

3 Ergebnisse und Diskussion

Im Folgenden werden Ergebnisse zum quasistatischen und zyklischen Verformungsverhalten von SLM-gefertigten AlSi12-Legierungen dargestellt und die Wechselwirkung zwischen Prozessparametern, Mikrostruktur und Eigenschaften diskutiert.

3.1 Mikrostruktur

In [4] wurden Raupen- und Schichtstrukturen SLM-gefertigter AlSi12-Legierungen detailliert untersucht. Sowohl Bindungsfehler als auch Gasporen kennzeichnen das Gefüge. Die Mikrostrukturausbildung hängt von der Position in der Raupe ab. Während Al-Si-Eutektikum an wiederaufgeschmolzenen Raupengrenzen dominiert, wachsen innerhalb der Raupen kolumnare Dendriten senkrecht zur Raupengrenzfläche, d. h. in Richtung des maximalen Temperaturgradienten.

Der Einfluss der Bauplattformheizung auf die Mikrostrukturausbildung wurde in [3] rasterelektronenmikroskopisch (REM) analysiert. In Abbildung 4 sind charakteristische Mikrostrukturen der Chargen BIII und BIV dargestellt. Die Dendriten (dunkle Bereiche) sind vom Al-Si-Eutektikum (helle Bereiche) umschlossen. Es ist zu erkennen, dass durch die Bauplattformheizung der Dendritenabstand erhöht wird von 35 µm (BIII) auf 56 µm (BIV), zurückzuführen auf die veränderte Abkühlrate infolge der Bauplattformheizung.

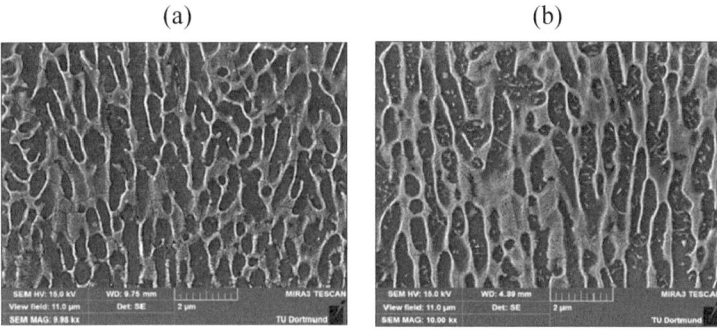

Abbildung 4: Dendritenausbildung für die Chargen BIII und BIV (a) ohne und mit (b) Bauplattformheizung, Baurichtung senkrecht zur Bild- bzw. Schliffebene [3]

Die Wechselwirkung der SLM-Prozessparameter (Tabelle 2) auf die Entwicklung der Restporosität von AlSi12-Legierungen wurde in [3] untersucht. In Abbildung 5 ist jeweils ein polierter Schliff der Chargen BIII und BIV gezeigt. Die Aufnahmen verdeutlichen, dass keine Bindungsfehler (nicht-sphärische Form) sondern Gasporen (sphärische Form) vorliegen. In [5] konnte mittels Computertomographie (CT) die relative Dichte zu 99,75% für Charge BIII und 99,88% für Charge BIV bestimmt werden. Die Dichte ist somit für Chargen mit Bauplattformheizung (BII, BIV) höher als für Chargen ohne Bauplattformheizung (BI, BIII). Während der Unterschied in der relativen Dichte gering ausfällt, zeigt Abbildung 5, dass die Chargen ohne Bauplattformheizung eine Vielzahl großformatiger Poren aufweisen, die für Chargen mit Bauplattformheizung nicht vorliegen.

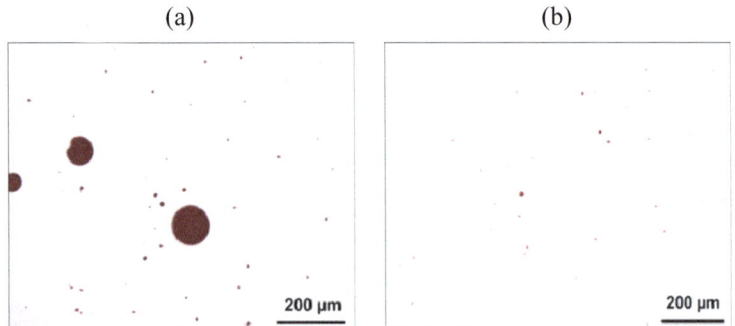

Abbildung 5: Polierte Schliffaufnahmen der Chargen (a) BIII und (b) BIV [3]

3.2 Quasistatisches Verformungsverhalten

In Abbildung 6 sind die Ergebnisse der Zugversuche für die Chargen BI bis BIV als Spannungs-Dehnungs-Kurven dargestellt.

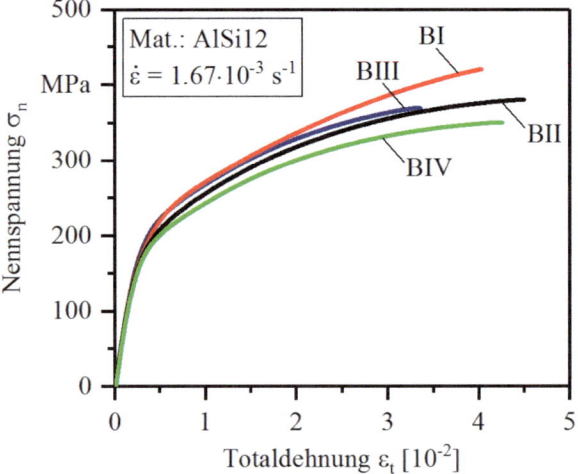

Abbildung 6: Quasistatische Spannungs-Dehnungs-Kurven der Chargen BI bis BIV, vgl. [5]

Die wichtigsten quasistatischen Kennwerte sind in Tabelle 3 aufgelistet. „As-built"-Proben ohne Bauplattformheizung und Spannungsarmglühen (BI) zeichnen sich durch die höchste Zugfestigkeit und Dehngrenze der untersuchten Chargen aus. Die Bauplattformheizung (BII, BIV) führt zu einer Reduktion der Festigkeit und einer Steigerung der Bruchdehnung. Die

Veränderungen des quasistatischen Verformungsverhaltens basieren auf mikrostrukturellen Veränderungen infolge veränderter Abkühlbedingungen, s. Mikrostrukturcharakterisierung (Kapitel 3.1). Infolge der Hall-Petch-Beziehung steigen die Festigkeit (R_m, $R_{p0,2}$ steigen) und die Sprödbruchneigung (A_t sinkt) mit feiner werdender Mikrostruktur, bzw. im Fall der AlSi12-Legierung mit abnehmendem Dendritenabstand.

Das Spannungsarmglühen dient der Reduzierung thermisch-induzierter Eigenspannungen. Der Abbau der Eigenspannungen führt dabei zu einer Reduzierung der Festigkeit und Bruchdehnung. Dieser Effekt ist besonders signifikant für die Chargen ohne Bauplattformheizung (BI und BIII). Im Vergleich zu den Referenzwerten des Sand- und Druckgusses zeigen SLM-gefertigte Strukturen eine erhöhte Zugfestigkeit und Dehngrenze, die Bruchdehnung ist reduziert.

Tabelle 3: Prozessparameter und quasistatische Kennwerte der Chargen BI bis BIV, vgl. [3]

Charge	Prozessparameter		Zugfestigkeit R_m [MPa]	Dehngrenze $R_{p0,2}$ [MPa]	Bruchdehnung A_t [%]
	BPH	SR			
BI	-	-	418,9 ± 9,6	220,5 ± 9,4	3,91 ± 0,27
BII	200°C	-	369,3 ± 3,4	202,2 ± 4,3	4,38 ± 0,16
BIII	-	240°C	372,3 ± 27,2	218,0 ± 6,9	3,41 ± 0,29
BIV	200°C	240°C	361,1 ± 4,5	201,5 ± 3,7	4,05 ± 0,15
Al 443 [12]	Sandguss		130	55	8
Al 443 [12]	Druckguss		230	10	9

3.3 Zyklisches Verformungsverhalten

In Abbildung 7 ist der kontinuierliche Anstieg der zyklischen Beanspruchung im Laststeigerungsversuch (LSV) schematisch dargestellt, sowie die Ergebnisse der LSV für die Chargen BIII und BIV mit Spannungsarmglühen. LSV wurden angewandt, um geeignete Beanspruchungsamplituden σ_a für Einstufenversuche (ESV) im Zeitfestigkeitsbereich abzuschätzen [11]. Der LSV startet mit einer geringen zyklischen Beanspruchung, die mit einer Spannungsrate $d\sigma_a/dN$ bis zum Probenbruch erhöht wird, Abbildung 7a. Die plastische Dehnungsamplitude $\varepsilon_{a,p}$ wurde als Werkstoffreaktion aufgezeichnet, um die zyklische Beanspruchung zu identifizieren, ab der irreversible Werkstoffveränderungen stattfinden, Abbildung 7b. Im Anschluss an einen zunächst leichten Anstieg der plastischen Dehnungsamplitude wächst diese mit einer konstanten Rate deutlich. Die Chargen zeigen eine signifikante Veränderung ab ca. σ_a = 120 MPa, bis die Probe bei ca. σ_a = 150 MPa bricht. Auf Grundlage dieser Messergebnisse wurden ESV mit σ_a = 120 MPa durchgeführt.

In Abbildung 8 ist für ESV der Chargen BIII und BIV der Mittelwert μ und die Standardabweichung σ der Bruchlastspielzahl dargestellt. Die Lebensdauer ist für Charge BIII höher als für Charge BIV, Charge BIV weist jedoch eine deutlich kleinere Standardabweichung auf.

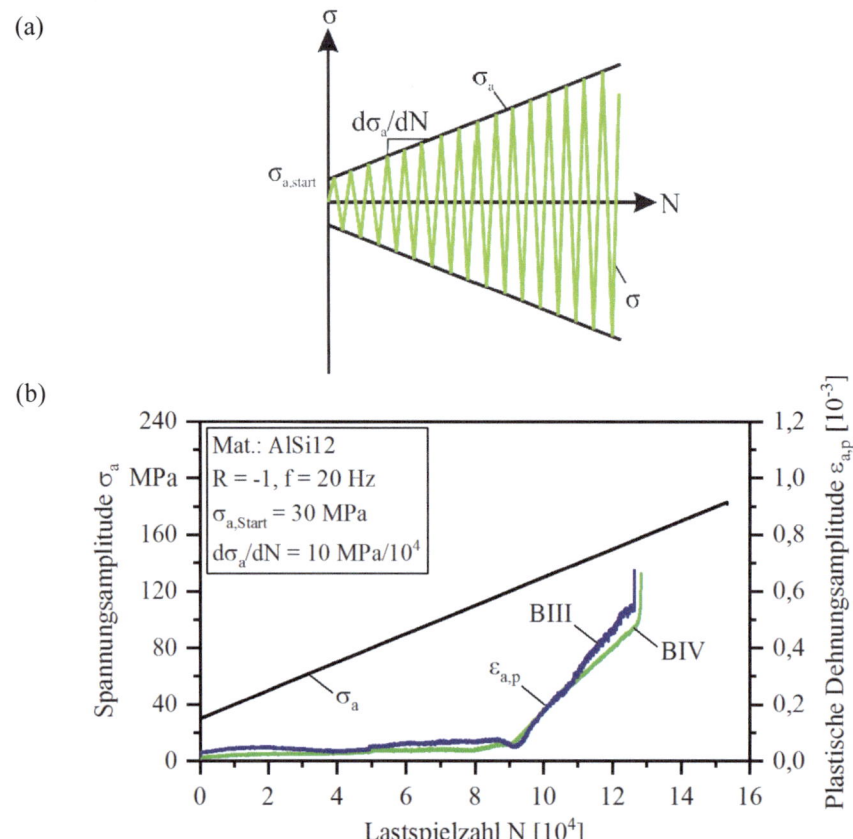

Abbildung 7: Schematische Darstellung der zyklischen Beanspruchung im kontinuierlichen Laststeigerungsversuch (a); Entwicklung der plastischen Dehnungsamplitude im Laststeigerungsversuch für die Chargen BIII und BIV (b)

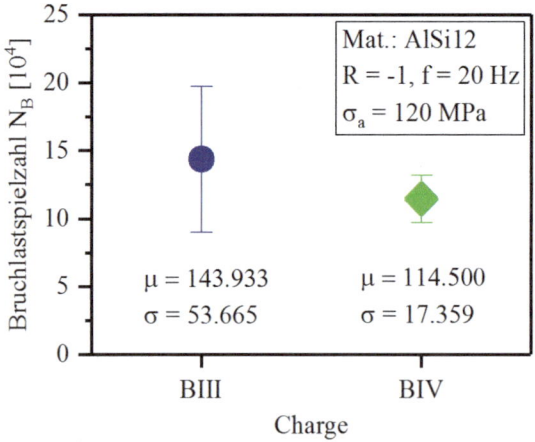

Abbildung 8: Vergleich des Mittelwerts der Bruchlastpielzahl µ und deren Standardabweichung σ für ESV der Chargen BIII und BIV

Die veränderte Standardabweichung wird auf die verschiedenen Porengrößen und insb. auf die Unterdrückung der Entstehung großformatiger Poren für die Chargen mit Bauplattformheizung (u. a. BIV) zurückgeführt, vgl. Abbildung 5 [3, 5]. Eine detaillierte Erklärung erfolgt anhand der Bruchflächenanalyse, Kapitel 3.4.

Für die Chargen BIII und BIV wurde die komplette Wöhlerkurve bis 10^9 Lastwechsel bestimmt, Abbildung 9. Die Ermüdungsfestigkeit fällt kontinuierlich bis $N = 10^9$ ab, wie es charakteristisch für kfz-Werkstoffe ist. Die Versuche zur Ermittlung der Ermüdungsfestigkeit bei $N = 10^9$ wurden nach dem Treppenstufenverfahren [13-15] nach Dixon und Mood durchgeführt. Die Beanspruchung ist vom jeweils vorangegangenem Versuch abhängig: erreicht dieser die Grenzlastspielzahl, wird die Beanspruchungsamplitude um den Stufensprung $\Delta\sigma$ für den nächsten Versuch erhöht. Versagt die Probe, wird die Beanspruchung im nächsten Versuch um $\Delta\sigma$ gesenkt. In diesen Untersuchungen betrug der Stufensprung $\Delta\sigma = 5$ MPa. Proben, die die Grenzlastspielzahl erreichen, werden als Durchläufer bezeichnet und sind in Abbildung 9 mit einem Pfeil rechts des Datenpunktes gekennzeichnet. Die Ergebnisse zeigen, dass die Ermüdungsfestigkeit im VHCF-Bereich für Charge BIV mit BPH um ca. 45% höher ist als für Charge BIII ohne BPH. Die Ermüdungsfestigkeit für $N = 10^9$ beträgt für Charge BIII 60,5 ± 4,7 MPa und für Charge BIV 88,7 ± 3,3 MPa.

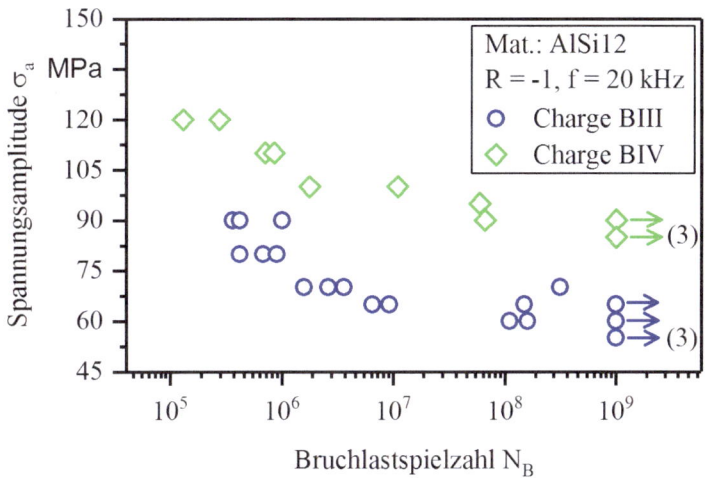

Abbildung 9: Wöhlerkurven der Chargen BIII und BIV im HCF- und VHCF-Bereich [5]

3.4 Bruchflächenanalyse

Um den Einfluss der Restporosität auf die Rissinitiierung bei hohen und sehr hohen Lastspielzahlen zu charakterisieren, wurden die Ermüdungsbruchflächen im REM detailliert untersucht. Ausgewählte Bruchflächenaufnahmen zeigt Abbildung 10.

Die Restporosität übt einen dominierenden Einfluss auf das Ermüdungsversagen aus. Im Fall der Charge BII (ohne BPH) konnte für eine Vielzahl an Proben Rissinitiierung von oberflächennahen Poren (nicht aufgeschmolzene Pulverbereiche) zusammen mit Rissinitiierung von der Probenoberfläche beobachtet werden. Beide Schädigungsmechanismen sind für die hohe Streuung der Ermüdungsfestigkeit in Charge BIII verantwortlich, vgl. Abbildung 8. Proben mit höherer Lebensdauer versagten durch Rissinitiierung an der Oberfläche. Für Charge BIV (mit BPH) beschränkte sich die Rissinitiierung auf die Oberfläche, einhergehend mit einer reduzierten Streuung der Ermüdungskennwerte. Die Bruchlastspielzahl der Proben mit Rissinitiierung von der Oberfläche ist für Charge BIII höher als für Charge BIV, was analog zu den Kennwerten des Zugversuchs mittels der Hall-Petch-Beziehung erklärt werden kann.

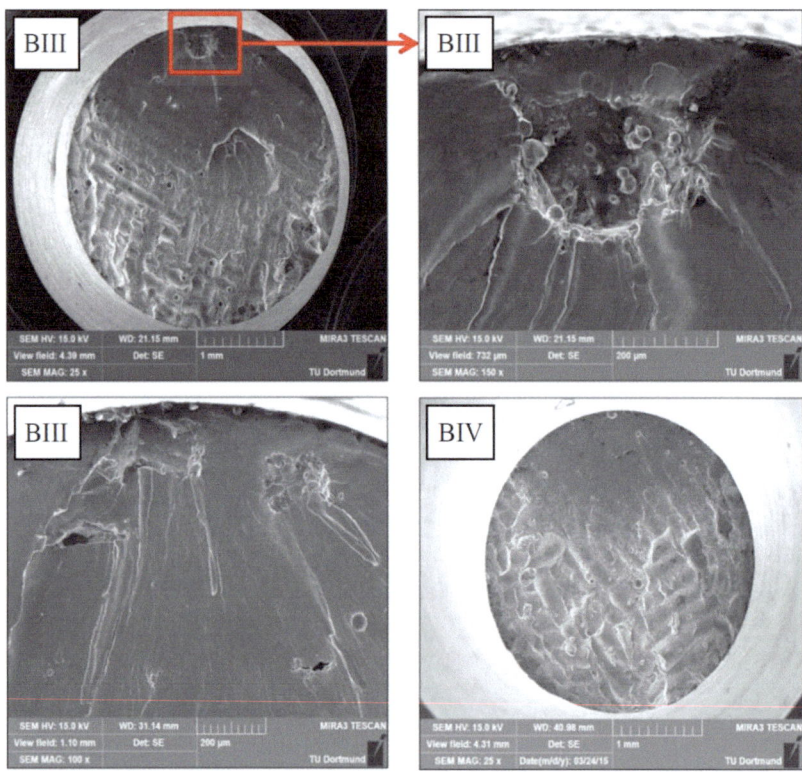

Abbildung 10: Ermüdungsbruchflächen: Rissinitiierung von der Oberfläche sowie oberflächennahen Poren in Charge BIII sowie Rissinitiierung von der Oberfläche für Charge BIV [3]

4 Zusammenfassung

Das mechanische Verhalten SLM-gefertigter AlSi12-Legierungen wurde in Zugversuchen und in Ermüdungsversuchen im HCF- und VHCF-Bereich charakterisiert. Die Proben wurden ohne und mit Bauplattformheizung gefertigt, um die Feinkörnigkeit der Mikrostruktur bzw. den Dendritenabstand zu variieren. Zur Ermittlung des Einflusses prozessinduzierter Eigenspannungen wurden Proben ohne und mit Spannungsarmglühen geprüft. Alle SLM-gefertigten Chargen weisen dabei eine deutlich höhere Zugfestigkeit und Dehngrenze im Vergleich zu konventionell im Sand- und Druckguss gefertigten AlSi12-Legierungen auf. Die Bruchdehnung ist aufgrund der sehr feinkörnigen Struktur infolge der raschen lokalen Abkühlung im Prozess reduziert.

Die Ermüdungsfestigkeit im HCF-Bereich ist für die Chargen ohne Bauplattformheizung (BI, BIII) höher als für Chargen mit Bauplattformheizung (BII, BIV). Jedoch ist die Streuung der Chargen ohne Bauplattformheizung ebenfalls erhöht. Dies konnte mittels Bruchflächenanalysen durch die Anwesenheit großformatiger Poren begründet werden, deren Entstehung durch den Einsatz einer Bauplattformheizung gemindert bzw. unterdrückt wird. Großformatige Poren führen zu beschleunigtem Risswachstum und reduzierter Lebensdauer, wenn diese in Oberflächennähe vorliegen.

Im VHCF-Bereich weisen die Chargen mit Bauplattformheizung, entgegen den HCF-Ergebnissen, eine höhere Ermüdungsfestigkeit als die Chargen ohne Bauplattformheizung auf. Dies kann auf die Wechselwirkung von Mikrostruktur und Porosität im Zusammenspiel mit der Beanspruchung zurückgeführt werden. Bei relativ geringen Beanspruchungen werden die großformatigen Poren in den Proben ohne Bauplattformheizung aktiviert und Rissinitiierung tritt an diesen inneren Defekten auf, was aufgrund der Kerbwirkung mit einer deutlichen Reduzierung der Lebensdauer im VHCF-Bereich einhergeht.

Literatur

[1] Witt, G.: Neue Entwicklungen in der Additiven Fertigung. Springer-Verlag (2015).

[2] Wycisk, E.; Solbach, A.; Siddique, S.; Herzog, D.; Walther, F.; Emmelmann, C.: Effects of defects in laser additive manufactured Ti-6Al-4V on fatigue properties. Physics Procedia 56 (2014) 371–378.

[3] Siddique, S.; Imran, M.; Wycisk, E.; Emmelmann, C.; Walther, F.: Influence of process-induced microstructure and imperfections on mechanical properties of AlSi12 processed by selective laser melting. Journal of Materials Processing Technology 221 (2015) 205–213.

[4] Siddique, S.; Wycisk, E.; Frieling, G.; Emmelmann, C.; Walther, F.: Microstructural and mechanical properties of selective laser melted Al 4047. Applied Mechanics and Materials 752-753 (2015) 485–490.

[5] Siddique, S.; Imran, M.; Walther, F.: Very high cycle fatigue and fatigue crack propagation behavior of selective laser melted AlSi12 alloy. International Journal of Fatigue 94 (2017) 246–254.

[6] Pyttel, B.; Schwerdt, D.; Berger, C.: Very high cycle fatigue – Is there a fatigue limit? International Journal of Fatigue 33 (2011) 49–58.

[7] Benedetti, M.; Fontanari, V., Bandini, M.: Very high cycle fatigue resistance of shot-peened high strength aluminium alloys. Experimental and Applied Mechanics 4 (2013) 203–211.

[8] Morrissey, R.J.; Nicholas, T.: Fatigue strength of Ti-6Al-4V at very long lives. International Journal of Fatigue 27 (2005) 1608–1612.

[9] Wang, Q.Y.; Kawagoishi, N.; Chen, Q.: Fatigue and fracture behaviour of structural Al-alloys up to very long life regimes. International Journal of Fatigue 28 (2006) 1572–1576.

[10] Li, S.X.: Effects of inclusions on very high cycle fatigue properties of high strength steels. International Materials Reviews 57 (2012) 92–114.

[11] Walther, F.: Microstructure-oriented fatigue assessment of construction materials and joints using short-time load increase procedure. Materials Testing 56 (2014) 519–527.

[12] Kearney, A.L.: Properties of cast aluminum alloys, in: ASM Handbook, ASM Handbook Materials International, Materials Park (1990) 152–177.

[13] Bühler, H.; Schreiber, W.: Anwendung statistischer Verfahren auf einige Fragen der Zeitschwingfestigkeit. Archiv f. d. Eisenhüttenwesen 27 (1956) 201–209.

[14] Dixon, W.J.; Mood, A.M.: A method for obtaining and analyzing sensitivity data. Journal of the American Statistical Association 43 (1948) 108–126.

[15] Maennig, W.W.: Vergleichende Untersuchung über die Eignung der Treppenstufen-Methode zur Berechnung der Dauerschwingfestigkeit. Materialprüfung 13 (1971) 6–11.

Anforderungen an ein Bemessungskonzept für zyklisch beanspruchte additiv gefertigte Bauteile

Rainer Wagener[a], Matthias Hell[b], Tobias Melz[a,b]

a) Fraunhofer-Institut für Betriebsfestigkeit und Systemzuverlässigkeit LBF
b) Fachgebiet Systemzuverlässigkeit, Adaptronik und Maschinenakustik SAM, TU Darmstadt

Zusammenfassung

Für eine zuverlässige Bemessung von zyklisch beanspruchten additiv gefertigten Bauteilen unter Ausnutzung des Leichtbaupotentials wird ein Bemessungskonzept vorgestellt, das auf bewährten Methoden der numerischen Betriebsfestigkeitsanalyse beruht. Dabei wird, ausgehend vom Kerbdehnungskonzept, auf Basis des lokalen Werkstoffverhaltens eine Last-Wöhlerlinie abgeleitet und anschließend die Kollektive der Beanspruchungszeitfunktionen im lastbasierten Bemessungskonzept mit Hilfe der linearen Schadenakkumulation bewertet. Wesentlich für eine erfolgreiche Anwendung dieses werkstoffbasierten Bemessungskonzeptes ist die Berücksichtigung des Größeneinflusses aus der Perspektive des lokalen Werkstoffverhaltens.

Stichwörter: Bemessungskonzept, zyklisches Werkstoffverhalten, Größeneinfluss

1 Einleitung

Die Fertigungstechnologie des additiven Fertigens bietet für die Bauteilgestaltung neue Möglichkeiten, die es für zukünftige Produkte zu erschließen gilt. Dieses Potential ist auch für sicherheitsrelevante Bauteile unter Beachtung des Leichtbaugedankens zu heben. Hierfür wird ein Bemessungskonzept benötigt, mit dem die Einflüsse aus Fertigung und Betrieb berücksichtigt und bereits in einer frühen Phase der Entwicklung zutreffend bewertet werden können.

Während des gesamten Produktlebensdauerzyklus, d. h. von der Fertigung bis zum Betrieb des Bauteils, wird der Werkstoff zahlreichen Einflüssen ausgesetzt, die sich auf die Betriebsfestigkeit auswirken, Abbildung 1.

Abbildung 1: Einflussgrößen auf die Betriebsfestigkeit

Aufgrund der mannigfaltigen Einflüsse auf das Werkstoff- bzw. Bauteilverhalten, die zudem noch untereinander in Wechselwirkung stehen können, ist aus Sicht der industriellen Anwendung ein Bemessungskonzept zu bevorzugen, das die wesentlichen Einflussgrößen mit einer begrenzten Anzahl an Kennwerten berücksichtigen kann. Um die Übertragbarkeit von Probe auf Bauteil oder von Halbzeug zu Bauteil gewährleisten zu können, sollte das Bemessungskonzept auf Werkstoffkennwerten beruhen. Weiterhin sollte der Berechnungsaufwand gering gehalten werden, damit bei Bedarf numerische Parameterstudien zur Bauteiloptimierung mit überschaubarem Aufwand durchgeführt werden können.

2 Bemessungskonzepte

Die für die Bemessung von zyklisch beanspruchten Bauteilen existierenden Bemessungskonzepte lassen sich in drei Gruppen einteilen, Abbildung 2. Die erste Gruppe bilden die lastbasierten Konzepte, deren bekannteste Vertreter das Nennspannungskonzept und das lokale Konzept auf Spannungsbasis sind. Das Letztere wird gerne im Rahmen der CAx-Anwendung verwendet, da es auf linear-elastischer Spannungsberechnung beruht und die Bewertung von lokalen Beanspruchungen ermöglicht. Je nach Versagenskriterium der zugrundeliegenden Wöhlerlinie erfolgt die Lebensdauerabschätzung bis zum technischen Anriss oder Bruch.

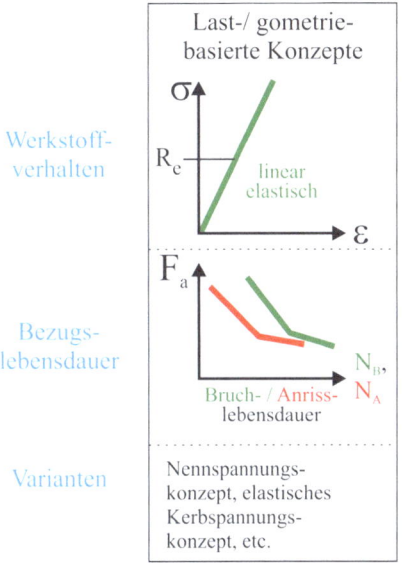 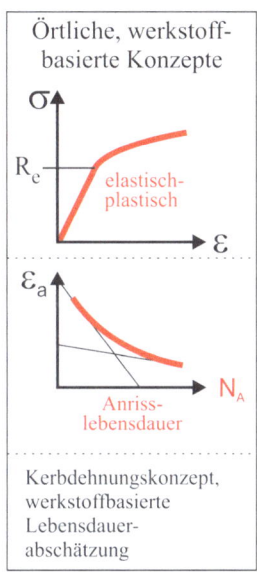 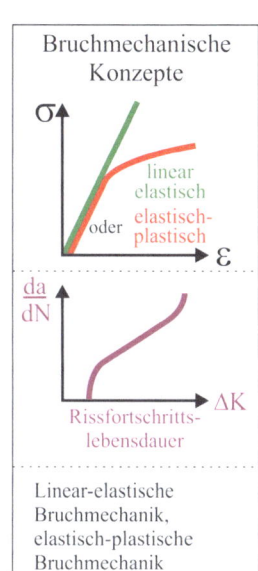

Abbildung 2: Bemessungskonzepte der Betriebsfestigkeit

Das Örtliche Konzept auf Dehnungsbasis, das auch als Kerbgrundkonzept bezeichnet wird, ermöglicht eine Bauteildimensionierung bis zum technischen Anriss. Bewertet wird bei diesem Bemessungskonzept die Beanspruchbarkeit eines infinitesimalen Werkstoffvolumens im Kerbgrund mit elastisch-plastischem Werkstoffverhalten. In der Regel wird von zyklisch stabilisiertem Spannungs-Dehnungsverhalten ausgegangen. Mit Hilfe von numerischen nicht linearen Beanspruchungssimulationen wird das Werkstoffverhalten auf beliebige Bauteilgeometrien und -belastungen übertragen.

Zur dritten Gruppe der Bemessungskonzepte gehören die Methoden der Bruchmechanik, mit denen die Rissfortschrittslebensdauer, d. h. die Lebensdauer vom Anriss bis zum Bruch, abgeschätzt werden kann. Voraussetzung für die Anwendung dieser Konzepte ist das Vorhandensein eines Anrisses, der in vielen technischen Anwendungen, wie z. B. bei Sicherheitsbauteilen im automobilen Bereich, nicht zulässig ist.

Die Grundlagen eines Bemessungskonzepts für additiv gefestigte zyklisch belastete Bauteile sind vorhanden, so dass noch zu klären ist, welches Konzept die besten Voraussetzungen bietet, um die prozessbedingten Bauteileigenschaften zielführend abzubilden und zu berücksichtigen, bzw. welche Anpassungen der Konzepte für die industrielle Anwendung erforderlich sind.

Die Herausforderung hierbei besteht, neben dem Aufbau des FE-Modells, in der experimentellen Bestimmung der relevanten Werkstoffkennwerte und deren Interaktionen. Die Verwendung von additiv gefertigten Standard-Werkstoffproben führt zu integralen Werkstoffkennwerten, da die Proben ebenfalls schichtweise generiert werden müssen. Mit Blick auf Werkstoffkennwerte zur Beschreibung von lokalen Gefügeausbildungen und deren Übertragbarkeit auf beliebige Bauteilgeometrien und Belichtungsstrategien ist der Übergang von Standard-Werkstoffproben hin zu Kleinproben sinnvoll. Dies bedeutet aber auch gleichzeitig, dass die Anforderungen an die Prüftechnik zur Durchführung von zyklischen Versuchen steigen und ggf. über den Einsatz von neuen Antriebskonzepten für die Prüfmaschinen nachzudenken ist [1, 2]. Weiterhin wird ein Übertragungskonzept von den an (Klein-) Proben ermittelten Werkstoffkennwerten auf Bauteile erforderlich. In den lastbasierten Bemessungskonzepten wird die Übertragung mit Hilfe von Konzepten zur Berücksichtigung von Größeneinflüsse durchgeführt, wobei zur vollständigen Beschreibung des Bauteilverhaltens eine erhebliche Anzahl an Lebensdauerlinien benötigt wird. Unter phänomenologischen Gesichtspunkten hat sich die Einteilung in

- spannungsmechanischen,
- statistischen,
- technologischen und
- oberflächentechnischen

Größeneinfluss bewährt [3-5].

Spannungsmechanische Größeneinflüsse resultieren aus den Auswirkungen unterschiedlicher Belastungsarten und geometrischer Bauteilkonfigurationen auf die Ausbildung des Beanspruchungsgradienten und der Ausdehnung höchstbeanspruchter Werkstoffbereiche. Als Erklärung für den spannungsmechanischen Größeneinfluss können die Mikro- und Makrostützwirkungen nach Neuber [6] herangezogen werden, Abbildung 3.

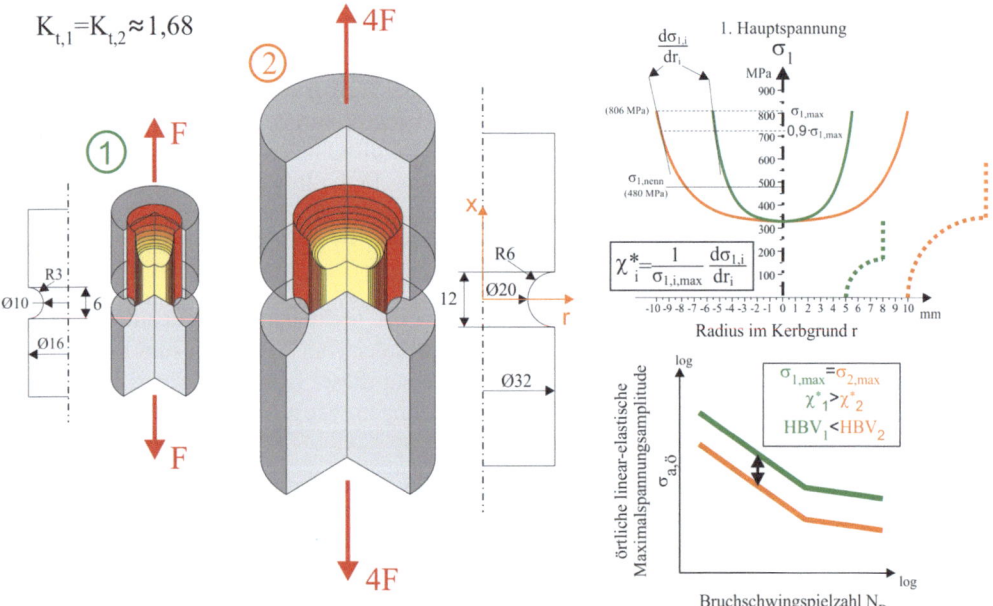

Abbildung 3: Spannungsmechanischer Größeneinfluss

Bei der Makrostützwirkung werden Spannungsüberhöhungen durch örtliches Fließen umgelagert. Dabei hängt es vom Beanspruchungsgradienten ab, bis zu welcher Tiefe, ausgehend vom Beanspruchungsmaximum, die lokalisierte plastische Spannungsumlagerung stattfindet. Die Makrostützwirkung ist umso größer, je kleiner der höchstbeanspruchte Werkstoffbereich gegenüber dem Restquerschnitt wird. Die Mikrostützwirkung resultiert aus einem mikrostrukturabhängigen lokalen Fließen und der Bildung von Ermüdungsanrissen innerhalb von günstig orientierten Körnern bzw. Gleitebenen. Neben der Mikrostruktur entscheidet dabei der Beanspruchungsgradient darüber, ob Ermüdungsrisse die Gleitebenen verlassen, Korngrenzen überwinden und zu einem technischen Anriss heranwachsen können [7].

Die Interpretation des Größeneinflusses als statistisches Phänomen basiert auf den drei nachfolgend aufgeführten Grundannahmen, die erstmalig von Weibull im Zusammenhang mit Beobachtungen zum Einfluss der Probengröße auf quasistatische Festigkeitskennwerte postuliert wurden und auch als Weakest-Link-Theorie bezeichnet werden [8], Abbildung 4:

- Das Versagen wird immer an einem einzelnen Defekt induziert, die Wahrscheinlichkeit des Versagens hängt somit von der absoluten Anzahl versagenskritischer Fehlstellen ab.
- Bei unterschiedlicher Ausprägung der Defekte geht das Versagen vom schwerwiegendsten Fehler aus.
- Mit der Größe des Bauteils wächst sowohl die absolute Anzahl versagenskritischer Fehlstellen als auch deren Größe und Gewichtung an.

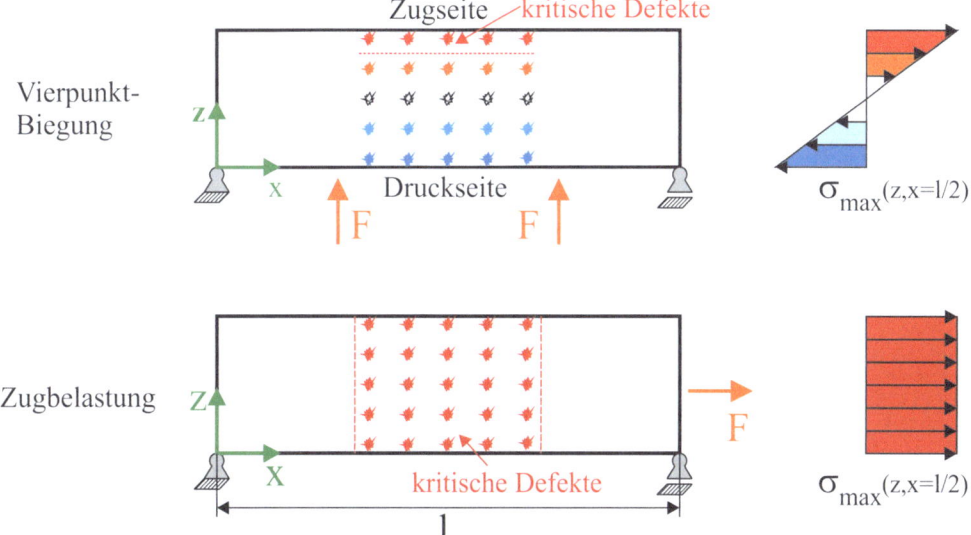

Abbildung 4: Statistischer Größeneinfluss

Eine spezifische Gewichtung der einzelnen Defekte hinsichtlich ihrer Auswirkung, wie etwa durch Bewertung der Spannungsüberhöhung im Nahfeld des Defekts, ist nicht üblich. Ob ein Defekt versagenskritisch ist oder nicht, hängt, unter Vernachlässigung der Form und Ausdehnung, hauptsächlich von dessen Lage in Bezug auf die örtlichen Beanspruchungen im Bauteil ab.

Gemeinsam können der spannungsmechanische und statistische Größeneinfluss mit Hilfe des höchstbeanspruchten Werkstoffvolumens berücksichtigen werden [9, 10].

Als technologischen Größeneinfluss definiert Kloos [4] die Wirkung der prozess- und fertigungsbedingten Ausprägungen der Werkstoffstruktur auf die Schwingfestigkeit von Bauteilen. Aufgrund ihrer physikalischen Wirkungsweise erzeugen viele Fertigungsverfahren, hierunter Umformverfahren, Wärmebehandlungs- und Härtungsverfahren, Gießverfahren, inhomogen verteilte Werkstoffeigenschaften. Die sich einstellenden Eigenschaftsgradienten sind dabei von der Bauteilgeometrie, dem Werkstoff und der Prozessführung abhängig.

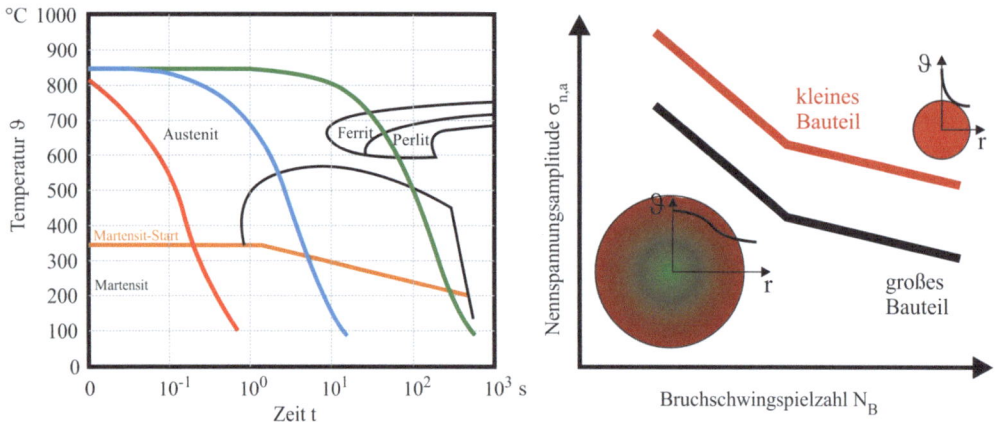

Abbildung 5: Technologischer Größeneinfluss

Mit dem technologischen Größeneinfluss soll somit dem Einfluss von Gefüge- und Eigenschaftsgradienten, die sich aufgrund der eingesetzten Fertigungstechnologie nicht vermeiden lassen und z. B. durch massenbedingte, unterschiedliche lokale Abkühlkurven entstehen, Rechnung getragen werden, Abbildung 5. Schließlich gilt es noch, den oberflächentechnischen Größeneinfluss zu berücksichtigen. Dieser wird verwendet, um Effekte infolge einer Oberflächenbehandlung zu berücksichtigen, wobei nicht nach der Ursache bzw. dem wirksamen Mechanismus unterschieden wird, Abbildung 6.

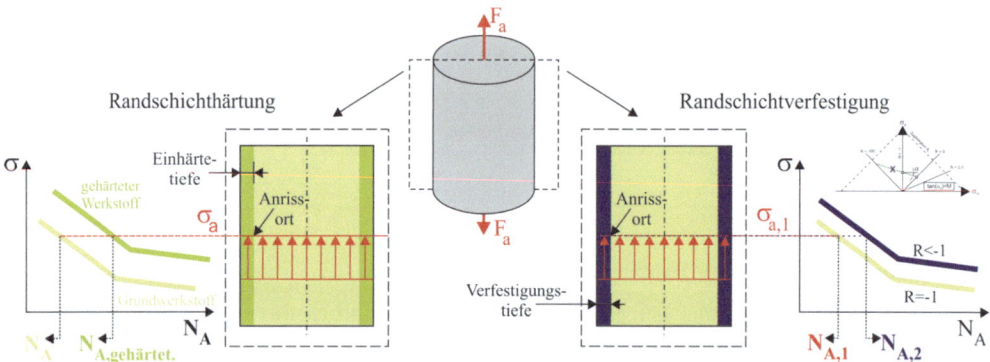

Abbildung 6: Oberflächentechnischer Größeneinfluss

Oberflächenbehandlungsverfahren wie Kugelstrahlen oder Festwalzen induzieren Druckeigenspannungen in die Randschicht. In der Folge wird der äußeren Belastung eine statische Druckspannung überlagert, was zu einer Reduktion der lokalen Zugbeanspruchung führt. Dementsprechend müsste bei einer numerischen Lebensdauerabschätzung lokal eine Wöhlerlinie für ein kleineres Spannungsverhältnis R verwendet werden. Methoden wie das Härten bewirken, neben dem Einbringen von Eigenspannungen, eine lokale Gefügemodifikation, wobei meistens die lokale Festigkeit gesteigert wird, und somit lokal ein verändertes Spannungs-Dehnungs-Verhalten anzunehmen ist. Durch die Interaktion der beschriebenen Größeneinflüsse ist insgesamt eine Trennung dieser zur Ableitung von entsprechenden Faktoren in lastbasierten Konzepten nicht möglich.

Beim Versuch, sich der Wahl eines geeigneten Übertragungskonzeptes aus Sichtweise des lokalen Werkstoffverhaltens bzw. einer lokalen Beanspruchung zu nähern, können zwei

Wirkweisen des Größeneinflusses unterschieden werden. Zum einen wirken sich die oben beschriebenen Größeneinflüsse auf das lokale Spannungs-Dehnungs-Verhalten und zum anderen auf die Beanspruchungs-Lebensdauer-Korrelation aus.

Aus der Perspektive des lokalen Werkstoffverhaltens können die Größeneinflüsse wie folgt in einen

- werkstoffmechanischen
- spannungsmechanischen
    o Zusammenhang zwischen globalem Lastverhältnis und lokalem Beanspruchungsverhältnis
    o Veränderliche Stützwirkung infolge der zunehmenden Plastifizierung des kritischen Querschnitts,
- und statistischen

Größeneinfluss unterteilt werden.

Aufgrund der Proben- und Bauteilgrößen stellen sich unterschiedliche Mikrostrukturen ein. Diese bewirken ein inhomogenes Werkstoffverhalten. Ursächlich für diese abweichenden Mikrostrukturen können, neben lokal unterschiedlichen Abkühlkurven aufgrund von Massenkonzentrationen oder Wärmenestern, gezielt durchgeführte Randschichtbehandlungen sein. Dementsprechend unterscheidet sich das jeweilige lokale Spannungs-Dehnungs-Verhalten und lässt sich als werkstoffmechanischen Größeneinfluss beschreiben, der sich auf das Spannungs-Dehnungs-Verhalten auswirkt.

Beim spannungsmechanischen Größeneinfluss sind zwei Fälle zu unterscheiden. Zunächst können sich das globale Lastverhältnis und das lokale Beanspruchungsverhältnis unterscheiden. So verschiebt sich eine zugschwellende äußere Belastung meistens zu einer Wechselbeanspruchung im Kerbgrund; da ab einer bestimmten Belastung der Werkstoff örtlich begrenzt plastifiziert. Unter der Annahme von Masingverhalten [11, 12] und eines Werkstoffgedächtnisses folgt die Spannungs-Dehnungs-Kurve für den Werkstoffbereich, in dem plastische Verformungen aufgetreten sind, bei anschließender Entlastung der doppelten zyklischen Erstbelastungskurve. Aufgrund der globalen Verformungsbedingungen resultieren hieraus beispielsweise bei zyklischen Zugschwellbelastungen, $R_L=0$, lokale Beanspruchungsverhältnisse mit $R_\varepsilon \neq 0$, die wiederum abhängig vom höchstbeanspruchtem Werkstoffvolumen und dem transienten Werkstoffverhalten sind, Abbildung 7.

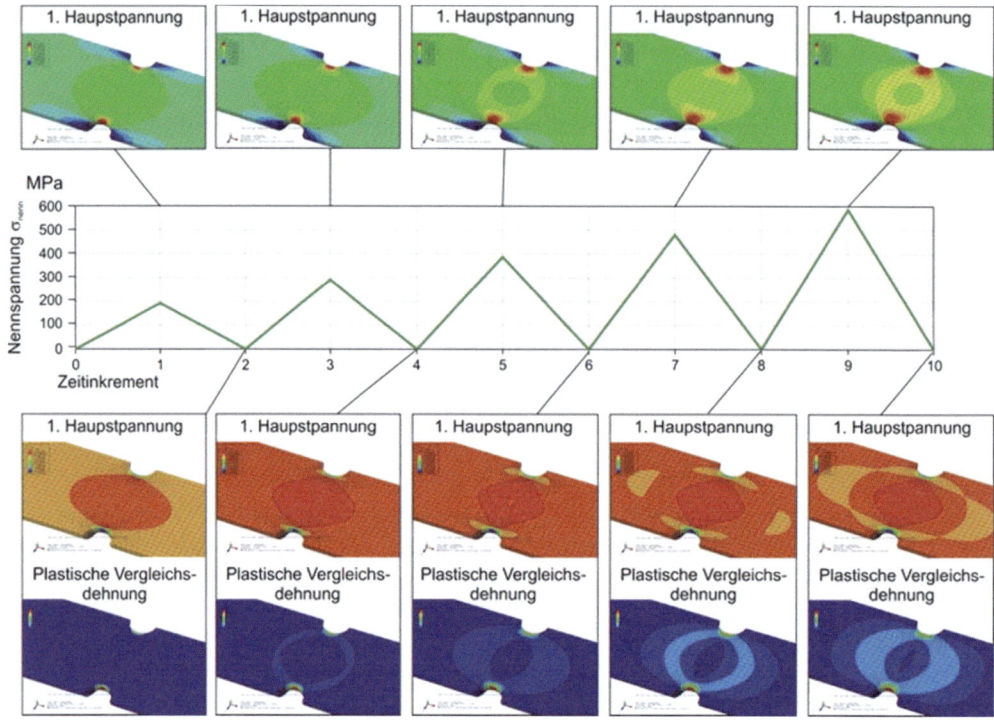

Abbildung 7: Entwicklung der lokalen Beanspruchung

Aufgrund des elastisch-plastischen Werkstoffverhaltens findet bei gradientenbehafteten Beanspruchungszuständen eine teilweise Umlagerung der aufgebrachten Verformungsenergie durch plastisches Fließen des umgebenden Werkstoffs statt. Dieser Umstand wurde von Neuber als makroskopische Stützwirkung bezeichnet [13, 14]. Die Rückführung der örtlichen Beanspruchungsanalyse auf eine Äquivalenz zwischen den virtuellen Arbeiten äußerer Lasten und dem Beanspruchungszustand im Werkstoffvolumen bietet sich an. Durch die Anwendung der auf diesem Prinzip basierenden Finite-Element-Methoden kann ein direkter Zusammenhang zwischen äußeren Lasten und örtlichem Beanspruchungszustand abgeleitet sowie gleichzeitig das Auftreten lokalisierter Fließvorgänge für das komplette Bauteil berücksichtigt werden.

Mit steigendem höchstbeanspruchten Volumen nimmt bei gleichbleibender Beanspruchung und Fehlstellendichte die Wahrscheinlichkeit für das Versagen des Bauteils zu, da das Ermüdungsversagen immer an einzelnen Fehlstellen induziert wird. Der Zusammenhang zwischen höchstbeanspruchtem Volumen und Versagenswahrscheinlichkeit wird als statistischer Größeneinfluss bezeichnet. Bei der Übertragung von Kennwerten auf unterschiedliche Bauteilgeometrien kann zu Berücksichtigung des statistischen Größeneinflusses eine Verschiebung der Wöhlerlinie in Lebensdauerrichtung mit dem Weakest-Link-Approach vorgenommen werden.

Der Nachteil der Betrachtung des lokalen Werkstoffverhaltens ist, dass eine technische Oberfläche, wie sie bei der additiven Fertigung entsteht, nicht ohne erheblichen Simulationsaufwand abgebildet werden kann. Um die Wirkungsweise rein werkstoffmechanisch abbilden zu können, müsste die tatsächliche Geometrie sehr fein aufgelöst modelliert werden und das zyklische Werkstoffverhalten dieser Randschicht bekannt und somit ermittelbar sein. In den lastbasierten Konzepten hingegen würde man sich mit einem Abminderungsfaktor begnügen. Im Rahmen der Vordimensionierung sollte es daher im ersten Schritt ausreichend sein, auch im

Örtlichen Konzept für die Bewertung von additiv gefertigten zyklisch beanspruchten Bauteilen die lokale Dehnungswöhlerlinie für die Oberfläche mit Hilfe eines Abminderungsfaktors aus der Werkstoffwöhlerlinie abzuleiten und somit bei der numerischen Beanspruchungsanalyse die Kennwerte einer glatten Oberfläche zugrunde zu legen, wohl wissend, dass diese Vorgehensweise nicht der reinen werkstoffmechanischen Beschreibung der lokalen Eigenschaften entspricht.

3   Einflüsse auf das Werkstoffverhalten

Die Bauteilgenerierung mittels additiver Fertigung besteht aus einer sich wiederholenden Abfolge von Aufschmelzen, Erstarren und Abkühlen des Werkstoffs. Der Temperaturverlauf beim Aufheizen lässt sich durch die zugeführte Energie beeinflussen. Aus Sicht des Werkstoffverhaltens ist jedoch die Abkühlung von Bedeutung. Obwohl nur lokal Material aufgeschmolzen wird, können sich je nach Massenkonzentration Wärmenester ergeben, die die lokale Abkühlkurven und somit die lokalen Werkstoffeigenschaften beeinflussen. Die Durchführung von gezielten Wärmebehandlungen wird seit Jahrzehnten zur Kalibrierung von Bauteileigenschaften industriell eingesetzt. Je nach Prozess kann die Wärmebehandlung sich nur auf die Randschichten auswirken, z. B. Härten, das gesamte Werkstoffvolumen beeinflussen, z. B. Auslagern, oder zu Eigenschaftsgradienten führen, z. B. Vergüten von Bauteilen. Mit diesen Verfahren wird die statische Festigkeit lokal oder global erhöht. Die durch einen Wärmebehandlungsprozess eingestellten Werkstoffeigenschaften können sich unter zyklischen Beanspruchungen aber mehr oder weniger von den statischen Eigenschaften unterscheiden. Ein Vergütungsgefüge neigt unter zyklischer Beanspruchung zu einer fortwährenden Entfestigung, während durch das Auslagern von Aluminium-Legierungen Ausscheidungen gebildet werden, deren festigkeitssteigernde Wirkung auch unter zyklischer Belastung erhalten bleiben.

Demzufolge ist bei der Festlegung der Belichtungsstrategie, die das resultierende Gefüge beeinflussen kann, das prozessbedingte Werkstoffverhalten zu berücksichtigen, um das Leichtbaupotential von additiv gefertigten Bauteilen heben zu können, Abbildung 8. Deutlich sind die einzelnen Lagen aufgrund des schichtweisen Aufbaus des Gefüges zu erkennen.

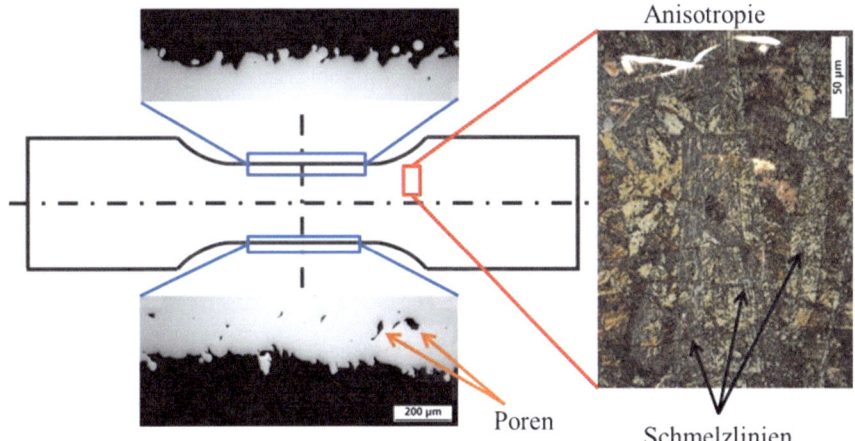

Abbildung 8:   Gefüge einer additiv gefertigten Werkstoffprobe

Grundsätzlich ist von einem richtungsabhängigen Bauteilverhalten auszugehen, wobei sich die Frage stellt, ob sich dieses anisotrope Verhalten im Sinne des Leichtbaus ausnutzen lässt. Dazu ist es erforderlich, die Belichtungsstrategie und die Lage im Bauraum, gemeinsam mit anderen Bauteilen, bzw. deren Auswirkungen auf das Werkstoff- bzw. Bauteilverhalten im Konstruktionsprozess zu berücksichtigen. Aufbauend auf den entsprechenden lokalen Werkstoffkennwerten ist das FE-Modell hierfür schichtweise entsprechend der Fertigungsstrategie unter Berücksichtigung resultierender Werkstoffeigenschaften aufzubauen.

4 Konstante vs. variable Beanspruchungsamplituden

Für einen Betriebsfestigkeitsnachweis ist es nicht ausreichend, nur das Werkstoffverhalten unter konstanten Amplituden zu betrachten. Vielmehr gilt es, den Einfluss von veränderlichen, d. h. variablen Amplituden berücksichtigen zu können, wobei zwei Einflüsse zu unterscheiden sind. Zum einen wird das Spannungs-Dehnungs-Verhalten und zum anderen wird die Schädigung beeinflusst.

Abhängig vom Gleitcharakter des Werkstoffs kann sich das Spannungs-Dehnungs-Verhalten im zyklisch stabilisierten Zustand zwischen zyklischen Beanspruchungen mit konstanten und variablen Amplituden unterscheiden [15, 16], Abbildung 9.

Unterschieden wird beim Gleitcharakter zwischen planar und wellig. Beim planaren Gleitcharakter ordnen sich die Versetzungen bei der Wechselverformung in Gruppen an und sind an Gleitebenen gebunden. Zudem besteht eine Tendenz zur Einfachgleitung bis zu hohen Beanspruchungen. Daher unterscheidet sich das zyklische Spannungs-Dehnungsverhalten zwischen konstanten und variablen Beanspruchungsamplituden nicht. Beim welligen Gleitcharakter ist die aus der Wechselverformung resultierende Versetzungsanordnung abhängig von der Beanspruchungshöhe. Bei geringen Beanspruchungsamplituden tritt vorwiegend Einfachgleitung auf, wobei sich die Versetzungen in Dipolen, Bündeln und Adern sowie persistenten Gleitbändern anordnen. Mit steigender Beanspruchungshöhe bilden sich aus den zyklisch stabilen zweidimensionalen Strukturen durch Quergleitung dreidimensionale Zellstrukturen aus. Dabei sind Versetzungsdipole infolge von Einfachgleitungen aber auch Bündel, Adern und versetzungsfreie Bereiche sowie Labyrinth- oder Zellstrukturen durch Mehrfachgleitungen zu beobachten.

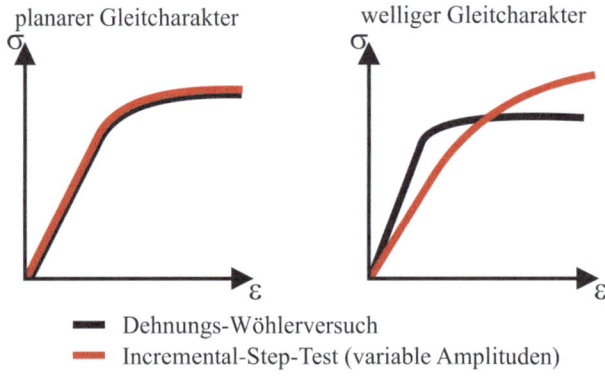

Abbildung 9: Vergleich des Spannungs-Dehnungs-Verhaltens für planaren (links) und welligen (rechts) Gleitcharakter

Mit Hilfe der Schadensakkumulation gilt es, die Schädigung einzelner Schwingspiele beliebiger Beanspruchungszeitfunktionen anhand der Wöhlerlinie zu bewerten. Je nach verwendetem Bemessungskonzept ist dieser Schritt mehr oder weniger rechenintensiv. Die Anwendung der linearen Schadensakkumulation nach Palmgren und Miner [17, 18], setzt u. a. eine Vergleichbarkeit der Schädigungsmechanismen unter konstanten und variablen Beanspruchungsamplituden voraus.

5 Werkstoffbasierte Lebensdauerabschätzung

Um die fertigungsbedingten Einflüsse auf die Schwingfestigkeit während des Konstruktionsprozesses berücksichtigen zu können, bietet sich ein lokales werkstoffbasiertes Bemessungskonzept an, Abbildung 10.

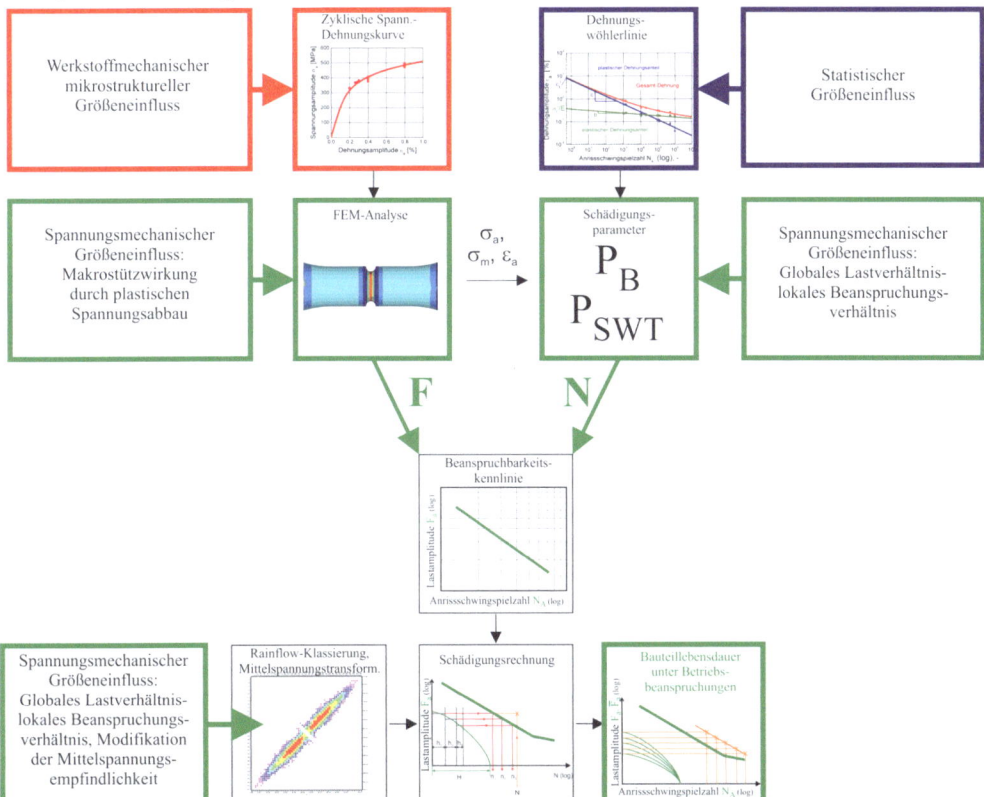

Abbildung 10: Werkstoffbasiertes Bemessungskonzept für zyklisch beanspruchte Bauteile [19]

Ausgehend vom zyklischen Werkstoffverhalten, d. h. den örtlichen, zyklisch stabilisierten Spannungs-Dehnungs-Kurven und den dazugehörigen Dehnungswöhlerlinien, unter Beachtung der Fertigungsstrategie und weiterer Faktoren gilt es, das FE-Modell für die Beanspruchungssimulation aufzubauen. Um hierbei den Einfluss von variablen Amplituden auf das zyklische Spannungs-Dehnungs-Verhalten berücksichtigen zu können, wird die zyklisch stabilisierte Spannungs-Dehnungs-Kurve eines Incremental Step Tests mit dem Dehnungshöchstwert zugrunde gelegt, welcher der maximal zulässigen Dehnungsamplitude aus dem Lastenheft entspricht. Die Verwendung des zyklisch stabilisierten Werkstoffverhaltens ist dann ausreichend, solange die Lastdaten nur in klassierter Form vorliegen. Die Berücksichtigung von zyklisch transienten Effekten bewirkt nur eine signifikante Verbesserung der Lebensdauerabschätzung, wenn die tatsächliche Beanspruchungszeitfunktion bekannt ist [20, 21]. An dieser Stelle werden zur Berücksichtigung des werkstoffmechanischen Größeneinflusses lokale Spannungs-Dehnungs-Kurven verwendet und somit von einem heterogenen Werkstoffverhalten ausgegangen.

Bei den anschließenden Belastungssimulationen werden nur Einstufenbelastungen simuliert, um den Simulationsaufwand gering zu halten. Die Schädigungsbewertung erfolgt mit Hilfe eines Schädigungsparameters, so dass die schädigende Wirkung von Mittellasten und Mitteldehnungen berücksichtig werden können. Die Grundlage hierfür bilden die um den statistischen Größeneinfluss reduzierten lokalen Dehnungswöhlerlinien. Anhand der bei den Belastungssimulationen verwendeten äußeren Lasten und der abgeschätzten Lebensdauer können Last-Wöhlerlinien abgeleitet und somit der Übergang aus dem Örtlichen Konzept auf Dehnungsbasis in die Lastkonzepte vollzogen werden.

Aufgrund der Verwendung des Spannungs-Dehnungs-Verhaltens aus einem Incremental Step Test (variable Amplituden) kann sich die resultierende Wöhlerlinie von einer experimentell bestimmten Wöhlerlinie unterscheiden. Dies ist beabsichtigt, damit diese bei der folgenden Schädigungsbewertung mittels linearer Schadensakkumulation nach Palmgren-Miner eingesetzt werden kann.

Die Schädigungsbewertung von beliebigen Beanspruchungszeitfunktionen erfolgt entsprechend der linearen Schadensakkumulation nach Palmgren-Miner. Dies hat den Vorteil einer erheblichen Reduktion des Simulationsaufwandes verglichen mit dem örtlichen Konzept.

6 Zusammenfassung

Zur Hebung des Leichtbaupotentials von additiv gefertigten Bauteilen bietet sich ein örtliches Konzept auf Basis von Werkstoffkennwerten an. Dazu ist es erforderlich, bewährte Methoden der Betriebsfestigkeit zur Übertragung der an Proben ermittelten Kennwerte auf Bauteil aus der Perspektive des lokalen Werkstoffverhaltens und der lokalen Werkstoffbeanspruchung zu betrachten. Mit Hilfe des gezeigten Konzeptes der werkstoffbasierten Lebensdauerabschätzung ist es möglich, den Aufwand für eine werkstoffbasierte Beanspruchungssimulation mit anschließender Lebensdauerabschätzung und damit den Aufwand bei der Bauteilbemessung gering zu halten, sofern die Möglichkeiten moderner FEM-Tools ausgenutzt werden.

Literatur

[1] Wagener R., Fischer C., Frohm, A., Kaufmann, H.: About the Challenge in Determining the Cyclic Material Behavior of Aluminum Alloys for Numerical Fatigue Analyses, ICAA13 Pittsburgh, June 03-07, 2012

[2] Lanz, C., Wagener, R., Melz, T.: FASTEST – Fatigue Related Application Specific Testing Solutions, SoSDiD 2014, Darmstadt, 2014

[3] Kloos, K.-H.: Fertigungsverfahren, Oberflächeneigenschaften und Bauteilfestigkeit. In: VDI-Berichte Nr. 214 (1974), S. 85-95

[4] Kloos, K.-H.: Einfluss des Oberflächenzustandes und der Probengröße auf die Schwingfestigkeitseigenschaften. In: VDI-Berichte Nr. 268 (1976), S. 63-76

[5] Liu, J.; Zenner, H.: Berechnung der Dauerschwingfestigkeit unter Berücksichtigung der spannungsmechanischen und statistischen Stützziffer. In: Materialwissenschaft und Werkstofftechnik 22 (1991), S. 178-196

[6] Neuber, H.: Kerbspannungslehre. 3. Auflage. Springer-Verlag, Berlin, 1985

[7] Radaj, D.; Vormwald, M.: Ermüdungsfestigkeit - Grundlagen für Ingenieure. 3. Auflage, Springer-Verlag Berlin Heidelberg New York, 2007

[8] Weibull, W.: A Statistical Theory of The Strength of Materials. Ingeniörsvetenskapsakademiens Handlingar Nr. 151, 1939

[9] Kuguel, R.: A Relation between Theoretical Stress Concentration Factor and Fatigue Notch Factor Deduced From the Concept of Highly Stressed Volume. In: ASTM Proceeding 61 (1961), S. 732-744

[10] Sonsino, C.M. ; Kaufmann, H. ; Grubisic: Übertragbarkeit von Werkstoffkenn-werten am Beispiel eines betriebsfest auszulegenden geschmiedeten Nutz-fahrzeug-Achsschenkels. In: Konstruktion 47 (1995), S. 222-232

[11] Masing, G.: Über elastische Nachwirkung und elastische Hysteresis bei Metallen. In: Zeitschrift für Metallkunde (1920), Nr. 12, S. 33-48

[12] Masing, G.: Eigenspannungen und Verfestigung beim Messing. In: Proceedings of the 2nd Int. Congress for Applied Mechanics, Zürich, Switzerland (1926), S. 332-335

[13] Topper, T. H.; Wetzel, R. M.; Morrow, J.: U. S. Naval Air Engineering Center, PA Philadelphia (Hrsg.): Neuber's Rule Applied to Fatigue of Notched Specimens. 1976 (Report No. NAEC-ASL-1114)

[14] Neuber, H.: Anisotropic Nonlinear Stress-Strain Laws and Yield Conditions. In: International Journal of Solid Structures 5 (1969), S. 1299-1310

[15] Christ, H.-J.: Werkstoff-Forschung und Technik. Bd. 9: Wechselverformung von Metallen. Springer-Verlag Berlin Heidelberg New York, 1991

[16] Wagener, R. W.: Zyklisches Werkstoffverhalten bei konstanter und variabler Beanspruchungsamplitude, Dissertation, Clausthal-Zellerfeld, Papierflieger-Verlag. 2007

[17] Palmgren, A.: Die Lebensdauer von Kugellagern. In: VDI-Zeitschrift 68 (1924), Nr. 14, S. 339-341

[18] Miner, M. A.: Cumulative Damage in Fatigue. In: Journal of Applied Mechanics 12 (1945), Nr. 3, S. A-159 – A-164

[19] Hell, M., Wagener, R., Melz, T.: Fatigue Design with Respect to Component Related Cyclic Material Behavior and Considerations of Size Effects, FatigueDesign 2015, Senlis, Frankreich, 2015

[20] Tomasella, A.: Tomasella, A: description of transient material behaviour under constant and variable amplitude loading for cold formed steels by linear flow splitting, Dissertation TU Darmstadt, LBF-Berichte FB-247, Fraunhofer Verlag, 2016

[21] Tomasella, A., Wagener, R. Melz, T.: Influence of the transient material behavior in the fatigue estimation under random loading, 3rd International Conference on Material and Component Performance under Variable Amplitude Loading, VAL2015, Prag, Procedia Engineering 101 (2015), 485-492, 2015

Schadensentwicklung und Schadenstoleranz von SLM-gefertigten Strukturen

Uwe Zerbst, Kai Hilgenberg

BAM-Bundesanstalt für Materialforschung und -prüfung, Berlin

Zusammenfassung

Unterschiedliche Werkstoffeigenschaften reagieren auf jeweils spezifische Weise auf Gittertyp, Gefüge und Defekte. Für die schadenstolerante Betrachtung von Werkstoff und Bauteil ist das Verständnis dieser Zusammenhänge essentiell. Der Beitrag gibt mit Hinblick auf additiv gefertigte metallische Bauteile mittels *Selective Laser Melting* einen kurzen, keineswegs vollständigen Überblick über Faktoren, die die Steifigkeit, Festigkeit, Duktilität, Zähigkeit, Ermüdungsrissausbreitung und Schwingfestigkeit beeinflussen. Es wird aufgezeigt, wie die bruchmechanische Betrachtung zur Quantifizierung der Zusammenhänge beitragen kann.

Stichwörter: Selective Laser Melting (SLM), Werkstoffeigenschaften, Schadenstoleranz, Bruchmechanik

1 Einleitung

Das für die Fertigung metallischer Bauteile geeignete Selektive Laserstahl-Schmelz-Verfahren (SLM – *Selective Laser Melting*) – Abbildung 1 zeigt schematisch das Prinzip – erfährt derzeit eine rasante Entwicklung auf einem schnell zunehmenden Markt aus ganz verschiedenen Anwendungsgebieten. Die Eigenschaften der dabei entstehenden Bauteile werden durch eine Anzahl technologischer Parameter beeinflusst. Dies sind das verwendete Metallpulver (Werkstoff, Teilchengröße, Homogenität, Verunreinigung), das Laserwerkzeug (Leistung, Stahldurchmesser, bei diskontinuierlicher Energieeinbringung zusätzlich Frequenz und Pulsdauer), der Scanvorgang (Scangeschwindigkeit, Abstand, Reihenfolge und Orientierung der Schmelzbahnen), Parameter der Gesamtanlage (Gestaltung und Beheizung der Grundplatte, Aufheizen und Strömungen in der Schutzgasatmosphäre) und nicht zuletzt, die Schichtdicke und Aufbaurichtung der Struktur. Um SLM-gefertigte Bauteile künftig auch als lasttragende Komponenten einsetzen zu können, ist es erforderlich, ihre mechanischen Parameter zu ermitteln und im Kontext ihrer herstellungsbedingten Eigenheiten vor dem Hintergrund der Basiswerkstoffeigenschaften Gitter, Mikrostruktur und Materialdefekte zu verstehen.

Die bisher meistuntersuchten Zielparameter sind die Dichte, die Oberflächenqualität und die Festigkeitswerte von SLM-gefertigten Bauteilen. Darüber hinaus finden sich punktuell Untersuchungen zu Zähigkeit, Ermüdungsrissausbreitung und Schwingfestigkeit. Ziel des vorliegenden Aufsatzes ist eine kurze Diskussion des derzeitigen Wissensstandes vor dem Hintergrund eines phänomenologischen Verständnisses der Parameter. Ein umfassender Überblick ist allerdings schon aufgrund des bisher eher begrenzten Werkstoffspektrums beim SLM, das sich derzeit allerdings rapide vergrößert, nicht leistbar.

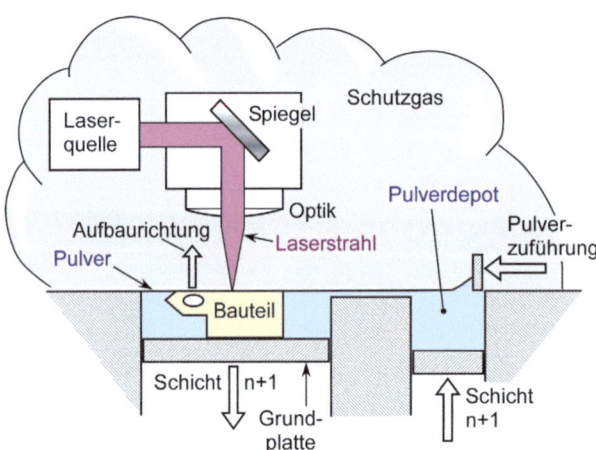

Abbildung 1: Grundprinzip des Laserstahlschmelzens (SLM) als Fertigungsverfahren; nach [1]

Da sie eine besondere Rolle spielt, soll die Definition der SLM-Aufbaurichtung relativ zur Belastungsrichtung vorab in Abbildung 2 wiedergegeben werden. Bezüglich der Proben mit Riss wird dabei die in der Bruchmechanik-Nomenklatur übliche Kombination aus der Belastungsrichtung und der Richtung der potentiellen Rissausbreitung gewählt.

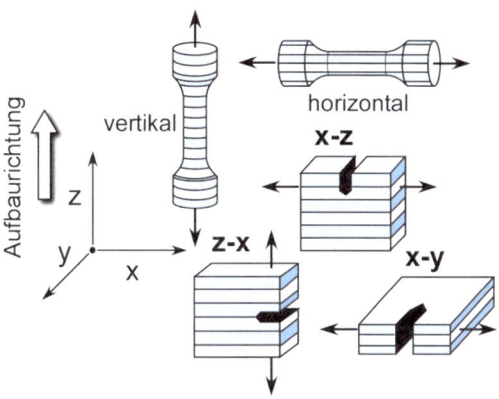

Abbildung 2: Nomenklatur zu Definition der SLM-Aufbaurichtung relativ zur Belastungsrichtung der jeweiligen Probe.

2 Werkstoff/Bauteileigenschaften

2.1 Allgemeines

Das Schema in Abbildung 3 verdeutlicht den prinzipiellen Zusammenhang zwischen den Grundmerkmalen eines Werkstoffs (Gittertyp, Mikrogefüge und Defekte), seinen für seine Schadenstoleranz maßgeblichen mechanischen Eigenschaften (Steifigkeit, Festigkeit usw.) und den Parametern, mit denen diese Eigenschaften beschrieben werden. Entscheidend dabei ist, dass unterschiedliche Eigenschaften und Parameter auf ganz unterschiedliche Weise auf die Grundmerkmale reagieren. Im Folgenden soll dieses Schema den Rahmen für die Diskussion des Schadenstoleranzverhaltens SLM-gefertigter Werkstoffe und Strukturen abgeben.

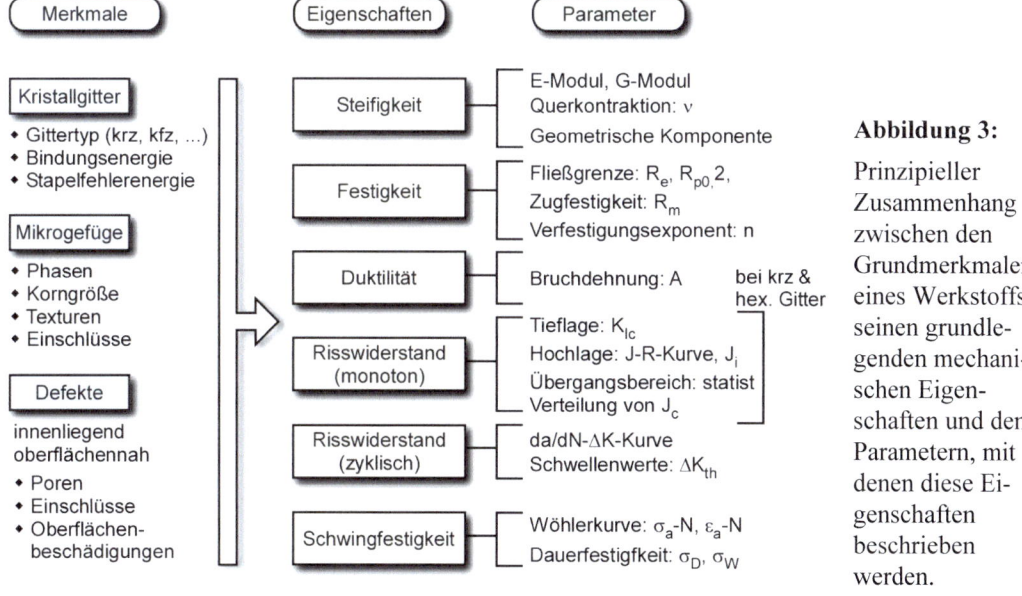

Abbildung 3: Prinzipieller Zusammenhang zwischen den Grundmerkmalen eines Werkstoffs, seinen grundlegenden mechanischen Eigenschaften und den Parametern, mit denen diese Eigenschaften beschrieben werden.

2.2 Steifigkeit

Eine erste wichtige Eigenschaftsgruppe ist die Steifigkeit, deren Kenntnis hinsichtlich der Formhaltigkeit von Bauteilen unter elastischer Beanspruchung aber auch zur Vermeidung von Steifigkeitssprüngen bei Stoffverbunden (etwa zwischen Implantat und Knochen) von Bedeutung ist. Als Werkstoffeigenschaft wird die Steifigkeit gewöhnlich durch die elastischen Parameter, v. a. den Elastizitätsmodul ausgedrückt. Dieser ist v. a. eine Funktion der Gittereigenschaften des Werkstoffs und dabei insbesondere der Bindungsenergie. Er kann beispielsweise durch das Zulegieren hochschmelzender Elemente erhöht werden [2]. Neben dem Werkstoff trägt auch die Bauteilgeometrie zur Steifigkeit bei. *Additive Manufacturing* wie das Selektive Laserschmelzen bietet in diesem Zusammengang die einzigartige Möglichkeit, die Steifigkeit durch eine Anpassung der inneren Bauteilstruktur lokal zu variieren, indem gezielt gitterartige oder kontrolliert poröse Strukturen gefertigt werden können [3].

Dabei ist allerdings zu beachten, dass die Porosität neben der Steifigkeit auch weitere Werkstoffeigenschaften wie die Festigkeit, ggf. die Zähigkeit, den Widerstand gegen Ermüdungsrissausbreitung und die Schwingfestigkeit beeinflusst, und zwar in der Regel nachteilig, s. z. B. [4].

2.3 Festigkeit/Duktilität

Prinzipiell wird die Festigkeit in polykristallinen metallischen Werkstoffen neben dem Gittertyp, der sich auf die Anzahl der Gleitsysteme auswirkt, von den sog. Verfestigungsmechanismen beeinflusst, die die Versetzungsbewegung behindern. Diese beinhalten die Korngrenzen- (bei sog. Hall-Petch-Materialien mit geringer Stapelfehlerenergie), die Mischkristall-, die Teilchen- und die Verformungsverfestigung [2]. Bei hinreichend großem Probenvolumen (auf der Nanoskala bis hin zu einigen zig µm ergeben sich abweichende Werte [5, 6]) wird die Festigkeit als über ein größeres Werkstoffvolumen gemittelter Kennwert ermittelt, was bedeutet, dass lokale Inhomogenitäten etwa in der Kornorientierung „herausgemittelt" werden. Damit unterscheidet sie sich weitgehend von den Risswiderstandseigenschaften (einschließlich der Schwingfestigkeit), die sehr viel stärker auf lokale Gegebenheiten reagieren.

Abbildung 4 und 5 zeigen zwei Beispiele für den Einfluss von SLM auf die Spannungs-Dehnungs-Kurven von Werkstoffen unter monotoner Belastung. In beiden Fällen weisen die SLM-gefertigten Werkstoffe im Vergleich zu konventionell hergestellten Referenzwerkstoffen höhere Festigkeiten verbunden mit geringerer Duktilität auf, ein Effekt, der auch in weiteren Fällen beobachtet wird [7] und in der Regel durch eine anschließende Glühbehandlung teilweise wieder rückgängig gemacht werden kann.

Zugleich verdeutlicht Abbildung 5 am Beispiel den Einfluss der Porosität auf die Spannungs-Dehnungs-Kurve. Als Ursache für die Verfestigung durch den SLM-Prozess berichten die Autoren bezüglich Abbildung 4 ([8], Titanaluminid) über steile Wärmegradienten bei der Prozessführung, die verbunden mit rapider Abkühlung zu Martensitbildung führten. Im Zusammenhang mit Abbildung 6 ([9], austenitischer Stahl) weisen die Autoren auf eine ebenfalls durch die steilen Temperaturgradienten verursachte feindendritische Struktur im nichtnachbehandelten Zustand hin.

Verbesserungen der Festigkeit, v. a. aber der Duktilität mit zunehmender relativer Dichte (von 96,4 auf 99,5%) bei reinem Titan, werden auch in [10] berichtet. Einen indirekten Hinweis in dieselbe Richtung liefern Untersuchungen zum Effekt von HIP-Behandlungen (HIP – *hot isostatic pressing*), die eine Verdichtung des Werkstoffs im Inneren bewirken [11, 12]. Prinzipiell ist aber immer auch in Rechnung zu stellen, dass das Erreichen der höheren Dichte mit einer Veränderung der Prozessparameter verbunden ist, die auch anderweitig Einfluss haben, z. B. auf Veränderungen der Mikrostruktur [12-14].

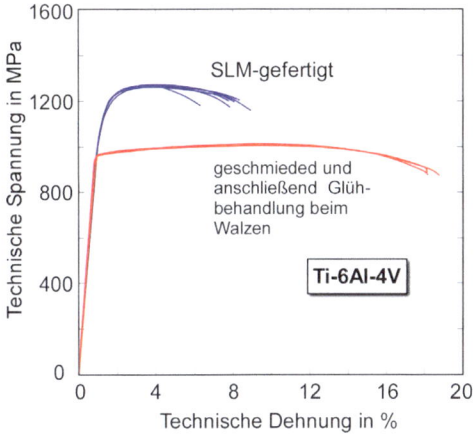

Abbildung 4: Spannungs-Dehnungs-Kurven von SLM-gefertigtem Ti-6Al-4V im Vergleich zu einem konventionell gefertigten Referenzwerkstoff; nach [8].

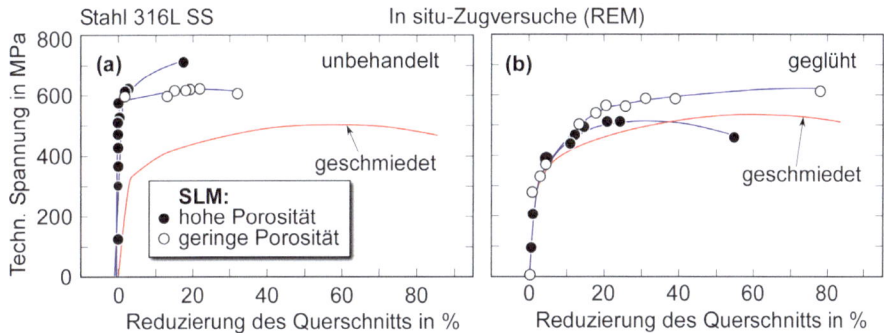

Abbildung 5: Spannungs-Dehnungs-Kurven von SLM-gefertigtem S316L-Stahl im (a) unbehandelten und (b) geglühtem Zustand; Einfluss der Porosität; Vergleich mit konventionell gefertigtem Werkstoff; nach [9].

Der Effekt, dass SLM-Werkstoffe im unbehandelten Zustand eine erhöhte Festigkeit verbunden mit verringerter Duktilität aufweisen, wurde von weiteren Autoren und für unterschiedliche Werkstoffe beobachtet [15-19], vgl. auch die Übersicht in [20].

Ein Beispiel für den Einfluss der Aufbaurichtung sowie der Schichtdicke pro Scan auf die Spannungs-Dehnungs-Kurve gibt Abbildung 6 [9] wieder. Dabei wirkt sich insbesondere ein horizontaler Aufbau, bei dem die spätere Belastung gleichsam in „Faserrichtung" erfolgt, positiv aus. Die geringere Schichtdicke bewirkt v. a. eine Verbesserung der Duktilität. Die Autoren in [21] berichten von SLM-gefertigtem austenitischem Stahl, dass partiell nichtaufgeschmolzene Bereiche in den Grenzschichten zwischen den Aufbaulagen vertikal gefertigter Zugproben die Duktilität (d. h., die Bruchdehnung) sowie deren Streuung ungünstig beeinflussen. Weitere Untersuchungen zum Effekt der Ausbaurichtung auf die Festigkeit und Duktilität für verschiedene Werkstoffe, die vergleichbare Befunde erbringen, finden sich in [22-28]. Einen

Einfluss der Aufbaurichtung auf die Kerbschlagarbeit als einem Parameter, der näher bei der Duktilität als bei der bruchmechanischen Zähigkeit anzusiedeln ist, haben die Autoren in [29] gefunden.

Ein spezielles Problem v. a. hinsichtlich der Duktilität (die bei elastisch-plastischem Deformationsverhalten mit den Zähigkeitseigenschaften korreliert) ist die Reproduzierbarkeit. Die Autoren in [30] haben die statistische Verteilung der Duktilität von 120 Proben (Querschnitt 1 x 1 mm^2) eines SLM-gefertigten nichtrostenden martensitischen Stahls untersucht und dabei festgestellt, dass der untere Teil des Streubandes dazu tendiert, auf nichtkonservative Weise von den auf begrenzteren Probenzahlen aufbauenden Weibullverteilungen abzuweichen. Dafür verantwortlich machen sie inhomogenes Gefüge, inhomogen verteilte Porosität sowie den Einfluss der Oberflächenrauheit, wobei letztere aufgrund ihrer lokalen Kerbwirkung eine für Zugversuche eigentlich unzulässige Randbedingung darstellt oder – wenn man so will – eine Kombination aus Werkstoff- und Bauteileigenschaften, vgl. a. [21].

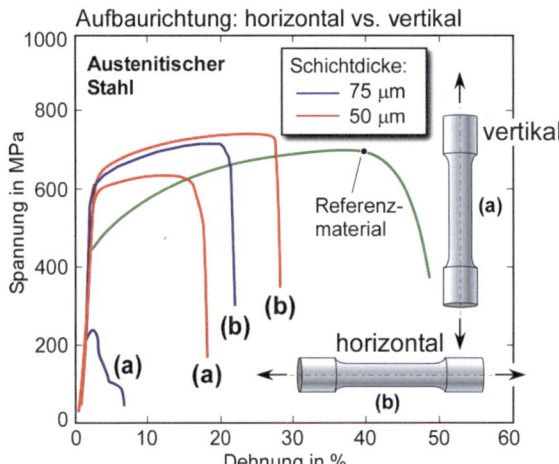

Abbildung 6: Beispiel für den Einfluss der Aufbaurichtung sowie der Schichtdicke auf die Spannungs-Dehnungs-Kurve eines austenitischen Stahls; nach [9].

2.4 Risswiderstand bei monotoner Belastung

Bei Werkstoffen, die duktil-sprödes Übergangsverhalten aufweisen (solche mit kubisch-raumzentriertem und hexagonalem Gitter), ist es zunächst wichtig, zwischen den Bereichen der Tieflage, der Hochlage und des duktil-spröden Übergangsbereichs zu unterschieden, da sich die entsprechenden Bruchmechanismen unterscheiden und auch unterschiedliche bruchmechanische Parameter als Grundlage für den Risswiderstand herangezogen werden.

2.4.1 Hochlage

In der Hochlage geschieht das Versagen des Werkstoffs in drei Phasen, hinsichtlich einer ausführlichen Diskussion s. [31]:

(a) die Bildung von Hohlräumen (*voids*) im plastisch verformten Bereich bevorzugt an Einschlüssen, die eine andere Steifigkeit aufweisen als das umgebende Material und beim Bruch oder der Ablösung von der Matrix Spannungsspitzen verursachen;

(b) das Wachstum der Hohlräume und

(c) die Koaleszenz der nächstgelegenen Hohlräume durch Überwinden der Materialbrücken zwischen den Hohlräumen.

Dieselben Mechanismen treten mit und ohne ursprünglichen Riss auf, durch letzteren oder die Präsenz eines Kerbs erfahren sie jedoch infolge der makroskopischen Spannungskonzentration eine Lokalisierung. Bedingt durch eine unterschiedliche Dehnungsbehinderung entlang der Rissfront können die Phasen (a) und (b) dabei zeitlich überlappend auftreten.

Bruchmechanisches Maß für den Risswiderstand in der Hochlage ist gewöhnlich das J-Integral oder die Rissspitzenverschiebung CTOD bzw. die Risswiderstandskurve, bei der diese Parameter über dem Betrag an stabilem Risswachstum Δa aufgetragen sind. Das J-Integral ist entsprechend seiner Definition eine Energiefreisetzungsrate, wobei die für die Risserweiterung aufzuwendende Energie bei duktilem Deformationsverhalten zu einem geringeren Teil die Separationsarbeit ist, die zur eigentlichen Materialtrennung an der Rissspitze erforderlich ist, und zum weitaus größeren Teil die plastische Energie, die bei diesem Vorgang im die Bruchprozesszone umgebenden Werkstoff dissipiert wird [32]. Das ist eine der Ursachen für die üblicherweise beobachtete Geometrieabhängigkeit der Risswiderstandskurve.

Angesichts der Tatsache, dass bei dem so definierten Risswiderstand die plastische Verformung des Werkstoffs eine substantielle Rolle spielt, sollte man erwarten, dass der Parameter in ähnlicher Weise auf Gefügeparameter reagiert wie die Spannungs-Dehnungs-Kurve. Das ist tatsächlich der Fall, wobei allerdings zu beachten ist, dass die Rissspitzenbelastung mit der Duktilität (ausgedrückt durch die Bruchdehnung oder die Arbeit unter der Spannungs-Dehnungs-Kurve) korreliert und (mit Ausnahme von linear-elastischer Deformation) nicht mit der Spannung. Aus diesem Grund ist eine einfache Übertragung etwa einer der Hall-Petch-Beziehung für die Korngrößenabhängigkeit der Festigkeit entsprechenden Gleichung auf duktilen Bruch nicht möglich [33, 34].

2.4.2 Tieflage

Der übliche Ansatz zur Beschreibung des Spaltbruchmechanismus der Tieflage ist ein Mehrbarrieren-Modell [31, 35]. Die aufeinander folgenden Schritte sind:

(a) Gleitvorgänge, die zur Bildung eines Mikrorisses an einem spröden Einschluss führen. Bei ferritischem Stahl wird das zumeist ein Karbideinschluss sein.

(b) Ausbreitung des Mikrorisses durch das Teilchen oder an der Partikel-Matrix-Grenze, anschließend Ausbreitung entlang einer dichtgepackten (Spalt)ebene der umgebenden Matrix (bei kubisch-raumzentriertem Gitter auf der 100-Ebene).

(c) Übergang des Risses in ein Nachbarkorn und, von dort aus, Ausbreitung über den gesamten Querschnitt.

Die Möglichkeit des Rissarrests an einer Korngrenze deutet bereits darauf hin, dass ein Einfluss der Korngröße auf die Spaltbruchzähigkeit zu erwarten ist, was auch von etlichen Autoren bestätigt wird [33]. Dem entspricht die Lehrbuchregel [1], dass die Kornfeinung der einzige Verfestigungsmechanismus ist, der sowohl die Festigkeit als auch die Duktilität und die Zähigkeit positiv beeinflusst. Allerdings ist die Korngröße nicht der einzige Parameter, der den Risswiderstand in der Tieflage und im unteren duktil-spröden Übergangsbereich beeinflusst [35, 36]. Abbildung 7 illustriert am Beispiel eines ferritischen Stahls die Konkurrenzsituation zwischen Ferritkorngrenzen und Karbidteilchen in Abhängigkeit von der Temperatur, d. h., mittelbar von der Verformungsfähigkeit des Werkstoffs.

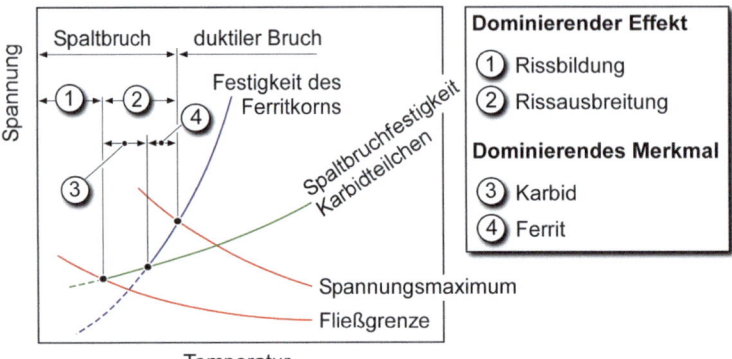

Abbildung 7: Schematische Darstellung der Bedingungen, unter denen die Korngröße und die Einschlusspartikelgröße (und -form) den Spaltbruch dominieren am Beispiel eines ferritischen Stahls; nach [35].

Anders als in der Hochlage wird der Risswiderstand in der Tieflage auf der Grundlage eines kritischen Spannungsintensitätsfaktors K_{Ic} ermittelt. Auch dieser beschreibt nicht den eigentlichen Materialtrennvorgang in der Prozesszone, sondern das Spannungs-Dehnungs-Feld in einem wenige Millimeter breiten K-kontrollierten Bereich um diese Zone herum. Insofern ist auch er nicht strikt ein lokaler Parameter. Nimmt die Verformbarkeit des Werkstoffs mit zunehmender Temperatur zu, verliert das K-Konzept seine Gültigkeit, und es muss auf andere Parameter wie das J-Integral J_c für das Bruchereignis zurückgegriffen werden. Die Tieflage wird vom duktil-spröden Übergangsbereich abgelöst.

2.4.3 Duktil-spröder Übergangsbereich

An Einschlüssen gebildete Mikrorisse, die in der Tieflage etwa beim Übertritt zu einem benachbarten Korn Spaltbruch ausgelöst hätten, arretieren nun oder breiten sich stabil aus, wobei zunächst die Rissspitze plastisch abstumpft. Sie werden gewissermaßen „entschärft". Weniger zahlreiche, besonders große Einschlüsse, Einschlusscluster o. ä. bilden aber nach wie vor Gefügeschwachstellen, die instabiles Versagen auslösen können, wenn sie lokal mit einer hohen Spannung beaufschlagt werden. Aufgrund der in Ligamenttiefenrichtung variierenden Dehnungsbehinderung (*constraint*) bildet sich bei einem (mit dem Verfestigungsvermögen des Werkstoffs variierenden) Abstand vom 1,6 bis 2,4-fachen der Rissspitzenverschiebung CTOD [35] ein Spannungsmaximum aus, das mit zunehmender Last bzw. mit wachsendem Riss in das Ligament vorgeschoben wird. Trifft das Spannungsmaximum auf die der Rissfront nächstgelegene Gefügeschwachstelle, so löst dies instabiles Versagen aus, das als Spaltbruch eintritt. Dieses Phänomen wird als Mechanismus des schwächsten Kettenglieds (*weakest link*) bezeichnet. Er wurde zuerst in [37] vorgeschlagen und erklärt sowohl die ausgeprägte Streuung des Bruchwiderstands im duktil-spröden Übergangsbereich als auch seine statistische Geometrieabhängigkeit. Erstere ergibt sich aus der begrenzten Anzahl an relevanten Schwachstellen und ihrer stochastischen örtlichen Verteilung im Ligament. Je nachdem, ob sich die dem Riss nächstgelegene Schwachstelle nahe oder entfernt von der Rissfront befindet, ist unterschiedlich viel Arbeit zu leisten, um das Spannungsmaximum bis zu dieser Stelle vorzutreiben – und dies entspricht einem unterschiedlichen, durch J_c ausgedrückten (oft auch formal in K_c^J umgerechneten) Bruchwiderstand. Die Geometrieabhängigkeit des auf diese Weise entstehenden Streubands resultiert einfach daraus, dass die Wahrscheinlichkeit, nahe der Rissfront auf eine versagensauslösende Gefügeschwachstelle zu stoßen, mit längerer Rissfront zunimmt. Es wäre zu erwarten, dass sich die in Abschnitt 2.3 wiedergegebene Schwierigkeit bei der Beschreibung des unteren Wahrscheinlichkeitsastes der Duktilität SLM-gefertigter Stahlproben [30] als Folge unterschiedlicher Defektkonfigurationen ebenfalls im duktil-spröden Übergangsbereich auswirkt. Da es sich statistisch betrachtet um unterschiedliche Stichproben handeln würde, sollte eine einheitliche Verteilungsfunktion nicht auf alle Datenpunkte anwendbar sein; ein Effekt, der sich aber möglicherweise erst bei der Berücksichtigung einer sehr großen Probenzahl herausstellen könnte.

Bislang ist den Autoren nur eine sehr begrenzte Anzahl an Studien zum Risswiderstand SLM-gefertigter Werkstoffe bekannt, wobei die Beurteilung in etlichen Fällen dadurch erschwert ist, dass inzwischen ungebräuchlich gewordene Parameter aus den Anfängen der Bruchmechanik, etwa das CTOD bei Erreichen des Maximums der Last-Verformungs-Kurve (δ_u), deren Aussagekraft eingeschränkt ist, herangezogen werden. Zusammenhänge wie die oben dargestellten sind in Bezug auf verschiedene SLM-Werkstoffe noch aufzuklären.

In Abbildung 8 sind Daten eines gesinterten Stahls wiedergegeben, die, obwohl nicht SLM-gefertigt, gezeigt werden sollen, weil sie den Einfluss der Dichte auf den Risswiderstand in der Tieflage beleuchten, wie er auch für SLM eine Rolle spielen könnte. Untersuchungen zum Einfluss der Aufbaurichtung auf den Risswiderstand sind in Tabelle 1 und Abbildung 9 und 10 gezeigt.

Aus Tabelle 1 ist ersichtlich, dass der Risswiderstand insbesondere im unbehandelten Zustand in der z-x-Richtung, bei der sich der Riss in Richtung der Aufbaulagen ausbreitet, gering ist (wobei aber bei der Interpretation Vorsicht geboten ist, da der Riss stark „tunnelte"). Nur in diesem Fall erbrachte das Spannungsarmglühen eine deutliche Verbesserung, während sich die Glühbehandlung bei 650°C in jedem Fall positiv auswirkte. Die Autoren führen das auf die Beseitigung des martensitischen Gefüges als Folge der Wärmebehandlung zurück. Ebenfalls mit Vorsicht aufzunehmen ist die in [39] berichtete Abhängigkeit der Tieflagen-Bruchzähigkeit von der Aufbaurichtung, da die Versuche an Biegeproben an einer SLM-gefertigten Netzstruktur durchführt wurden, die kaum als Kontinuum betrachtet werden kann, wie dies für die Anwendung des Spannungsintensitätsfaktor-Konzepts erforderlich ist.

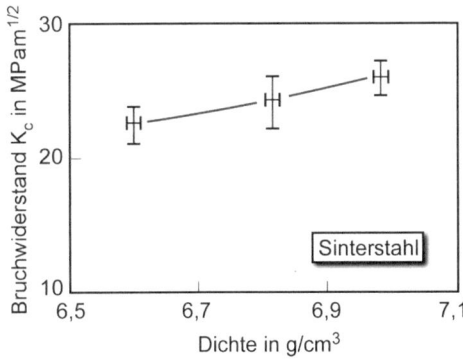

Abbildung 8: Einfluss der Dichte eines Sinterstahls auf den Tieflagen-Risswiderstand; nach [38];

Anmerkung: Es handelt sich nicht um Versuche unter Bedingungen von ebener Dehnung.

Eine systematische Abhängigkeit des Risswiderstandes von der Aufbaurichtung erhielten die Autoren in [40] für Ti-6Al-4V. Auch in diesem Fall lieferte die z-y-Richtung (bei der der Riss in der Grenzfläche zwischen den Aufbauschichten läuft) die geringste Zähigkeit (Abbildung 9) sowie die geringste (elastische) R-Kurve (Abbildung 10). Allerdings trifft das nicht in gleicher Weise für die z-x-Richtung zu, was evtl. eine Folge des Schichtaufbaus in horizontaler Richtung sein könnte.

Tabelle 1: Einfluss der Aufbaurichtung und der Nachbehandlung von SLM-gefertigtem Ti-6Al-4V auf den Bruchwiderstand; nach [22].

Probenorientierung/ Aufbaurichtung	Risswiderstand K_{Ic} in MPa m$^{1/2}$		
	unbehandelt	spannungsarmgeglüht	geglüht (650°C)
x-y	28 ± 2	28 ± 2	41 ± 2
x-z	23 ± 1	30 ± 1	49 ± 2
z-x	16 ± 1	31 ± 2	49 ± 1

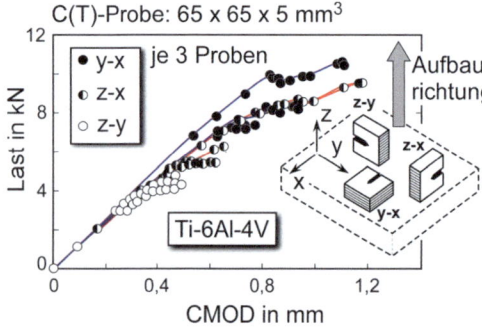

Abbildung 9: Last-CMOD-Kurven SLM-gefertigter C(T)-Proben aus Ti-6Al-4V; nach [40]. Die Kurven für die y-x- und z-x-Richtung weisen Pop-in-Verhalten auf. Der Risswiderstand korreliert mit der Last am Pop-in-Punkt.
Anmerkung: Nomenklatur der Probeentnahmerichtung abweichend von [40] entsprechend ISO 12135 (s.a. Abbildung 2).

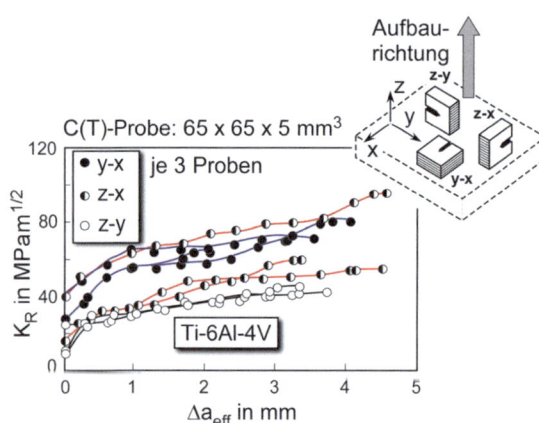

Abbildung 10: Elastische R-Kurven SLM-gefertigter C(T) Proben aus Ti-6Al-4V; nach [40]. a_{eff} kennzeichnet die „plastische-Zonen-korrigierte" Risstiefe; Δa_{eff} den entsprechenden Rissfortschritt; K_R ist der auf a_{eff} bezogene K-Faktor (K_{eff}).
Anmerkung: Nomenklatur der Probeentnahmerichtung abweichend von [40] entsprechend ISO 12135 (s.a. Abbildung 2).

2.5 Rissausbreitung bei zyklischer Belastung

Deutlich mehr Daten als für den Risswiderstand bei monotoner Belastung existieren für den Widerstand gegen zyklisches Risswachstum SLM-gefertigter Probekörper [22, 40-46]. Bevor einige dieser Daten vorgestellt werden sollen, sind zunächst einige allgemeinere Ausführungen zur da/dN-ΔK-Kurve erforderlich.

2.5.1 Die da/dN-ΔK-Kurve und Einflussfaktoren in den verschiedenen Bereichen

Bei der da/dN-ΔK-Kurve wird die Rissausbreitungsgeschwindigkeit da/dN (a – Risstiefe, N – Lastwechselzahl) über der Schwingbreite des Spannungsintenitätsfaktors ΔK (= K_{max} – K_{min}) üblicherweise doppelt-logarithmisch aufgetragen. Die so erhaltene Kurve wird in drei Bereiche eingeteilt: den Schwellenwertbereich, den Paris-Bereich und den Übergangsbereich zum monotonen Bruch (Abbildung 11).

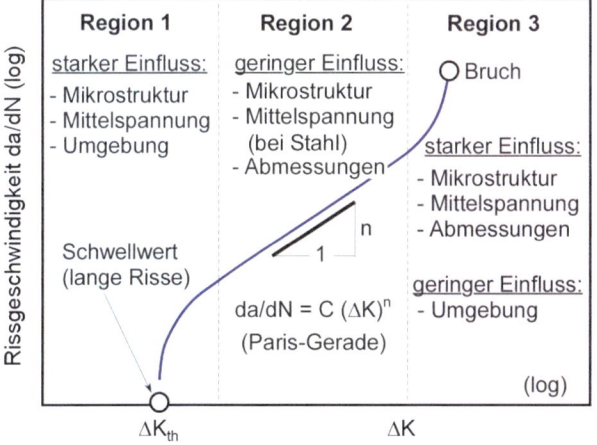

Abbildung 11: Bereiche der da/dN-ΔK-Kurve zur Charakterisierung der (Ermüdungs-) rissausbreitung unter zyklischer Last.

(a) Paris-Bereich und Übergang zum monotonen Bruch

In diesem Bereich bildet die Kurve in doppelt-logarithmischer Auftragung eine Gerade, deren Lage und Anstieg vom konkreten Gefüge relativ unabhängig ist, was u. a. die Anwendung von hinterlegten Referenzkurven für ganze Materialklassen (z. B. im britischen Bruchmechanik-Standard BS7910) ermöglicht. Ebenfalls von geringem Einfluss ist die Umgebung, während eine deutliche Mittelspannungsabhängigkeit existiert, d. h., der Riss wächst mit zunehmendem Spannungsverhältnis R (= K_{min}/K_{max}) schneller.

Dieses Phänomen wird gewöhnlich mit dem sog. Rissschließeffekt erklärt, der im Paris-Bereich v. a. in seiner Ausprägung als plastizitätsinduzierter Rissschließeffekt auftritt. Während der Ausbreitung wächst der Riss durch die zuvor vor der Rissspitze ausgebildete plastische Zone hindurch. Der irreversibel verformte Materialbereich bildet v. a. nahe der Seitenflächen eine „Aufdickung" mit dem Effekt, dass die Rissflanken bereits vor dem Nulldurchgang der Spannung schließen. Für den Rissfortschritt steht nur der Teil des ΔK zur Verfügung, über den der Riss geöffnet ist. Dieser wird als ΔK_{eff} (= K_{max} – K_{op}; K_{op} = K beim Rissschließen bzw. -öffnen) bezeichnet. Das Verhältnis $\Delta K_{eff}/\Delta K$ nimmt mit der Mittelspannung und damit mittelbar mit dem Spannungsverhältnis R (= K_{min}/K_{max}) zu.

Die da/dN-ΔK-Kurve im Paris-Bereich wird gewöhnlich durch eine Exponentialgleichung da/dN = C(ΔK)^m bzw. da/dN = C(ΔK$_{eff}$)^m abgebildet, wobei der Exponent m aufgrund der unter linear-elastischen Bedingungen geltenden Beziehung da/dN ~ $\Delta\delta$ ~ ΔK^2 (δ = Rissspitzenverschiebung CTOD) theoretisch 2 betragen sollte [47]. In der Realität weist er jedoch Beträge zwischen 2 und 4 auf. Eine Ursache für die erhöhten Werte sind kurze Phasen, in denen der Riss durch monotone Versagensmechanismen wie lokalen Spaltbruch oder duktile Materialtrennung wächst [48]. Dabei handelt es sich um Pop-in-Ereignisse, wie sie auch bei monotoner Belastung auftreten können, d. h. der Riss wird nach kurzem monotonem Wachstum wieder arretiert.

Am oberen Ende der da/dN-ΔK-Kurve, mit zunehmendem K$_{max}$, verschärft sich der Effekt und die doppelt-logarithmische Kurve weicht progressiv ansteigend von der Geradenform ab. Hier greifen die Einflussfaktoren auf die monotonen Bruchmechanismen, wie sie oben erwähnt wurden. Es ist allerdings nicht in jedem Fall möglich, die Bereiche sauber auseinanderzuhalten.

Ein Faktor, der die da/dN-ΔK-Kurve in diesen Bereichen beeinflusst, ist die Porosität des Werkstoffs, die, wie bereits dargestellt, auch im Falle von SLM-Bauteilen eine Rolle spielt. Ein Beispiel, allerdings für einen gesinterten Stahl, zeigt Abbildung 12. Zunächst ist auffällig, dass die Exponenten m zwischen 4,5 und 5,7 liegen, wobei die Erhöhung der Dichte eine Reduzierung der Werte bewirkt. Die hohen Werte legen den Gedanken an eine Beteiligung monotoner Versagensmechanismen nahe, zumal die Versuche bei vergleichsweise hohen Spannungsverhältnissen (R = 0,45) durchgeführt wurden. Die Autoren in [38] erklären den Einfluss der Dichte auf die da/dN-ΔK-Kurve durch die Wechselwirkung verschiedener Effekte: Da die Spitze des Risses sehr viel schärfer ist, als der Radius der Pore, in die er hineinwächst (Abbildung 12b), hat diese den Effekt von Rissabstumpfung (etwa so wie beim Ausbohren von Rissen). Prinzipiell würde das Risswachstum auf diese Weise verlangsamt. Der Riss „wächst" jedoch gleichzeitig sprungartig um die Abmessung der Pore, was bei hinreichend vielen, hinreichend großen und hinsichtlich des Risswachstumspfades günstig orientierten Poren die beobachtete Erhöhung der Rissfortschrittsrate zur Folge hätte. Übertrüge man diesen Gedanken auf SLM-Bauteile, so sollte sich dabei auch die Aufbaurichtung mit ihrem potentiellen Effekt auf die Porenorientierung auswirken. Auf einen Einfluss von Poren auf die Ermüdungsrissausbreitung kann man aus dem Vergleich unbehandelter und mittels HIP nachverdichteter Proben aus Ti-6Al-4V-Guss in Abbildung 13 folgern.

Vergleichbare Verbesserungen erzielten die Autoren in [43] und [44] für unbehandeltes und HIP-nachbehandeltes Ti-6Al-4V und einen Stahl 316L, die beide SLM-gefertigt waren. Während die HIP-Nachbehandlung für die Titanlegierung unabhängig von der Aufbaurichtung einen substantiellen positiven Effekt auf die da/dN-ΔK-Daten zeigte (im Bereich des Schwellenwertes um mehr als Faktor 2 auf der Ebene des ΔK), waren die Effekte bei dem Stahl eher moderat, und sie weisen evtl. einen Einfluss der Aufbaurichtung auf (Abbildung 14). Allerdings ist diese Aussage mit Vorsicht aufzunehmen, da die beiden Werkstoffe bei unterschiedlichen R-Verhältnissen geprüft wurden (Ti-6Al-4V: R = 0,1; 316L: R = -1), und die experimentellen Daten bei niedrigen Risswachstumsraten (im Schwellenwertbereich) offensichtlich Unsicherheiten aufweisen.

Eine interessante Beobachtung ist in [50] für duktiles Gusseisen mit Kugelgraphit wiedergegeben. Aufgrund der geringen Anbindung des Graphits an die Matrix kann auch dieser Werkstoff als porös betrachtet werden, wobei die Graphitkugeln allerdings innerhalb der „Poren" eine gewisse Stützwirkung ausüben. Die Autoren fanden, dass die Rissausbreitungsgeschwindigkeit mit zunehmender Graphitpartikelgröße (diese variierte im Mittel zwischen 23 und 60 µm) abnahm, und auch der Schwellenwert ΔK_{th} eine deutliche Erhöhung erfuhr (Abbildung 15). Allerdings unterscheiden sich die Werkstoffe nicht nur hinsichtlich der Graphitteilchengröße, sondern auch hinsichtlich des mittleren Risslaufweges in der duktilen Matrixstruktur.

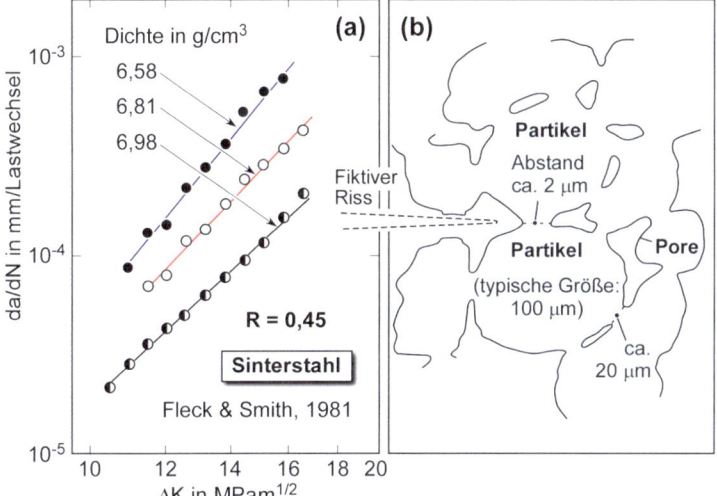

Abbildung 12: Abhängigkeit der da/dN-ΔK-Kurve eines Sinterstahls von der Dichte. Die Anstiege der Parisgleichung sind:

Dichte: 6,58 g/cm³
→ m = 5,7
Dichte: 6,81 g/cm³
→ m = 5,0
Dichte: 6,98 g/cm³
→ m = 4,5
nach [38].

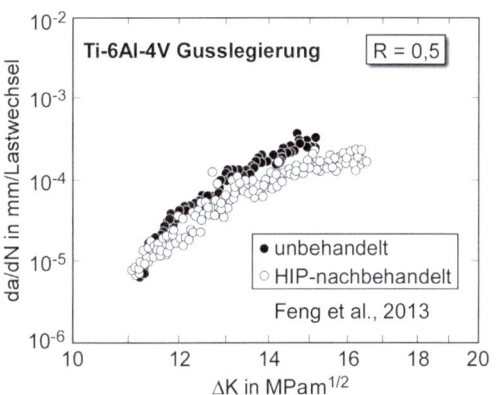

Abbildung 13: Ermüdungsrissausbreitung in Ti-6Al-4V; Vergleich der da/dN-ΔK-Kurven des Werkstoffs im unbehandelten und per HIP (*hot isostacic pressing*) nachbehandelten Proben; nach [49].

(b) Schwellenwertbereich

Im Paris-Bereich der da/dN-ΔK-Kurve gemachte Beobachtungen müssen sich nicht unbedingt im Schwellenwertbereich wiederholen. Das hängt mit zwei Faktoren zusammen: der extrem geringen Wachstumsrate des Risses und der geringen Last, die teilweise zu Rissspitzenverschiebungen CTOD bis hinunter zu deutlich unter einem Zehntel Mikrometer führen.

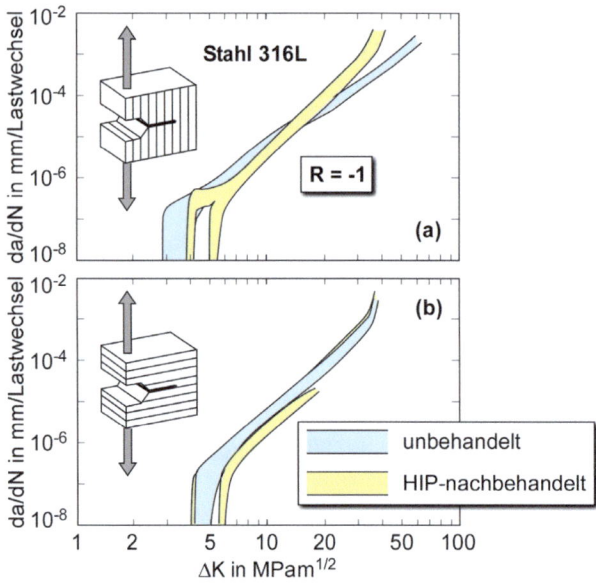

Abbildung 14: Rissausbreitungs-Kurven SLM-gefertigter Proben aus dem Stahl 316L im unbehandelten und HIP-nachbehandelten Zustand.

Die Teilbilder (a) und (b) unterscheiden sich hinsichtlich der Aufbaurichtung; nach [44].

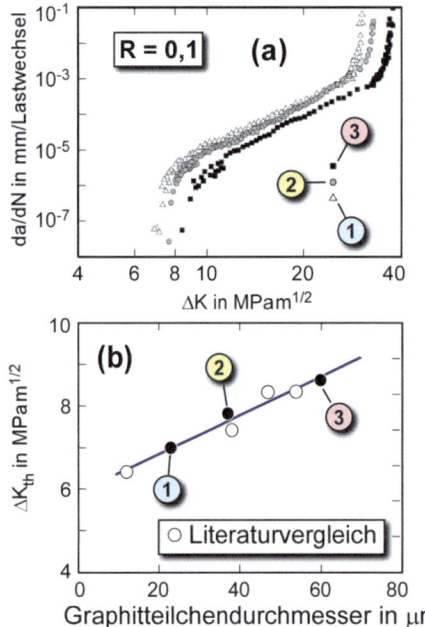

Abbildung 15: Einfluss der Graphitteilchengröße des duktilen Gusseisens GJS400-18 LT

(a) auf das Ermüdungsrisswachstum;
(b) auf den Schwellenwert ΔK_{th};
R = 0,1; nach [50]; Abbildung (b) auch [51]; Literaturvergleichsdaten: [52].

Prinzipiell setzt sich der Schwellenwert ΔK_{th} aus zwei Komponenten zusammen: einem werkstoffspezifischen intrinsischen Teil und einer Komponente, die durch das Rissschließen bedingt ist, hinsichtlich einer ausführlichen Darstellung s. [53]. Dabei spielen im Schwellenwertbereich insbesondere bei niedrigen Spannungsverhältnissen R neben dem bereits vorgestellten plastizitäts-induzierten Effekt weitere Spielarten eine Rolle. Dies sind v. a. der oxid-induzierte und der rauheits-induzierte Mechanismus. Bei korrosionsanfälligen Materialien bildet sich auf den Riss-flanken eine Oxidschicht, die, bei niedrigem R wieder blankgerieben, immer dicker wird, bis ihre Schichtdicke die Größenordnung des CTOD erreicht. In der Folge kann der Riss nicht mehr schließen. Der rauheits-induzierte Rissschließeffekt hängt wesensmäßig mit Mixed-Mode-Effekten der Rissspitzenbelastung auf der mikroskopischen Ebene zusammen, die durch Rissverzweigung, Rissabknicken aus der Ebene u. ä. verursacht werden. Dass er durch SLM-Fertigung beeinflusst werden kann, zeigen die Autoren in [54] an einem martensitischen nicht-rosten-den Stahl. Während die Rissebene bei konventionell gefertigtem Material eher glatt ist, weist sie beim SLM-Werkstoff ausgeprägtes Abknicken sowie Verzweigung des Risses auf. Die Folge ist ein verlangsamtes Ermüdungsrisswachstum. In diesem Zusammenhang ist darauf hinzuweisen, dass ein verbesserter Widerstand gegen Rissausbreitung nicht gleichbedeutend mit verbesserter Schwingfestigkeit ist. Häufig und auch im vorliegenden Fall ist genau das Gegenteil der Fall. Die Ursache dafür wird in Abschnitt 3.5 andiskutiert.

Der intrinsische Schwellwert hängt nicht von der Mikrostruktur des Werkstoffs ab. Stattdessen ist er eine Funktion der Gitterkonstanten – in der Regel wird die Größe mit dem Burgersvektor korreliert; z. B. [55] – und damit mittelbar eine Funktion der elastischen Eigenschaften, d. h., des Elastizitätsmoduls [56]. Experimentell kann er z. B. bei hohen Spannungsverhältnissen R ermittelt werden, bei denen kein Rissschließen mehr auftritt. Der Wert liegt für Stahl in der Größenordnung von 2 bis 3 MPa m$^{1/2}$ und für Aluminium etwas unter 1 MPa m$^{1/2}$ [57]. Er bildet eine Untergrenze des Gesamtschwellenwertes, welcher, wie erwähnt, zusätzlich den rissschließbedingten Anteil einschließt.

Letzterer wird durch eine größere Anzahl von Parametern beeinflusst [53], u. a. durch das Spannungsverhältnis R. Seine Korrelation mit der Mikrostruktur ist überwiegend indirekter Natur. So kann die Kornfeinung, die sich bei Hall-Petch-Materialien vorteilhaft auf die Festigkeit auswirkt, zu glatteren Rissflanken und damit zu einer Verringerung des rauheits-induzierten Rissschließeffekts führen. Die Folge ist ein geringerer Schwellenwert ΔK_{th}. Dessen direkte Kor-relation mit der Festigkeit (z. B. [58]) ist aber irreführend. Den Autoren sind bisher keine Arbeiten bekannt, die den Schwellenwert ΔK_{th} mit der Rauheit der Rissflanken bei SLM-Werkstoffen korreliert hätten. Denkbar wäre z. B. ein Effekt der Teilchengröße des verwendeten Pulvers, das bei Metallen in der Größenordnung einiger zig Mikrometer liegt [59].

2.5.2 Einfluss der Eigenspannungen

Die wenigen publizierten Ergebnisse zu Schwellenwerten bei SLM-Werkstoffen sehen die Ursachen für die experimentell ermittelten Effekte jedoch in einem anderen Zusammenhang, nämlich in der Beeinträchtigung des Risswachstums durch Eigenspannungen 1. Art, sog. Makroeigenspannungen, deren zugrundeliegende Kräfte und Momente über das Gesamtvolumen des Bauteils bzw. über einen größeren Teilabschnitt im inneren Gleichgewicht stehen. So vermuten die Autoren in [46] eine der Ursachen für den in Abbildung 16 dargestellten Effekt des gegenüber konventionell hergestellten Werkstoffen deutlich reduzierten Schwellenwertes von Inconel 718 in Eigenspannungen.

Tatsächlich steht das Thema Eigenspannungen längst auf der Agenda der SLM-Forschung, wie zahlreiche Publikationen zu diesem Thema belegen [42-44,60-68]. Ursache der vergleichsweise hohen Eigenspannungen mit Maximalwerten in der Größenordnung der Fließgrenze in SLM-Bauteilen (ein Beispiel zeigt Abbildung 17) sind die rapiden Aufwärm- und Abkühlraten, die nicht nur lokal inhomogenes Schrumpfen, sondern auch volumenrelevante Phasenumwandlungen, z. B. zu Martensit begünstigen. Auf die technologischen Maßnahmen zur Beeinflussung der Eigenspannungen vom Vorheizen der Grundplatte bis zum anschließenden Spannungsarmglühen soll an dieser Stelle nicht eingegangen werden.

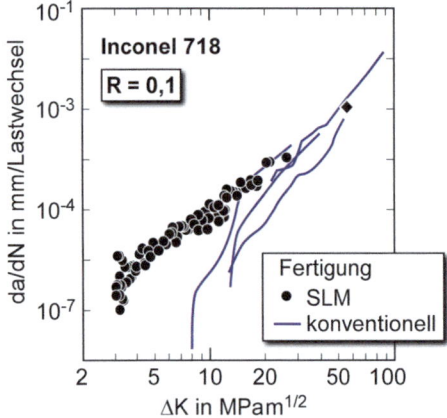

Abbildung 16: Vergleich der Risswachstumseigenschaften von SLM- und konventionell gefertigtem Inconel 718; nach [46].

Prinzipiell wirken sich Eigenspannungen in der Ermüdungsanalyse als Mittelspannungen aus, d. h., sie beeinflussen nicht die Schwingbreite des K-Faktors, ΔK, sondern das Spannungsverhältnis R. Was einfach klingt, wird dadurch erschwert, dass die Eigenspannungen im potentiell risstragenden Querschnitt nicht homogen verteilt sind, sondern ein bestimmtes Tiefen- bzw. Flächenprofil ausbilden, bei dem Zugbereiche durch Druckbereiche ausgeglichen werden, wobei aber nicht einmal vorausgesetzt werden kann, dass die Kräfte und Momente im risstragenden Querschnitt und nicht nur in einem größeren Volumenbereich im inneren Gleichgewicht stehen. Ein weiterer Faktor, der in Abschnitt 3.6 noch einmal aufgegriffen werden soll, ist, dass sich der Eigenspannungszustand in vielen Fällen unter äußerer zyklischer Belastung stark stark verändern kann.

Ein erschwerender Faktor bei der Diskussion der Makroeigenspannungen ist, dass es sich dabei nicht einfach um ein Werkstoff-, sondern um ein kombiniertes Werkstoff-Bauteil-Problem handelt. Das wird in Abbildung 18 illustriert, wo mittels Konturmethode ermittelte Eigenspannungsprofile auf den Bruchflächen von C(T)-Proben wiedergegeben sind. Die Proben wurden in unterschiedlichen Orientierungen entnommen, und sie unterschieden sich darüber hinaus in der Aufbaurichtung des SLM-Vorgangs. Es ist zu erkennen, dass sich die Varianten deutlich hinsichtlich des sich ergebenden Eigenspannungsfeldes unterscheiden. Eine Konsequenz ist, dass sich auch die Glühbehandlung im Anschluss an die Fertigung ganz unterschiedlich auf das Ermüdungsrissausbreitungsverhalten auswirkt. Über Untersuchungen zur Effizienz derartiger Nachbehandlungen in Abhängigkeit von der Aufbaurichtung von Ti-6Al-4V berichten auch die Autoren in [22]. Ihr Ergebnis, dass die Wärmebehandlung den größten Effekt erzielte, wenn die Bruchfläche senkrecht zur Aufbaurichtung war, bestätigt das Ergebnis in Abbildung 18.

Abschließend möchten die Autoren noch einmal auf die Absenkung des Schwellenwertes in Abbildung 16 infolge SLM zurückkommen, das in ähnlicher Weise auch in [69] bestätigt wird. Untersuchungen zur Ermüdungsrissausbreitung unter Eigenspannungen (z. B. [70] an einer konventionell gefertigten Al-Legierung, vgl. die aufbereiteten Daten in [71], Fig. 64) ergeben vor der Rissspitze Zugeigenspannungen, die mit der Verlagerung der Rissspitze weiter ins Ligament hineingeschoben werden. Als Konsequenz wird der Riss offengehalten. Vor diesem

Hintergrund ist die Annahme eines Eigenspannungseinflusses in [46] konsistent mit der von denselben Autoren wiedergegebenen Beobachtung, dass die für den SLM-Werkstoff ermittelten Schwellenwerte mit rissschließfreien Werten (Spannungsverhältnis R = 0,8) praktisch identisch sind.

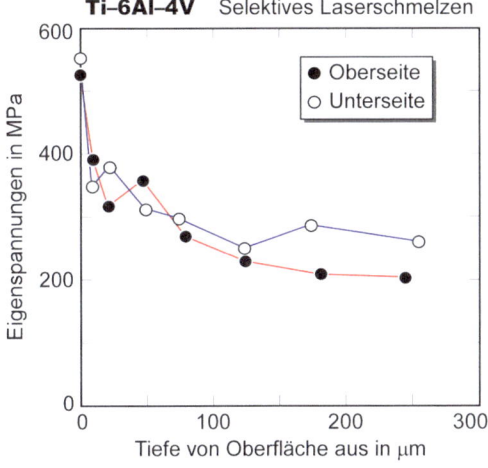

Abbildung 17: Oberflächennahe Eigenspannungsprofile in SLM-gefertigtem Ti-6Al-4V; nach [66].

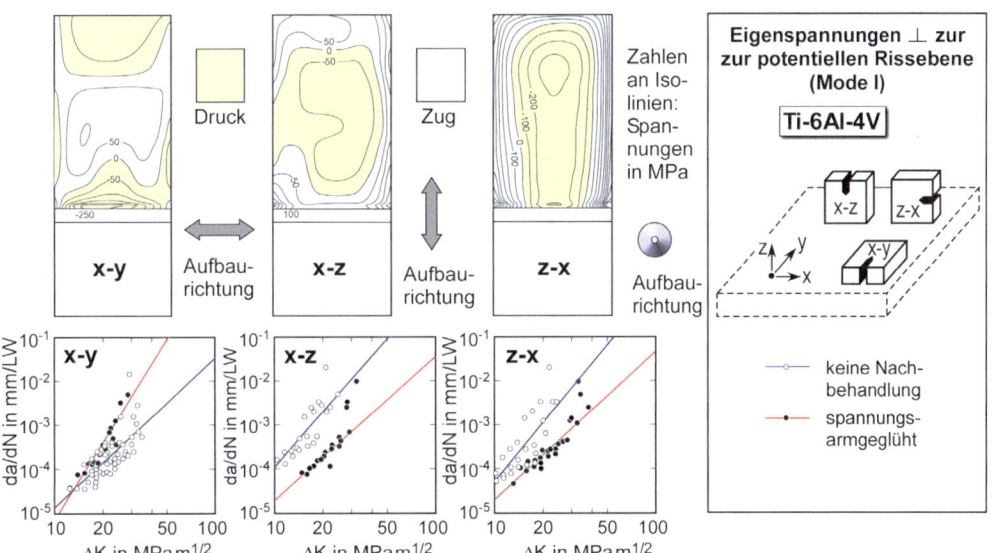

Abbildung 18: Eigenspannungsfeld in der Ebene der Rissfläche SLM-gefertigter C(T)-Proben aus Ti-6Al-4V in Abhängigkeit von Probenorientierung und Aufbaurichtung; Auswirkung nachträglich ausgeführter Glühbehandlungen auf die da/dN-ΔK-Kurve; nach [43].

2.6 Die Schwingfestigkeit

Der Term Schwingfestigkeit soll nachfolgend die Wöhlerkurve einschließlich der Dauerfestigkeit (bzw. der Schwingfestigkeit für eine bestimmte Lastwechselzahl, z. B. $N = 10^7$) bei Belastung mit konstanter Amplitude beschreiben. Für die Erörterung der Problematik im Blick auf SLM ist es zunächst notwendig, einige allgemeine Anmerkungen vorauszuschicken.

Die Lebensdauer eines schwingend belasteten Bauteils kann grob in drei Phasen unterteilt werden: Rissinitiierung, Ermüdungsrisswachstum und Bruch (Abbildung 19). Die Rissinitiierungs-phase wird oft als die Phase betrachtet, während derer ein Riss gebildet wird und anschließend bis zu einer Größe wächst, die äußerlich sichtbar ist. Bei genauerem Hinsehen lässt sich diese Phase in mehrere Teilstadien untergliedern:

(a) Das eigentliche („physikalische") Rissinitiierungsstadium, in dem der Riss infolge der Akkumulation plastischer Deformation gebildet wird, geschieht in seltenen Fällen an defektfreien Oberflächen, häufiger jedoch in der Umgebung von Kratzern, Poren oder Einschlüssen [72], die als Mikrokerben wirken und/oder infolge ihrer von der Werkstoffmatrix abweichenden Deformationseigenschaften unter äußerer Last Dehnungskonzentrationszonen ausbilden.

(b) Nach der Initiierung weist der Riss zunächst noch Abmessungen in der Größenordnung charakteristischer Gefügedimensionen, z. B. der Korngröße auf. Das Risswachstum ist durch eine ungleichmäßige Rissfront sowie durch abwechselnde Be- und Entschleunigung oder sogar Arrestphasen charakterisiert. Die Arretierung des größten einer Anzahl mikrostrukturell kurzer Risse bildet den Hintergrund des Dauerfestigkeitsphänomens [74].

(c) Mit zunehmender Rissgröße wird der Einfluss der Mikrostruktur auf die lokale Erweiterung des Risses zunehmend herausgemittelt. Die Risswachstumsgeschwindigkeit verstetigt sich. Erreicht die Rissgröße die Abmessungen mechanischer Diskontinuitäten wie der plastischen Zone, so spricht man von einem mechanisch kurzen Riss. Auch der kurze Riss kann bei gleichbleibender äußerer Last stoppen und nicht weiterwachsen. Die Ursache dafür besteht im graduellen Aufbau der Rissschließeffekte (s. Abschnitt 2.5.1). Letzteres Phänomen wird mit dem Term „physikalisch kurzer Riss" bezeichnet.

(d) Lange Risse sind oberhalb eines rissgrößenunabhängigen Schwellenwertes ΔK_{th} ausbreitungsfähig. Beendet wird das Langrisswachstum durch den Bruch der Komponente.

Die eigentliche Rissinitiierungsphase ist bei vielen technischen Werkstoffen eher kurz: „Zahlreiche Studien haben ergeben, dass die Phase der Rissbildung bei der Mehrzahl der Werkstoffe unter üblichen Belastungsbedingungen an glatten Proben ohne Defekt weniger als 5 bis 20% der Lebensdauer ausmacht. Für Materialien mit Defekten ist der Beitrag der Rissbildung sogar noch geringer. Der Hauptanteil der Lebensdauer entfällt auf das Risswachstum, und zwar vor allem auf das Wachstum des kurzen Risses." [75].

Bruchmechanisch lässt sich die Dauerfestigkeit durch einen Schwellenwert ΔK_{th} abbilden [76]. Allerdings muss sich dieser auf kurze Risse beziehen. Der in Abschnitt 2.5 erwähnte rissschließbedingte Anteil des Schwellenwerts ist bei einer Riss- bzw. Defektgröße, die für die Schwingfestigkeit relevant ist, noch nicht vorhanden, sondern baut sich erst graduell während des Wachstums des physikalisch kurzen Risses auf. Das bedeutet, dass für die Schwingfestigkeit der intrinsische Schwellenwert, bzw., stellt man die Möglichkeit von Rissarrest z. B. in gekerbten Strukturen in Rechnung [77], die Abhängigkeit des Schwellenwertes von der Risstiefe (zyklische R-Kurve) relevant ist. Dies und die Tatsache, dass die Ausgangsrissgröße infolge von Arrest (bei Abwesenheit größere Defekte) bei festeren Werkstoffen geringer ist

[78], erklärt die Beobachtung [79], dass sich die Korngröße im Allgemeinen auf den Schwellenwert eher negativ, auf die Schwingfestigkeit jedoch positiv auswirkt.

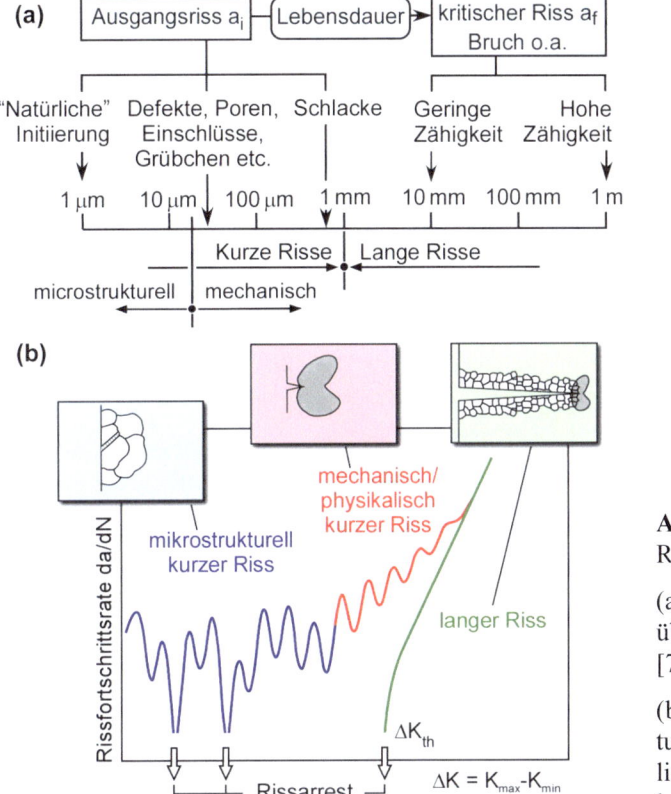

Abbildung 19: Stadien der Rissentwicklung

(a) Längenskalen von Rissen über die Lebensdauer; nach [73], Zahlen beispielhaft;

(b) Rissstadien des mikrostrukturell und mechanisch/physikalisch kurzen sowie des langen Risses.

Neben der Mikrostruktur und der Porosität im Werkstoffvolumen und den Eigenspannungen, die sich auf die Ausbreitung des Risses durch das Ligament auswirken, kommt hinsichtlich der Schwingfestigkeit ein weiterer Faktor hinzu, der die anderen häufig dominiert. Dabei handelt es sich um oberflächennahe Material- und Bauteildefekte. Unter ersteren sollen nichtmetallische Einschlüsse, Poren, spröde Phasen, benachbarte Phasen unterschiedlicher Steifigkeit, Schlacke-einschlüsse aus dem Schweißprozess u. ä. verstanden werden, während die zweitgenannte Gruppe beispielsweise Kratzer oder Korrosionsgrübchen umfasst [72, 80]. In der Übersicht in [14] geben die Autoren als typische Ausgangsdefekte von SLM-Verbindungen angeschnittene oder oberflächennahe Poren, Mikrorisse und oxidische Einschlüsse an.

(a) Poren

Beispiele für Poren infolge nichtaufgeschmolzener Ti-6Al-4V-Partikel berichten die Autoren in [66, 81, 82]. Ein Einfluss der Porosität auf die Schwingfestigkeit, der den Rahmen der übrigen Betrachtungen allerdings sprengt, ist in Abbildung 20 gezeigt, wo offensichtlich stark poröses Material getestet wurde, für das die Bestimmung einer Spannung als Last pro Fläche nicht mehr sinnvoll ist. Die Normierung der Versagensspannung auf die unter gleichen Annahmen bestimmte Fließgrenze ergab denn auch eine erhebliche Reduzierung der Unterschiede. Poren können beim SLM nicht nur infolge nicht-aufgeschmolzenen Pulvers entstehen. Weitere Ursachen sind Gaseinschlüsse infolge von Turbulenzen am Übergang zwischen (Schutz)-atmosphäre und Metall sowie Schrumpfvorgänge [20] oder Schmelzbadüberhitzungen. Dabei zeigen in der Regel Poren aufgrund unzureichend aufgeschmolzener Partikel (Anbindungsfehler) eine besonders ungünstige Kerbwirkung gegenüber eher kugelförmigen gasbedingten Poren.

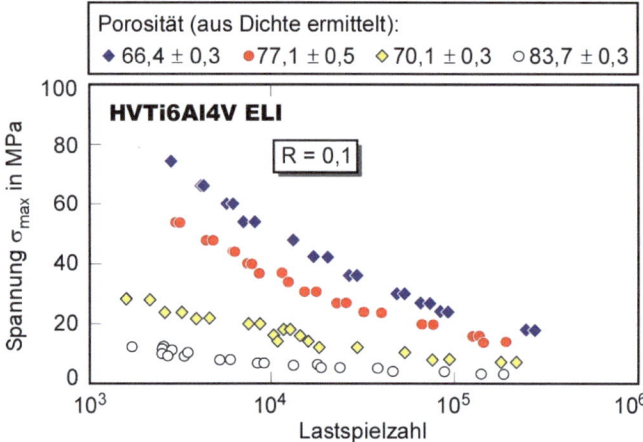

Abbildung 20: Einfluss von Poren auf die Schwingfestigkeit einer sehr porösen Ti-6ASl-4V-Struktur; nach [83].

Anzumerken ist, dass bei der angegebenen Porosität eine Ermittlung der Spannung als Last pro Fläche nicht mehr sinnvoll ist.

In der Regel geht die Schädigung bei Schwingbelastung von der Oberfläche oder von Bereichen dicht unter der Oberfläche aus (hinsichtlich eines Beispiels s. [87]). Jedoch auch wenn die Oberflächendefektgröße hinsichtlich der Gesamtlebensdauer dominant sein kann, bedeutet das nicht, dass die Rissausbreitungsphase auch des langen Risses ohne Einfluss wäre. Letzteres dürfte beispielsweise in [26] der Fall gewesen sein, wo die HIP-Nachverdichtung eine Verbesserung der Schwingfestigkeit in allen Bereichen der Wöhlerkurve bewirkt hat. Ähnliches berichten die Autoren in [84] hinsichtlich VHCF (> 7 x 10^6 Schwingspiele bis zum Versagen) an Ti-6Al-4V. In [85] demonstrieren die Autoren mittels Simulationsrechnungen eines lasergesinterten Werkstoffs, dass von der Zahl, der Größe und der Lage innerer Hohlräume ein erheblicher Einfluss auf den Rissausbreitungspfad und damit auf die Risswachstums- und Brucheigenschaften zu erwarten ist. Tatsächlich wird bei SLM-Materialien, wie erwähnt, prozessbedingt häufig eine Lokalisierung der Poren bzw. nichtaufgeschmolzenen Bereiche zwischen den Aufbauschichten konstatiert. Sie sind zudem parallel dazu angeordnet [81]. Hinzu kommt zumindest in einigen Fällen eine Texturierung der Mikrostruktur, z. B. [86].

Als Folge ergibt sich nicht nur eine Abhängigkeit der Wöhlerkurve von der Aufbaurichtung, wie sie in Abbildung 21 wiedergegeben ist (einen vergleichbaren Effekt berichten die Autoren in [24] hinsichtlich der Schwingfestigkeit einer Co-Cr-Mo-Legierung). Es muss auch davon ausgegangen werden, dass der Prozess der Rissausbreitung (auch der bereits langen Risse) neben den Ausgangsdefekten in vielen SLM-Werkstoffen von nicht geringer Bedeutung für Lebensdauer und Schwingfestigkeit ist. Hier zeigt sich ein Unterschied zu vielen anderen modernen Werkstoffen. Den Effekt der Prozessparameter Laserleistung und Scangeschwindigkeit auf die Lokalisierung von Poren eines SLM-gefertigten Aluminiums illustriert [33].

Ein spezieller Aspekt SLM-gefertigter Bauteile ist die Gefahr, dass beim Verschleifen der Oberflächen ehemals innenliegende Poren angeschnitten werden, die dann als Rissinitiierungsstellen wirken [81].

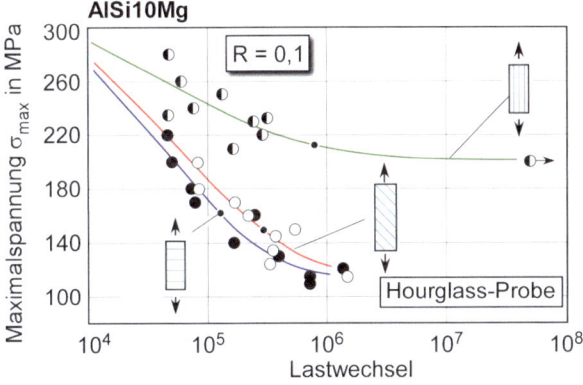

Abbildung 21: Abhängigkeit der Wöhlerkurve von SLM-gefertigtem AlSi10Mg von der Aufbaurichtung. Die Lokalisierung von Defekten zwischen den Schichten bewirkt eine Reduzierung der Schwingfestigkeit. nach [81].

(b) Oberflächenrauheit

Die Rauheit SLM-gefertigter Bauteile wird wesentlich durch das Anhaften nicht vollständig aufgeschmolzener Pulverpartikel bestimmt. Weiterhin tragen Poren ganz allgemein auch zur Oberflächenrauheit bei [88]. Weitere Merkmale wie Mikrolunker [81] u. a. können ebenfalls eine Rolle spielen. Die Folge ist, dass nichtnachbehandelte SLM-Bauteile in der Regel eine erhebliche Rauheit aufweisen, die u. a. von der Scangeschwindigkeit und der Orientierung der Oberfläche zur Aufbaurichtung abhängt [19].

Dass die Oberflächenrauheit, wie auch sonst bekannt, bei hochfesten SLM-Werkstoffen einen erheblichen Einfluss auf die Schwingfestigkeit hat, illustrieren Abbildung 22 und 23. In Abbildung 22 werden die Wöhlerkurven eines auf zweierlei Weise hergestellten Ti-6Al-4V-Werkstoffs miteinander verglichen, wobei die größere Rauheit deutlich mit der geringeren Schwingfestigkeit korreliert. Abbildung 23 zeigt Wöhlerkurven desselben Werkstoffs im unbearbeiteten und im oberflächengeglätteten Zustand. Auch hier ist der Unterschied signifikant. Es ist allerdings in Rechnung zu stellen, dass Glattwalzen oder Schleifen auch weitere Effekte verursachen kann, z. B. das Eintragen von Druckeigenspannungen in die Oberfläche. In beiden Beispielen handelt es sich nicht um SLM-gefertigtes, sondern um lasergesintertes Material, bei dem das Problem Porosität und Rauheit jedoch eher noch ausgeprägter ist. Aufgrund des negativen Einflusses auf die Schwingfestigkeit wird der Reduktion der Oberflächenrauheit eine hohe Bedeutung zugemessen, wenngleich das besonders bei komplexen innenliegenden Strukturen nicht oder nur schwer zu bewerkstelligen ist.

(c) Oxideinschlüsse

In verschiedenen Werkstoffen [64], v. a. Aluminiumlegierungen [20], können ähnlich wie beim Gießprozess oder beim Schweißen auch beim SLM Oxide in das Schmelzbad gelangen. Das Prinzip verdeutlicht Abbildung 24. Die aufgebrochenen Oxidplatten wirken ähnlich wie Mikrorisse, bzw. sie begünstigen deren Entstehung. Hinsichtlich des Effektes von Oxiden für Rissbildung und -wachstum in Al-Legierungen vgl. a. [91]. Hinzu kommen Materialseigerungen, die ebenfalls von Einfluss auf den Risslaufweg sind, z. B. [92].

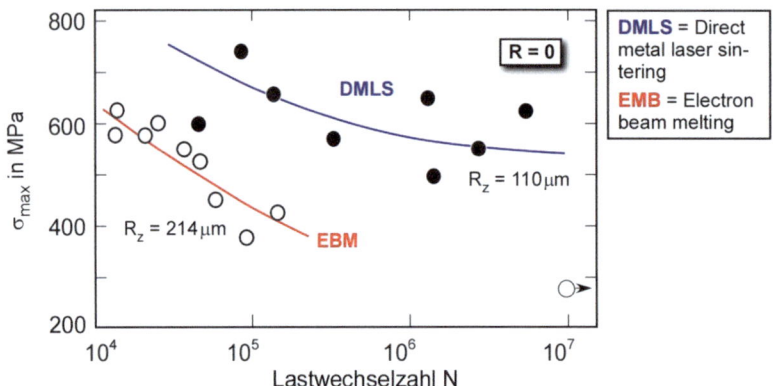

Abbildung 22: Vergleich der Wöhlerkurven zweier auf unterschiedliche Weise gefertigter Ti-6Al-4V-Werkstoffe mit deutlich unterschiedlichen Oberflächenrauheiten; nach [45] und [89].

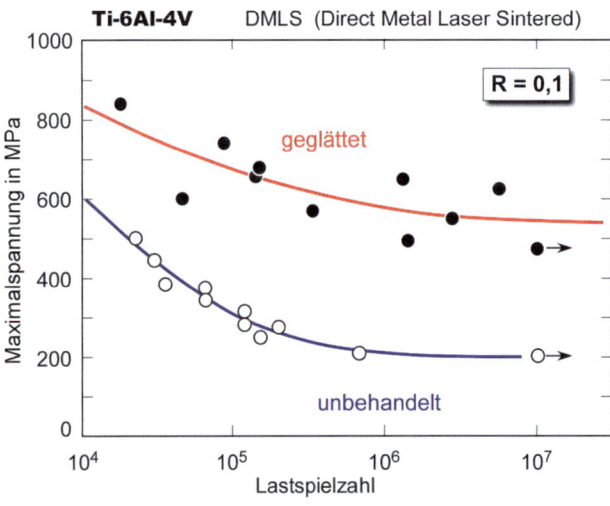

Abbildung 23: Vergleich der Wöhlerkurven von lasergesintertem Ti-6Al-4V im unbehandelten und oberflächengeglätteten Zustand; nach [90].

(d) Mikrorisse

Abschließend sei erwähnt, dass, ähnlich wie beim Schweißen [94], bei einigen SLM-gefertigten Werkstoffen die Gefahr von Erstarrungsrissen besteht [20]. Zwei Beispiele für Mikrorissbildung, die die Autoren auf die Ausbildung von Eigenspannungen beim Schrumpfungsprozess zurückführen, werden in [64] berichtet. In [95] demonstrieren die Autoren, dass die Rissdichte im Werkstoff verringert werden kann, wenn die Porendichte erhöht wird.

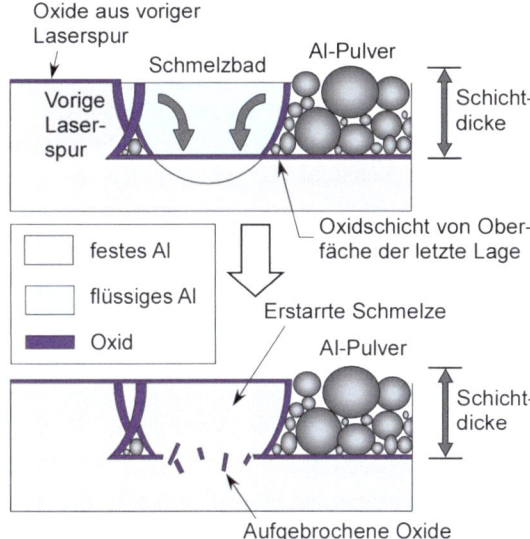

Abbildung 24: Eindringen von Oxiden in die Schmelze von SLM-gefertigtem Aluminium; nach [93].

An den aufgebrochenen Oxidplatten können sich leicht Mikrorisse bilden.

2.7 Umlagerung von Eigenspannungen bei Schwingbelastung

In Abschnitt 2.5 (s. Abbildung 17 und 18) wurde bereits auf die Eigenspannungen aus dem SLM-Prozess hingewiesen. Abgesehen von der Gefahr des Verzugs des Bauteils wirken sich diese auf die Ermüdungsrissausbreitung, ggf. auf den Bruch bei monotoner Belastung (in der Regel jedoch nicht auf den an vergleichsweise kleinen Proben aufgenommenen Bruchwiderstand als Materialparameter), und, wie im vorangegangenen Abschnitt erwähnt, in einigen Fällen auf die Bildung von Fertigungsrissen aus. Ein Einfluss ist auch auf die Schwingfestigkeit zu erwarten. In diesem Zusammenhang sei darauf verwiesen, dass die Eigenspannungsfelder aus dem Herstellungsprozess während der Schwingbelastung eine Modifizierung erfahren, deren Ausmaß von der Höhe der Last abhängt [96].

Den Autoren sind keine Untersuchungen zu Eigenspannungsumlagerungen an SLM-Bauteilen bekannt. Stattdessen verweisen sie auf [96], wo die Verhältnisse bei Schweißverbindungen aus einem mittelfesten Stahl wiedergegeben werden. Auffällig ist der Einfluss des Spannungsverhältnisses R, mit dem die Proben/Bauteile zyklisch beansprucht werden. Während die Eigenspannungen bei $R = -1$ oberhalb einer bestimmten Lastamplitude abgebaut werden, und zwar unabhängig davon, ob man es beim Ausgangszustand mit Zug- oder Druckspannungen zu tun hatte, bauen sich bei $R = 0$ Druckeigenspannungen auf bzw. sie verstärken sich bei bereits vorhandenen Druckeigenspannungen im Ausgangszustand der gekerbten Strukturen.

3. Zusammenfassung

Ausgehend von prinzipiellen Zusammenhängen zwischen den Werkstoffmerkmalen Kristallgitter, Mikrostruktur und Defekte wurden die wesentlichen Faktoren diskutiert, die die mechanischen Werkstoffeigenschaften Steifigkeit, Festigkeit, Duktilität, Zähigkeit, Widerstand gegen Ermüdungsrissausbreitung und Schwingfestigkeit SLM-gefertigter Strukturen bestimmen. Illustriert wurden die Zusammenhänge anhand zahlreicher Beispiele aus der Literatur, wozu aber anzumerken ist, dass Untersuchungen verschiedener Autoren oft nur schwer miteinander vergleichbar sind. Ursache dafür ist die besondere Bedeutung der Probenherstellung. Nicht immer ist klar ersichtlich, welche Aufbaustrategie gewählt wurde. Faktoren wie die Ausrichtung der Aufbaulagen und insbesondere der Feinaufbau der Einzellagen durch Wahl der Scanstrategie (*hatching*) sind häufig nur unvollständig dokumentiert. Den prinzipiellen Aussagen dieses Auf-satzes tut das jedoch keinen Abbruch. Das grundlegende Verständnis der aufgezeigten Zusammenhänge ist von essentieller Bedeutung, soll das Potential SLM-gefertigter Strukturen auch hinsichtlich ihres mechanischen Verhaltens künftig optimal ausgeschöpft werden.

Literatur

[1] Wörner, S., Friedrich, H. und Jung, U. (2016): Additive Manufacturing durch Metall-Laserstrahlschmelzen – Einfluss der Fertigung auf die Werkstoffeigenschaften von AlSi10Mg. In: Vormwald, M. (Hrsg.): Berichtsband des 37. Werkstoffmechanikseminars des IFSW der TU Darmstadt, Sensbachtal/Reußenkreuz, S. 161-172.

[2] Rösler, J., Harders, H. und Bäker, M. (2006): Mechanisches Verhalten der Werkstoffe. Teubner-Verl. Wiesbaden, 2. Aufl.

[3] Rotta, G., Seramak, T. und Zasinska, K. (2015): Estimation of Young's modul of the porous titanium alloy with the use of FEM package. Advances in Mat. Sci. 15, S. 29-37.

[4] Ahmadi, A., Mirzaeifar, R., Moghaddam, N.S., Turabi, A.S., Karaca, H.E und Elahinia, M. (2016): Effect of manufacturing parameters on mechanical properties of 316L stainless steel parts fabricated by selective laser melting: A computational framework. Mat. Design 122, 328-338.

[5] Uhic, M.D., Dimiduk, D.M., Florando, J.N. und Nix, W.D. (2004): Sample dimensions influence strength and crystal plasticity. Science 305, S. 986-989.

[6] Hemker, K.J. und Sharpe, W.N., Jr. (2007): Microscale characterization of mechanical properties. Annu. Rev. Mater. Res. 37, S.93-126.

[7] Aboulkhair, N.T., Maskery, I., Tuck, C., Ashcroft, I. und Everitt, N.M. (2016): The micro-structure and mechanical properties of selectively laser melted AlSi10Mg: The effect of a conventional T6-like heat treatment. Materials Science & Engng. A667, 139-146.

[8] Vrancken, B., Thijs, L., Kruth, J.-P. und van Humbeek, J. (2012): Heat treatment of Ti6Al4V produced by Selective Laser Melting: Microstructure and mechanical properties. J. Alloys Compounds 541, S. 177-185.

[9] Carlton, H.D., Haboub, A., Gallegos, G.F., Parkinson, D.Y. und MacDowell, A. (2016): Damage evolution and failure mechanisms in additively manufactured stainless steel. Mat. Sci. Engng. A 651, S. 406-414.

[10] Attar, H., Calin, M., Zhang, L.C., Scudino, S. und Eckert, J. (2014): Manufacture by selective laser melting and mechanical behavior of commercially pure titanium. Mat Sci. Engng. A 593, S. 170-177.

[11] Siddique, S.,Imran, M., Rauer, M., Kaloudis, M., Wycisk, E., Emmelmann, C. und Wal-ther, F. (2015): Computed tomography for characterization of fatigue performance of selective laser melted parts. Mat. Design 83, 661-669.

[12] Tomus, D., Tian, Y., Rometsch, P.A., Heilmaier, M. and Wu, X. (2016): Influence of post heat treatments on anisotropy of mechanical behavior and microstructure of Hastelloy-X parts produced by selective laser melting. Mat. Sci. Engng. A 667, 42–53.

[13] Aydinöz, M.E., Brenne, F., Schaper, M., Schaak, C., Tillmann, W., Nellesen, J. und Niendorf, T. (2016): On the microstructural and mechanical properties of post-treated additively manufactured Inconel 718 superalloy under quasi-static and cyclic loading. Mat. Sci. Engng. A 669, 246-258.

[14] Wu, M.-W. und Lai, P.-H. (2016): The positive effect of hot isostatic pressing on improving the anisotropies of bending and impact properties in selective laser melted Ti-6Al-4V alloy. Materials Science & Engineering A 658, 429–438.

[15] Kasperovich, G. und Hausmann, J. (2015): Improvement of fatigue resistance and ductility of TiAl6V4 processed by selective laser melting. J. Mat. Proc. Techn. 220, 202-214.

[16] Wei Li, Shuai Li, Jie Liu, Ang Zhang, Yan Zhou, Qingsong Wei, Chunze Yan und Yusheng Shi (2016): Effect of heat treatment on AlSi10Mg alloy fabricated by selective laser melting: Microstructure evolution, mechanical properties and fracture mechanism. Mat. Sci. Engng. A633, 116-125.

[17] Prashanth, K.G., Scudino, S., Klauss, H.J., Surreddi, K.B., Löber, L., Wang, Z., Chaubey, A.K., Kühn, U. und Eckert, J. (2014): Microstructure and mechanical properties of Al–12Si produced by selective laser melting: Effect of heat treatment. Mat. Sci. Engng. A 590, S. 153-160.

[18] Zhang, D., Niu, W., Cao, X. und Liu, Z. (2015): Effect of standard heat treatment on the microstructure and mechanical properties of selective laser melting manufactured Inconel 718 superalloy. Mat. Sci Engng. A 644, 32-40.

[19] Meier, H. und Haberland, C. (2008): Experimental studies on selective laser melting of metallic parts. Mat.-wiss. & Werkstofftechn. 39, S. 665-670.

[20] Olakanmi, E.O., Cochrane, R.F. und Dalgarno, K.W. (2015): A review on selective laser sintering/melting (SLS/SLM) of aluminium alloy powders: Processing, microstructure, and properties. Progress in Mat Sci. 74, 401-477.

[21] Casati, R., Lemle, J. and Vedani, M. (2016): Microstructure and fracture behavior of 316L austenitic stainless steel produced by selective laser melting. Journal of Materials Science & Technology 32, 738–744.

[22] Cain, V., Thijs, L., van Humbeeck, J. und Knutsen, R. (2015): Crack propagation and fracture toughness of Ti6Al4V alloy produced by selective laser melting. Add. Man., 5, S. 68-76.

[23] Buchbinder, D., Schleifenbaum, H., Heidrich, S., Meiners, W. und Bültmann, J. (2011): High power selective laser melting (HP SLM) of aluminium parts. Physics Proc. 12, 271-278.

[24] Kajima, Y., Takaichi, A., Nakamoto, T., Kimura, T.,Yogo, Y., Ashida, M., Doi, H., Nomura, N., Takahashi, H., Hanawa, T., Wakabayashi, NB. (2016): Fatigue strength of Co–Cr–Mo alloy clasps prepared by selective laser melting. J. Mech. Behav. Biomed. Mat. 59, 446-458.

[25] Yadollahi, A., Shamsaei, N., Thompson, S.M., Elwany, A. und Bian, L. (2017): Effects of building orientation and heat treatment on fatigue behavior of selective laser melted 17-4 PH stainless steel. Int. J. Fatigue 94, 218-235.

[26] Zhao, X., Li, S., Zhang, M. Liu, Y., Sercombe, T.B., Wang, S., Hao, Y., Yang, R. und Murr, L.E. (2016): Comparison of the microstructures and mechanical properties of Ti–6Al–4V fabricated by selective laser melting and electron beam melting. Mat. & Design 95, 21-31.

[27] Rao, H., Giet, S., Yang, K., Wu, X. and Davies, C.H.J. (2016): The influence of processing parameters on aluminium alloy A357 manufactured by Selective Laser Melting. Mat. and Design 109, 334-346.

[28] Reschetnik, W., Brüggemann, J.-P., Aydinöz, M.E., Grydin, O., Hoyer, K.-P., Kullmer, G. and Richard, H.A. (2016): Fatigue crack growth behaviour and mechanical properties of additively processed EN AW-7075 aluminium alloy. Procedia Structural Integrity 2, 3040-3048.

[29] Wu, M.-W., Lai, P.-H. und Chen, J.-K. (2016): Anisotropy in the impact toughness of selective laser melted Ti–6Al–4V alloy. Mat. Sci. & Engng. A 650, 295–299.

[30] Salzbrenner, B.C., Rodelas, J.M., Madison, J.D., Jared, B.H., Swiler, L.P., Shen, Y.-L. und Boyce, B.L. (2017): High-throughput stochastic tensile performance of additively manufactured stainless steel. Journal of Mat. Processing Technology, 241, 1-12.

[31] Pineau, A., Benzerga, A.A. und Pardoen, T. (2016): Failure of metals I: Brittle and ductile fracture. Acta Materialia 107, 424-483.

[32] Brocks, W., Cornec, A. und Scheider I. (2003): Computational aspects of nonlinear fracture mechanics. In: In: Milne, I., Ritchie, R.O. and Karihaloo, B. (Hrsg): Comprehensive Structural Integrity (CSI), Elesevier, Amsterdam et al., Vol. 3 (Numerical and Computational Methods), Abschnitt 3.03, S. 129-209.

[33] Fan, Z. (1995): The grain size dependence of ductile fracture toughness of polycrystalline metals and alloys. Mat. Sci. Engng. A 191, S. 73-83.

[34] Morris, J.W. (2001): The influence of grain size on the mechanical properties of steel. In: Takaki, S. und Maki, T. (Hrsg.): Proc. Int. Symp. on Ultrafine Grained Steels, Iron and Steel Inst. Japan, Tokyo, S. 34-41.

[35] Chen, J.H. und Cao, R. (2015): Micromechanisms of cleavage of metals. A comprehend-sive microphysical model for cleavage cracking in metals. Elsevier, Amsterdam et al.

[36] Gosh, A., Ray, A., Chakrabarti, D. und Davis, C.L. (2013): Cleavage initiation in steel: Competition between large grains and large particles. Mat. Sci. Engng. A 561, S. 126-135.

[37] Landes, J.D. und Shaffer, G.H. (1980): Statistical characterization of fracture in the transition regime. ASTM STP 700, S. 368 383.

[38] Fleck, N.A. und Smith, R.A. (1981): Effect of density on tensile strength, fracture toughness and fatigue crack propagation behavior of sintered steel. Powder Met., 3, S. 121-125.

[39] Alsalla, H., Hao, L. und Smith, C. (2016): Fracture toughness and tensile strength of 316L stainless steel cellular lattice structures manufactured using the selective laser melting technique. Mat. Sci. Engng. A 669, 1-6.

[40] Edwards, P. und Ramulu, M. (2015): Effect of build direction on the fracture toughness and fatigue crack growth in selective laser melted Ti-6Al-4V. Fatigue Fracture Engng. Mat. Struct. 38, 1228-1236.

[41] van Hooreweder, B., Moens, D., Boonen, R., Kruth, J.-P. und Sas, P. (2012): Analysis of fracture toughness and crack propagation of Ti6Al4V produced by selective laser melting. Advanced Engng. Mat. 14, S. 92-97.

[42] Leuders, S., Thöne, M., Riemer, A., Niendorf, T., Tröster, T., Richard, H.A. und Maier, H.J. (2013): On the mechanical behaviour of titanium alloy TiAl6V4 manufactured by selective laser melting: Fatigue resistance and crack growth performance. Int. J. Fatigue 48, S. 300-307.

[43] Vrancken, B., Cain, V., Knutsen, R. und van Humbeeck, J. (2014): Residual stress via the contour method in compact tension specimens produced via selective laser melting. Scripta Mat. 87, S. 29-32.

[44] Riemer, A., Leuders, S., Thöne, M., Richard, H.A., Tröster, T. und Niendorf, T. (2014): On the fatigue crack growth behavior in 316L stainless steel manufactured by selective laser melting. Engng. Fracture Mech. 120, S. 15-25.

[45] Greitemeier, D., Dalle Donne, C., Syassen, F., Eufinger, J., und Melz, T. (2016): Effect of surface roughness on fatigue performance of additive manufactured Ti-6Al-4V. Mat. Sci. & Technology 32, S. 629-634.

[46] Konečná, R., Kunz, L., Nicoletto, G. und Bača, A. (2016): Long fatigue crack growth in Inconel 718 produced by selective laser melting. Int. J. Fatigue 92, 499-506.

[47] Ritchie, R.O. (1999): Mechanisms of fatigue-crack propagation in ductile and brittle solids. Int. J. Fracture 100, S. 55-83.

[48] Khen, R. und Altus, E. (1995): Effect of static mode on fatigue crack growth by a unified micromechanical model. Mechanics of Materials 21, S. 169-189.

[49] Feng, X., Wang, A., Ma, Y., Wu, X., Lei, J., Cui, Y. und Yang, R. (2013): Influence of microstructure on fatigue crack propagation and fracture. 13th International Conference on Fracture (ICF 13), Beijing, China.

[50] Hübner, P., Schlosser, H., Pusch, G. und Biermann, H. (2007): Load history effects in ductile cast iron for wind turbine components. Int. J. Fatigue 29, 1788-1796.

[51] Hübner, P. und Pusch, G. (2007): Zyklisches Risswachstumsverhalten von Gusseisenwerkstoffen – Analytische Aufbereitung für die Nutzung des Berechnungsprogramms „ESA-CRACK". Konstruieren & Gießen 32, S. 34-37.

[52] Komber, B. (1995): Bruchmechanische Bewertung des Rissausbreitungsverhaltens ferritscher Gusseisenwerkstoffe bei zyklischer Beanspruchung. Diss. TU BA Freiberg.

[53] Zerbst, U., Vormwald, M., Pippan, R., Gänser, H.-P., Sarrazin-Baudoux, C. und Madia, M. (2016): About the fatigue crack propagation threshold of metals as a design criterion – A review. Engng. Fracture Mech. 153, 190-243.

[54] Akita, M., Uematsu, Y., Kakiuchi, T., Nakajima, M. and Kawaguchi, R. (2016): Defect-dominated fatigue behavior in type 630 stainless steel fabricated by selective laser melting. Mat. Sci. & Engng. A666, 19-26.

[55] Pokluda, J., Pippan, R., Vojtek, T. und Hohenwarter, A. (2014): Near-threshold behavior of shear-mode fatigue cracks in metallic materials. Fatigue Fracture Engng. Mater. Struct. 37, 232–54.

[56] Pippan, R. und Riemelmoser, F.O. (2003: Modelling of fatigue growth: dislocation models. In: Ritchie, R.O., Murakami, Y. (Hrsg.): Comprehensive structural integrity. Band 4: Cyclic loading and fracture, Elsevier, S. 191–207.

[57] Hardboletz, A., Weiss, B. und Stickler, R. (1994): Fatigue thresholds of metallic materials. In: Carpenteri, A. (Hrsg.): Handbook of fatigue crack propagation in metallic structures. Elsevier, S. 847–82.

[58] Riemer, A., Richard, H.A., Brüggemann, J.-P. und Wesendahl, J.-N. (2015): Fatigue crack growth in additive manufactured products. Frattura ed integrità Strutturale 34, S. 494-503.

[59] Bremen, S., Meiners, W. und Diatlov, A. (2012): Selective laser melting. A manufacturing technology for the future? Laser-Technik-Journal 9, S. 33-38.

[60] Shiomi, M., Osakada, K., Nakamura, K, Yamashita, T. und Abe, F. (2004): Residual stress within metallic model made by selective laser melting process. CIRP Annals – Manufact. Techn. 53, S. 195-198.

[61] Casavola, C., Campanelli, S.L. und Pappalettere, C. (2008): Experimental analysis of residual stresses in the selective laser melting process. Proc. XI. Int. Congr. & Exposition, Orlando, Florida.

[62] Zaeh, M.F. und Branner, G. (2010): Investigations on residual stresses and deformations in selective laser melting. Proc. Engng. Res. Develop. 4, S. 35-45.

[63] Kruth, J.-P., Deckers, J., Yasa, E. und Wauthle, R. (2012): Assessing and comparing influencing factors of residual stresses in selective laser melting usingh a novel analysis ethod. Proc. IMech. E, Part B, J. Engng. Manufacture 226, S. 980-991.

[64] Vrancken, B., Wauthle, R., Kruth, J.-P. und Humbeek, J. (2013): Study of the influence of material properties on residual stress in selective laser melting. Proc. Solid Freedom Fabrication Symp., Austin, S. 1-15.

[65] van Belle, L., Boyer, J.-C. und Vansteenkiste, G. (2013): Investigation of residual stresses induced during the selective laser melting process. Key Engng. Mat. 554-557, 1828-2834.

[66] Edwards, P. und Ramulu, M. (2014): Fatigue performance evaluation of laser-melted Ti-6Al-4V. Mat. Sci. & Engng. A 598, S. 327-337.

[67] Siddique, S., Imran, M., Wycisk, E., Emmelmann, C. und Walther, F. (2015): Influence of process-induced microstructure and imperfections on mechanical properties of AlSi12 processed by selective laser melting. J. Mat. Processing Technol. 221, S. 205-213.

[68] Hodge, N.E., Ferencz, R.M. und Vignes, R.M. (2016): Experimental comparison of residual stresses for a thermomechanical model for the simulation of selective laser melting. Additive Manufacturing, 12B, 159-168.

[69]   Riemer, A. und Richard, H.A. (2016): Crack propagation in additive manufactured materials and Structures. Procedia Struct. Integrity 2, 1229-1236.

[70]   Servetti, G. und Zhang, X. (2009): Predicting fatigue crack growth rate in a welded butt joint: The role of effective R ratio in accounting for residual stress effect. Engng. Fracture Mech. 76,1589-1602.

[71]   Zerbst, U., Ainsworth, R.A., Beier, H.Th., Pisarski, H., Zhang, Z.L., Nikbin, K., Nitschke-Pagel, T., Münstermann, S., Kucharczyk, P. und Klingbeil, D. (2014): Review on fracture and crack propagation in weldments – a fracture mechanics perspective. Engng. Fracture Mech. 132, 200-276.

[72]   Murakami, Y. (2002): Metal fatigue. Effects of small defects and nonmetallic inclusions. Elsevier. Oxford.

[73]   Tanaka, K. (2003): Fatigue crack propagation. In: Ritchie, R.O., Murakami, Y. (Hrsg.): Comprehensive structural integrity. Band 4: Cyclic loading and fracture, Elsevier, S. 95-127.

[74]   Miller, K.J. und O'Donnel, W.J. (1999): The fatigue limit and its elimination. Fatigue Fracture Engng. Mater. Struct. 22, S. 545-557.

[75]   Polak, J. (2003): Cyclic deformation, crack initiation, and low-cycle fatigue. In: Ritchie, R.O. and Murakami, Y. (Eds.): Comprehensive Structural Integrity; Volume 4: Cyclic loading and Fracture; Elsevier, 1-39.

[76]   Zerbst, U., Madia, M. und Hellmann, D. (2011): An analytical fracture mechanics model for estimation of S-N curves of metallic alloys containing large second particles. Engng. Fracture Mech. 82, 115-134.

[77]   Zerbst, U. und Madia, M. (2015): Fracture mechanics based assessment of the fatigue strength: Approach for the determination of the initial crack size. Fatigue Fracture Engng. Mat. Struct., 38, 1066-1975.

[78]   Zerbst, U., Madia, M. und Vormwald, M. (2017): Schwingfestigkeit und Bruchmechanik. Proc. DVM-AG Bruchvorgänge, Mittweida.

[79]   Plekhov, O., Paggi, M., Naimark, O. und Carpinteri, A. (2011): A dimensional analysis interpretation to grain size and loading frequency dependencies of the Paris and Wöhler curves. Int. J. Fatigue 33, 477-483.

[80]   Chan, K.S. (2009): Roles of microstructure in fatigue crack initiation. Int. J. Fatigue 32, 1428-1447.

[81]   Brandl, E., Heckenberger, U., Holzinger, V. und Buchbinder, D. (2012): Additive manufactured AlSi10Mg samples using Selective Laser Melting (SLM): Microstructure, high cycle fatigue, and fracture behavior. Mat. Design 34, S. 159-169.

[82]   Chan, K.S., Koike, M., Mason, R.L. und Okabe, T. (2012): Fatigue life of titanium alloys fabricated by additive layer manufacturing techniques for dental implants. Metallurgical and Mat. Trans 44A, S. 1010-1022.

[83]   Amin Yavari, S., Wauthle, R., van der Stok, J., Riemslag, A.C., Janssen, M. Mulier, M., Kruth, J.P., Schrooten, J., Weinans, H. und Zadpoor, A.A. (2013): Fatigue behavior of porous biomaterials manufactured using selective laser melting. Mat. Sci. & Engng. 33, 4849-4858.

[84] Günther, J., Krewerth, D., Lippmann, T., Leuders, S., Tröster, T., Weidner, A., Biermann, H. and Niendorf, T. (2017): Fatigue life of additively manufactured Ti–6Al–4V in the very high cycle fatigue regime. Int. J. Fatigue 94, 236-245.

[85] Ibbett, J., Tafazzolimoghaddam, B., Delgadillo, H. und Curiel-Sosa, J.L. (2015): What triggers a microcrack in printed engineering parts produced by selective laser sintering on the first place? Mat. & Design 88, S. 588-597.

[86] Dadbakhsh, S., Vrancken, B., Kruth, J.-P., Luyten, J. and Van Humbeeck, J. (2016): Texture and anisotropy in selective laser melting of NiTi alloy. Materials Science & Engng. A 650, 225–232.

[87] Strantza, M., Vafadari, R., de Baere, D., Vrancken, B., van Paepegem, W., Vandendael, I., Terryn, H., Guillaume, P. und van Hemelrijck, D. (2016): Fatigue of Ti6Al4V structural health monitoring systems produced by selective laser melting. Materials, 9, 1-15.

[88] Kempen, K., Thijs, L., van Humbeeck, J. und Kruth, J.-P. (2012): Mechanical properties of AlSi10Mg produced by Selective Laser Melting. Physics Procedia 39, 439-446.

[89] Greitemeier, D., Dalle Donne, C., Schoberth, A., Jürgens, M., Eufinger, J. und Melz, T. (2015): Uncertainty of additive manufactured Ti-6Al-4V: Chemistry, microstructure and mechanical properties. Appl. Mech. & Mat. 807, S.169-180.

[90] Greitemeier, D., Holzinger, V., Dalle Donne, C., Eufinger, J. und Melz, T. (2015): Fatigue prediction of additive manufactured Ti-6Al-4V for aerospace: Effect of defects, surface rough-ness. 28. ICAF Symp. Helsinki.

[91] Tang, M. and Pistorius, P.C. (2017): Oxides, porosity and fatigue performance of AlSi10Mg parts produced by selective laser melting. Int. J. Fatigue 94, 192-201.

[92] Aboulkhair, N.T., Maskery, I., Tuck, C., Ashcroft, I. and Everitt, N.M. (2016): Improving the fatigue behaviour of a selectively laser melted aluminium alloy: Influence of heat treatment and surface quality. Mat. Design 104, 174-182.

[93] Louvis, E., Fox, P. und Sutcliffe, C.J. (2011): Selective laser melting of aluminium com-ponents. J. Mat. Process Technol. 211, S. 275–84.

[94] Böllinghaus, T. und Herold, H. (Hrsg.) (2005): Hot cracking phenomena in welds. Springer-Verl. Berlin und Heidelberg.

[95] Cloots, M., Uggowitzer, P.J. und Wegener, K. (2016): Investigations on the microstructure and crack formation of IN738LC samples processed by selective laser melting using Gaussian and doughnut profiles. Materials & Design 89, 770-784.

[96] Tchoffo Ngoula, D., Beier, H.-Th. und Vormwald, M. (2017): Fatigue crack growth in cruciform welded joints: Influence of residual stresses and of the weld toe geometry. Int. J. Fatigue, http://dx.doi.org/10.1016/j.ijfatigue.2016.09.020.

Gezielte Bauteilkonditionierung durch Festwalzen und Hämmern

Stefan Zenk

ECOROLL AG Werkzeugtechnik, Celle

Zusammenfassung

Eine ganzheitliche Betrachtung und Auslegung der Prozesskette beginnend bei der additiven Fertigung sollte so früh wie möglich erfolgen, um das neu entstandene Potential mit den bekannten Möglichkeiten aus der konventionellen Fertigung anzureichern. So kann das Festwalzen oder Hämmern gezielte Bereiche derart beeinflussen, dass diese unter dynamischen Belastungen gegenüber dem unbearbeiteten Zustand nicht brechen. Weiterhin kann eine teils poröse Struktur mittels der Verfahren verbessert werden.

Stichwörter: Festwalzen, Hämmern, Druckeigenspannungen, Prozesskombination

1 Einleitung

Die moderne Produktion von industriell gefertigten Gütern unterliegt neben ökonomischen und ökologischen Anforderungen an das Endprodukt auch immer mehr den Herausforderungen der Flexibilität mit steigenden Designansprüchen. So werden in der konventionellen Fertigung (Drehen, Fräsen) die Prozesse dahingehend ausgelegt, dass der steigenden Variantenvielfalt (z. B. im Automobilbau) mit immer kürzeren Produktlebenszyklen ein Maschinenkonzept gegenüber steht, das die größtmögliche Flexibilität und Produktivität aufweist – auch über einen Zyklus hinaus.

Außerdem spielen neben der Wahl der Bearbeitungsmaschine auch die unterschiedlichen Bearbeitungskonzepte eine wichtige Rolle. Denn selbst wenn zu Beginn der Prozesskette immer die Zerspanung steht, die sich durch unterschiedliche Schneidstoffe, Beschichtungen, Geometrien, etc. auf die Forderungen des Bauteils anpassen lässt, so sollten aus Gründen der Ressourcen- und Energieeinsparung in diesem Schritt auch Technologien in Betracht gezogen werden, die eine zusätzliche Verbesserung der Bauteilqualität ermöglichen. Diese könnten Hand in Hand mit der Zerspanung in gleicher Aufspannung oder zumindest in Verkettung mit bestehenden Maschinen eingesetzt werden.

Neben Schweiß- oder Härteoperationen eignet sich hier insbesondere der Prozess des Glatt- bzw. Festwalzens. Beide Prozesse sind an sich identisch, allein das verfolgte Ziel ist ein anderes. Während das Glattwalzen einzig und allein das Ziel des Erreichens einer bestimmten Oberflächentopographie verfolgt, soll das Festwalzen z. B. die Lebensdauer eines Bauteiles erhöhen.

Der nächste Schritt zur Steigerung der Flexibilität der Bauteile und einem geringeren Einsatz von Rohstoffen, stellt die additive Fertigung dar. Die Kombination dieser 3 Prozessschritte: Erzeugung des Rohteiles, Zerspanung und Finish-Bearbeitung würde den zuvor geforderten Wünschen entsprechen. Wenn dieses auf einer Maschine - oder zumindest in Verkettung - stattfinden kann, steht dem individuell angepassten Bauteil nichts mehr im Wege.

2 Individuell konditionierte Bauteile

Dass die additive Fertigung von Bauteilen umfassendere Möglichkeiten gegenüber dem konventionellen Zerspanen hinsichtlich Flexibilität und Komplexität hat, ist spätestens seit dem Zeitpunkt bekannt, dass sich jeder zu Hause sein eigenes Handycover selbst „drucken" kann.

Doch was bedeutet das für Bauteile, deren Anforderungen um ein Vielfaches höher liegen als ein einfaches Handycover?

Die Auslegung von bestimmten Bauteilen wurde über die vergangenen Jahrzehnte mittels Geometrien, Materialien oder auch ergänzenden Prozessen betrieben. Dabei kam in vielen Fällen die ingenieursmäßige Sicherheit mittels eines Faktors bei der Auslegung hinzu, der die Bauteile als sicher ausgelegt gelten ließ. Industriezweige, die Leichtbau als große Herausforderung haben, da ökonomische als auch ökologische Aspekte von großer Bedeutung sind, legen ihre Bauteile daher nur noch nach der notwendigen und hinreichenden Sicherheit aus. Daher kommen Hochleistungsmaterialien und/oder Verfahren wie das Härten aber auch das Glatt- und Festwalzen sowie das Hämmern zum Einsatz, um die Lebensdauer zu verbessern.

Das Glattwalzen ist ein Umformverfahren zur Erzeugung von hochwertigen, glatten Oberflächen oder von Oberflächen mit definierten Oberflächenstrukturen. Die Randschicht eines Werkstücks wird mit Hilfe eines Walzkörpers (z. B. Rollen oder Kugeln) plastifiziert und umgeformt. Das Verfahren wird angewendet, wenn bei einem metallischen Bauteil eine hohe Oberflächengüte gefordert oder die gewünschte Oberflächengüte durch Zerspanung nicht prozesssicher erreichbar ist. Beim Glattwalzen entsteht an der Kontaktstelle zwischen dem Glattwalzenwerkzeug und der Werkstückoberfläche eine Druckspannung, die beim Überschreiten der Werkstoffstreckgrenze eine plastische Verformung hervorruft. Es ist ein jahrzehntelang bewährtes, spanloses Verfahren, durch das alle anderen Verfahren zur Herstellung hochwertiger Bauteiloberflächen ersetzt werden können (z. B. Feindrehen, Schleifen, Reiben, Honen, etc.).

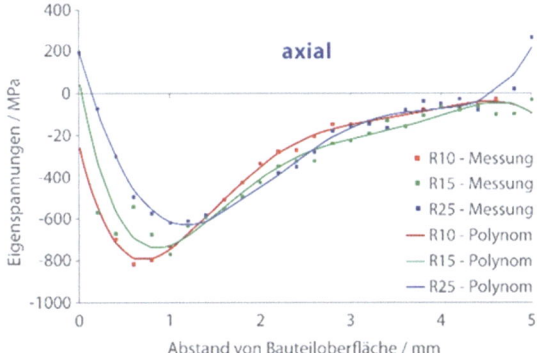

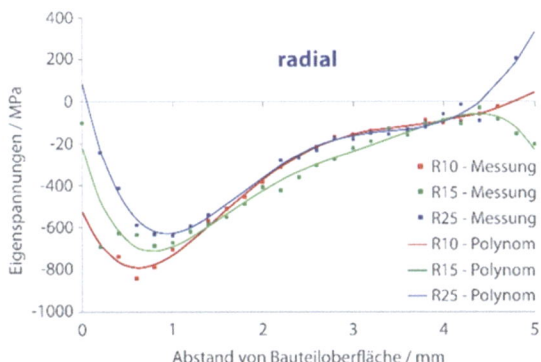

Abbildung 1: Eigenspannungstiefenverlauf IN718 gehämmert IN718

Das Festwalzen ist als Prozess selber mit dem Glattwalzen identisch, doch wird dabei ein anderes Ziel verfolgt. Es zeichnet sich dadurch aus, dass es als einziges Verfahren zur Steigerung der Bauteillebensdauer das Einbringen von Druckeigenspannungen, eine Kaltverfestigung der Randschicht sowie eine Glättung der Oberfläche und damit die Beseitigung von Mikrokerben miteinander kombiniert. Die drei Effekte erhöhen die Lebensdauer von dynamisch belasteten Bauteilen signifikant. Die Lebensdauer dynamisch beanspruchter Komponenten und Strukturen ist durch die Materialermüdung begrenzt. Dabei entstehen bei besonders belasteten Stellen im Laufe der Zeit Risse, die bei fortgesetzter Belastung wachsen. Nach Erreichen einer kritischen Risstiefe tritt an dem noch übrig geblieben Restquerschnitt des Bauteils ein Gewaltbruch ein und zerstört das Bauteil. Die Kombination der genannten 3 Effekte – aber auch jeder einzeln für sich – kann dafür sorgen, dass die Rissentstehung oder das Risswachstum soweit minimiert oder eliminiert werden, dass die erforderliche Lebensdauersteigerung erreicht wird.

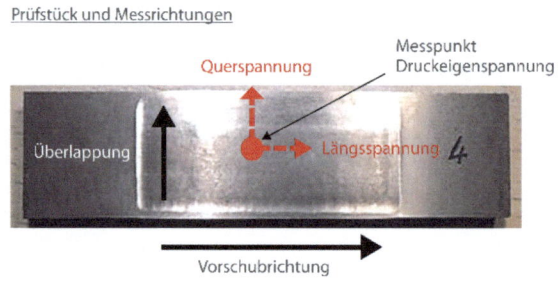

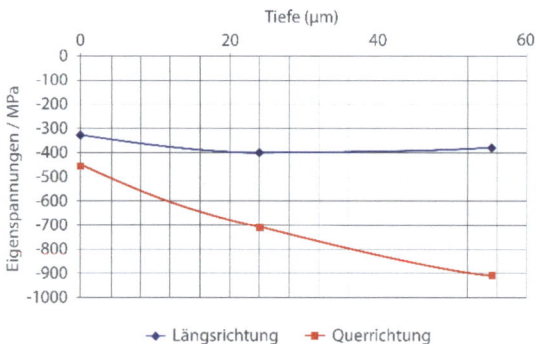

Abbildung 2: Oberflächeneigenspannung Ti gehämmert

Die Walzprozesse kommen in den meisten Fällen bei rotationssymmetrischen Bauteilen direkt nach der Zerspanung in einer Aufspannung zum Einsatz. Zwar gibt es Einsätze bei der Freiformflächenbearbeitung (z. B. Hochdruckverdichterschaufeln), dennoch gibt es hier Grenzen hinsichtlich Zugänglichkeit und Komplexität der Bauteile. Daher ist ein weiterer Ansatz in der Technologie der Hämmerwerkzeuge zu finden. Aufgrund des entwickelten Typs, der rückstoßfrei arbeitet, ist ein Einsatz auf CNC-Maschinen und Robotern möglich. Hinzu kommt, dass Einschlagenergien bis zu 2000 mJ bei Frequenzen von 300 – 400 Hz erzielbar sind, wodurch auch hohe Eindringtiefen zu realisieren sind. Die Energie kann in bestimmten Ausbaustufen abhängig von der programmierten Kontur verändert werden, so dass auf Geometrieänderungen (u. a. Wandstärke) und beanspruchte und besonders belastete Zonen reagiert werden kann. Zwei beispielhafte Eigenspannungskurven von zwei Hochleistungsmaterialien (Nickelbasislegierung und Titan) sind unter Abbildung 1 und Abbildung 2 dargestellt. Abbildung 1 zeigt einen kompletten Eigenspannungstiefenverlauf einer gehämmerten IN718 - Probe, die eine Ausprägung des Druckeigenspannungsmaximums bis in Höhe der Streckgrenze aufweist.

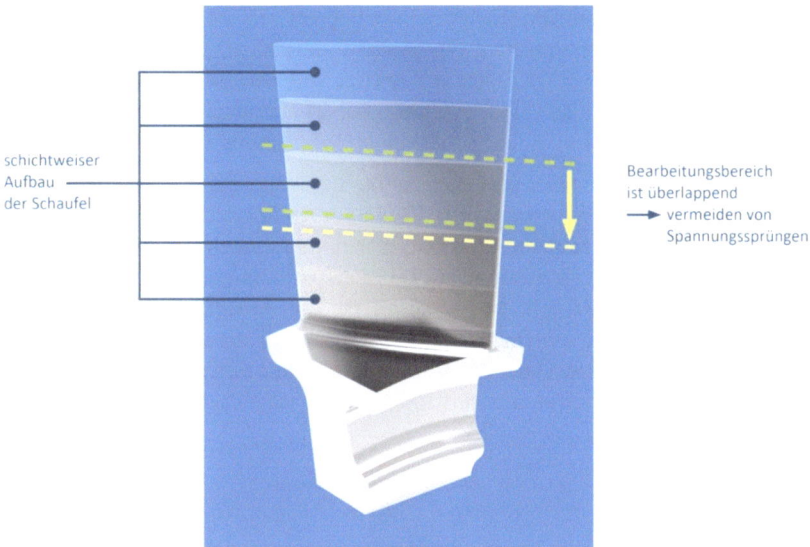

Abbildung 3: Schichtweiser Aufbau von Turbinenschaufeln

Weiterhin ist zu erkennen, dass der Nulldurchgang (Wechsel von Druck- zu Zugeigenspannungen) in einer Tiefe zwischen 4 und 5 mm liegt. Typische Verläufe beim Festwalzen (hier nicht dargestellt) zeigen eine ähnliche Charakteristik, doch ist der Nulldurchgang näher an der Oberfläche. Gegenüber dem Kugelstrahlen liegen aber beide deutlich tiefer, was auch einem Rissstart kurz unterhalb der Oberfläche entgegenwirkt (vgl. Wälzbelastung bei Lagern).

Abbildung 2 zeigt eine gehämmerte Titan - Probe mit Eigenspannungsmesspunkten nahe der Oberfläche, wobei der Verlauf es erahnen lässt, dass auch hier Maximum und Nulldurchgang deutlich tiefer liegen werden.

Abbildung 4: Hochdruckverdichter

Wie können diese Technologien nun einen grundlegenden Beitrag in der Verfahrenskette von additiv hergestellten Strukturen leisten? Dazu werden folgend Ansätze dargestellt, wie durch eine vorausschauende und geschickte Prozessauslegung, die Bauteile für den Entstehungsprozess und die darauf folgende Lebenszeit beeinflusst werden können.

Am Beispiel von Schaufeln eines Hochdruckverdichters aus einem Flugzeugtriebwerk lässt sich die immer feinere und optimiertere Prozesskette darstellen. Beginnend vom Design, dass die Schaufeln alle einzeln in einer Scheibe montiert wurden, ist die heutige Fertigung dahin übergegangen, so genannte Blisk (_bl_ade integrated d_isk_) herzustellen. Aus einem Rohling wird die gesamte Verdichterstufe inkl. aller Schaufeln gefertigt (Abbildung 4).

Diese Bauteile werden z. B. aus Titan hergestellt, was zum einen hohe Anforderungen und Herausforderungen an die Zerspanung stellt. Zum anderen erfordern die durch aerodynamische Simulation entstandenen Profile - an sich und zusammen - mit zum Teil sehr dünnwandigen Strukturen ein hohes Maß an Prozesswissen. Das Zerspanvolumen eines teuren und schwer zu zerspanenden Werkstoffes ist sehr hoch. Somit ist der Ansatz naheliegend, jede einzelne Schaufel auf einer Basisscheibe im schichtweisen Aufbau zu erzeugen (Abbildung 3). So wird nacheinander wiederholend das Material mittels eines Lasers aufgebracht und danach nur noch hinsichtlich der finalen Geometrie zerspant. Dieses kann robotergeführt stattfinden (Abbildung 5).

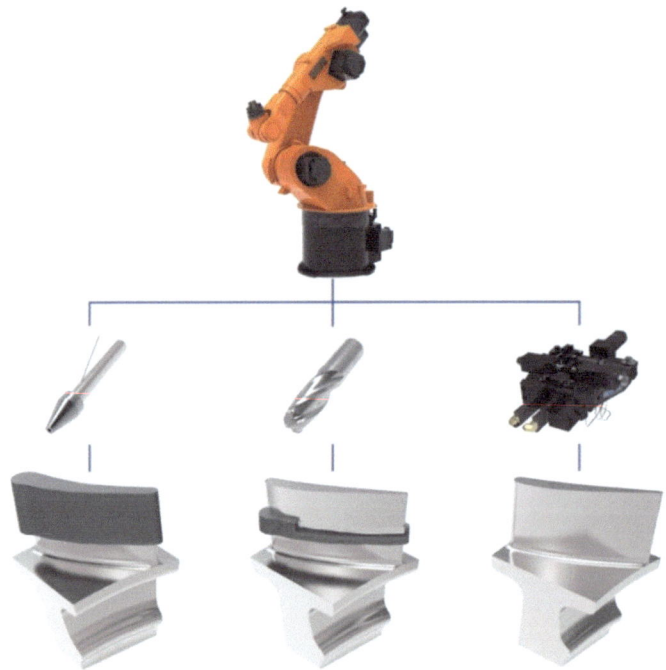

Abbildung 5: Mögliche Prozesskette

Die Produktion dieser Blisk ist mit der Zerspanung noch nicht zu Ende, denn sie erhalten noch eine mechanische Oberflächenbehandlung, um den Belastungen während des Betriebes standzuhalten. So können Fremdkörperschäden (FOD – _f_oreign obje_c_t _d_amage) dazu führen, dass eine Schaufel unter den hochdynamischen Bedingungen abreißt und im Triebwerk Folgeschäden auslöst. Daher besteht das Ziel darin, möglichst tiefe und betraglich hohe Druckeigenspannungen zu generieren, die dafür sorgen, dass selbst bei einem FOD der entstandene Eindruck nicht als Rissstartpunkt dient und ein potentielles Risswachstum unterdrückt wird. Daher können bei den konventionell erzeugten Blisk die Anströmkanten festgewalzt werden. Dieser Prozess ist aufgrund der minimalen Platzverhältnisse zwischen den einzelnen Schaufeln darin begrenzt, dass nicht die gesamte Schaufel bearbeitet werden kann. Wie Abbildung 5 (rechts) zeigt, greift ein solches Festwalzwerkzeug von beiden Seiten der Schaufel gleichzeitig und mit gleicher Kraft an, um ein Verbiegen der Schaufel zu verhindern. Außerdem ist so gewährleistet, dass sich beide Walzelemente automatisch der sich immer ändernden Kontur anpassen (tordiert und ändernde Dicke). Die „additive" Integration des Festwalzprozesses ermöglicht somit auch die Bearbeitung der gesamten Schaufel, da die Zugänglichkeit deutlich besser ist. So kann jede Schaufel an jeder Stelle mit dem nötigen Festwalzprozess variabel bearbeitet werden. Hinzu kommt die Möglichkeit, mögliche entstehende Eigenspannungssprünge zwischen den einzelnen Schichten durch das Festwalzen zu vereinheitlichen.

Ein weiterer nicht unerheblicher Vorteil kann die Tatsache darstellen, dass durch das schichtweise Auftragsschweißen zwischen den einzelnen Schichten poröse Bereiche entstehen. Durch die aufgebrachte Walzkraft können diese Poren so weit verdichtet werden, dass bei der folgenden Schweißschicht die eingebrachte Wärme zu einem homogenen Verschmelzen des Materials führt.

Betrachtet man alle Prozesse und deren Möglichkeit zum Einsatz mittels Robotern, so können Fertigungszellen errichtet werden, in denen alle Bearbeitungen simultan ablaufen – oder sogar noch ergänzende Prozess wie z. B. Vermessung der Schaufeln oder ähnliches. Die Blisk als zentrales Objekt und taktend rotierend, wird von allen Seiten von Robotern mit dem jeweiligen Prozess angegangen.

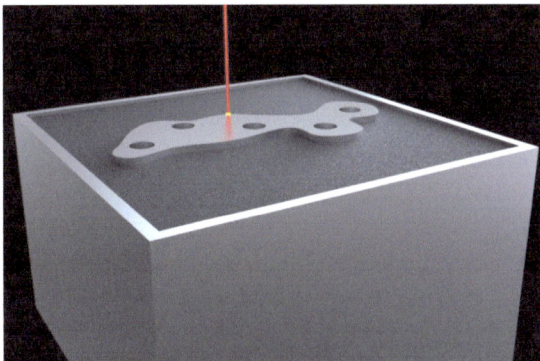

Abbildung 6: Erzeugen eines Bauteils aus einem Pulver

Eine Blisk erreicht aufgrund der hochpräzisen Fertigung und der Vielzahl der Prozesse während des Entstehungsprozesses schnell einen Wert im sechsstelligen Bereich. Fremdkörperschäden lassen sich während des Betriebes von Flugzeugen, die auf der gesamten Welt landen und starten, nicht ausschließen. Werden diese bei den Wartungen und Inspektionen der Triebwerke lokalisiert, kann die beschriebene Prozesskette in ihrer additiven Auslegung sogar als Reparaturverfahren genutzt werden, was neben den Kosten auch die Verfügbarkeit drastisch verbessern würde.

Ein weiterer Ansatz der Integration von Prozessen der mechanischen Oberflächenbehandlung ist in der gezielten Bauteilkonditionierung zu sehen. Das bedeutet, dass der Einfluss der Bearbeitung gezielt und abhängig von den geometrischen Bedingungen aber auch von den tatsächlichen Anforderungen hinsichtlich Belastung ist.

Durch das schichtweise Aufbauen des Werkstücks aus einem Pulver, einem zugeführten Draht oder auch aus Flüssigkeiten kann u. U. keine 100-prozentige Dichte des Werkstücks erreicht werden. Teilweise werden Verfahren nach dem kompletten additiven Aufbau des Werkstücks eingesetzt, um eine nachträgliche Verdichtung zu erreichen. Durch diese Vorgehensweise können jedoch nicht die inneren Strukturen eines Bauteils erreicht werden.

Außerdem ist bei dickwandigen Bauteilen keine durchgängige Verdichtung möglich, da die Eindringtiefe des Verfahrens beschränkt ist. Bei dünnwandigen Bauteilen sind wiederum nur sehr geringe Kräfte anwendbar, um eine Deformation des Bauteils zu verhindern, so dass auch hier eine durchgängige Verdichtung ausgeschlossen ist. Der Spannungszustand im Bauteil ist bei der additiven Fertigung ebenfalls problematisch. Es ist damit zu rechnen, dass durch die hohe Anzahl von Aufschmelz- und Abkühlphasen zumindest punktuell Zugeigenspannungen auftreten. Diese Zugeigenspannungen in Verbindung mit der vergleichsweise schlechten Oberflächenqualität der additiven Fertigungsverfahren können erheblich zu einem frühzeitigen Versagen des Bauteils beitragen.

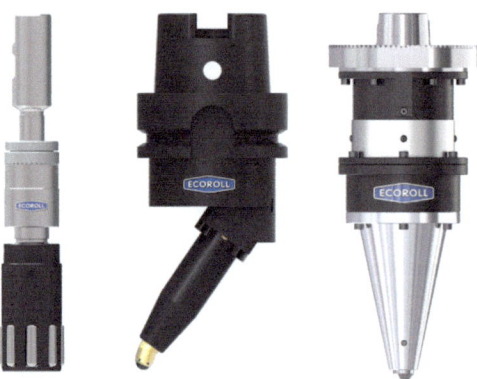

Abbildung 7: Walz- und Hämmerwerkzeuge

Die verschiedenen bei der additiven Fertigung auftretenden Probleme im Hinblick auf Oberflächenqualität, Eigenspannungszustand und Bauteildichte können durch das inkrementelle Verdichten gelöst werden. Bei diesem Verfahren werden eine oder mehrere zuvor aufgetragene Bauteilschichten durch einen Verdichtungsprozess nachverdichtet. Dies kann sowohl durch einen Walzprozess als auch durch einen Hämmerprozess erreicht werden – aber auch durch beliebige andere mechanische Verfestigungsverfahren. Mittels des Walzens oder des Hämmerns lassen sich gezielte Eigenspannungszustände in Bauteilen einstellen, womit gezielt Einfluss auch auf komplexe Geometrien genommen werden kann.

Abbildung 8: Unterschiedliche Hämmereinsätze

Abbildung 7 zeigt beispielhaft Walzwerkzeuge mit Rollen und Kugel (links und mittig), mit denen die einzelnen Schichten bearbeitet werden können. Das rechts dargestellte Hämmerwerkzeug erhält durch die Möglichkeit des automatisierten Hämmereinsatzwechsels (Abbildung 8) und der auf dem NC-Code basierten Information der Schlagintensität die Möglichkeit, an nahezu jeder Stelle des entstehenden Bauteiles ein Verdichten, Glätten oder Einbringen von Druckeigenspannungen durchzuführen.

Implantate stellen in der heutigen Gesellschaft mit steigender Lebens- und Arbeitslebenszeit gepaart mit zu wenig richtig ausgeübter sportlicher Betätigung einen wachsenden Wirtschaftszweig dar. Das bedeutet, dass die Mengen zwar auf Funktionalität und Sicherheit ausgelegt sind, aber nicht auf die individuelle Konstitution des jeweiligen Empfängers.

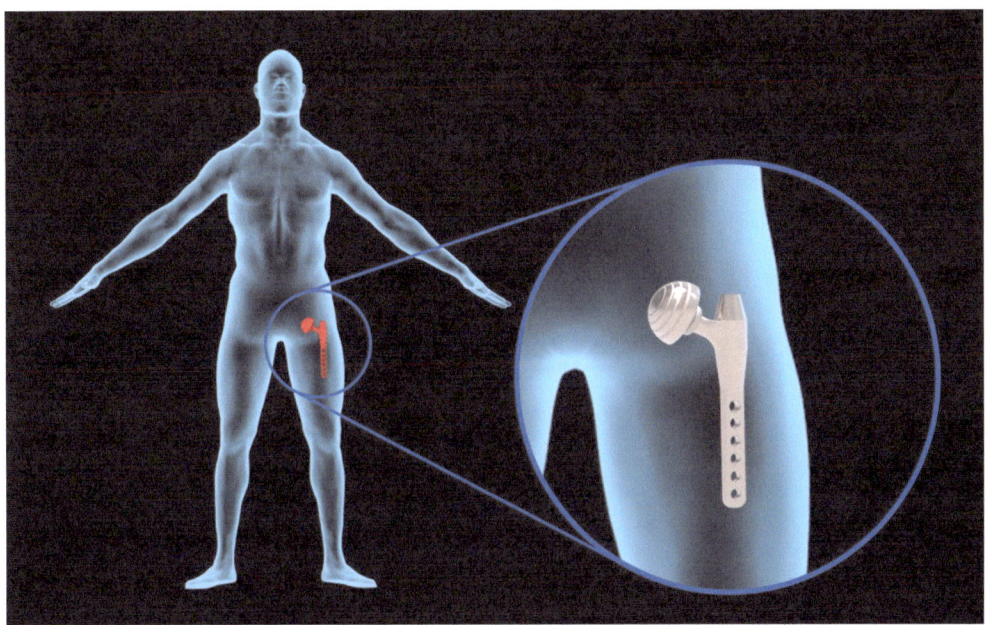

Abbildung 9: Individualisierte Implantate

Stellungen der Knochen zueinander oder auch die Beschaffenheit der Knochenstruktur können aufgrund unterschiedlichster trivialer Gründe wie z. B. Alter oder auch Ethnie von Mensch zu Mensch unterschiedlich sein. Ausblickend wäre es doch wünschenswert, auf den jeweiligen Menschen zugeschnittene Lösungen zu erstellen, da diese sich deutlich besser einfügen und damit auch den Regenerationsprozess verbessern würden.

Dazu kann die schon beschriebene Prozesskette dienlich sein, wenn es aufgrund des individualisierten Designs zu kritischen Bereichen führen würde, können ergänzende Verfahren wie das Festwalzen trotzdem diesen Einsatz ermöglichen. Vielleicht etwas visionär, aber mit der additiven Fertigung denkbar und damit erlaubt, ist die Idee, komplette Teile des Skelettes z. B. nach Unfällen flexibel, schnell und nahezu 1:1 zu ersetzen.

Eine Versuchsreihe an durch Laserauftragsschweißen hergestellten Proben aus Ferro 55 und NiWC60 bekräftigt die benannten Effekte. So zeigten sich Härtezunahmen bei Ferro 55 von 55HRC auf 63HRC und bei NiWC60 von 33HRC auf 47HRC. Diese durch Festwalzen erzielten Härtezunahmen sorgen für eine Erhöhung der Verschleißfestigkeit, was zudem noch durch die reduzierte Rauigkeit unterstützt wird.

3 Schlussfolgerungen und Ausblick

Ergebnisse, Einflüsse und Erkenntnisse, die sich in der konventionellen Herstellung von Bauteilen gezeigt und etabliert haben, sollten frühzeitig auch bei der additiven Fertigung beachtet und integriert werden. Nur so lassen sich diese Verfahren auf höhere Performance- und Flexibilitätslevel bringen. Die Kombination aller Vorteile aus der additiven Fertigung mit den Prozesskombinationen bei der konventionellen Fertigung werden bisher nicht fertigbare Strukturen ermöglichen, die den ökonomischen und ökologischen Anforderungen eine neue Basis geben werden.

Dieser Artikel soll als Impuls dienen den Fokus bei der Entwicklung neuer Produkte aber auch Fertigungstechnologien frühzeitig auf die Möglichkeiten der gesamten Prozesskette zu legen. Die Anforderungen der Produkte und die immer kürzeren Lebenszyklen erfordern in kürzester Zeit technologisch ausgereifte Lösungen, um sich auf dem Absatzmarkt zu behaupten.

Zukunftsaspekte der additiven Fertigung für Produktinnovation sowie Besonderheiten von Schraubenverbindungen bei additiv gefertigten metallischen Bauteilen

Christoph Friedrich, Dino Guggolz, Jens Peth

Maschinenelemente, Verbindungstechnik, Produktinnovation (MVP), Universität Siegen

Zusammenfassung

Dieser Beitrag entstand aus einer Untersuchung zum schraubenspezifischen Verhalten von additiv gefertigten Bauteilen aus Aluminium, da diese immer häufiger zum Einsatz kommen; derzeit befindet sich die Technologie der additiven Bauteilfertigung durch intensives Engagement von Wissenschaft und Anwendern auf dem Weg von der Machbarkeit im Labor in die allgemeine industrielle Anwendungspraxis.

Zu Beginn werden zur Technologiebewertung die wichtigen Zukunftsaspekte aus Produktinnovationssicht erörtert, da diese im Moment für die weitere Etablierung fokussiert werden müssen.

Danach schließt sich die Analyse der Verschraubungseignung an, da auch additiv gefertigte Bauteile befestigt werden müssen. Daher ist zu klären, ob und wie sich das Montage- und Betriebsverhalten von Verschraubungen mit additiv- und herkömmlich gefertigten Bauteilen unterscheidet. Dazu werden Testmontagen und Relaxationsmessungen an verschraubten, additiv gefertigten und herkömmlich gefertigten Probekörpern durchgeführt. Im Ergebnis zeigt sich, dass das Montageverhalten abhängig von der Lagenorientierung bei der Fertigung ist, das Relaxationsverhalten durch die Druckrichtung sowie –dichte beeinflusst wird und die Kurzzeit-Tragfähigkeit weitgehend unabhängig von der Beschaffenheit der Proben ist.

Stichwörter: Technologiebewertung für Produktinnovation, Montageverhalten, Betriebsverhalten, Rauheitsänderung, Vorspannkraftrelaxation

1 Technologiebewertung für Produktinnovation

Klar ist, dass die additive Fertigung eine wirklich neue Dimension der halbzeugunabhängigen Optimierung von mechanisch beanspruchten Strukturen ermöglicht, indem z.B. Hohlstrukturen erzeugt werden, die sonst mit Halbzeugen oder gießtechnisch gar nicht oder nur mit unverhältnismäßig großem Aufwand hergestellt werden können. Hohlstrukturen werden für viele optimierte Komponenten in der Zukunft eine große Rolle spielen, weil nur so Mehrgewichte durch Elektro-/Elektronikhardware für mechatronische Funktionen oder Speicherung elektrischer Energie kompensiert werden können. In diesem Zusammenhang ist zu bedenken, dass Mehrgewichte für Leistungsfähigkeit (Dynamik, Energiebedarf) und Handhabung von innovativen Komponenten unbedingt zu minimieren sind, da die damit verbundenen Produkte sonst nicht marktattraktiv sind. Auch unter Kostengesichtspunkten ist es günstig, wenn leichtere, funktionsintegrierte oder u.U. kleinere Bauteile gefertigt, beschafft, gehandhabt und transportiert werden müssen.

Ein anderer bekannter Aspekt ist, dass sich mit additiver Fertigung auch im industriellen Maßstab individualisierte wirtschaftliche Produkte herstellen lassen (z.B. Losgröße Eins bei persönlich angepassten Prothesen in der Medizintechnik). In diesem Zusammenhang werden verstärkt Kunststoffmaterialien – wenn vom Beanspruchungsprofil her möglich – eingesetzt werden, da metallische Bauteile aus additiver Fertigung die Problematik einer großen Schwingfestigkeitsstreuung und damit Zuverlässigkeitsunsicherheit aufweisen. Eine werkstofflich bedingte Zuverlässigkeitsstreuung erfordert bauteilbezogen eine Überdimensionierung, die wiederum den oben beschriebenen Gewichtsvorteil reduziert oder gar aufhebt. Die Folge ist aus Produktinnovationssicht eine teilweise Abkehr von additiver Fertigung, was dazu führt, dass sich die additive Fertigung nur in Nischen behauptet.

Eine große Zukunftsaufgabe neben der wirtschaftlich extrem wichtigen Erhöhung der Produktivität (bekannt) wird noch sein, bei der Industrialisierung alle Qualitätssicherungsprozesse auf die additive Fertigung zu erweitern und abzustimmen (z.B. Datensatzverwechselung oder Versionsvermischung ausschließen). Beide, Produktivität und Qualitätsmanagement, entscheiden über eine industrielle Etablierung der Fertigungstechnologie (Breitenwirkung oder Nische).

Denkt man an die Bauteilentwicklung, so ist zu bedenken, dass die digitale Durchgängigkeit der Daten zwar große Designfreiheit ermöglicht, dass die konkrete optimierte Bauteilgestaltung aber i.d.R. viel Zeit und teure Ausstattung zur Bewältigung der Datenvielfalt sowie kompetentes und trainiertes Entwicklungs- und Konstruktionspersonal erfordert, was zu hohen Bauteilentwicklungskosten führt; diese müssen im Bauteilpreis abgebildet sein, was den Bauteilpreis wiederum erhöht. Also sind auch Entwicklungsprozesse und Wissensmanagement für additive Fertigung zu optimieren, was bei herkömmlicher Bauteilentwicklung durch Standardisierung erreicht worden ist. Dieser Einfluss bedingt für komplexe Bauteile mit hohen Anforderungen an Leistungsfähigkeit und Zuverlässigkeit einen großen Entwicklungskostenanteil – und gerade innovative Produkte zeichnen sich heute nicht nur durch Aussehen, sondern auch durch Leistungsfähigkeit und Zuverlässigkeit aus.

Grundlegend wichtig ist bei jeder Innovationsbewertung, dass ein Anwender seine Kaufentscheidung für ein Produkt nicht nach Fertigungstechnologie oder Werkstoffauswahl trifft, sondern nach größtem persönlichen Nutzen bei der Verwendung (der persönliche Nutzen schließt auch Sicherheitsverantwortung, Kostenbewusstsein oder gesetzliche/kulturelle Vorgaben mit ein; dies meint die Bezeichnung „aus Produktinnovationssicht"). Also findet jede Fertigungstechnologie nur dort Anwendung, wo ihre Vorzüge zu dem am besten passenden Betriebsverhalten von Produkten führen (eigentlich bekannt, aber hier besonders zu beachten). Wenn die additive Fertigung eine möglichst große Breitenwirkung erlangen soll, muss unbedingt die Wirkkette der Produktinnovation fokussiert werden.

Aus diesen Überlegungen ergeben sich als Schlussfolgerung die vier Hauptziele für die Weiterentwicklung der Technologie der additiven Fertigung für marktfähige Produkte mit definierter und garantierter Leistungsfähigkeit und Zuverlässigkeit:

- Deutliche Produktivitätserhöhung für gesteigerte Wirtschaftlichkeit
- Deutliche Reduzierung der Werkstoff-Eigenschaftsstreuungen, insbesondere bei metallischen, schwingbeanspruchten Bauteilen (Zielkonflikt mit Produktivitätserhöhung)
- Optimierung von Bauteilentwicklungsprozessen und technologieorientiertem Wissensmanagement für die Wirkkette der Produktinnovation
- Erweiterung und Anpassung der industriellen Qualitätssicherungsprozesse

Es geht also werkstofflich nicht nur darum, neue Legierungen, die bei additiver Fertigung auch nichtstöchiometrisch sein können, zu erarbeiten, sondern dafür zu sorgen, dass mit der Technologie marktattraktive Produkte entstehen, die auch ökonomisch eingesetzt werden können. Damit wird dann nicht nur die fertigungstechnische Machbarkeit realisiert, sondern auch die attraktive Verwendung für innovative Produkte, die nachgefragt sind; dann sind sie auch ökonomisch einsetzbar, z.B. für zeitkritischen Prototypenbau.

Die nötige ganzheitliche Optimierung dieser Wirkkette lässt sich nur im interaktiven, gut priorisierten Zusammenspiel verschiedener Disziplinen erreichen, nicht mit noch so großen wissenschaftlichen Einzelleistungen.

2 Hintergrund für Untersuchung der Besonderheiten bei Verschraubung

Bei Verwendung von additiv gefertigten Bauteilen in marktattraktiven Produkten ist die Frage der adäquaten Befestigung zu klären. Hier sind Schraubenverbindungen oft das am besten geeignete Fügeverfahren (lösbar, für das Verbinden von unterschiedlichen Werkstoffen geeignet, hohe Belastbarkeit bei stabil hoher Vorspannkraft, sehr hohe Zuverlässigkeit bei genauer Auslegung, Spezifizierung und Montageablauf).

Nachfolgend wird deshalb untersucht, ob Verschraubungen von 3D-gedruckten Metallbauteilen Unterschiede zu herkömmlich gefertigten Bauteilen aufweisen (vgl. auch [10]). Hierzu wird neben dem Montageverhalten (Erstmontage, Wiederholmontage, Anlehnung an DIN EN ISO 16047 [1]) ein wichtiger Teilaspekt des Betriebsverhaltens untersucht, der besonders im Leichtbau betrachtet werden muss. Zum Beispiel ist die Vorspannkraftrelaxation bei Temperaturbelastung bei temperatursensiblen Leichtmetallen, wie z.B. Aluminium, besonders wichtig.

Als Variation der gedruckten Teile aus AlSi10Mg wurden verschiedene Dichten und Druckrichtungen gewählt. Die verschiedenen Dichten von 99,8% als Standard und 82% für einen schnelleren Druck (erhöhte Produktivität) wurden durch unterschiedliche Laserleistungen bei der Fertigung eingestellt. Zum Abgleich der Druckteile wird zum einen ein ähnliches Material (AlSi7Mg0,3) als gegossenes Halbzeug sowie eine häufig eingesetzte gewalzte Aluminiumknetlegierung, DIN EN AW 6082 T6, gewählt. Abgesehen von 6082 T6 sind alle Teile nicht wärmebehandelt (Abbildung 1).

Die verwendeten Schrauben M10 – 10.9 entsprechen der Norm DIN EN 1665 [2], die Muttern der Norm DIN EN ISO 4032 [3] für Montageversuche und DIN EN 1661 [4] für die Relaxationsversuche (für die Auflagefläche der Mutter wurde ein Flansch aufgrund der notwendigen geringeren Flächenpressung für die Aluminiumbauteile analog zum Schraubenkopf gewählt).

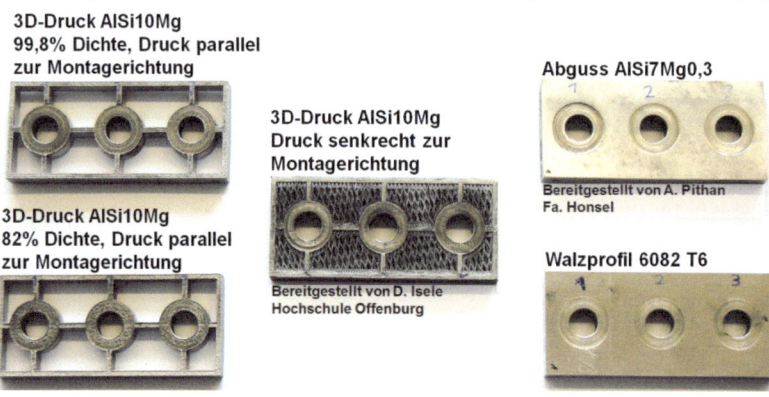

Abbildung 1: Übersicht der verwendeten Probenvariationen.

3 Montageversuche – Wiederhol- und Bruchmontage

Die Montageprüfungen wurden dem in Abbildung 2 gezeigten Montageprüfstand durchgeführt. Dieser besteht aus einem Schraubspindelsystem, einem Reibwertmesskopf und einer Steuer- und Auswerteeinheit.

Abbildung 2: links: Montage-/Reibwertprüfstand nach DIN 16047 [1] mit Computersystem, Schraubspindel und Reibwertmesskopf,
rechts: Detailansicht des Reibwertmesskopfs mit eingebauter, additiv gefertigter Probe

Die Versuchsauswertung ist an die Norm DIN EN ISO 16047 [1] angelehnt. Da ungeschmierte bzw. unbeschichtete Aluminiumverschraubungen während des Anzugs aufgrund der höheren Anzahl an Gleitebenen im kfz-Gitter stark zum Fressen neigen, wurden die Montageversuche mit dem Festschmierstoff MoS_2 durchgeführt (sonst ist wegen Oberflächenzerstörung mit erhöhter Reibung keine stabile Wiederholmontage zur Erfassung der Montagezuverlässigkeit möglich). Die zu erreichende Zielvorspannkraft wurde immer auf 50 kN festgelegt (passend zu M10 – 10.9).

In Abbildung 3 sind die Ergebnisse des ersten Anzugs gezeigt. Jede Kurve entspricht einer Mittelung aus drei Montagen und stellt den Vorspannkraftverlauf in Abhängigkeit von dem Anzugsdrehmoment dar. Das im linken Diagramm gezeigte Montageverhalten fällt bei allen Probekörpern ähnlich aus. Die verschiedenen Druckdichten (3D 99,8% und 3D 82%) zeigen eine stabile Reibungszahl über den Anzug. Im Gegensatz dazu fällt die Reibungszahl bei der senkrechten Probe über den Anzug ab (Abbildung 3 rechts). Dies ist damit zu begründen, dass die Rauheiten in dieser Richtung höher sind und es während des Anzugs zu stärkeren Einebnungen kommt (vgl. Abbildung 6 mit Rauheiten unten). Im Montageprozess äußert sich dieser Vorgang in einer Abnahme der aus den Messgrößen errechneten Reibungszahl.

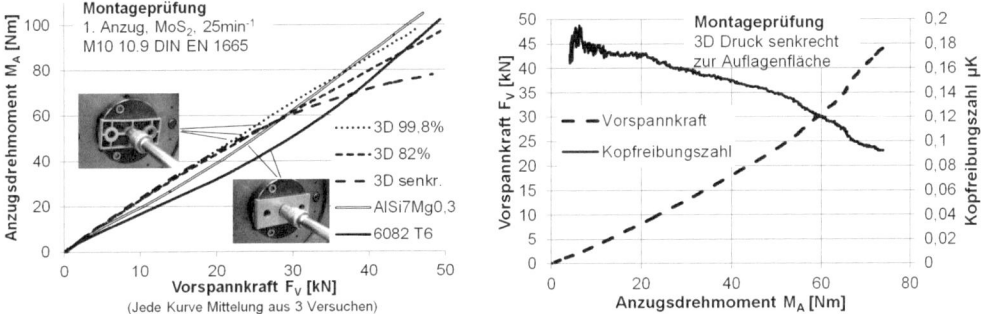

Abbildung 3: Links: Vorspannkraft-Anziehdrehmoment-Funktion bei Testmontagen; rechts: Auswertung einer exemplarischen Montage mit abnehmender Kopfreibungszahl μ_K eines senkrecht zur Kopfauflagenfläche gedruckten Bauteils

Umgekehrt bei der Knetlegierung 6082 T6: Hier steigt die Reibungszahl während des Anzugs. Dieses Verhalten ist typisch, da durch Riefenbildung bzw. Verformung der Oberfläche des Probekörpers immer mehr blankes Aluminium im Kontakt freigelegt wird, wodurch die Adhäsion steigt.

Die Mehrfachanzüge der Proben zeigen keine Änderung der Gewinde- und Kopfreibungszahlen μ_G und μ_K, was auf die zusätzliche Schmierung mit MoS_2 zurückzuführen ist. Hierdurch kam es nicht zu einem zunehmenden Verschleiß der Oberfläche. Dies unterstreicht die Wirksamkeit einer Schmierung im mechanischen Bauteilkontakt, besonders bei Leichtmetallen – in der Serienmontage sind heute praktisch durchweg grifftrockene Schmiersysteme etabliert. Zusätzlich wird deutlich, dass eine Mehrfachmontage möglich ist, wenn auf die Schmierverhältnisse rechtzeitig geachtet wird (wichtig für Reparaturen im Feldeinsatz sowie Prototypenbau).

Des Weiteren wurden Bruchmontagen durchgeführt, die für die Bewertung der Schraubenverbindung ebenso eine hohe Bedeutung haben, um das Versagensverhalten der Verbindung zu überprüfen. Abbildung 4 zeigt die Ergebnisse. Es ist zu sehen, dass das Versagen bei den Montagen durch einen Gewindeauszug des Mutterngewindes (vergleiche Abbildung 4: Bohrung 2 und 3: Schrittweiser Rückgang der Vorspannkraft durch Abscheren des Gewindes) bzw. bei manchen Proben durch den Bruch der Schraube im ersten belasteten Gewindegang (schlagartiger Vorspannkraftabfall durch Bruch bei Bohrung 1) erfolgt ist. Letzteres ist aus Reparaturgründen das eigentliche Konstruktionsprinzip von hochbeanspruchten Einschraubverbindungen. Das Ausziehen des Mutterngewindes ist hierbei durch die Tragfähigkeitseinbuße des Gewindeeingriffs durch die 0,8d-hohe Mutter gleicher Festigkeitsklasse zu erklären.

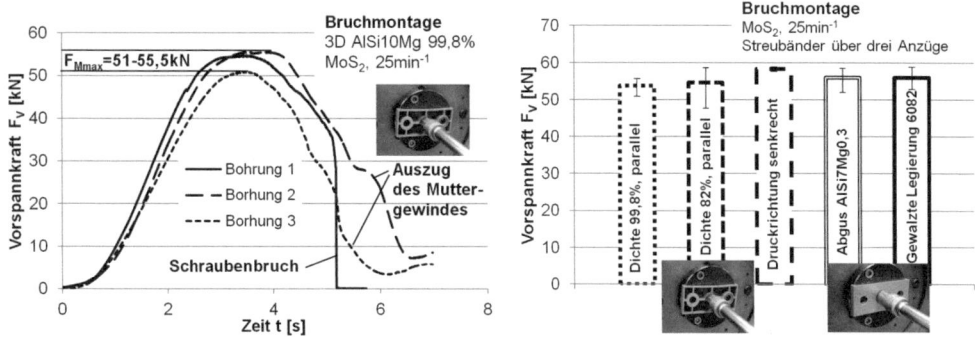

Abbildung 4: links: Drei Einzelbruchmontagen der Probe A (3D, Dichte 99,8%, Druck parallel zur Auflagenfläche),
rechts: Übersicht aller Bruchmontagen (Fehlerbalken: Min/Mittel/Max aus je 3 Messungen)

Darüber hinaus ist zu sagen, dass die maximal erreichbare Vorspannkraft bei den Bruchmontagen im Rahmen der Streuungen durch die kleine Probenzahl von drei Montagen pro Variante nicht vom Bauteil abhängen. Dies bedeutet, dass auch die Proben mit reduzierter Dichte die volle Tragfähigkeit erreicht haben. Allerdings zeigt Abbildung 4 für die Probe mit der geringsten Druckdichte das geringste Vorspannkraftminimum unterhalb von 50 kN, was auf Zuverlässigkeitsprobleme hindeutet, wenn hohe Vorspannkräfte auftreten können (50 kN bei M10 ist hoch, aber leicht zu erreichen) – also ist in so einem Fall Vorsicht geboten.

4 Rauheits- und Konturmessung

Zur weiteren Ergebnisanalyse der Bauteile sind Rauheits- und Konturenmessungen durchgeführt worden. Hierzu wurde ein Tastschnittgerät (Mahr XCR-20) verwendet. Das Gerät zieht für die Ermittlung von genormten Kenngrößen eine Stahl- oder Diamantspitze über die Bauteiloberfläche und misst mit sehr hoher Auflösung die entstehende Auslenkung des Tasters.

In Abbildung 5 ist ein exemplarischer Verlauf einer Rauheitsmessung gezeigt. Gemäß Normvorgabe wird die von dem über die Bauteiloberfläche gezogenen Taster in fünf Einzelmessstrecken unterteilt. Für den R_z-Wert werden die Maxima aller Einzelmessstrecken gemittelt.

Für die Rauheitswerte der Proben aus den Montageversuchen ergeben sich die in Abbildung 6 dargestellten Werte. Gemessen wurde vor und nach der ersten Montage sowie nach der letzten Montage.

Auffällig ist, dass die Probe mit der reduzierten Dichte aufgrund der porösen Struktur eine vergleichsweise raue Oberfläche besitzt, die auch anhand der Mikroskopaufnahmen im späteren Kapitel erkannt werden kann. Das gewalzte Profil sowie der spanend bearbeitete Abguss besitzen erwartungsgemäß sehr glatte Oberflächen, die sich im Verlauf der Montagen nur geringfügig einebnen. Die Probe mit reduzierter Dichte zeigt eine Abnahme der Rauheit auch nach mehreren Montagen und weist auf eine geringere Druckstabilität dieser Probe hin. Die bei den später gezeigten Relaxationsmessungen aufgetretenen, starken Vorspannkraftverluste lassen sich hierdurch erklären. Die Standardprobe und die senkrecht zur Montagerichtung gedruckte Probe zeigen ein stabileres Verhalten bei den Wiederholmontagen und ebenfalls geringe Setzkraftverluste.

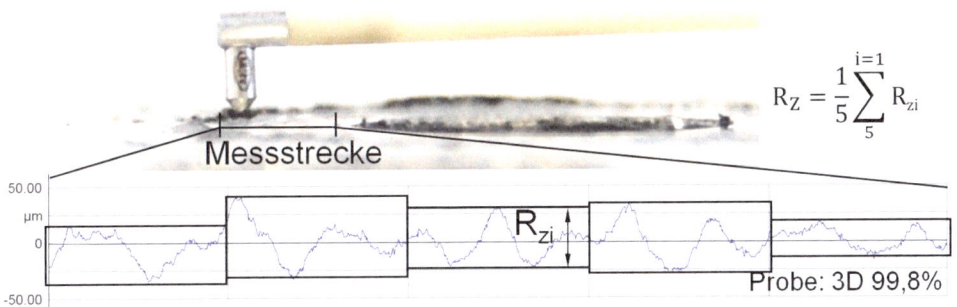

Abbildung 5: Rauheitsverlauf einer Probe mit Bestimmung des R_Z-Werts als Mittelwert aus fünf Einzelrauhtiefen, Darstellung: Flacher Blick auf Durchgangsbohrung von Probe A

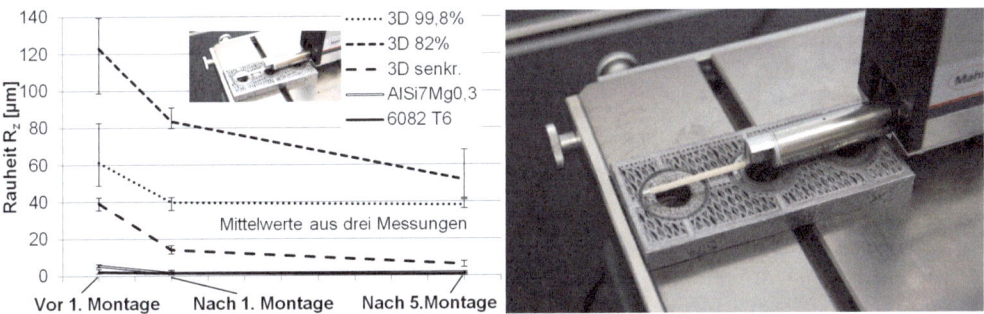

Abbildung 6: links: Rauheitsmessungen in der Kopfauflagenfläche, Fehlerbalken: Mittelwerte aus je drei Messungen;
rechts: Detailaufnahme der Messanordnung

Die niedrigdichte Probe hatte eine hohe Rauheit, die sich im Verlauf der Anzüge mit der hochdichten Probe anglich (ohne Nachschmierung wäre schon bei Erstmontage kaum Vorspannkraft aufgrund der hohen Reibung bei Einebnung der großen Rauheit entstanden – eine generelle Gefahr bei Aluminiummontagen). Die senkrecht zur Druckrichtung montierte Probe lag niedriger und ebnete sich ebenfalls bei Montage stark ein. Die Walzprofile und der nachbearbeitete Abguss wiesen eine niedrige Rauheit auf und ebneten sich daher auch wenig ein.

5 Relaxationsversuche

Bei einer Schraubenverbindung werden zwei wichtige Zeitintervalle im Lebenslauf unterschieden: Montageverhalten und Betriebsverhalten. Während der Betriebsdauer ist entscheidend, dass die Klemmkraft zwischen den Bauteilen stabil erhalten wird. Deswegen darf die Vorspannkraft in der Schraubenverbindung keine ungewöhnlich hohen Vorspannkraftverluste aufweisen. Dieser Zusammenhang ist neben dem selbsttätigen Losdrehen sowie dem Schwinglastverhalten entscheidend für die Zuverlässigkeit jeder Schraubenverbindung. In

Abbildung 7 ist ein typischer zeitabhängiger Vorspannkraftverlauf einer relaxierenden Schraubenverbindung mit den zugrunde liegenden Mechanismen gezeigt (Setzen, Lastplastifizieren, Kriechen). Wichtig ist, dass die Vorspannkraftrelaxation über die reine Werkstoffrelaxation hinausgeht.

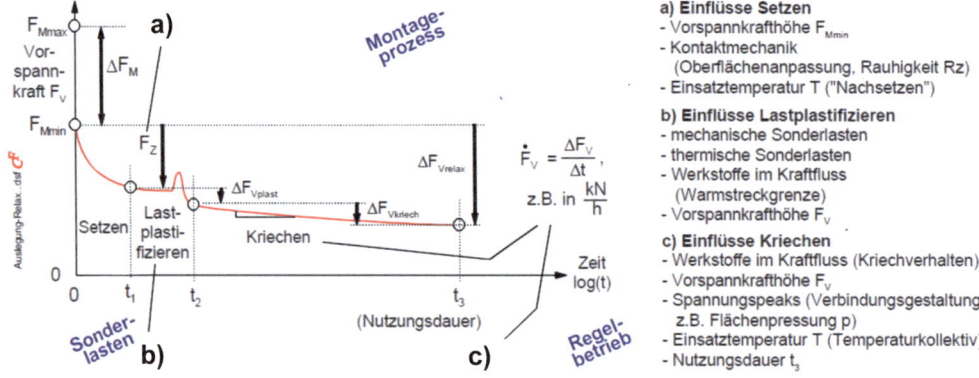

Abbildung 7: Schematische Darstellung der drei Mechanismen bei der Vorspannkraftrelaxation von Schraubenverbindungen nach [6] sowie Zuordnung zu Betriebszuständen im Produkteinsatz und Haupteinflussfaktoren auf die Ausprägung

Ausgehend von Montagevorspannkraftbereich $F_{Mmin}...F_{Mmax}$ stellt sich zunächst durch Oberflächeneinebnung in den Bauteilkontakten in kurzer Zeit (vgl. logarithmische Skalierung der t-Achse) ein erster signifikanter Vorspannkraftverlust ein. Zusammen mit dem Lastplastifizieren macht dies bei vielen Verbindungen den Hauptanteil aus. Durch Kriechen des oder der Werkstoffe wird die im Bauteil bzw. der Schraube gespeicherte Federenergie, die das Verspannungsgleichgewicht mit der Vorspannkraft der Verbindung aufrecht erhält, ohne Drehung der Bauteile irreversibel reduziert. Durch Kenntnis der Steifigkeit der Schraube kann sehr einfach auf die Vorspannkraft durch eine Längenmessung mittels Bügelmessschraube geschlossen werden. Dieses Verfahren hat den Vorteil der einfachen Anwendbarkeit sowie Probenpräparation und wurde am Institut erprobt und validiert. Um eine gute Ankopplung und damit genaue Messung zu erreichen, wurden die Schrauben mit im Grund verdichteten Zentrierbohrungen versehen (Abbildung 8 rechts).

Jede Schraube wurde vor den Versuchen auf einem Pulsationsprüfstand axial belastet und vermessen, um die individuelle Steigung der Schrauben zu bestimmen. Danach wurden die Proben auf einen Vorspannkraftwert von 50 kN verspannt und bei 150°C ausgelagert. Zu diskreten Zeitpunkten wurden die Proben auf Raumtemperatur abgekühlt und vermessen. Durch die sich ergebende Längendifferenz kann mit Hilfe der vorher bestimmten Steigung der in Abbildung 8 links gezeigte Vorspannkraftverlauf ermittelt werden.

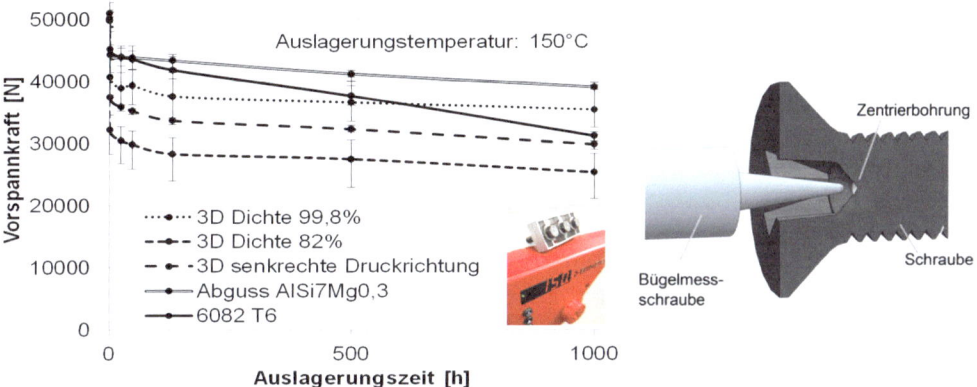

Abbildung 8: links: Relaxationsmessung der verschiedenen Proben, die über einen Zeitraum von 1000h bei 150°C ausgelagert wurden; Startvorspannkraft bei allen Messreihen jeweils 50 kN; jeder Messpunkt stellt einen Mittelwert aus jeweils drei Einzelmessungen dar (Fehlerbalken: Min/Mittel/Max);
rechts: CAD-Ansicht der Messankopplung von Bügelmessschraube und Prüfschraube (vgl. dazu auch [7])

Die Ergebnisse stellen sich wie folgt dar: Wie zu erwarten war, relaxiert die 3D-Probe mit geringerer Dichte stärker, allerdings nur um einen konstanten Betrag gegenüber den anderen 3D-Proben. Die Probe, die senkrecht zur Druckrichtung verschraubt wurde, liegt zwischen den beiden parallel verspannten Proben. Abgesehen davon, dass diese aus einer mit einer anderen Maschine gedruckt wurde, erklärt sich der anfänglich stärkere Vorspannkraftabfall mit größeren Setzbeträgen durch die rauere Oberfläche (vgl. Abbildung 6). Die reduzierte Dichte wirkt bezogen auf das Relaxations- bzw. Setzverhalten der Verbindung wie eine Vergrößerung der Oberflächenrauheit. Die gröbere, schlechter aufgeschmolzene Oberflächenstruktur ist in den Mikroskopaufnahmen in Abbildung 9 gut zu erkennen, da die Montage nicht auf dieser Seite der Probe stattfand und somit die Struktur nicht durch Relativbewegungen zerstört wurde.

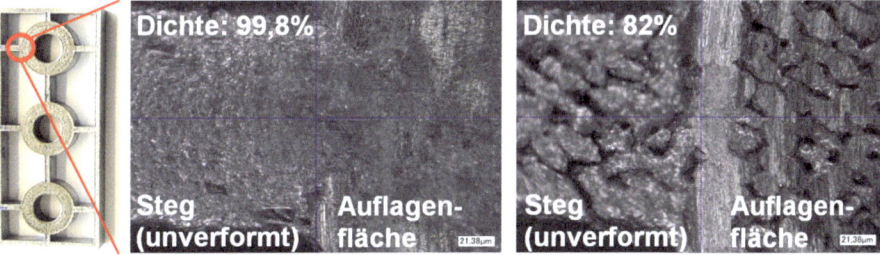

Abbildung 9: Mikroskopaufnahmen der Auflagenfläche und des unverformten Stegs bei Proben verschiedener Dichte nach der 1000-stündigen Auslagerung bei 150°C; zu sehen ist die Schraubenkopfseite (der drehende Anzug erfolgte über die Mutter, daher ist die Ursprungsstruktur sehr gut zu erkennen)

Die tiefe Eindrückung der Auflagenfläche bei der Probe mit reduzierter Dichte kann im Bild erahnt werden und wird im nächsten Kapitel mit einer Messung quantifiziert.

Im Verlauf sehr ähnlich verhält sich der Abguss aus der Legierung AlSi7Mg0,3, ist allerdings im anfänglichen Setzen stabiler. Da die Masseln nachträglich bearbeitet werden mussten, um eine gleiche Probendicke zu erhalten, weisen diese eine höhere Oberflächengüte auf und zeigen daher erwartungsgemäß weniger Setzkraftverluste. Aufgrund der ähnlichen Legierung stellt sich ein nahezu identisches Verhalten ein.

Abbildung 10 wertet das Vorspannkraftrelaxationsverhalten weiter aus. Im linken Bildteil ist jeweils der Kriechanteil zwischen 500h und 1000h Auslagerungszeit dargestellt. Vergleicht man die Proben aus additiver Fertigung (linke drei Balkengruppen), so sieht man, dass die Probe mit der höchsten Dichte die geringste Zunahme an Vorspannkraftverlust aufweist. Lediglich die Probe aus 6082 T6 zeigt zwischen 500h und 1000h einen stärker fortschreitenden Vorspannkraftverlust, was aber durch die vorhergehende Wärmebehandlung (T6) zu erwarten ist (Entfestigung durch „thermische Nachauslagerung").

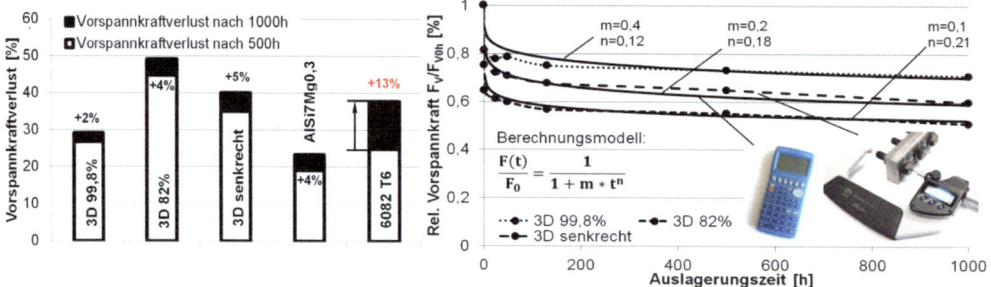

Abbildung 10: links: Darstellung des zusätzlichen Vorspannkraftverlusts (nicht Restvorspannkraft) zwischen 500h und 1000h, d.h. schwarzer Balkenabschnitt: Zusatzverlust zwischen 500h und 1000h;
rechts: Zeitverlauf der Vorspannkraft und rechnerische Annäherung für die Proben aus additiver Fertigung

Zur Berechnung von Kriech- und auch Relaxationsvorgängen gibt es zahlreiche analytische Ansätze. Ein guter Kompromiss aus Faktorenanzahl und Genauigkeit bietet ein phänomenologisches Berechnungsmodell [8]. Allerdings müssen (wie bei anderen Ansätzen bisher auch) die benötigten Faktoren erst experimentell aus vorhandenen Messergebnissen bestimmt werden, so dass im Prinzip nur eine mathematische Approximation von Messdaten für eine gegebene Konstellation vorliegt (Abbildung 10 Bildteil rechts). Für Auslegungszwecke wird aber eine variable gestaltungsabhängige Voraussage benötigt, was demnächst mit [9] verfügbar ist.

Trotzdem ist in Abbildung 10 gut zu sehen, dass der Hauptanteil des Vorspannkraftverlusts auch bei diesen Verbindungen direkt nach der Montage auftritt; aber auch nach langer Auslagerungszeit noch Vorspannkraftrelaxation stattfindet, so dass nur die kurzzeitige Betrachtung von sog. „Setzbeträgen" hier nicht ausreichend ist.

6 Tastschnittmessungen

Die ausgelagerten Proben der Relaxationsprüfungen wurden wie in Abbildung 11 rechts gezeigt mittels eines Tastschnitts vermessen. Damit ist es möglich, die Eindrückung des Schraubenkopfs in das Bauteil zu bestimmen. Die Abbildung 11 links zeigt, dass die Probe mit reduzierter Dichte die stärkste Eindrückung erfahren hat.

Interessanterweise ist die Eindrückung an der senkrecht verwendeten Probe erstaunlich gering und lässt sich nicht direkt mit den Ergebnissen der Vorspannkraftmessung korrelieren. Eine mögliche Erklärung liegt in der Orientierung der durch den additiven Fertigungsprozess erzeugten Zwischenschichten. In den liegend gedruckten Proben liegen diese Zwischenschichten parallel zur Kopfauflagenfläche und sind somit als eine Art Trennfugen zu sehen, die einen kumulierten Setzbetrag ergeben. Bei der stehend gedruckten Probe stehen diese Zwischenschichten senkrecht zur Verspannungsrichtung und liegen somit nicht im Kraftfluss der Schraubenverbindung.

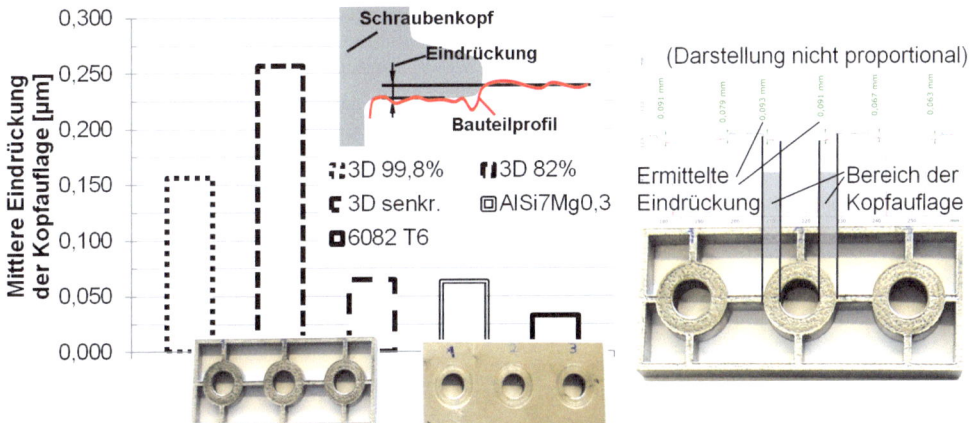

Abbildung 11: links: Eindrückung des Schraubenkopfes in das Bauteil (Montage erfolgte über die Mutter) bei den verschiedenen Proben nach 1000h Auslagerung bei 150°C,
rechts: Messverlauf über die Bauteillänge mit Auswertung der Eindrückung

7 Schlussfolgerungen

Anhand der Überlegungen zur Produktinnovation mit Bauteilen aus additiver Fertigung und anhand der Untersuchungsergebnisse können folgende Punkte herausgestellt werden, die bei der Technologieweiterentwicklung und Verschraubung von additiv gefertigten Metallbauteilen beachtet werden müssen:

- Fokussierung von Produktivitätserhöhung, Reduzierung der Werkstoffeigenschaftsstreuung, Optimierung von Bauteilentwicklungsprozessen, technologieorientiertem Wissensmanagement und Qualitätssicherungsprozessen bei der Technologieweiterentwicklung für innovative Produkte mit Marktattraktivität.
- Montageverhalten bzw. die Reibungszahlen sind abhängig von Oberflächenrauheit und damit auch von der Orientierung der Druckrichtung im Vergleich zur Schraubrichtung.
- Die Kurzzeit-Tragfähigkeit der Bauteile in der Schraubumgebung (Grenzflächenpressung) ist im Rahmen der Untersuchung unabhängig von der Dichte des Fertigungsergebnisses und der Druckrichtung. Dies belegt, dass Verschraubungen bei additiv gefertigten Bauteilen gut angewendet werden können.

- Das Vorspannkraft-Relaxationsverhalten zeigt verstärkte Vorspannkraftverluste bei reduzierter Dichte der Teile bzw. großer Rauheit je nach Druckrichtung und Druckgüte; mit hohen Setzkraftverlusten ist bei großer Rauheit zu rechnen. Dies belegt, dass die Auslegung/Gestaltung der Verschraubung bei additiv gefertigten Bauteilen an Bedeutung gewinnt.

Insgesamt lässt sich daraus ableiten: Beim Wechsel einer Schraubenverbindung hin zum Einsatz bei additiv gefertigten Bauteilen muss die Verschraubung genau überprüft werden, um eine hohe Funktionszuverlässigkeit zu garantieren. Aufgrund der prozessabhängigen Bauteileigenschaften ist es sinnvoll, Expertenrat hinzuziehen. Die Autoren danken für die freundliche Unterstützung bei der Untersuchung Herrn Paul Köster (Uni Siegen), Herrn Dietmar Isele (Hochschule Offenburg) sowie Herrn Ansgar Pithan (Fa. Honsel).

8 Literatur

[1] DIN EN ISO 16047: Verbindungselemente – Drehmoment/Vorspannkraft-Versuch, Deutsche Fassung, Berlin: Beuth Verlag, 2013.

[2] DIN EN 1665: Sechskantschrauben mit Flansch, schwere Reihe; Deutsche Fassung EN 1665 : 1997, Berlin: Beuth Verlag, 1998.

[3] DIN EN ISO 4032: Sechskantmuttern (Typ 1) – Produktklassen A und B (ISO 4032:2012); Deutsche Fassung EN ISO 4032 : 2012, Berlin: Beuth Verlag, 2013.

[4] DIN EN 1661: Sechskantmuttern mit Flansch (ISO/DIS 4161:1996, modifiziert) Deutsche Fassung EN 1661 : 1997, Berlin: Beuth Verlag, 1998.

[5] DIN EN ISO 4288: Geometrische Produktspezifikation (GPS) - Oberflächenbeschaffenheit: Tastschnittverfahren, Deutsche Fassung 1997, Berlin: Beuth Verlag, 1998.

[6] Friedrich, C.; Hubbertz, H.: Hoch beanspruchte Schraubenverbindungen im Leichtbau - Zusatzanforderungen für eine lebenszyklusorientierte wirtschaftliche Auslegung. Landshuter Leichtbau-Colloquium, Landshut 2013.

[7] Gerhard, T., Hartmann, M., Hubbertz, H., Dinger, G., Friedrich, C.: Kontaktmechanik von Schraubenverbindungen mit CFK-Bauteilen. Abschlussbericht INS 1130 2013. MVP Universität Siegen.

[8] Thoppul, S. D., Gibson, R. F., Ibrahim, R. A.: Phenomenological Modeling and Numerical Simulation of Relaxation in Bolted Composite Joints. Journal of Composite Materials Vol. 42, Sage Publications Los Angeles, 2008.

[9] Hubbertz, H.: Beitrag zur Erweiterung des Entwicklungsprozesses von Leichtbauschraubenverbindungen im Hinblick auf die Vorspannkraftrelaxation. Dissertation Universität Siegen, demnächst.

[10] Guggolz, D.; Friedrich, C.; Peth, J.: Auslegung von Verschraubungen bei additiv gefertigten Bauteilen aus Metallen. DVM Tagung Additiv gefertigte Bauteile und Strukturen. Berlin, 02./03.11.2016.

Sachwortverzeichnis

A

Additive Fertigung 21
- , aktueller Kenntnisstand 4
- , AlSi10Mg 1, 3, 11, 81, 261, 283
- , AlSi12 5, 215
- , Aluminiumlegierung 1, 81
- , Anwendungen 21, 189
- , Automobilbau 1
- , Aufbaurichtung 179, 243
- , austenitischer Stahl 180,
- , Bauteil 140
- , Biegeschwingung 61
- , Dämpfungseigenschaften 61
- , Fertigungsverfahren 22, 191
- , Kunststoff 137
- , Luft- und Raumfahrt 2
- , Maschinenbau 1
- , Medizintechnik 22
- , Potential 23
- , Selektives Lasersintern 161
- , SLM 3, 173, 191, 201
- , SLS 121, 159
- , Sintern 121
- , PA12 12, 121, 159
- , Pulver 4, 7, 62
- , TiAl6V4 45, 173, 201, 250,
- , Überblick 24
- , Werkstoff 27, 181
AlSi10Mg 1, 3, 11, 81, 261, 283
AlSi12 5, 215
Alterung 159
Analyse
- , FEM 35, 37
- , mikroskopisch 152
- , Numerik 44
Anisotropie 10

Anriss 14, 190
Anrisslebensdauer 11, 190
Anwendungsbeispiel
- , Aluminium-Bauteil 13
- , Ankerscheibe 70
- , CFK Federelement 99
- , Dämpfungsstruktur 61
- , Druckbehälter 75
- , Fahrrad 59
- , Fahrradtretkurbel 41
- , Fahrradvorbau 197
- , Federkraftbremse 70
- , Fünfstern-Tretkurbel 52
- , Fußorthese 21, 36
- , Gitterstruktur 105, 201
- , individuelle Esshilfe 21
- , Hochdruckverdichter 275
- , Hüftprothese 21, 35
- , Hüftendoprothese 35
- , Kerbstrukturen 189
- , Partikeldämpfer 63
- , Prothese 87
- , Prothesenfuß 91
- , Sandwichstruktur 106
- , Schraubenverbindung 281
- , Turbinenschaufel 275
Anziehdrehmoment 285
Aufbaurichtung 179, 243

B

Basisplattenheizung 5
Bauplattformheizung 215
Baurate 78
Bauraum 110
Bauteil 25
- , Eigenschaften 1
- , Fertigung 23, 227
- , individuell konditioniert 272
- , Lebensdauer 33
- , Orientierung 110
- , Serienbauteil 12

Bauteilentwicklung 282
Bauteilkonditionierung 271
Bauzustand 33, 178, 183
Beanspruchung 44, 234
- , zyklisch 22, 222
- , quasistatisch
Beanspruchungsamplitude 236
Beispiel
 siehe Anwendungsbeispiel
Belastung
- , Biegebelastung 110
- , Druck 82
- , Lastfälle 44
- , Maximalbelastung 100
- , mechanischer Test 95
- , Orientierung 110
- , Randbedingung 26, 53
- , virtueller Test 94
Belichtungsstrategie 6
Bemessungskonzept 227
Berstdruck 75, 81
Berstversuch 77, 82
Betriebsfestigkeit 228
Betriebsverhalten 281
Bewegung
- , Ablauf 32
- , Randbedingung 26
Biegekraft 113
Biegeprüfung 110
Biegeschwingung 61
Biegesteifigkeit 111
Bildkorrelation 215
Biomechanik 5
Bionik 87
bionisch optimierte Prothese 92
Bruchbilder 144
Bruchdehnung 5, 10, 80, 150, 174
Bruchfläche 14, 81, 153
Bruchflächenanalyse 223
Bruchlastspielzahlen 222
Bruchmechanik 241

C
CAD-Modell 28, 31
CT-Probe 28
CFK-Federelement 99
Charakterisierung
- , Gitterstrukturen 105
- , Werkstoff 7, 173

D
Dämpfungsstruktur 61
Dämpfungsverhalten 65
Dauerfestigkeit 27
Dauerschwingversuche 11
Defekt 215
Deformationsverhalten 209
Dehngrenze 5, 11, 80, 174
Dehnung 13, 82, 144
Dehnungsmessung 82
Dehnungsverteilung 210
Dehnungs-Wöhlerlinie 11, 13, 237
Dichte 5, 8, 174, 204, 249, 286
Differenzhalorimetrie 162
Digitale Bildkorrelation 205
Digitale Prozesskette 93
Druck 82, 144
Druckbehälter 75
Druckguss 14
Druckprüfung 115
Druckrichtung 143
Drucktechnologie 146
Duktilität 244
duktil-spröder Übergang 248

E
EBSD-Mapping 208
Edelstahl 1.4404 81
Eigenschaft
- , Ermüdung 12
- , mechanisch 9
Eigenspannung 11, 255, 263, 271
Einflussfaktor 187
Einheitszelle 107

Elastizitätsmodul 27, 83, 144, 174
E-Modul
  siehe Elastizitätsmodul
Energiedichte 78
Energierückgabe 91, 98
Entwicklung 41
- , additiv gefertigtes Produkt 25
- , Fahrradtretkurbel 41
- , Fahrradtretkurbelsystem 41
- , Medizinprodukt 25
- , Esshilfen 21
- , Vorgehensweise 25
Ermittlung
- , Werkstoffeigenschaft 79
Ermüdungsbruchfläche 224
Ermüdungseigenschaft 12
Ermüdungsriss 15
Ermüdungsrissausbreitung 253
Ermüdungsverhalten 215
Essvorgang 30
Experimentelle Untersuchung 64, 95, 195, 201, 207, 217

F
Fahrradvorbau 198
fcc-Gitter 210
fccz-Gitter 211
Federkraftbremse 70
Fertigung 22
- , additiv 24
- , Bauteil 29
- , Medizintechnik 22
- , Prozess 27
- , Prüfkörper 78
Festigkeit 244
Festigkeitskennwert 4, 45, 173
Festwalzen 271
Finite-Elemente-Methode 34, 46, 52, 205

Finite-Elemente-Simulation 13, 34, 37, 47, 52, 77, 94, 192, 205
Forschungsansatz 102
Frenkel 124
Füllgrad 112, 145
Fünfstern-Tretkurbel 52
Funktionsintegration 70
Fußorthese 36

G
Gasdiffusionseffekt 132
Gefüge 8, 143
Gestaltung 2
Gestaltungsfreiheit 2
Gewaltbruch 154
Gitterstruktur 69, 105, 201
Graphitteilchengröße 254
Größeneinfluss 227, 230
- , spannungsmechanisch 230
- , statistisch 231
- , technologisch 232
- , oberflächentechnisch 232

H
Hämmern 271
Hämmereinsätze 278
Hämmerwerkzeug 278
Härte 5, 8
Haigh-Diagramm 141
Haltezeiten 169
HCF 218
Herstellbarkeit 107
Herstellung 146
Herstellungsprozess 6
HIP 175, 253
Hochdruckverdichte 276
Hochlage 246
Hohlraum
- , Höhe 67
- , Länge 67
- , Unterteilung 68
- , Volumen 65
Hüftendoprothese 33

Sachwortverzeichnis

I
Individuelle Esshilfe 29
Inconel718 256, 274

K
Kennwert 144, 173
- , AlSi12 5, 215
- , AlSi10Mg 1, 3, 11, 81, 261, 283
- , PA12 12, 159, 162
- , PEEK 170
- , PP 170
- , S316 78, 245, 254
- , TiAl6V4 45, 173, 201, 178, 250
- , X2CrNiMo17-12-2 78, 173, 180
Kerben 189
Kerbgeometrie 192
Kerbschlagbiegeversuch 9, 164
Kerbschlagenergie 10
Kerbschlagzähigkeit 5
Konstruktion 89
- , bionisch inspiriert 89
- , 3D-Druck 89
Konturmessung 286
Korngröße 248
Kraft-Weg-Verhalten 209
kubische Einheitszelle 107
Kunststoffe 137
Kunststoffmaterial 121

L
Laserleistung 4, 78
Laserstrahl 2
Laserstrahlschmelzprozess 1, 42
Lastfall
- , statisch 44, 175
- , zyklisch 44, 177
Laststeigerung 222
Lebensdauer 1, 33
- , Abschätzung 237
- , Berechnung 34
- , Untersuchung 33

Leichtbau 105, 189, 203
Lichtmikroskopie 163

M
Massenvergleich 51, 58
Material
- , Additive Fertigung 21
- , Ermüdung 173
- , Kennwerte 33, 173
- , Materialzustand 34
- , Modellierung 137
  siehe Werkstoff
Materialkennwert
- , quasistatisch 175
- , zyklisch 177
Maximalbelastungstest 100
maximale Biegekraft 112
Mechanischer Werkstoffkennwert 4, 173
- , TiAl6V4 45, 173, 204
- , X2CrNiMo17-12-2 173
Medizinprodukt 25
Medizintechnik 21, 87
- , additive Fertigung 24, 89
Mechanische Charakterisierung 110, 204
Mechanische Eigenschaft 9, 137, 204
Messfrequenz 169
Metall-Laserstrahlschmelzen
Mikrorisse 262
Mikostruktur 219
Mikroskopische Analyse 137, 152, 289
Modellbildung 121, 123
Molmasse 164
Montageverhalten 281
Morphologie der Bruchfläche 153

N
Nachbehandlungsverfahren 175
Numerische Simulation 13, 51, 137, 147, 197, 201

O
Oberflächenenergie 125
Oberflächenrauheit 261
Optimierung 38, 33, 37
- , Maßnahme 38
- , mittels TOSCA 50
- , Prothesen 87
- , Struktur 35
- , Werkstoffkennwert 175
örtliches Konzept 11
Orthese 36, 90
Orthopädietechnik 93, 101
Oxideinschluss 261

P
PA12 12, 159, 162
Paris-Bereich 251
Partikeldämpfer 63
Partikelgröße 7
physikalische Modellbildung 122
Polydispersität 166
Polymer-Lasersintern 105
Polymermaterial 159
Polymerschmelze 169
Potenziale 23
Poren 6, 259
Probekörper 97, 140
Probengeometrie 141, 146, 207
Probenherstellung 146
Produktinnovation 282
Produktivität 282
Produktoptimierung 28
Prothese 87
- , Energierückgabe 91
Prothesenfuß 91
Prothetik 89
Prototyp 3, 28, 31
Prozessparameter 3, 217, 221
Prozesskette 93, 276
Prüfkörper 64, 78, 84
Prüfnormen 139
Prüfverfahren 137, 140
Prüfvorrichtung 58, 64
Pulver 4, 7, 62

Q
Qualitätsmanagement 282
Qualitätssicherung 282

R
Randbedingungen 44
Rapid-Bursting-Test 76
Rapid Prototyping 1
Rauheitsänderung 281
Rauheitsmessung 286
Reibwertprüfstand 284
relative Dichte 4
Relaxation 281
Relaxationsversuch 150, 287
REM-Aufnahme 208
Rennrad 59
Rheologie 167
Riss 14, 34, 189
Rissausbreitung 153
Rissdetektion 14
Rissfortschritt
   siehe Risswachstum
Risswachstum 34, 189
- , kurve 33, 173, 251
- , Materialzustand 34, 173
- , rate 178 178
Risswachstumsverhalten 178, 184, 180
Risswiderstand 246
Risszähigkeit 27

S
Sandwichprobe 111
Sandwichstruktur 106
Scalierung 81
Scangeschwindigkeit 4, 78
Schädigungsverhalten 209
Schadensentwicklung 241
Schadenstoleranz 241
Schalldruckpegel 72
Schichtdicke 4, 78, 186
Schmelzerheologie 164
Schraubenverbindung 281
Schwellenwertbereich 253
Schwingbruch 154
Schwingbelastung 263
Schwingfestigkeit 258

Schwingversuche 15
Selektives Laserstrahlschmelzen 1, 4, 42, 55, 215, 241
Selektives Laserstrahlsintern 149
Setzkraftverlust 292
SLM 1, 4, 42, 55, 215, 241
SLS 149
Simulation 33, 121, 147, 193
- , Finite-Elemente 33 137
- , Ergebnis 16, 33, 46, 149
Sintern 124
Spannungsarmglühen 215
Spannungs-Dehnungs-Kurve 11, 149, 176, 182, 204, 220, 236, 245
Spannungsgradient 11
Spannungsintensität 178
Spannungsverteilung 35
spezifische Biegesteifigkeit 112
Spongiosa 90
Spurabstand 4, 78
Stabilität 87
Stand der Technik 139
Steifigkeit 244
Strebendicke 108
Struktur 35
- , Druckbehälter 75
- , Esshilfe 29
- , Fahrradtretkurbelsystem 41
- , Fußorthese 36
- , Hüftendoprothese 35
- , Optimierung 35, 38, 41, 44, 47, 91
- , Partikeldämpfer 63

T
Tastschnittmessung 290
Technologiebewertung 281
thermische Alterung 159, 167
Thermoplastische Kunststoffe 137
Tieflage 247

Titan
- , TiAl6V4 45, 173, 204, 250
- , TiAl6SiV4 260
TiAl6V4 45, 250
Thresholdwert 27, 187
Topologieoptimierung 50
Tretkurbel 41
- , Fünfstern 52
- , Geometrie 45
- , lang 44
- , Standardlänge 47
- , System 41
Turbinenschaufel 275

U
Ultraschallprüfsystem 218
Untersuchungsergebnis 149

V
Verformungsverhalten 98, 220
   - , quasistatisch 220
   - , zyklisch 221
Versagensbild 84
Versagensmodus 119
Verschraubung 283
Versuchsaufbau 101
VHCF 215, 223
Viskoelastizität 121
viskoelastische Modellierung 128
Volumendichte 4
Volumenenergie 4
Volumenrate 4
Vorspannkraft 281, 285

W
Wärmebehandlung 173, 175, 181
Wärmestromkurve 161
Walzwerkzeug 278
Werkstoff 27
- , AlSi12 5, 215
- , AlSi10Mg 1, 3, 11, 81, 261, 283

Sachwortverzeichnis

- , AlSi11Cu2(Fe) 11
- , Auswahl 27
- , Charakterisierung 7
- , chemische Zusammensetzung 8
- , Edelstahl 1.4404 81
- , Eigenschaft 1, 5, 73, 79, 241
- , Inconel718 256, 274
- , Kennwerte 27, 45, 174
- , Metall 173
- , PEEK 170
- , PA12 159
- , PP 170
- , TiAl6V4 45, 173, 201, 250
- , S316L -Stahl 78, 245, 254
- , TiAl6SiV4 260
- , TiAl6V4 45, 174, 204, 250
- , X2CrNiMo17-12-2 78
- , X12CrMo9 81

Werkstoffcharakterisierung 7, 173
Werkstoffperformance 173
Werkstoffverhalten 175, 235
- , monotone Belastung 175
- , zyklische Belastung 177, 227
- , Rissfortschrittsverhalten 178
Werkstoffzustände 178
Wirkkette 283
Wöhlerlinie 12, 223, 262
Wöhlerversuche 151

X

X2CrNiMo17-12-2 78
X12CrMo9 81

Z

Zellgröße 108
Zelltyp 108
Zielwerte 81
Zugfestigkeit 11, 27, 80, 81, 144, 150, 174
Zugversuch 80, 144, 149
Zukunftsaspekte 281
zyklischer Werkstoffkennwert 13
zyklische Spannungs-Dehnungskurve 5
zyklische Spannungsintensität 178
zyklisches Verformungsverhalten 221
Zwangsbedingung 5

DVM – Bauteil verstehen.

Unter diesem Slogan unterstützt der gemeinnützige Verband für Materialforschung und -prüfung e.V. Wissenschaft und Wirtschaft in Fragen der Strukturintegrität. Die Bearbeitung relevanter Themen erfolgt in insgesamt zwölf Arbeitskreisen (siehe Grafik).

Diese Arbeitskreise organisieren gemeinsam mit der DVM-Geschäftsstelle

- nationale Tagungen
- internationale Konferenzen
- Workshops
- Fortbildungsseminare

Nehmen Sie an DVM-Veranstaltungen teil, informieren Sie sich über Vorteile einer Mitgliedschaft im DVM oder werden Sie aktiv in einem unserer Arbeitskreise!

Kontakt:
DVM - Deutscher Verband für Materialforschung und -prüfung e.V.
Gutshaus Schloßstraße 48
12165 Berlin
Tel.: +49 (0)30 8113066, Fax: +49 (0)30 8119359
dvm@dvm-berlin.de, www.dvm-berlin.de

Zur Information:
Die Tagungen des Arbeitskreises „Additive gefertigte Bauteile und Strukturen" finden jährlich im November in Berlin statt.

If you have any concerns about our products,
you can contact us on
ProductSafety@springernature.com

In case Publisher is established outside the EU,
the EU authorized representative is:
**Springer Nature Customer Service Center GmbH
Europaplatz 3, 69115 Heidelberg, Germany**

Printed by Libri Plureos GmbH
in Hamburg, Germany